普通高等学校电类规划教材

电气自动化

U0647148

工业控制网络

第2版|微课版

王振力◎主编

林森 刘凯伟◎副主编

人民邮电出版社

北 京

图书在版编目（CIP）数据

工业控制网络 : 微课版 / 王振力主编. -- 2版. --
北京 : 人民邮电出版社, 2023.2
普通高等学校电类规划教材. 电气自动化
ISBN 978-7-115-59862-2

Ⅰ. ①工… Ⅱ. ①王… Ⅲ. ①工业控制计算机－计算
机网络－高等学校－教材 Ⅳ. ①TP393.08

中国版本图书馆CIP数据核字(2022)第147558号

内 容 提 要

本书介绍了工业控制网络的特点、发展历程、技术现状和发展趋势，重点介绍 Modbus、PROFIBUS、
CAN、DeviceNet 及 CANopen 等现场总线技术，还介绍了 Modbus TCP、PROFINET、Ethernet/IP、
EtherCAT、EPA 及 HSE 等工业以太网技术，并结合台达和西门子工业自动化产品有针对性地安排了大
量工业控制网络应用案例和实验内容，着重对读者的实际动手能力、独立思考能力、创新思维能力和
综合运用能力进行培养和训练。

本书可作为普通高等院校智能制造工程、机器人工程、电气工程及其自动化、自动化、机械电子
工程、电子信息工程、通信工程、物联网工程、计算机网络工程、测控技术与仪器、汽车电子等专业
的教材，也可作为相关工程技术人员的参考书。

◆ 主　　编　王振力

副主编　林　森　刘凯伟

责任编辑　刘　博

责任印制　王　郁　陈　犇

◆ 人民邮电出版社出版发行　北京市丰台区成寿寺路 11 号

邮编　100164　电子邮件　315@ptpress.com.cn

网址　https://www.ptpress.com.cn

固安县铭成印刷有限公司印刷

◆ 开本：787×1092　1/16

印张：18.25　　　　　　　2023 年 2 月第 2 版

字数：480 千字　　　　　2025 年 8 月河北第 5 次印刷

定价：69.80 元

读者服务热线：(010)81055256　印装质量热线：(010)81055316
反盗版热线：(010)81055315

本教材第一版自出版以来，受到高校师生的广泛认可和关注，10 年来总计印刷数万册。近年来，工业控制网络一直是工业自动化领域的研究热点，以现场总线技术和工业以太网技术为代表的工业控制网络技术引发了工业自动化领域的重大变革，工业自动化正朝着网络化、开放化、智能化和集成化的方向发展。工业控制网络是控制技术、通信技术和计算机技术在工业现场控制层、过程监控层和生产管理层的综合体现，已广泛应用于过程控制自动化、制造自动化、楼宇自动化、交通运输等多个领域。应用工业控制网络的工业自动化系统将越来越多，在设计研发、施工调试、设备维护等环节需要大量的专业人才。

本书在再版过程中力求理论分析和应用技术并重，从理论上介绍多种工业控制网络的技术特点和协议标准，从应用角度结合台达和西门子工业自动化产品安排大量案例和实验内容。本书结构和内容力求重点突出、层次分明、语言精练、易于理解。

本书共 8 章。第 1 章介绍工业控制网络的特点、发展历程、技术现状和发展趋势；第 2 章介绍数据通信与计算机网络的基础知识；第 3 章介绍 Modbus 协议和 Modbus TCP 工业以太网规范及其应用；第 4 章介绍 PROFIBUS 现场总线和 PROFINET 工业以太网规范及其应用；第 5 章介绍 CAN 总线和 CAN 总线节点的设计方法；第 6 章介绍 DeviceNet 现场总线和 Ethernet/IP 工业以太网规范及其应用；第 7 章介绍 CANopen 现场总线规范及其应用；第 8 章介绍 EtherCAT 工业以太网规范及其应用。

本书第 1 章由李冰编写，第 2 章由邢彦辰、刘显忠编写，第 4 章由林森编写，第 3 章、第 5 章～第 7 章由王振力编写，第 8 章由刘凯伟编写。王振力负责全书结构、内容的规划和最终定稿。另外，孙艳茹、计京鸿也参与了本书的编写工作。

本书提供讲解书中知识点的微课视频，读者可扫描书中二维码观看。本书其他配套资源可到人邮教育社区（www.ryjiaoyu.com）下载。

本书在编写过程中得到了台达集团和西门子集团技术人员的大力支持；编者参考了许多专家和学者的论文和著作；温海洋老师对本书进行了审阅，并提出了宝贵意见。在此一并表示衷心的感谢。

由于编者水平有限和工业控制网络技术的不断发展，书中难免存在不足之处，敬请读者见谅和批评指正。同时编者也希望通过本书的出版，结识更多业内的朋友和企业，并与其加强联系与合作。编者联系邮箱：hithdwzl@126.com。

编　者
2023 年 1 月

目 录

第 **1** 章 绪论

工业数据通信与控制网络（简称"工业控制网络"）是近年来发展形成的自动控制领域的网络技术，它是计算机网络、通信技术与自动控制技术结合的产物，主要分为现场总线和工业以太网两种类型。工业控制网络适应了企业信息集成系统和管理控制一体化系统的发展趋势与需要，是信息技术在自动控制领域的延伸，也是自动控制领域的局域网。

工业自动控制系统
与工业控制网络

1.1 工业自动控制系统的发展历程

在现代科学技术发展的过程中，发展较快且取得成果较多的是工业自动化技术及计算机技术。从 20 世纪 40 年代以来，工业生产过程提出了不同的技术要求，多种技术应用于工业自动控制系统，从而产生了模拟仪表控制系统、直接数字控制系统、集散控制系统及现场总线控制系统等。

1.1.1 模拟仪表控制系统

早期的控制系统主要是模拟仪表控制系统（Analog Control System，ACS）。在 20 世纪 50 年代以前，由于生产规模较小，仪表本身也处于初级阶段，所以大部分模拟仪表控制系统安装在生产设备现场，且通常为仅具备简单测控功能的基地式气动仪表，其信号只能在仪表自身内起作用，一般不能传给其他仪表或系统，使用的时候操作人员只能通过肉眼观察仪表盘来了解生产状况。

20 世纪 50 年代之后，随着生产规模的扩大，操作人员需要综合掌握多点的运行参数与信息来对生产过程进行控制，原来通过肉眼巡视的方式便不能满足要求了。因此出现了气动、电动系统的单元组合式仪表，这些仪表设备之间传输 1～5V 或 4～20mA 的直流模拟信号，信号的精度较低，在传输过程中易受干扰。图 1-1 所示为模拟仪表控制系统的结构框图。

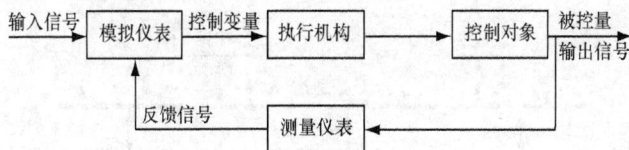

图 1-1　模拟仪表控制系统的结构框图

模拟仪表控制系统现场的仪表和自动化设备提供的都是模拟信号，这些模拟信号统一送往集中控制室的控制盘上，操作人员可以在控制室中集中观察各个生产流程中的状况。但模拟信号的传递需要一对一的物理连接，信号变化缓慢，计算速率和精度都难以保证，信号传输的抗干扰能力差，传输距离也很有限。

1.1.2　直接数字控制系统

为了解决模拟仪表控制系统存在的问题，20世纪60年代，人们开始采用计算机来代替模拟仪表完成控制功能。现场的数字信号和模拟信号都接入主控室的中心计算机，由中心计算机统一进行监视和处理，从而形成了直接数字控制（Direct Digital Control，DDC）系统。图1-2所示为计算机控制的直接数字控制系统的结构框图，图中AI/AO表示模拟量输入/模拟量输出，DI/DO表示数字量输入/数字量输出。

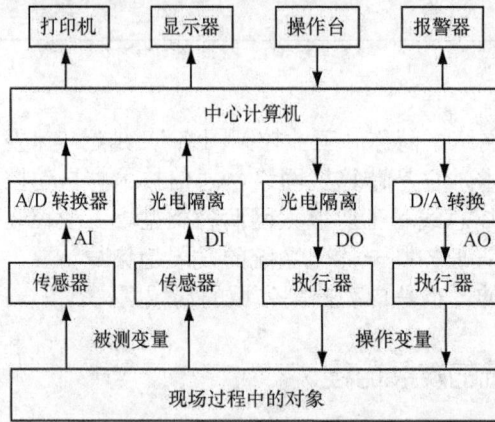

图1-2　直接数字控制系统的结构框图

数字技术克服了模拟技术的缺陷，加大了通信距离，提高了信号的精度；而且还可以采用更先进的控制技术，如复杂的控制算法和协调控制等，这使得自动控制更加可靠。不过，由于当时计算机技术的限制，中心计算机并不可靠，一旦中心计算机出现故障，就会导致整个系统瘫痪。

1.1.3　集散控制系统

随着计算机技术的发展，大规模集成电路和微处理器技术问世，计算机的可靠性不断提高。20世纪70年代，出现了可编程逻辑控制器（Programmable Logic Controller，PLC）及由多个计算机递阶构成集中与分散相结合的集散控制系统（Distributed Control System，DCS）。图1-3所示为集散控制系统的结构框图。

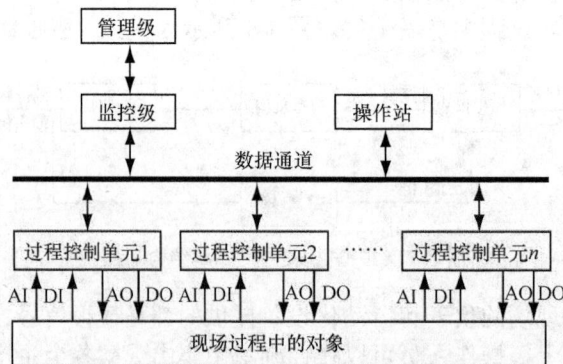

图1-3　集散控制系统的结构框图

集散控制系统是相对于集中式控制系统而言的一种新型计算机控制系统，是在集中式控制系统的基础上发展、演变而来的。集散控制系统弥补了传统集中式控制系统的缺陷，实现了集中管理、分散控制。这种系统在功能和性能上较集中式控制系统有了很大的进步，实现了控制室与 DCS 控制站或 PLC 之间的网络通信，减少了控制室与现场之间的电缆数目。

集散控制系统采用了工业控制网络技术，扩大了系统的规模，提高了系统的智能化程度，但是现场的传感器、执行器与 DCS 控制站之间仍然采用一个信号一根电缆的传输方式，电缆数量多，信号传送过程中的干扰问题仍然很突出；而且，在集散控制系统形成的过程中，各厂商的产品自成系统，难以实现不同系统间的互操作；集散控制系统结构元件是多级主从关系，现场设备之间相互通信必须经过主机，这使得主机负荷重、效率低，且主机一旦发生故障，整个系统就会崩溃；集散控制系统还使用了大量的模拟信号，很多现场仪表仍然使用传统的 4～20mA 电流模拟信号，传输可靠性差，不易于进行数字化处理；各系统设计厂家为各自的集散控制系统制定独立的标准，通信协议不开放，极大地制约了系统的集成与应用，不利于现代跨国公司的进一步发展。因此，仍需要更加合理的工业控制网络系统。

1.1.4　现场总线控制系统

现场总线控制系统（Fieldbus Control System，FCS）兴起于 20 世纪 90 年代，它采用现场总线作为系统的底层控制网络，控制生产过程中现场仪表、控制设备及其与更高级别控制管理层之间的联系，相互间可以直接进行数字通信。

随着智能芯片技术的发展，设备的智能化程度越来越高，成本也在不断下降。因此，在智能设备之间，使用基于开放标准的现场总线技术构建的自动化系统逐渐成熟。通过标准的现场总线通信接口，现场的执行器、传感器及变送器等设备可以直接连接到现场总线上，现场总线控制系统通过一根总线电缆传递所有数据信号，这根总线电缆替代了原来的成百上千根电缆，极大地降低了布线成本，提高了通信的可靠性。图 1-4 所示为现场总线控制系统的结构框图。

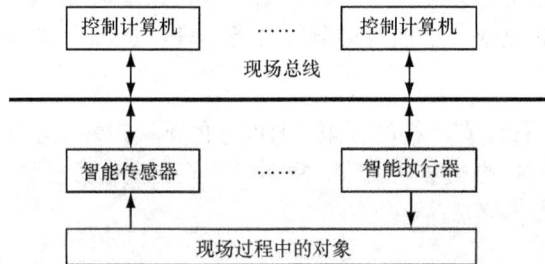

图 1-4　现场总线控制系统的结构框图

现场总线技术的出现彻底改变了工业自动控制系统的面貌，正是在这个阶段，工业控制网络的概念逐渐深入人心，工业控制网络逐渐形成。功能强大的工业控制网络的出现，使得企业信息（包括经营管理信息和控制信息）的统一采集和处理成为可能，自动化控制系统开始向更高的层次迈进。

1.1.5　工业以太网控制系统

对于现场总线来说，由于各大公司的利益原因，现场总线的国际标准一直未能统一，远未真正实现开放性。以太网作为一种成功的网络技术，在办公自动化和管理信息系统等方面获得了广泛的应用，已经成为实际意义上的统一标准。由于以太网具有成本低、稳定和可靠等诸多优点，所以将以太网应用于工业自动控制系统的呼声越来越高，应用后就可以使控制和管理系统中的信息无缝衔接，真正实现"一网到底"。由于现行以太网协议不能适应工业自动控制领域的要求，所以必须在以太网协议的基础上，建立完整有效的通信服务模型，制定有效的以太网服务机制，协调好工业现场控制系统中实时与非实时信息的传输，即形成被广泛接受的应用层协议，这就是所谓的工业以太网协议。近年来，随着工业以太网技术的不断进步，工业控制网络中工业以太网的应用占比逐年递增，较好地满足了工业系统的行业需求，衍生出大量运用工业以太网技术的控制系统，这些系统称为工业以太网控制系统（Industrial Ethernet Control System，IECS）。

1.2 工业控制网络的特点

工业控制网络是3C技术，即由计算机、通信和控制（Computer、Communication和Control）技术汇集而成，它是信息技术、数字化、智能化网络发展到现场的结果。

工业控制网络是一类特殊的网络，它与传统的信息网络有以下主要区别。

1. 应用场合

信息网络主要应用于普通办公场合，对环境要求较高；而工业控制网络应用于工业生产现场，会面临酷暑严寒、粉尘、电磁干扰、振动及易燃易爆等各种复杂的工业环境。

2. 网络节点

信息网络的网络节点主要是计算机、工作站、打印机及显示终端等设备；而工业控制网络除了以上设备之外，还有PLC、数字调节器、开关、电动机、变送器、阀门和按钮等网络节点，多为内嵌CPU、单片机或其他专用芯片的设备。

3. 任务处理

信息网络的主要任务是传输文件、图像、语音等，许多情况下有人参与；而工业控制网络的主要任务是传输工业数据，承担自动测控任务，许多情况下要求自动完成。

4. 实时性

信息网络在时间上一般没有严格的要求，时间上的不确定性不至于造成严重的后果；而工业控制网络必须满足对控制的实时性要求，例如对某些变量的数据往往要求准确、定时刷新，控制功能必须在一定时限内完成等。

5. 网络监控和维护

信息网络必须由专业人员使用专业工具完成监控和维护；而工业控制网络的网络监控为工厂监控的一部分，网络模块可被人机接口（Human Machine Interface，HMI）软件监控。

1.3 传统控制网络——现场总线

1.3.1 现场总线的定义

目前，对现场总线概念的理解和解释存在一些不同的表述，例如：现场总线是一种用于连接现场设备，如传感器、执行器及PLC、调节器、驱动控制器等现场控制器的网络；现场总线是应用在生产现场、在微机化测量控制设备之间实现双向串行多节点数字通信的系统，也被称为开放式、数字化、多点通信的底层控制网络；现场总线是用于工厂自动化

现场总线

和过程自动化领域的现场设备或现场仪表互连的现场数字通信网络；现场总线是现场通信网络与控制系统的集成；现场总线是指由安装在现场的计算机、控制器及生产设备等连接构成的网络；现场总线是应用在生产现场、在测量控制设备之间实现工业数据通信、形成开放型测控网络的新技术；现场总线是自动化领域的计算机局域网，是网络集成的测控系统。

根据国际电工委员会 IEC 61158 标准定义，现场总线是指安装在制造或过程区域的现场装置与控制室内的自动控制装置之间的数字式、串行、多点通信的数据总线。

另外，现场总线也可指以测量控制设备作为网络节点，以双绞线等传输介质作为纽带，把位于生产现场、具备数字计算和数字通信能力的测量控制设备连接成网络系统，按照公开、规范的网络协议，在多个测量控制设备之间及现场设备与远程监控计算机之间实现数据传输与信息交换，形成的适应各种应用需要的自动控制系统。

1.3.2 现场总线的发展历程

现场总线技术起源于欧洲，目前以欧、美、日地区较为发达，世界上已出现过的总线种类有近 200 种。经过近 20 年的竞争和完善，目前使用较多的有 10 多种，并仍处于激烈的市场竞争之中。众多自动化仪表制造商在开发智能仪表通信技术的过程中形成的不同特点，使得统一标准的制定困难重重。

1984 年，美国仪表协会（ISA）下属的标准与实施工作组中的 ISA/SP50 开始制定现场总线标准；1985 年，国际电工委员会决定由 Proway Working Group 负责现场总线体系结构与标准的研究与制定工作；1986 年，德国开始制定过程现场总线标准，简称为 PROFIBUS，由此拉开了现场总线标准制定及其产品开发的序幕。随后，其他一些组织或机构（如 WorldFIP 等）也开始从事现场总线标准的制定和研究。

1992 年，Fisher-Rousemount［现在的爱默生（Emerson）］公司联合 Foxboro、Yokogawa（横河）、ABB 及西门子等 80 家公司成立了可互操作系统规划（ISP）组织，以德国标准 PROFIBUS 为基础制定现场总线标准；1993 年 ISP 基金会 ISPF 成立。

1993 年，Honeywell 和 Bailey 等公司成立了 WorldFIP，约有 150 个公司加盟，以法国标准 FIP 为基础制定现场总线标准。

1994 年，ISPF 和 WorldFIP 成立了现场总线基金会（Fieldbus Foundation），推出了低速总线 H1 和高速总线 H2。

由于较长时期没有统一标准，对用户影响最大的就是难以把不同制造商生产的仪表集成在一个系统中。因此，现场总线在过程控制中的实际应用一直到 20 世纪 90 年代后期才逐步实现。

1999 年年底，包含 8 种现场总线标准在内的国际标准 IEC 61158 开始生效，除 H1、H2 和 PROFIBUS 外，还有 WorldFIP、Interbus、ControlNet、P-NET 及 SwiftNet。

诞生于不同领域的总线技术往往对其相应领域的适用性更好。例如 PROFIBUS 较适合于工厂自动化、CAN 适用于汽车工业、FF 总线主要适用于过程控制、LonWorks 适用于楼宇自动化等。

1.3.3 工业控制网络的国际标准

标准化是实现大规模生产的重要保证，是规范市场秩序、连接国内外市场的重要手段。一般的产品在国内或国际上基本只有一种标准，但是工业控制网络自问世以来，一些大公司为了各自的利益，经过数十年的"明争暗斗"，形成了现在工业控制网络多种国际标准并存的局面。目前市场上的产品采用的标准一般有以下几种。

1. ISO 11898 和 ISO 11519

ISO 11898 是公路车辆技术委员会电气电子分委员会（ISO/TC22/SC3）于 1993 年发布的，它描述了 CAN 的一般结构，包括 CAN 物理层和数据链路层的详细技术规范，规定了装备 CAN 的道路交通工具电子控制单元之间以 125kbit/s～1Mbit/s 的传输速率进行数字信息交换的各种特性。

ISO 11519（1994—1995 年）是低速 CAN 和 VAN 的标准。ISO 11519-1 说明了用于道路交通工具的速率不大于 125kbit/s 的低速串行数据通信的一般定义，规定了用于道路交通工具上不同类型电子模块之间进行信息传递的通信网的一般结构；ISO 11519-2、ISO 11519-3 分别说明了用于道路交通工具的速率不大于 125kbit/s 的 CAN 和 VAN 通信网络的一般结构。

2. IEC 61158

IEC 61158 是工业控制系统现场总线标准，它是国际电工委员会（International Electrotechnical Commission，IEC）的现场总线标准。IEC 61158 是制定时间最长、投票次数最多、意见分歧最大的国际标准之一。到目前为止，IEC 61158 共有 4 个不同的版本（1984—2007 年），截至本书编写时最新版本为 IEC 61158-6-20（2007 年发布），总共有 20 种现场总线加入该标准。其中针对现场总线的标准主要在 IEC 61158 第二版中。表 1-1 所示为 IEC 61158 第二版标准中的 8 种现场总线类型。

表 1-1　　　　IEC 61158 第二版标准中的 8 种现场总线类型

类 型 号	类 型 名 称	支 持 公 司
Type1	IEC 61158 TS，即 FF H1	美国费希尔-罗斯蒙特，即现在的爱默生（Emerson）
Type2	ControlNet	美国罗克韦尔自动化（Rockwell Automation）
Type3	PROFIBUS	德国西门子（Siemens）
Type4	P-NET	丹麦 Process Data
Type5	FF HSE	美国费希尔-罗斯蒙特，即现在的爱默生（Emerson）
Type6	SwiftNet	美国波音（Boeing）
Type7	WorldFIP	法国阿尔斯通（Alstom）
Type8	Interbus	德国菲尼克斯（Phoenix Contact）

IEC 61158 之所以采纳多种现场总线，主要是技术原因和利益驱动。目前尚没有哪一种现场总线对所有应用领域在技术上都是最优的。

3. IEC 62026

IEC 62026 为低压开关设备和控制设备的现场总线（设备层现场总线）国际标准。该标准共有 7 个部分，其中 IEC 62026-4 LonWorks、IEC 62026-5 智能分布系统（SDS）和 IEC 62026-6 串行多路控制总线（Seriplex）这 3 个部分由于技术或者推广等原因现已作废，现行的 IEC 62026 标准如下。

① IEC 62026-1-2007 低压开关设备和控制设备 控制器-设备接口（CDIs）第 1 部分：总则。

② IEC 62026-2-2008 低压开关设备和控制设备 控制器-设备接口（CDIs）第 2 部分：执行器传感器接口（AS-i）。

③ IEC 62026-3-2008 低压开关设备和控制设备 控制器-设备接口（CDIs）第 3 部分：DeviceNet。

④ IEC 62026-7-2010 低压开关设备和控制设备 控制器-设备接口（CDIs）第 7 部分：混合网络。

1.4 现代控制网络——工业以太网

1.4.1 工业以太网的定义

工业以太网一般是指在技术上与商业以太网（IEEE 802.3 标准）兼容，但在产品设计时，材质的选用、产品的强度、适用性及实时性等方面能够满足工业现场的需要，即满足环境性、可靠性、实时性、安全性及安装方便等要求的以太网。

工业以太网是应用于工业自动化领域的以太网技术，它是在以太网技术和 TCP/IP 技术的基础上发展起来的一种工业控制网络。以太网进入工业自动化领域的直接原因是现场总线多种标准并存、异种网络通信困难。在这样的技术背景下，以太网逐步应用于工业控制领域，并且快速发展。工业以太网的发展得益于以太网技术的多方面进步。

1.4.2 工业以太网的发展历程

过去，现场总线是工厂自动化和过程自动化领域中现场级通信系统的主流解决方案。但随着自动化控制系统的不断进步和发展，传统的现场总线技术在许多应用场合已经难以满足用户不断增长的需求。

以太网是在 1972 年发明的，随后在 1979 年 9 月，Xerox、DEC、Intel 等公司联合推出了"以太网，一种局域网：数据链路层和物理层规范 1.0 版"，并于 1982 年公布了以太网规范。IEEE 802.3 就是以这个技术规范为基础制定的。早期的以太网采用 CSMA/ CD 介质访问控制机制，各个节点采用 BEB 算法处理冲突，具有排队延迟不确定的缺陷，无法保证确定的排队延迟和通信响应确定性，这使得以太网无法在工业控制中得到有效的使用。随着 IT 技术的发展，以太网的发展也取得了质的飞跃，先后产生了高速以太网（100Mbit/s）和千兆以太网产品及国际标准，10Gbit/s 以太网也在研究之中。以太网技术具有成本低、通信速率和带宽高、兼容性好、软硬件资源丰富、广泛的技术支持基础和强大的持续发展潜力等诸多优点，在过程控制领域的管理层已被广泛应用。事实证明，通过一些实时通信增强措施及工业应用高可靠性网络的设计和实施，以太网可以满足工业数据通信的实时性及工业现场环境要求，并可直接向下延伸，应用于工业现场设备间的通信。

采用适当的系统设计和流量控制技术，以太网完全能用于工业控制网络。事实也是如此，20 世纪 90 年代中后期，国内外各大工控公司纷纷在其控制系统中采用以太网，推出了基于以太网的 DCS、PLC、数据采集器及基于以太网的现场仪表、显示仪表等产品。以太网成为用于工业控制网络的首选。

随着应用需求的提高，现场总线的高成本，低速率，难于选择及难于互连、互通、互操作等问题逐渐显露。工业控制网络发展的基本趋势是开放性及透明的通信协议。现场总线出现的问题的根本原因在于总线的开放性是有条件且不彻底的。同时，以太网具有传输速率高、易于安装和兼容性好等优势，因此基于以太网的工业控制网络是其发展的必然趋势。

1.4.3 工业以太网的特点

工业以太网是应用于工业控制领域的以太网技术，在技术上与商用以太网（IEEE 802.3 标准）兼容，但是实际产品和应用却又不同。这主要表现为普通商用以太网产品设计时，材质的选用、产品的强度、适用性及实时性、可互操作性、可靠性、抗干扰性、本质安全性等方面不能满足工业现场的需求，故在工业现场控制应用的是与商用以太网不同的工业以太网。

工业以太网具有应用广泛、通信速率高、资源共享能力强及可持续发展潜力大等优势。

1. 工业以太网的优势

工业以太网广泛应用于现场控制，主要有以下几个优点。

① 基于 TCP/IP 的以太网采用国际主流标准，协议开放，不同厂商设备容易互连，具有互操作性。

② 可实现远程访问和远程诊断。

③ 不同的传输介质可以灵活组合，如同轴电缆、双绞线、光纤等。

④ 网络传输速率快，可达千兆甚至更快。

⑤ 支持冗余连接配置，数据可达性强，数据有多条通路可以抵达目的地。

⑥ 系统容量几乎无限制，不会因系统增大而出现不可预料的故障，有成熟可靠的系统安全体系。

⑦ 可降低投资成本。

虽然优点很多，但不可否认的是，将工业以太网引入工业控制领域时也存在一些不足，这也是它没能完全取代其他网络的原因。

2. 工业以太网的不足

① 实时性问题。传统以太网由于采用载波监听多路访问/冲突检测的通信方式，在实时性要求较高的场合下，重要数据的传输会出现传输延滞的情况。

② 可靠性问题。以太网若采用 UDP（User Datagram Protocol，用户数据报协议），因此提供的是不可靠的无连接数据报传输服务，不提供报文到达确认、排序及流量控制等功能，因此报文可能会丢失、重复及乱序等。

③ 安全性问题。安全性问题主要是本质安全和网络安全。工业以太网由于工作在工业环境之中，因此必须考虑本质安全问题；另外，由于使用了 TCP/IP，因此工业以太网可能会像商业网络一样，在被病毒、黑客等非法入侵或进行非法操作时产生安全威胁。

④ 总线供电问题。网络传输介质在用于传输数字信号的同时，还为网络节点设备提供工作电源，称为总线供电。工业以太网的总线供电问题还没有完美的解决方案。

1.4.4 工业以太网的标准

由于商用计算机普遍采用的应用层协议不能适应工业过程控制领域现场设备之间的实时通信，所以必须在以太网和 TCP/IP 的基础上建立完整有效的通信服务模型，制订有效的实时通信服务机制，协调好工业现场控制系统中实时与非实时信息的传输，从而形成被广泛接受的应用层协议，也就是所谓的工业以太网协议。

2003 年 5 月，IEC/SC65C 成立了 WG11 工作组，旨在适应实时以太网市场应用需求，制定实时以太网应用行规国际标准。IEC/SC65C 在 IEC 61158（工业控制系统中现场总线的数字通信标准）的基础上制定了实时以太网应用行规国际标准 IEC 61784-2。

2005 年 3 月，IEC 实时以太网系列标准作为可公开获得的规范（Publicly Available Specification，PAS）文件通过了投票，IEC 发布的实时以太网系列 PAS 文件在 2005 年 5 月在加拿大被正式列为实时以太网国际标准 IEC 61784-2，具体如表 1-2 所示。

表 1-2   IEC 发布的实时以太网系列 PAS 文件

系 统 号	技 术 名 称	IEC/PAS 标准号
CPF2	Ethernet/IP	IEC/PAS 62413
CPF3	PROFINET	IEC/PAS 62411

续表

系 统 号	技 术 名 称	IEC/PAS 标准号
CPF4	P-NET	IEC/PAS 62412
CPF6	Interbus	—
CPF10	VNET/IP	IEC/PAS 62405
CPF11	TCnet	IEC/PAS 62406
CPF12	EtherCAT	IEC/PAS 62407
CPF13	Ethernet Powerlink	IEC/PAS 62408
CPF14	EPA	IEC/PAS 62409
CPF15	Modbus-RTPS	IEC/PAS 62030
CPF16	SERCOS-III	IEC/PAS 62410

1.4.5 工业以太网的发展前景

随着技术的逐渐成熟、交换技术的应用、高速以太网的发展等，以太网在工业自动化领域的应用正迅速扩大，几乎所有的现场总线系统最终都可以连接到以太网。随着集成电路的发展，高档的微处理器作为 I/O 处理器和控制器核心的条件逐渐成熟，而在控制器上运行的实时嵌入式操作系统使控制器更易于实现 TCP/IP，以太网更易于接近现场。工业以太网已经成为控制系统网络发展的主要方向，具有很大的发展潜力。过程控制工业和自动化工业，从嵌入式系统到现场总线控制系统，都认识到了以太网和 TCP/IP 的重要性。以太网和 TCP/IP 作为世界上最为广泛应用的网络协议，将成为过程级和控制级的主要传输技术。带 TCP/IP 标准的以太网接口现在已经在智能设备和 I/O 模块中使用，它能够与工厂信息管理系统进行直接、无缝的连接，而不需要任何专用设备。因此可以说，工业以太网在工业通信网络中的使用将构建从底层的现场设备到提升与优化控制层、企业管理决策层的综合自动化网络平台，从而可以消除企业内部的各种自动化孤岛。以太网作为 21 世纪及未来工业网络的首选，它将在控制和现场设备级成为标准的高速工业网络，有着广阔的应用和发展前景。工业以太网技术直接应用于工业现场设备间的通信已是大势所趋。

HMS（Hardware Meets Software，硬件实现软件功能）公司发布的 2020 工业网络市场份额报告显示，工业以太网市场份额增加，现场总线市场份额下降，无线市场份额趋于稳定。从新安装节点来看，工业以太网的市场份额增加到 64%（2019 年为 59%），而现场总线的市场份额下降到 30%（2019 年为 35%）。主流工业以太网 PROFINET 和 Ethernet/IP 以 17% 的份额并列第一，无线技术的市场份额保持在 6% 不变。具体的工业网络市场份额 2020 年度分析如图 1-5 所示。

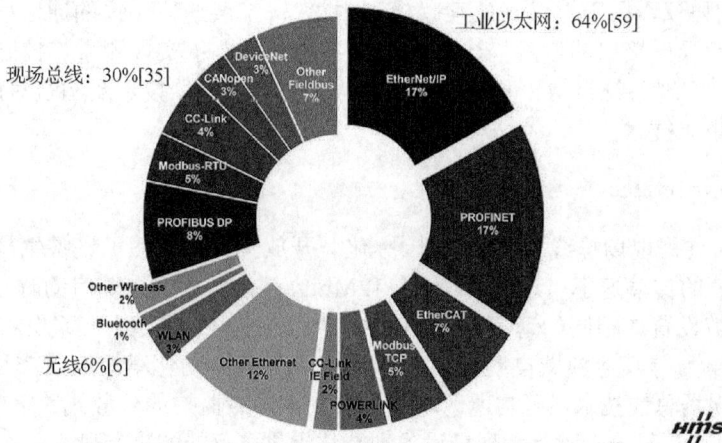

图 1-5 HMS 公司发布的工业网络市场份额 2020 年度分析

1.5 常用工业控制网络介绍

1.5.1 基金会现场总线

基金会现场总线（Foundation Fieldbus，FF）是在过程自动化领域得到广泛支持和具有良好发展前景的技术。其前身是以美国 Fisher-Rosemount 公司为首，联合 Foxboro、横河、ABB、西门子等 80 家公司制定的 ISP 和以 Honeywell 公司为首的联合欧洲等地区的 150 家公司制定的 World FIP。迫于用户的压力，这两大集团于 1994 年 9 月合并，成立了现场总线基金会，致力于开发出国际上统一的现场总线协议。它在 ISO/OSI 开放系统层上增加了用户层，用户层主要针对自动化测控应用的需要，定义了信息存取的统一规则，采用设备描述语言规定了通用的功能块集。由于这些公司具有在该领域掌控现场自控设备发展方向的能力，因而组成的基金会所颁布的现场总线规范具有一定的权威性。图 1-6 所示为基金会现场总线网络结构。

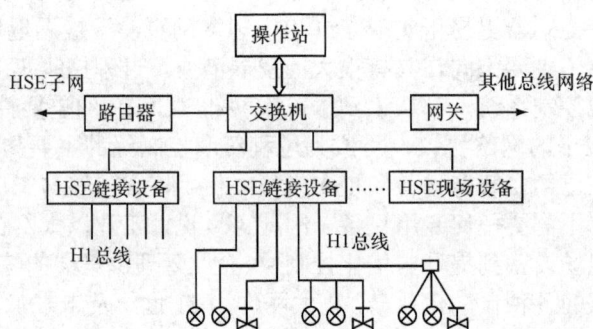

图 1-6 基金会现场总线网络结构

在基金会现场总线网络结构中，现场设备层为 H1 低速现场总线，其传输速率仅为 31.25kbit/s，能够连接 2～32 个设备/段；上层为高速以太网（High-Speed Ethernet，HSE），其传输速率可达 2.5Mbit/s，可集成多达 32 条 H1 总线，也可支持 PLC 和其他工业设备。

基金会现场总线以 ISO/OSI 开放系统互联模型为基础，取其物理层、数据链路层、应用层作为 FF 通信模型的相应层次，并在应用层上增加了用户层。基金会现场总线的主要技术内容包括 FF 通信协议，用于完成开放互联模型中第 2～7 层通信协议的通信栈；描述设备特性、参数、属性及操作接口的设备描述语言和设备描述字典；实现测量、控制、工程量转换等功能的功能块，实现系统组态、调度、管理等功能的系统软件技术及构筑集成自动化系统、网络系统的系统集成技术。

1.5.2 PROFIBUS

PROFIBUS（过程现场总线），是一种国际化、开放式、不依赖于设备生产商的现场总线标准。PROFIBUS 的传输速率可达 9.6kbit/s～12Mbit/s；且当总线系统启动时，所有连接到总线上的装置应该被设置成相同的速率。PROFIBUS 广泛应用于制造业自动化、流程工业自动化及楼宇、交通电力等其他领域自动化，是一种用于工厂自动化车间级监控和现场设备层数据通信与控制的现场总线技术，可实现现场设备层到车间级监控的分散式数字控制和现场网络通信，从而为实现工厂综合自动化和现场设备智能化提供可行的解决方案。

图 1-7 所示为 PROFIBUS 工业控制网络的结构组成。

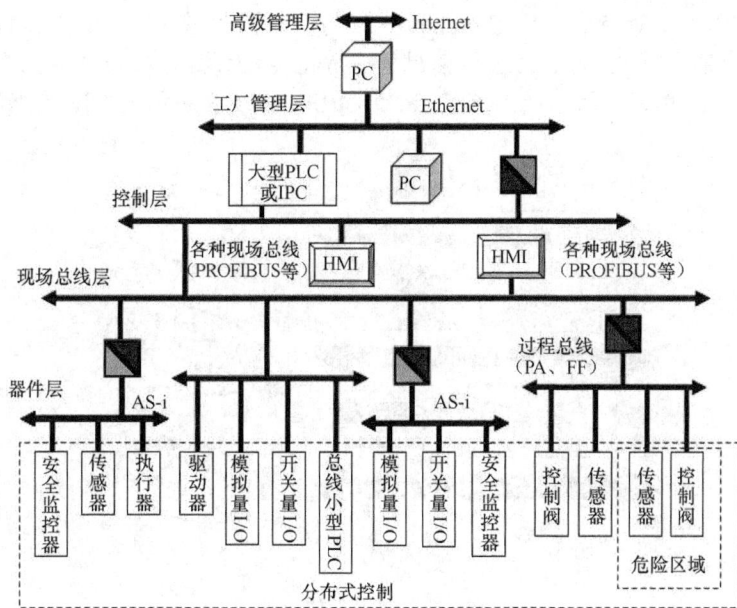

图 1-7　PROFIBUS 工业控制网络的结构组成

AS-i（Actuator Sensor Interface）被公认为简单且成本低的底层现场总线，它通过高柔性和高可靠性的单电缆把现场具有通信能力的传感器和执行器方便地连接起来，组成 AS-i 网络。AS-i 网络可以在简单应用中自成系统，更可以通过连接单元连接到各种现场总线或通信系统中，它取代了传统自控系统中烦琐的底层接线，实现了形成设备信号的数字化和故障诊断的现场化、智能化，极大提高了整个系统的可靠性，节省了系统安装和调试的成本。

PROFIBUS 可使分散式数字化控制器从现场底层到车间级网络化，并可同时实现集中控制、分散控制和混合控制 3 种方式。PROFIBUS 工业控制网络系统分为主站和从站，主站决定总线的数据通信，当主站得到总线控制权（令牌）时，没有外界请求也可以主动发送信息。在 PROFIBUS 协议中，主站也称为主动站。从站为外围设备，典型的从站包括输入/输出装置、阀门、驱动器和测量发射器，它们没有总线控制权，仅对接收到的信息给予确认或当主站发出请求时向它发送信息。从站也称为被动站，由于从站只需总线协议的一小部分，所以实施起来特别经济。

PROFINET 工业以太网出现在工业控制网络的工厂管理层，利用其环境适应性、可靠性、安全性及安装方便等特点来管理整个工厂的下层网络。而在最上层的最高管理层使用的则是商业以太网 Internet，从而实现远程管理。近年来，PROFINET 工业以太网有代替 PROFIBUS 现场总线的趋势。

1.5.3　CIP

通用工业协议（Common Industrial Protocol，CIP）是一种为工业应用开发的应用层协议，被 DeviceNet、ControlNet 和 Ethernet/IP 这 3 种网络采用，因此这 3 种网络相应地统称为 CIP 网络。CIP 网络是由 ODVA（Open DeviceNet Vendor Association）和 CI（ControlNet International）两大工业网络组织共同推出的。这 3 种 CIP 网络都已成为国际标准，DeviceNet、ControlNet、Ethernet/IP 各自的规范中都有 CIP 的定义（称为 CIP 规范），3 种规范对 CIP 的定义大同小异，只是与网络底层有关的部分不一样。

其中，DeviceNet 具有节点成本低、网络供电等特点；ControlNet 具有通信波特率高、支持介质冗余和本质安全等特点；而 Ethernet/IP 作为一种工业以太网，具有高性能、低成本、易使用、易于和内部网甚至 Internet 进行信息集成等特点。因此，一般设备层网络为 DeviceNet，控制层网络为 ControlNet，信息层网络为 Ethernet/IP。图 1-8 所示为 CIP 网络的结构。

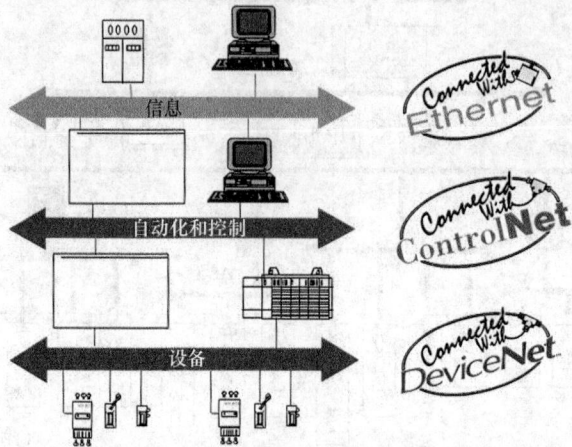

图 1-8 CIP 网络的结构

CIP 网络具有以下特点。

① 功能强大、灵活性强。CIP 网络功能的强大体现在可通过一个网络传输多种类型的数据，完成以前需要两个网络才能完成的任务。其灵活性体现在对多种通信模式和多种 I/O 数据触发方式的支持。

② 具有良好的实时性、确定性、可重复性和可靠性，主要体现在用基于生产者/消费者（Producer/Consumer）模型的方式发送对时间有苛求的报文等方面。

1.5.4 Modbus

Modbus 是全球第一个真正用于工业现场的总线协议，它是于 1979 年由莫迪康（Modicon）公司发明的。莫迪康公司后来被施耐德公司收购，目前 Modbus 主要由施耐德公司支持。Modbus 协议是应用于电子控制器上的一种通用语言。通过此协议，控制器相互之间、控制器经由网络（如以太网）和其他设备之间可以通信，它已经成为一个通用工业标准。图 1-9 所示为典型 Modbus 网络结构。

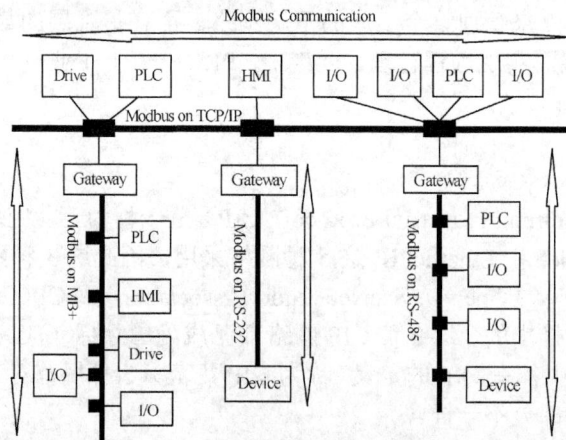

图 1-9 典型 Modbus 网络结构

标准的 Modbus 物理层采用 RS-232 串行通信标准,远距离可以考虑用 RS-422 或者 RS-485 来代替。通信的网络结构为主从模式。需要说明的是,RS-232 和 RS-422 仅支持点对点通信,所以在多点通信的情况下应当采用 RS-485。Modbus 底层协议如果采用以太网标准,则被称为 Modbus TCP 工业以太网。

在典型 Modbus 网络结构中,每种设备(PLC、HMI、控制面板、驱动程序、动作控制、输入/输出设备)都能使用 Modbus 协议来启动远程操作。在基于串行链路和 TCP/IP 以太网的 Modbus 上可以进行通信。一些网关允许在几种使用 Modbus 协议的总线或网络之间进行通信。

当在 Modbus 网络上通信时,此协议要求每个控制器知道它们的设备地址,识别按地址发来的消息,从而决定采用何种行动。如果需要回应,控制器将生成反馈信息并用 Modbus 协议发出。在其他网络上,包含了 Modbus 协议的消息会转换为在此网络上使用的帧或包结构,这种转换也扩展了根据具体的网络解决节点地址、路由路径及错误检测的方法。

1.5.5　CAN 总线

控制器局域网(Controller Area Network,CAN)属于工业现场总线的范畴,是由以研发和生产汽车电子产品著称的德国 BOSCH 公司开发的,是 ISO 国际标准化的串行通信协议。CAN 总线是国际上应用最广泛的现场总线之一,与一般的通信总线相比,CAN 总线的数据通信具有突出的可靠性、实时性和灵活性。由于其良好的性能及独特的设计,CAN 总线越来越受到人们的重视,它在汽车领域中的应用是最广泛的。图 1-10 所示为典型汽车 CAN 总线网络结构。

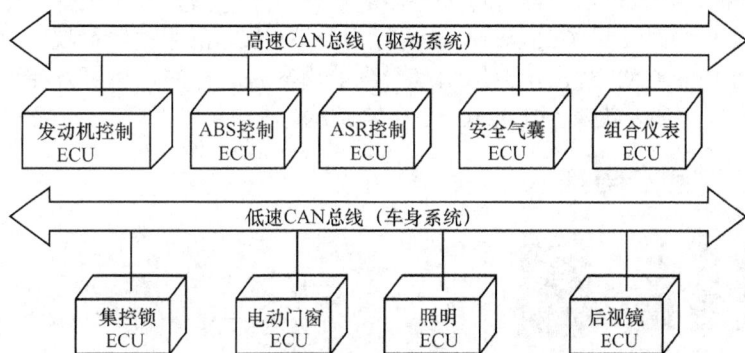

图 1-10　典型汽车 CAN 总线网络结构

在汽车设计中运用微处理器及电控技术是满足安全性、便捷性、舒适性和人性化的最好方法,而且已经得到了广泛的运用。目前运用这种技术的系统有防抱系统(ABS)、制动力分配系统(EBD)、发动机管理系统(EMS)、多功能数字化仪表、主动悬架、导航系统、电子防盗系统、自动空调和自动 CD 机等。目前,几乎每一辆欧洲生产的轿车上都有 CAN 总线,高级客车上会有两套 CAN 总线,它们通过网关互连。

现在,CAN 总线的高性能和可靠性已被广泛认同,而且已经形成国际标准,并已被公认为几种最有发展前景的现场总线之一。其典型的应用协议有 SAE J1939/ISO 11783、CANopen、CANaerospace、DeviceNet 及 NMEA2000 等。由于 CAN 总线本身的特点,其所具有的高可靠性和良好的错误检测能力受到重视,其应用范围目前已不再局限于汽车行业,已向自动控制、航空航天、航海、过程工业、机械工业、纺织机械、农用机械、机器人、数控机床、医疗器械及传感器等领域发展，成为当今自动化领域技术发展的热点之一。它的出现为分布式控制系统实现各节点之间实时、可靠的数据通信提供了强有力的技术支持。

1.5.6 EtherCAT

以太网控制自动化技术（Ethernet Control Automation Technology，EtherCAT）是一个开放架构，是确定性的工业以太网，最早由德国的 Beckhoff 公司研发。

一般工业控制网络中各节点传送的数据长度不长，多半都比以太网帧的最小长度要短。而每个节点每次更新数据都要送出一个帧，造成带宽的利用率低，网络的整体性能也随之下降。EtherCAT 利用一种称为"飞速传输"（Processing On The Fly）的技术解决以上问题。在 EtherCAT 网络中，当数据帧通过 EtherCAT 节点时，节点会复制数据，再传送到下一个节点，同时识别对应此节点的数据，进行对应的处理，若节点需要送出数据，也会在传送到下一个节点的数据中插入要送出的数据。每个节点接收及传送数据的时间少于 1μs，一般而言，一个数据帧就可以供所有的网络上的节点传送及接收数据。EtherCAT 的周期时间短，这是因为从站的微处理器不需要处理以太网的封包，所有程序资料都是由从站控制器的硬件来处理的。此特性再配合 EtherCAT 的机能原理，使得 EtherCAT 可以成为高性能的分散式 I/O 系统：包含 1000 个分散式数位输入/输出的程序资料交换只需 30μs，相当于在 100Mbit/s 的以太网传输 125MB 的资料。读写 100 个伺服轴的系统可以以 10kHz 的频率更新，一般的更新频率约为 1~30kHz，但也可以使用较低的更新频率，以避免太频繁的直接内存存取影响主站个人计算机的运作。

设备行规（Device Profile）描述应用需要的参数及设备的机能特性，包括可能因设备种类而不同的状态机。总线技术中已有许多可靠的设备行规，例如 I/O 设备、驱动器或阀等设备行规。EtherCAT 同时支援 CANopen 设备行规及 SERCOS 驱动器行规。将 CANopen 或 SERCOS 移植到 EtherCAT 时，从应用角度看到的内容是一样的，也可方便使用者或设备制造商的转换。图 1-11 所示为典型 EtherCAT 网络结构。

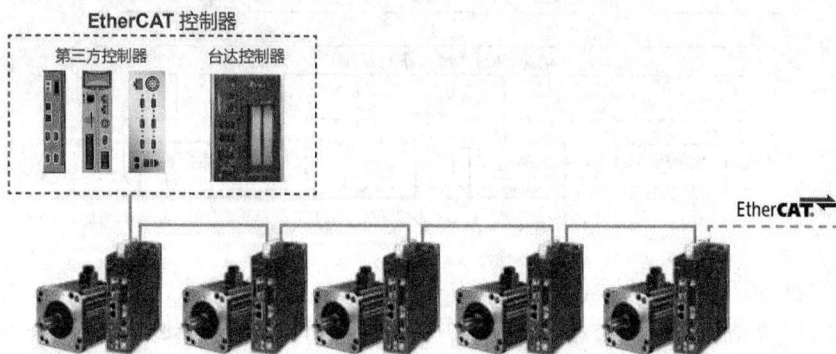

图 1-11 典型 EtherCAT 网络结构

1.5.7 EPA

EPA 是在国家科技部"863"计划的支持下，由我国几所大学和研究所联合开发的现场总线国家标准，它的全称是"用于工业测量与控制系统的 EPA 通信标准"，目前已经成为现场总线国际标准 IEC 61158 Type14。

建立 EPA 标准的目的是改善以太网的通信实时性。为此，EPA 定义了基于以太网、TCP/IP

协议簇的工业控制应用层服务和协议规范，建立了基于以太网的通信调度规范，给出了基于 XML 的电子设备描述方法等。这一工业以太网为用户应用进程之间无障碍的数据交换提供了统一的平台。EPA 已在化工、制药等多个领域的典型装置上获得了成功的应用。

1. EPA 的网络结构

EPA 具有微网段化的系统结构。在 EPA 控制系统中，控制网络划分为若干个控制区域，每个控制区域即为一个微网段。每个微网段通过 EPA 网桥与其他网段进行分隔，微网段内设备之间的通信被限制在本控制区域内进行，而不会占用其他网段的带宽资源。不同网段内 EPA 设备之间的通信需要由 EPA 网桥进行控制和转发。

EPA 采用以太网交换技术、全双工通信技术及优先级技术，在一定程度上克服了以太网媒体访问控制方法中存在的通信不确定性问题。EPA 系统中，微网段内每个设备按事先组态的分时发送原则向网络发送数据，由此避免了微网段内的碰撞，保证了微网段内 EPA 设备之间通信的确定性和实时性。为了实现这一功能，EPA 标准在数据链路层与网络层之间定义了一个确定性通信调度管理接口，用于处理 EPA 设备的报文发送调度。通过这个调度管理接口，EPA 设备按组态后的顺序，采用分时发送方式向网络发送报文，以避免报文冲突。从某种意义上来说，在 EPA 微网段内的媒体访问控制方法不再是严格意义上的 CSMA/CD。EPA 网络结构示意图如图 1-12 所示。

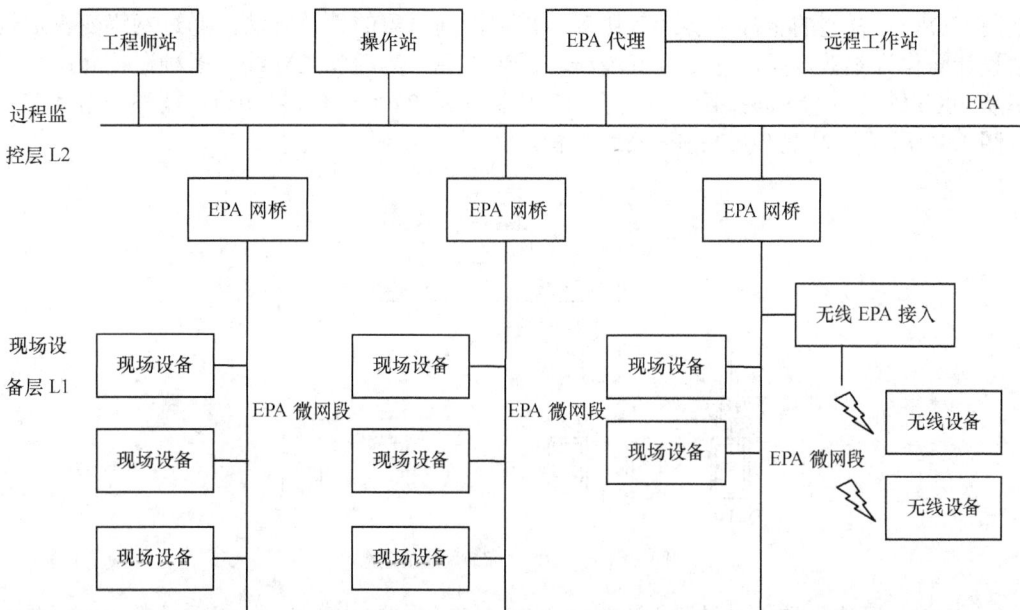

图 1-12　EPA 网络结构示意图

2. EPA 的主要特点

（1）开放性

EPA 系统兼容 IEEE 802.3、IEEE 802.1p、IEEE 802.1q、IEEE 802.1d、IEEE 802.11、IEEE 802.15 及 TCP/IP 协议簇。IT 领域的所有成熟技术、资源均可以在 EPA 系统中得到继承，但必须要满足工业环境的可靠性要求。

（2）支持 EPA 报文与一般网络报文并行传输

在不影响实时性的前提下，EPA 报文与一般网络报文可并行传输。

（3）分层化网络安全策略

EPA 将网络分为企业信息管理层、过程监控层和现场设备层 3 个层次，不同层次规定了不同的网络安全管理措施。

（4）基于 XML 的 EPA 设备描述与互操作

EPA 采用 XML 结构化文本语言规定了 EPA 设备资源、功能块及其参数接口的描述方法，以实现不同 EPA 设备的互操作。

（5）冗余

EPA 支持网络冗余和设备冗余，并规定了相应的故障检测和故障恢复措施，如设备冗余信息的发布、冗余状态的管理、备份的自动切换等。

（6）一致的高层协议

为了使设备之间能够理解、识别彼此所交换的信息的含义，EPA 在应用层定义了应用层服务与协议规范，包括系统管理服务、上传/下载服务、变量访问服务及事件管理服务等。为降低设备的通信处理负荷，EPA 体系结构忽略了会话层和表示层这两个中间层，在应用层直接定义了与 TCP/IP 协议簇的接口。

1.5.8 LonWorks

LonWorks 现场总线由美国 Echelon 公司推出，并由 Motorola、Toshiba 公司共同倡导。它采用 ISO/OSI 模型的全部 7 层通信协议，采用面向对象的设计方法，通过网络变量把网络通信设计简化为参数设置。它支持双绞线、同轴电缆、光缆和红外线等多种通信介质，通信速率从 300bit/s 至 1.5Mbit/s 不等，直接通信距离可达 2700m（78kbit/s），被誉为通用控制网络。图 1-13 所示为典型 LonWorks 网络结构。

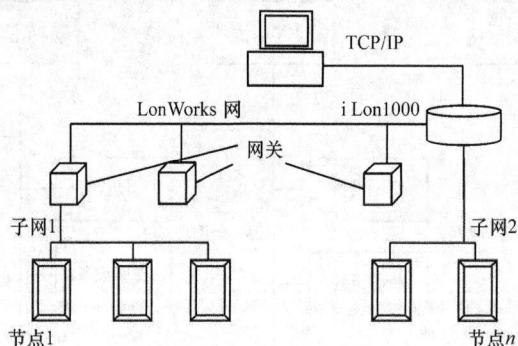

图 1-13 典型 LonWorks 网络结构

LonWorks 网络的核心是神经元芯片（Neuron Chip），LonWorks 技术采用的 LonTalk 协议被封装到神经元芯片中。神经元芯片是高度集成的，内部含有 3 个 8 位的 CPU，第一个 CPU 为介质访问控制处理器，用于处理 LonTalk 协议的第一层和第二层；第二个 CPU 为网络处理器，用于实现 LonTalk 协议的第三层至第六层；第三个 CPU 为应用处理器，用于实现 LonTalk 协议的第七层、执行用户编写的代码及用代码所调用的操作系统提供服务。

神经元芯片实现了完整的 LonWorks 的 LonTalk 通信协议。LonWorks 是采用 LonWorks 技术和神经元芯片的产品，被广泛应用在楼宇自动化、家庭自动化、保安系统、办公设备、交通运输及工业过程控制等领域。

1.6 工业控制网络的发展趋势

工业控制网络的发展历经了从传统控制网络到现场总线，再到目前广泛研究的工业以太网及无线网络的过程。纵观当今工业控制网络的发展趋势和市场需求，工业控制网络有以下几个发展趋势。

1. 提高通信的实时性

工业控制网络提高通信的实时性主要是使操作系统和交换技术支持实时通信。操作系统基于优先级策略对非实时和实时传输提供多队列排队方式。交换技术支持高优先级的数据包接入高优先级的端口，以便高优先级的数据包能够快速进入传输队列。其他研究方向还包括提高在 MAC 层上的数据传输速率的调度方法等。

2. 提高通信的可靠性

工业控制网络基于不同的网络交换技术，需进行不同类型网络站点之间的通信，因此通信的可靠性显得尤为重要。提高通信可靠性的研究方向之一在于设计虚拟自动化网络，以构筑深层防御系统。虚拟自动化网络中包含不同的抽象层和可靠区域，可靠区域包括远程接入区域、局部生产操作区域及自动设备区域等，重点在于可靠区域的设计。

3. 提高通信的安全性

安全性意味着能预防危险，如系统故障、电磁干扰、高温辐射及恶意攻击等因素所带来的威胁。自从工业以太网能够实现从管理级到现场级一致的数据传输，用户只需要掌握一种网络技术即可，同时也提高了工作效率。可是，统一的网络结构也因为整体的网络透明度而承担了一定的风险。因此必须有一套明确的规则来定义通信的时间和对象。

IEC 61508 针对安全通信提出了黑通道机制，并制订了安全完整性等级（Safety Integrity Level，SIL）。提高工业通信的安全性以满足 SIL 高级别的要求，是工业控制网络安全性发展的趋势。目前一些总线研究机构基于黑通道原理，针对数据破坏、丢失、时延及非法访问等错误采用了数据编号、密码授权及 CRC 安全校验等安全保护措施，如 Interbus Safety、PROFIsafe 及 EtherCAT Safety 等，这可作为工业控制网络安全性研究的参考。

4. 多现场总线集成

多现场总线并存且相互竞争的局面由来已久，在未来相当长的时间内这种局面还将继续。目前市场中主要用到的是用于过程控制的 OLE 技术（OLE for Process Control，OPC），它是实现控制系统现场设备级与过程管理级进行信息交互、实现控制系统开放性的关键技术，同时也为不同现场总线系统的集成提供了有效的软件实现手段。多现场总线集成协同完成工业控制任务是其发展趋势，研究方向之一是使用代理机制将单一总线系统中的设备映射到基于工业以太网的工业控制网络中。

5. 无线网络提供新的应用可能

如今无线网络技术 WLAN（Wireless Local Area Network，无线局域网）被广泛应用于办公环境中。移动性、灵活性、易于安装、低成本等优点，使得这项技术逐渐被应用于工业环境中。现在，WLAN 越来越多地成为传统有线网络的一种补充，典型的应用是在生产物流的移动终端上操作和监控生产线或提供在线数据的快速交换，例如预定数据可以从监控中心直接送到仓库的铲车上。

现在已有不少工业级的 WLAN 设备面市，它们都基于 IEEE 802.11b/g/a/h 协议，可以提供约 100Mbit/s 的数据传输速率。传输距离方面，如果在 5GHz 频率下使用合适的天线，可以达到 20km。将来，扩展的协议 IEEE 802.11n 将进一步规范 WLAN 在工业环境中的标准。新的标准实行后，数据通信将更可靠，传输速率也将更高，即使是在无线电通信条件很差的环境中也可达 640Mbit/s。

工业环境下的无线电网络也会根据 WLAN 的应用有具体的区分，例如，应用于距离在 70km 以上的数据传输 WiMAX（IEEE 802.16）或应用于近距离传输的 Bluetooth（IEEE 802.15.1）和 ZigBee（IEEE 802.15.4）。ZigBee 具有低功率的消耗，非常适合传感器间的无线通信。但是这项技术在工业环境中的广泛应用可能还需要一定的时间。

习题

1. 下面的现场总线国际标准中，关于低压开关设备和控制设备的是（　　）。
   A. IEC 61158　　　B. IEC 62026　　　C. ISO 11898　　　D. ISO 11519
2. 现场总线是当今 3C 技术发展的结合点，这里的 3C 是指（　　）。
   A. Computer、Communication、Control
   B. China、Compulsory、Certification
   C. Computer、Communication、Contents
   D. CAD、CAPP、CAM
3. ControlNet 现场总线是由（　　）公司推出的。
   A. Siemens　　　B. Boeing　　　C. Rockwell　　　D. Fisher-Rosemount
4. 在"低压开关设备和控制设备"现场总线国际标准 IEC 62026 中，因协议不适合作为设备层的通用协议而被移去的现场总线类型是（　　）。
   A. AS-i　　　B. DeviceNet　　　C. LonTalk　　　D. Seriplex
5. 在关于"道路交通工具数字信息交换"的国际标准 ISO 11898 和 ISO 11519 中，以（　　）通信速率区分高速和低速通信控制器局域网。
   A. 1Mbit/s　　　B. 500kbit/s　　　C. 250kbit/s　　　D. 125kbit/s
6. 下列现场总线中，建筑业国际公认的现场总线标准是（　　）。
   A. LonWorks　　　B. HART　　　C. CC-Link　　　D. Sensoplex2
7. （多选）西门子工业自动化系统常用的工业控制网络标准有（　　）。
   A. AS-i　　　B. PROFIBUS　　　C. PROFINET　　　D. DeviceNet
8. （多选）罗克韦尔工业自动化系统常用的工业控制网络标准有（　　）。
   A. DeviceNet　　　B. CANopen　　　C. ControlNet　　　D. Ethernet/IP
9. （多选）台达工业自动化系统常用的工业控制网络标准有（　　）。
   A. Modbus　　　B. DeviceNet　　　C. CANopen　　　D. PROFIBUS
   E. Modbus TCP　　　F. EtherCAT　　　G. Ethernet/IP　　　H. DMCNET
10. 汽车的 ACC（自适应巡航系统）ECU 应用的是高速 CAN 总线。（　　）
11. Rockwell 工业自动化系统中信息层网络多采用 DeviceNet、设备层网络多采用 Ethernet/IP、控制层网络多采用 ControlNet。（　　）
12. 1986 年，德国 Bosch 公司开始制定 PROFIBUS。（　　）
13. 1992 年，可互操作系统规划（ISP）组织以德国标准 CAN 总线协议为基础制定现场总线标准。（　　）

14．工业控制网络常应用于工业现场，能够传输自动化生产线产量数据。　　（　　）

15．工业控制网络主要有（　　）和（　　）两类。

16．集散控制系统弥补了传统的集中式控制系统的缺陷，实现了（　　）管理、（　　）控制。

17．进入"低压开关设备和控制设备"现场总线国际标准 IEC 62026 中的现场总线类型有（　　）、（　　）、（　　）、（　　）。

18．将以太网应用于工业自动控制系统的呼声越来越高，应用后就可以使控制和管理系统中的信息无缝衔接，真正实现（　　）。

19．（　　）总线适用于汽车电子领域。

20．简述现场总线的概念。

21．简述现场总线的技术特点。

22．简述 IEC 61158 第二版国际标准中的 8 种类型。

23．简述工业以太网技术的优势和不足。

24．利用网络检索工业自动化企业采用的工业控制网络标准。

25．简述工业控制网络的发展趋势。

第2章 数据通信与计算机网络基础

数据通信是指依据通信协议，利用数据传输技术在两个功能单元之间传递数据。目前所说的数据通信是指计算机技术与通信技术相结合的通信方式。工业控制网络中的现场设备大多采用微型计算机，因此工业控制网络属于一种特殊类型的计算机网络。本章将主要对控制网络技术涉及的数据通信与计算机网络基础知识进行简单的介绍。

2.1 数据通信系统概述

2.1.1 数据通信系统的组成

数据通信系统一般由信息源与信宿、发送设备、传输介质和接收设备几部分组成。单向数据通信系统点对点的模型如图 2-1 所示。

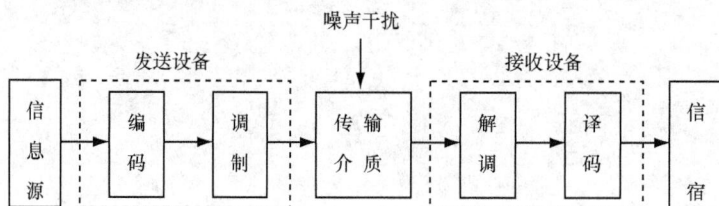

图 2-1　单向数据通信系统点对点的模型

1. 信息源与信宿

信息源和信宿是信息的生产者和使用者。数据通信系统中传输的信息是数据，是数字化的信息。这些信息可能是原始数据，也可能是经计算机处理后的结果，还可能是某些指令或标志。

2. 发送设备

发送设备的基本功能是将信息源和传输介质匹配起来，即将信息源产生的消息信号经过编码变换为便于传输的信号形式，并送往传输介质。

3. 传输介质

传输介质指发送设备到接收设备之间信号传递所经的媒介。它可以是无线的，也可以是有线的，如电磁波、红外线为无线传输介质，各种电缆、光缆、双绞线等是有线传输介质。

4. 接收设备

接收设备的基本功能是完成发送设备的反变换，即进行解调、译码、解密等。它的任务是从带有干扰的信号中正确恢复出原始信息。对于多路复用信号，还包括解除多路复用，实现正确分路。

2.1.2　数据通信系统的性能指标

数据通信系统的目的是传递信息，衡量一个数据通信系统好坏的性能指标主要有误码率、数据传输速率和协议效率。

1. 误码率

误码率是指二进制数据被错误传输的概率。这是衡量一个数据通信系统传输可靠性的指标。当所传输的二进制数据序列趋于无限长时，误码率等于被错误传输的二进制数据位数与所传输的二进制数据总位数之比。

2. 数据传输速率

数据传输速率是指单位时间内传输二进制数据的位数，单位是比特/秒或位/秒，记为 bit/s。工业控制网络中常用的数据传输速率有 9600bit/s、31.25kbit/s、500kbit/s、1Mbit/s、2.5Mbit/s、10Mbit/s 和 100Mbit/s 等。

3. 协议效率

协议效率是指所传数据包中，有效二进制数据位数与所传输的二进制数据总位数之比。这是一个衡量数据通信系统传输有效性的指标。

从提高协议效率的角度来看，通信协议越简单，协议效率越高，但简单的通信协议可能无法满足数据通信的可靠性要求。为了提高数据通信系统的可靠性，降低误码率，就需要采取特定的差错控制措施，这样数据通信的协议效率就会降低。可见，数据通信系统的可靠性和有效性两者之间是相互联系、相互制约的。

2.1.3　数据传输方向

在数据通信系统中，数据通常是在两个站之间进行传输，按照数据流的方向可以分成 3 种基本的传输方式：单工方式、半双工方式和全双工方式。

1. 单工方式

单工方式通信使用一根传输线，信号的发送方和接收方有明确、单一的方向，也就是说通信只能在一个方向上进行。

2. 半双工方式

若使用同一根传输线既做接收又做发送，虽然数据可以在两个方向上传输，但通信双方不能同时收发数据，这样的传输方式就是半双工方式。采用半双工方式时，数据通信系统每一端的发送器和接收器通过收发开关连接到传输线上，进行方向的切换，因此会产生时间延迟。收发开关实际上是由软件控制的电子开关。RS-485 标准采用半双工方式传输数据。

3. 全双工方式

当数据的发送和接收分流，分别由两根不同的传输线传输时，通信双方都能在同一时刻进行发送和接收操作，这样的传输方式就是全双工方式。采用全双工方式时，数据通信系统都分别设置了发送器和接收器，能控制数据同时在两个方向上传输。全双工方式无须进行方向的切换，因此没有切换操作所产生的延迟，对那些不允许有时间延迟的交互应用十分适合。RS-232 标准采用全双工方式传输数据。

2.2 数据编码技术

数据编码技术包括信源编码和信号编码。在数据通信系统的信息源中将原始的信息转换成用代码表示的数据的过程称为信源编码，如 BCD 码、ASCII、汉字区位码等。信号编码又叫信道编码，是将数据由信源编码变换到某种适合于信道传输的信号形式的过程。

2.2.1 数字数据的模拟信号编码

公用电话网是典型的模拟通信信道，无法直接传输数字信号，但可以通过调制和解调传输数字信号。调制时通常采用正（余）弦信号作为载波，根据所控制的载波参数的不同，主要有 3 种方式，分别是幅移键控法（ASK）、频移键控法（FSK）和相移键控法（PSK），如图 2-2 所示。

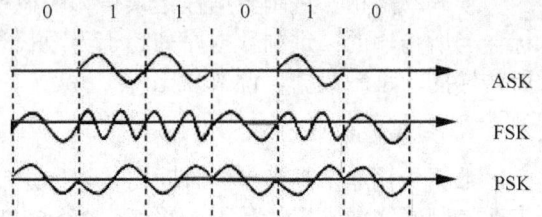

图 2-2 3 种调制方式

1. 幅移键控法（ASK）

在 ASK 方式下，频率和相位不变，幅值定义为数字的数据变量，用载波的两种不同幅度来表示二进制的两种状态，该方法是一种低效的调制方法。

2. 频移键控法（FSK）

在 FSK 方式下，幅值和相位不变，频率受数字信号的控制，用载波频率附近的两种不同频率来表示二进制的两种状态。

3. 相移键控法（PSK）

在 PSK 方式下，幅值和频率不变，相位受数字信号的控制，用载波信号的相位移动来表示数据。PSK 可使用二相或多于二相的相移，可对传输速率起到加倍的作用。

2.2.2 数字数据的数字信号编码

采用高低电平的矩形脉冲来表示 0 和 1 两个二进制数的方法，称为数字数据的数字信号编码。数字信号编码的方式很多，例如，信号电平有正负两种极性的称为双极性码，信号电平只有一种极性的称为单极性码；信号电平在每一位二进制数传输之后均回归零电平的称为归零码，信号电平在每一位二进制数传输时间内都保持不变的称为不归零码（NRZ）。实际传输过程往往采用以上几种方式的结合，如图 2-3 所示。

1. 单极性不归零码

单极性不归零码只采用一种极性的电压脉冲，有电压脉冲表示"1"，无电压脉冲表示"0"，如图 2-3（a）所示。并且在表示一个二进制数时，电压均无须回归零，所以称为不归零码。单极性不归零码是采用最普遍的信号编码方式，能够比较有效地利用信道的带宽。

2. 双极性不归零码

双极性不归零码采用两种极性的电压脉冲，一种极性的电压脉冲表示"1"，另一种极性的电压脉冲表示"0"，如图 2-3（b）所示。

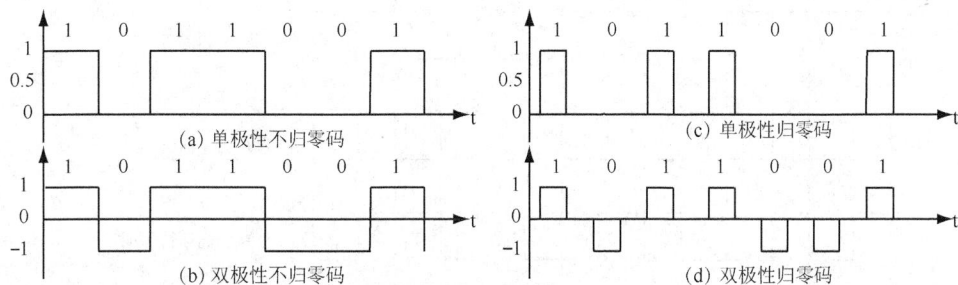

图 2-3　矩形脉冲的数字信号编码

3. 单极性归零码

单极性归零码也只采用一种极性的电压脉冲，但"1"码持续时间短于一个二进制数的宽度，即发出一个窄脉冲；无电压脉冲表示"0"，如图 2-3（c）所示。

4. 双极性归零码

双极性归零码采用两种极性的电压脉冲，"1"码发正的脉冲，"0"码发负的脉冲，如图 2-3（d）所示。双极性归零码主要用于低速传输，其优点是比较可靠。

2.2.3　数据的同步方式

"同步"就是指接收端要按照发送端发送的每个数据的重复频率及起止时间来接收数据。因此，接收端不仅要知道一组二进制位的开始与结束，还要知道每位的持续时间，这样才能做到用合适的采样频率对所接收的数据进行采样。

同步传输与异步传输的引入是为了解决串行数据传输中通信双方的码组或字符的同步问题。串行传输是以二进制位为单位在一条信道上按时间顺序逐位传输的，这就要求发送端按位发送，接收端按时间顺序逐位接收，并且还要对所传输的数据加以区分和确认。因此，通信双方要采取同步措施，尤其对远距离的串行通信更为重要。

1. 位同步

位同步的数据传输是指接收端接收的每一位数据信息都要和发送端准确地保持同步，中间没有间断时间。实现这种同步的方法又有外同步法和自同步法。

（1）外同步法

外同步法是指接收端的同步信号由发送端送来，而不是自己产生，也不是从信号中提取出来的方法。即发送端在发送数据前，向接收端先发出一个或多个同步时钟，接收端按照这个同步时钟来调整其内部时序，并把接收时序重复频率锁定在同步频率上，以便能用同步频率接收数据，然后向发送端发送准备接收数据的确认信息，发送端收到确认信息后才开始发送数据。外同步典型的例子是不归零码，用正电压表示"1"，用负电压表示"0"，在一个二进制位的宽度和电压保持不变，如图 2-4（a）所示。不归零码容易实现，但缺点是接收方和发送方不能保持正确的定时关系，且当信号中包含连续的"1"和"0"时，存在直流分量。

（2）自同步法

自同步法是指从数据信息波形本身提取同步信号的方法，例如曼彻斯特编码和差分曼彻斯特编码的每个码元中间均有跳变，利用这些跳变作为同步信号，如图 2-4（b）所示。

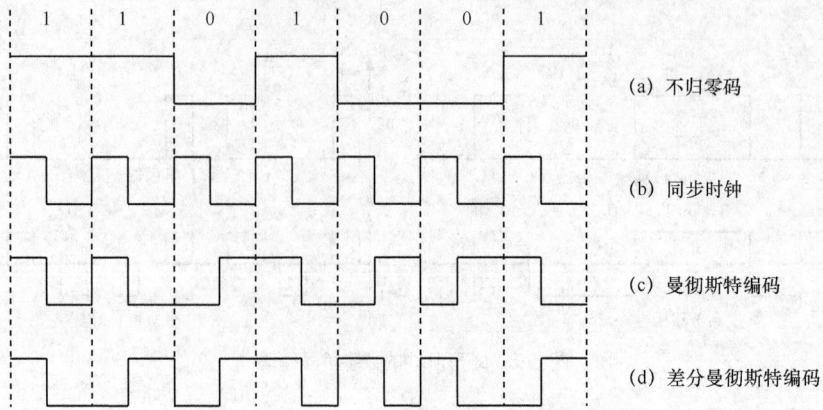

图 2-4　同步信号的编码方法

在曼彻斯特编码中，用电压跳变的不同来区分"1"和"0"，即用正的电压跳变表示"0"，用负的电压跳变表示"1"，也就是说，从低到高跳变表示"0"，从高到低跳变表示"1"，如图 2-4（c）所示。由于跳变都发生在每一个码元的中间，接收端可以方便地利用它提取位同步时钟，还可根据每位中间的跳变来区分"0"和"1"的取值。

差分曼彻斯特编码是在曼彻斯特编码的基础上进行修改而得到的编码，它们之间的不同之处在于差分曼彻斯特编码每位中间的跳变只用作通信双方的同步时钟信号，取值是"0"还是"1"根据每一位起始处有无跳变来判断，若有跳变则为"0"，若无跳变则为"1"，如图 2-4（d）所示。

两种曼彻斯特编码将时钟和数据包含在数据流中，在传输代码信息的同时，也将时钟同步信号一起传输给对方，每位编码中都有一跳变，不存在直流分量，因此具有自同步能力和良好的抗干扰性能。但由于每一个码元都被调成两个电平，所以数据传输速率只有调制速率的一半。

2. 字符同步

字符同步也称异步传输，在通信的数据流中，每次传送一个字符，且字符间异步，字符内部各位同步被称为字符同步方式。即每个字符出现在数据流中的相对时间是随机的，接收端预先并不知道，而每个字符一经发送，收发双方则以预先固定的时钟速率来传送和接收二进制位。

异步传输过程如图 2-5 所示，开始传送前，线路处于空闲状态，持续送出"1"。传送开始时先发一个"0"作为起始位，然后出现在通信线路上的是字符的二进制编码数据。每个字符的数据位长可以约定为 5 位、6 位、7 位或 8 位，一般采用 ASCII 编码（见附录 A）。后面是奇偶校验位，也可以约定不要奇偶校验，最后是表示停止位的"1"信号，这个停止位可以约定持续 1 位或 2 位的时间宽度。至此，一个字符传送完毕，线路又进入空闲状态，持续送出"1"，经过一段时间后，下一个字符开始传送时又发出起始位。

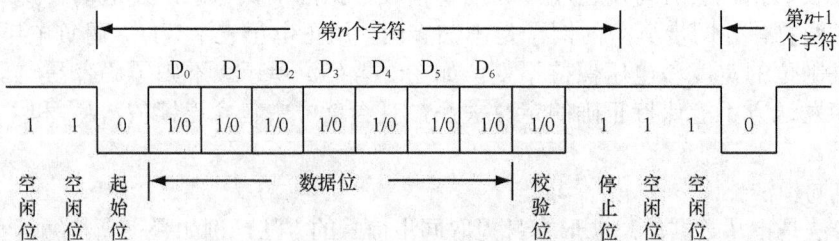

图 2-5　异步传输过程

异步传输对接收时钟的精度降低了要求，它最大的优点是设备简单、易于实现，但是它的效率很低，因为每个字符都要附加起始位和结束位，辅助开销比例较大。

3. 帧同步

帧同步也称同步传输，在通信的数据流中，以多个字符组成的字符块为单位进行传输，收发双方以固定时钟节拍来发送和接收数据信号，字符或码组之间及位与位之间是同步的。在异步传输中，每一个字符要用起始位和停止位作为字符的开始和结束标志，占用了时间，所以在传送数据块时，为了提高速率，可以去掉这些标志而采用同步传输方式。同步传输时，在数据块开始处要用同步字符来指示，并在发送端和接收端之间用时钟来实现同步，故硬件较为复杂，对线路要求较高。

同步传输通信控制规程可分为面向字符型和面向位（比特）型两类。

（1）面向字符型同步传输通信控制规程

面向字符型（Character-Oriented）同步传输通信控制规程的特点是规定一些字符作为传输控制字符，信息长度为 8 位的整数倍，面向字符型的数据格式又有单同步、双同步和外同步之分，如图 2-6 所示。

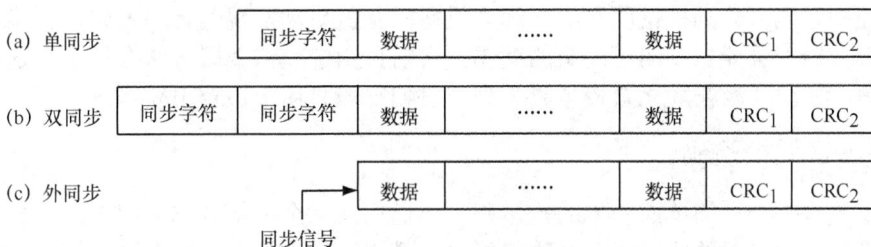

图 2-6　面向字符型同步传输通信控制规程

单同步是指在传送数据块之前先传送一个同步字符，接收端检测到该同步字符后开始接收数据；双同步格式中有两个同步字符；外同步格式中数据之前不含同步字符，而是用一条专用控制线来传送同步信号，以实现收发双方的同步操作。任何一帧的信息都以两个字节的循环控制码（CRC）结束。

（2）面向位型同步传输通信控制规程

面向位型同步传输通信控制规程的概念是由 IBM 公司在 1969 年提出的，它的特点是没有采用传输控制字符，而是采用某些位组合作为控制字符，其信息长度可变，传输速率在 2400bit/s 以上。这一类型中最具有代表性的规程是 IBM 的同步数据链路控制（Synchronous Data Link Control，SDLC）规程和国际标准化组织（ISO）的高级数据链路控制（High Level Data Link Control，HDLC）规程。在 SDLC/HDLC 规程中，所有信息传输必须以一个标志字符开始，以同一个字符结束，这个标志字符为 01111110，如图 2-7 所示，开始标志到结束标志之间构成一个完整的信息单位，称为一帧（Frame），所有的信息都是以帧的形式传输，而标志字符提供了每一帧的边界，接收器利用每个标志字符建立帧同步。

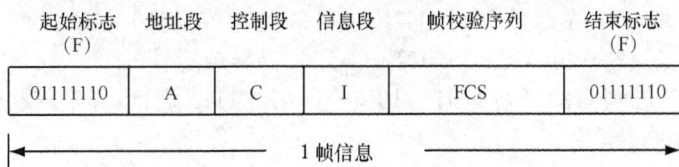

图 2-7　SDLC/HDLC 规程帧格式

工业控制网络中普遍采用单极性不归零码，但单极性不归零码中出现连续 0 或连续 1 时难以分辨一位的结束和另一位的开始，需要通过其他途径在发送端和接收端提供同步或定时。而且单极性不归零码会产生直流分量的积累问题，这将导致信号的失真与畸变，使传输的可靠性降低，并且由于直流分量的存在，无法满足过程控制领域对本质安全的要求。因此，某些工业控制网络中采用了曼彻斯特编码来解决相关问题，例如 FF、PROFIBUS-PA 等。

2.3 传输差错及其检测

在数据通信过程中，信宿接收到的数据可能与信息源发送的数据不一致，这一现象就是传输差错。差错的产生是不可避免的，差错控制就是要在数据通信过程中发现并纠正差错，将差错控制在尽可能小的范围内，保证数据通信的正常进行。

差错控制的主要目的是减少通信信道的传输差错，目前还不能做到检测和校正所有错误。差错控制的方法是对发送的信息进行控制编码，即对需要发送的信息位按照某种规则附加一定的冗余位，构成一个码字后再发送；而在接收端要对接收到的码字检查信息位和附加冗余位之间的关系，以确定信息位是否存在传输差错。

差错控制编码可分为检错码和纠错码，检错码是能自动发现差错的编码，纠错码是不仅能自动发现差错而且能自动纠正差错的编码。目前可用的差错编码方法有很多，这里只介绍奇偶校验码、校验和及循环冗余校验码 3 种，它们一般只用于检查出差错。

2.3.1 奇偶校验码

奇偶校验码是一种简单而基本的检错码，通过增加冗余位得到码字中 1 的个数为奇数或偶数，它是作用很有限的检错码。这种编码如果是在一维空间上进行，则是简单的"纵向奇偶校验码"或"横向奇偶校验码"；如果是在二维空间上进行，则是"纵横奇偶校验码"，如图 2-8 所示。

1. 纵向奇偶校验码

一维奇偶校验码的编码规则是把信息位的二进制数先纵向分组，在每组最后加一位校验二进制数，使该码中 1 的数目为奇数或偶数，当为奇数时称为奇校验码，为偶数时称为偶校验码，编码方式如图 2-8（a）所示。

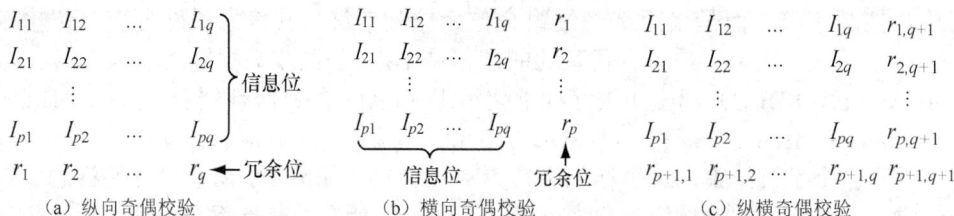

$$
\begin{array}{cccc}
I_{11} & I_{12} & \cdots & I_{1q} \\
I_{21} & I_{22} & \cdots & I_{2q} \\
\vdots & & & \vdots \\
I_{p1} & I_{p2} & \cdots & I_{pq} \\
r_1 & r_2 & \cdots & r_q
\end{array}
$$

（a）纵向奇偶校验　　（b）横向奇偶校验　　（c）纵横奇偶校验

图 2-8 奇偶校验编码

偶校验：$r_i = I_{1i} \oplus I_{2i} \oplus \cdots \oplus I_{pi}$　　（$i=1,2,\cdots,q$，$\oplus$ 为异或运算）

奇校验：$r_i = I_{1i} \oplus I_{2i} \oplus \cdots \oplus I_{pi} \oplus 1$　　（$i=1,2,\cdots,q$，$\oplus$ 为异或运算）

【例 2-1】 对二进制比特序列 1101、1011、0101、1111 进行纵向偶校验，求校验码。

解： $r_1 = 1 \oplus 1 \oplus 0 \oplus 1 = 1$

$\qquad r_2 = 1 \oplus 0 \oplus 1 \oplus 1 = 1$

$r_3 =0\oplus1\oplus0\oplus1=0$

$r_4 =1\oplus1\oplus1\oplus1=0$

故校验码为 1100。

2. 横向奇偶校验码

横向奇偶校验在发送信息码的末尾加一个校验字符，编码方式如图 2-8（b）所示。

偶校验：$r_i=I_{i1}\oplus I_{i2}\oplus\cdots\oplus I_{i\,q}$　　　（i=1,2,$\cdots$,p，$\oplus$ 为异或运算）

奇校验：$r_i=I_{i1}\oplus I_{i2}\oplus\cdots\oplus I_{i\,q}\oplus 1$　　（i=1,2,$\cdots$,p，$\oplus$ 为异或运算）

【例 2-2】 对二进制比特序列 1101、1011、0101 进行横向偶校验，求校验码。

解：$r_1 =1\oplus1\oplus0\oplus1=1$

$r_2 =1\oplus0\oplus1\oplus1=1$

$r_3 =0\oplus1\oplus0\oplus1=0$

故校验码为 110。

3. 纵横奇偶校验码

纵横奇偶校验是纵向和横向奇偶校验的综合，即对信息码中的每个字符做纵向（或横向）校验，然后再对信息码中的每个字符做横向（纵向）校验，编码方式如图 2-8（c）所示。

偶校验：$r_i=I_{1i}\oplus I_{2i}\oplus\cdots\oplus I_{pi}$　　（i=1,2,$\cdots$,q，$\oplus$ 为异或运算）

奇校验：$r_i=I_{1i}\oplus I_{2i}\oplus\cdots\oplus I_{pi}\oplus1$　（i=1,2,$\cdots$,q，$\oplus$ 为异或运算）

纵向奇偶校验和横向奇偶校验可以检测出所有单比特错误。但是也有可能漏掉许多其他错误。如果单位数据域中出现错误的比特数是偶数，在奇偶校验中则会判断传输过程没有错误，只有当出错的次数是奇数时，它才能检测出多比特错误和突发错误。纵横奇偶校验能发现某一行或者某一列上的奇数个错误，具有较强的检错能力。

2.3.2　校验和

在校验和的计算过程中，先将数据以固定长度（一般是字节的整数倍）分段，然后每一段取反后根据反码运算规则进行累加，再将累加结果取反作为校验和；在接收端，重新将数据分段取反后，根据反码运算规则进行累加，并将累加结果与校验和相加，再将相加结果取反。如果取反后的结果为全 0，表明数据在传输过程中没有出错；否则判定数据有错。这种方法既简单，又能检测出连续多位二进制数出错的情况。

【例 2-3】 假设数据为字符串 C=0123456，以 8 位为单位分段，求出校验和，如果字符 0 在传输过程中变为字符 7，给出接收端的检错过程。

解：字符 0~6 的 ASCII 分别为 00110000~00110110，将它们以字节为单位分段后分别是每一个字符的 ASCII，取反累加过程如下。

```
11001111   0 字符 ASCII 的反码
11001110   1 字符 ASCII 的反码
11001101   2 字符 ASCII 的反码
11001100   3 字符 ASCII 的反码
11001011   4 字符 ASCII 的反码
11001010   5 字符 ASCII 的反码
11001001   6 字符 ASCII 的反码
10010100   累加和
01101011   累加和取反即为校验和
```

从计算校验和的过程中可以看出，由于校验和是将数据分段、取反，根据反码运算规则将累加后的结果再取反得到的结果，因此，接收端将数据分段、取反，根据反码运算规则将累加后的结果和校验和相加得到的结果应该全是 1，将这种结果取反，必然是全 0。所以，在传输没有出错的情况下，得到的结果应该是全 0。

如果传输出错，字符 0 变为字符 7，则第一个字符的 ASCII 由 00110000 变为 00110111，接收端进行的计算如下。

```
11001000   7 字符 ASCII 的反码
11001110   1 字符 ASCII 的反码
11001101   2 字符 ASCII 的反码
11001100   3 字符 ASCII 的反码
11001011   4 字符 ASCII 的反码
11001010   5 字符 ASCII 的反码
11001001   6 字符 ASCII 的反码
10001101      累加和
01101011      加校验和
11111000
00000111   相加结果取反后不为 0
```

校验和能够有效地检测出单段数据中的连续多位二制数错误，但对于分布在多段数据中的二进制数错误有可能无法检测出，例如某段数据由于出错其值增 1，而另一段数据由于出错其值又减 1，导致累加结果不变的情况。因此，校验和虽然简单、有效，在计算机网络中常常被用作检错技术，但有时为了提高传输网络的检错能力，需要和其他检错技术一起使用。

2.3.3　循环冗余校验码

循环冗余校验（Cyclic Redundancy Check，CRC）是目前在数据通信和计算机网络中应用最广泛的一种校验编码方法，CRC 的漏检率要比奇偶校验低得多，它以二进制信息的多项式表示为基础。一个二进制信息可以用系数为 0 或 1 的一个多项式来表示，例如，1011011 对应的多项式为 $x^6+x^4+x^3+x+1$，而多项式 $x^6+x^4+x^3+x+1$ 对应的二进制信息为 1011011。k 位要发送的信息码可对应一个 $k-1$ 次多项式 $K(x)$，r 位冗余校验码则对应一个 $r-1$ 次多项式 $R(x)$，在 k 位信息码后面加上 r 位校验码组成的 $n=k+r$ 位发送码字则对应一个 $n-1$ 次多项式 $T(x)=x^r \cdot K(x)+R(x)$。

例如 $k=7$，$r=4$，则有如下结果。

信息码　　　　　1011001　　　$\to K(x)=x^6+x^4+x^3+1$

校验码　　　　　1010　　　　$\to R(x)=x^3+x$

产生的发送码字　10110011010$\to T(x)=x^4K(x)+R(x)=x^{10}+x^8+x^7+x^4+x^3+x$

可见，由信息码产生校验码的编码过程就是由已知 $K(x)$ 求余式 $R(x)$ 的过程。在 CRC 码中可能找到一个特定的 r 次多项式 $G(x)$（它的最高次项 x^r 的系数必须为 1，所以它的位数是 $r+1$），然后用它去除 $x^r \cdot K(x)$ 式所得到的余式就是 $R(x)$。

CRC 的原理是给信息码加上校验位构成一个特定的待传报文，CRC 在发送端编码和接收端校验时，都利用双方约定的同一个生成多项式 $G(x)$ 来计算获得余式 $R(x)$，需要注意这里所涉及的运算都是指模 2 运算（加法不进位，减法不借位），使之所对应的多项式能被一个事先指定的多项式除尽，否则说明收到的码字 $T(x)$ 不正确。

【**例 2-4**】 已知信息码 110011,信息多项式 $K(x)=x^5+x^4+x+1$,生成码 11001,生成多项式 $G(x)=x^4+x^3+1$,求循环冗余检验码和码字。

解: $(x^5+x^4+x+1)\times x^4$ 的结果是 $x^9+x^8+x^5+x^4$,对应的码是 1100110000,用 $x^9+x^8+x^5+x^4$ 除以 $G(x)$ 的过程如下。

$$
\begin{array}{r}
100001 \\
G(x)\rightarrow 11001\overline{)1100110000}\leftarrow K(x)\times x^r \\
\underline{11001} \\
10000 \\
\underline{11001} \\
1001 \leftarrow R(x)
\end{array}
$$

由计算结果可知,冗余码是 1001,码字是 1100111001。

【**例 2-5**】 已知接收码 1100111001,多项式 $T(x)=x^9+x^8+x^5+x^4+x^3+1$,生成码 11001,生成多项式 $G(x)=x^4+x^3+1$,$r=4$,判断码字的正确性。若正确,则指出冗余码和信息码。

解: 用接收码除以生成码。

$$
\begin{array}{r}
100001 \\
G(x)\rightarrow 11001\overline{)1100111001}\leftarrow T(x) \\
\underline{11001} \\
11001 \\
\underline{11001} \\
0
\end{array}
$$

因相除后余数为 0,所以码字正确。因 $r=4$,所以冗余码 $R(x)$ 是 1001,信息码 $K(x)$ 是 110011。

CRC 多项式的国际标准如下。

- CRC-CCITT:$G(X)=X^{16}+X^{12}+X^5+1$。
- CRC-16:$G(X)=X^{16}+X^{15}+X^2+1$。
- CRC-12:$G(X)=X^{12}+X^{11}+X^3+X^2+X+1$。
- CRC-32:$G(X)=X^{32}+X^{26}+X^{23}+X^{22}+X^{16}+X^{12}+X^{11}+X^{10}+X^8+X^7+X^5+X^4+X^2+X+1$。

CRC 可用软件编程实现,也可用专门的硬件来实现。循环冗余校验的性能良好,它可以检测奇数个错误、全部的双比特错误及全部的长度小于或等于生成多项式阶数的错误,而且它还能大概率检测出长度大于生成多项式阶数的错误。

循环码是一种重要的线性码,它有以下 3 个主要数学特征。

① 循环码具有循环性,即循环码中任一码组循环一位(将最右端的码移至左端)以后,仍为该码中的一个码组。

② 循环码组中任两个码组之和(模 2)必定为该码组集合中的一个码组。

③ 循环码每个码组中各二进制数之间还存在一个循环依赖关系。

2.4 工业控制网络的节点

作为普通计算机网络节点的个人计算机(Personal Computer,PC)或者其他种类的节点,都可以成为工业控制网络的一员。但工业控制网络的节点大都是具有计算与通信能力的测量、控制和执行设备,常用的工业控制网络的节点有可编程控制器、传感器与变送器、执行器与驱动器、人机界面及网络互联设备等。

2.4.1　可编程控制器

可编程控制器（Programmable Logic Controller，PLC）已经广泛应用于工业控制领域，在工业控制系统中主要负责控制算法的实现。现阶段的可编程控制器的控制功能有了显著增强，在原来的逻辑控制功能基础上增加了过程控制和运动控制功能。

早期可编程控制器的通信接口以 RS-232、RS-485 为主，协议大都由各公司自定义，不具备开放性，主要用于与编程器相连以实现程序上传下载和可编程控制器的状态监控。现阶段可编程控制器已经成为工业控制网络中不可或缺的设备，大多支持多种现场总线和工业以太网通信接口，例如台达公司的可编程控制器支持 Modbus、DeviceNet、CANopen 和 Modbus/TCP 等通信接口。

工业机器人控制器、运动控制器、可编程自动化控制器、工业控制计算机等设备也大都包含工业控制网络功能，例如，ABB 工业机器人控制器 IRC5 就包含 DeviceNet、PROFINET、PROFIBUS DP、Ethernet/IP、Interbus、Allen-Bradley 远程 I/O、CC-link 等工业网络协议功能。

2.4.2　传感器与变送器

传感器是一种检测装置，能感受到被测量的信息，并能将感受到的信息按一定规律变换成电信号输出。由于传感器输出的都是微弱的电信号，不是标准信号，因此把输出为规定的标准信号（4～20mA 的 DC 电流信号、1～5V 的 DC 电压信号），并应用于工业现场的传感器称为变送器，这个术语有时与传感器通用。传统意义上的"变送器"应该是"把传感器的输出信号转换为可以被控制器或者测量仪表所接收的标准信号的仪器"。

仪器仪表公司为了适应工业控制网络的市场需求，设计了大量智能型的传感器与变送器，这些传感器的变送器通过嵌入式微处理器实现现场总线和工业以太网通信接口。智能型的传感器与变送器不但能输出 4～20mA 的标准电流，还具有数字量接口输出功能，可将输出的数字信号方便地和计算机或可编程控制器等连接。具有通信接口的传感器与变送器能够使工业现场的接线变得简单，从而提高控制系统的抗干扰能力。传感器与变送器广泛采用的工业控制网络标准有 Modbus、HART、FF 和 PROFIBUS-PA 等。

2.4.3　执行器与驱动器

执行器是过程控制系统中接收控制信息并对被控对象施加控制作用的仪表。驱动器主要是运动控制系统中驱动各种电动机的装置。在工业控制中使用最多的执行器与驱动器就是电动调节阀、变频器和伺服驱动器。

1. 电动调节阀

电动调节阀是工业过程控制中的重要执行单元仪表。电动调节阀接收来自调节器的电流信号（4～20mA），并将其转换为阀门开度，阀门开度是由电动机进行连续调节的。电动调节阀由执行机构和阀门两部分组成，执行机构是执行器的推动装置，它按照控制信号的大小产生相应的推力推动阀杆位移，带动阀门改变开度，进而控制管道介质的流量、温度、压力等工艺参数，实现自动化调节功能。

随着电子技术的发展，微处理器也被引入调节阀中，从而出现了智能调节阀。它集控制功能和执行功能于一体，可直接接收变送器送来的检测信号，自行控制并计算转化该检测信号为阀门开度。智能调节阀的主要功能有补偿及校正功能、通信功能、诊断功能和保护功能。

智能调节阀的主要特点是具有 4～20mA 控制信号输入或现场总线接口，可实现 HART、Profibus-PA、FF 通信。

2. 变频器和伺服驱动器

变频器是将工频电源转换成任意频率、任意电压交流电源的一种电气设备，功能主要是调整电机的功率，实现电机的变速运行。伺服驱动器是用来控制伺服电动机的一种控制器，其作用类似于变频器作用于普通交流电动机，属于伺服系统的一部分，主要应用于高精度的定位系统。伺服驱动器一般是通过位置、速度和力矩 3 种方式对伺服电动机进行控制，实现高精度的传动系统定位。

变频器和伺服驱动器通常与可编程控制器配合使用，随着可编程控制器网络通信能力的增强，变频器和伺服驱动器也开始支持多种工业控制网络协议。例如，台达公司的 VFD-EL 系列变频器支持 PROFIBUS、DeviceNet、LonWorks 及 CANopen 协议。

2.4.4　人机界面

人机界面（Human Machine Interface，HMI）又称人机接口。从广义上说，HMI 泛指计算机（包括可编程控制器）与操作人员交换信息的设备。在工业控制领域，HMI 一般指操作人员与控制系统之间进行对话和相互作用的专用设备。

根据功能的不同，人机界面习惯上被分为文本显示器、触摸屏人机界面和平板电脑三大类。触摸屏人机界面是工业场合的首选，其优良特性使其受到了众多用户的青睐，市场占有率也非常高。

人机界面通常与可编程控制器配合使用，随着可编程控制器网络通信能力的增强，人机界面也开始支持多种工业控制网络协议。例如，台达公司的 DOP 系列触摸屏具有 RS-232、RS-485 和以太网通信接口，支持开放协议 Modbus，还支持多种主流可编程控制器的通信协议，与可编程控制器连接简单方便。

2.4.5　网络互联设备

网络互联设备是工业控制网络互联互通的关键，主要包括网络接口卡、中继器、集线器、网桥、交换机、路由器和网关。

1. 网络接口卡

网络接口卡又称为网卡或网络适配器，负责将用户要传递的数据转换为网络上其他设备能够识别的格式，通过网络传输介质传输。除了我们平常所说的计算机局域网的网卡，在工业控制领域还有针对 PROFIBUS、FF 等总线通信的网卡。

2. 中继器

由于传输过程中存在损耗，在线路上传输的信号功率会逐渐衰减，衰减到一定程度时将造成信号失真，因此会导致接收错误。中继器就是为解决这一问题而设计的，它主要完成信号的复制、调整和放大，以此来延长网络的长度，例如常用的 RS-485 中继器。

3. 集线器

集线器的主要功能是对接收到的信号进行再生、整形和放大，以扩大网络的传输范围。可以说集线器是中继器的一种，其区别仅在于集线器能够提供更多的端口，可以同时把更多的节点连接到一起构成网络。

4. 网桥

网桥用于桥接局域网中的两个子网段或者两个局域网，以提供两端的透明通信。它根据桥接的两端通信速率、数据帧的大小及数据帧的格式对数据帧进行存储、格式转换，并保证两端通信速率的衔接。

5. 交换机

交换机与网桥类似，都是基于数据帧地址进行路由，能完成封装、转发数据包功能的设备。交换机技术一直是网络技术发展的前沿技术，交换机实质上是多端口并行网桥技术的产品体现。

6. 路由器

路由器利用网络地址来区别不同的网络，实现网络的互联和隔离，保持各个网络的独立性。路由器的核心任务就是寻址和转发。寻址即根据路由表记录信息判断源节点到目的节点的最佳路径；转发就是选择路由转发协议，通过最佳路径将数据报文送到相应的通信端口。

7. 网关

网关主要负责两个不同类型网络的互联，相当于一个协议转换器。由于现阶段工业控制网络的协议之间是互不兼容的，不同协议标准的工业控制网络互联时，就需要使用网关，例如 Modbus 与 DeviceNet 网关、AS-i 与 PROFIBUS 网关、FF H1 与 HSE 网关等。

2.5 通信传输介质

网络中常用的传输介质包括有线和无线两大类。常见的有线传输介质有双绞线、同轴电缆和光纤等。

通信传输介质

2.5.1 双绞线

双绞线适用于模拟和数字通信，是一种通用的传输介质，特别是在短距离范围内的（如局域网）应用非常广泛。把两根互相绝缘的铜导线按照一定的规则互相绞在一起，然后在外层套上一层保护套或屏幕套，就可以做成双绞线。成对线的扭绞旨在将电磁辐射和外部电磁干扰的影响降到最低，多对双绞线封装后即构成对称电缆。双绞线的传输速率取决于芯线质量、传输距离、驱动和接收信号的技术等，芯线为软铜线，一般线径为 0.4~1.4mm 不等，每根线加绝缘层并有颜色标记。双绞线分为屏蔽双绞线（STP）和非屏蔽双绞线（UTP）两种，如图 2-9 所示。屏蔽双绞线带有金属屏蔽外套，抵抗外部干扰的能力强。

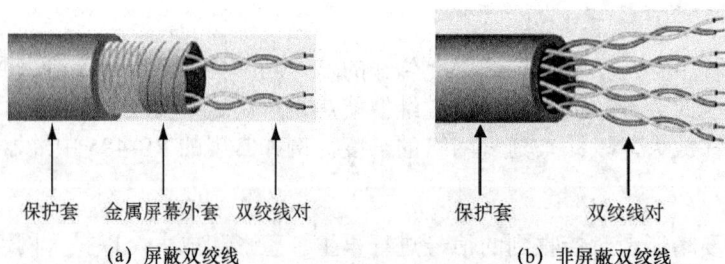

保护套　金属屏幕外套　双绞线对　　　　保护套　　双绞线对

（a）屏蔽双绞线　　　　　　　　（b）非屏蔽双绞线

图 2-9　屏蔽双绞线与非屏蔽双绞线

2.5.2 同轴电缆

同轴电缆由内导体铜质芯线（单股实心线或多股绞合线）、绝缘层、外导体屏蔽层及塑料保护套等构成，如图 2-10 所示。同轴电缆的低频串音及抗干扰特性不如对称双绞线电缆，但随着频率升高，外导体的屏蔽作用逐渐增强，其串音和抗干扰能力大为改善，所以常用于较高速率的数据传输，但是价格要比双绞线高。

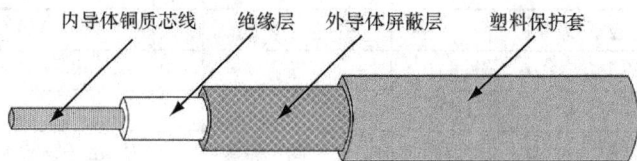

图 2-10 同轴电缆

同轴电缆按特性阻值的不同，主要分为 50Ω 和 75Ω 两类。50Ω 同轴电缆又称为基带同轴电缆，用于传输基带数字信号，专为数据通信网所用。使用这种同轴电缆在 1km 的距离内，基带数字信号传输速率的上限可达 50Mbit/s，一般为 10Mbit/s。75Ω 电缆是公共电视天线系统（Community Antenna Television，CATV）采用的标准电缆，常用于传输频分多路复用（Frequency-Division Multiplexing，FDM）方式产生的模拟信号，频率可达 300～500MHz，所以又称为宽带同轴电缆。该电缆也可用于传输数字信号。

同轴电缆按线缆粗细的不同，还可分为粗缆和细缆。粗缆抗干扰性能好，传输距离较远；细缆价格低，传输距离较近。

2.5.3 光纤

光纤是由一组光导纤维作为芯线加上防护外皮做成的。光纤通常是指由非常透明的石英玻璃拉成细丝而形成的柔韧并能传输光信号的传输介质，其主要由包层和吸收外层包裹构成双层同心圆柱体，如图 2-11 所示。相对于其他传输介质，光纤具有传输距离长、传输速率高、安全性好、频带宽、误码率低、传播延时小、抗干扰能力强和线径细、质量轻等特点，主要适用于长距离、大容量、高速率的场合，如大型网络的主干线等。

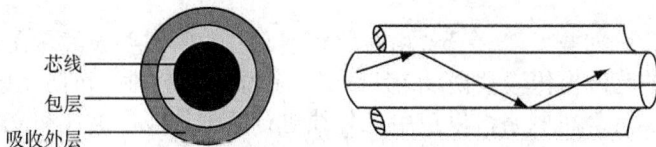

图 2-11 光纤构造及其光传播情况

光纤只能单向传输，若需双向通信，则应成对使用。当光线从一种介质进入另一种介质时会发生折射，如果射到光纤表面的光线的入射角大于一个临界值，就会发生全反射，光线将被完全限制于光纤之中。不同光线在介质内部以不同的反射角传播，可认为每一束光有一个不同模式，具备这种特性的光纤称为多模光纤。如果光纤的直径减小到一个光波波长，则光纤如同一个波导，光在其中没有反射，而是沿直线传播，这就是单模光纤。

单模光纤要使用较贵的半导体激光器作光源，仅有一条光通路，传输距离远，在 2.5Gbit/s 下的无中继传输距离可达几十千米，目前在传输干线和室外线路上一般都使用单模光纤。多模光纤使用较便宜的发光二极管作光源，在传输过程中存在光线扩散，容易造成信号失真，因此它一般只在局域网的室内线路中使用。

光纤通过传递光脉冲来进行数据通信，有光脉冲相当于传输"1"，而没有光脉冲相当于传输"0"。一根光纤相当于一条在 $10^{14} \sim 10^{15}$Hz 频段内工作的光波导，可用于传输的宽带约为 10^8MHz 数量级，所以光纤是目前最理想的宽带传输介质。双绞线、同轴电缆和光纤的性能比较如表 2-1 所示。

表 2-1　　　　　　　　　　　　双绞线、同轴电缆和光纤的性能比较

传 输 介 质	抗电磁干扰	价　　　格	频 带 宽 度	单段最大长度
UTP	较差	最便宜	低	100m
STP	较好	一般	中等	100m
同轴电缆	较好	一般	高	185m（细缆）/500m（粗缆）
光纤	最好	最贵	极高	几十千米

2.5.4　无线传输介质

在自由空间传播的电磁波或光波统称为"无线"传输介质，它不同于有线信道，不需要用电缆铜线或光纤连接，而是采用各个波段的无线电波、红外线、激光等进行传播。因此，无线信道不受固定位置的限制，可实现全方位三维立体通信和移动通信。

1. 超短波无线电

在数据通信中，超短波的无线电频率范围为 30MHz～1GHz，主要应用于 600MHz 以上的高端频段。由于这个频段内的信号会穿透电离层，传播损耗较大，所以一般用于沿地面局部范围传播的无方向性广播型通信场合。

2. 微波无线电

微波可使用的无线电频率范围很宽，一般为 1～300GHz，目前较常用的是 2～30GHz 频段。微波在空间中有两个特性，一个是沿直线传播，另一个是它会穿透电离层进入宇宙空间。因此，微波通信主要有两种方式：一是利用前一个特性来实现地面上的微波接力通信；二是利用后一个特性来实现卫星通信。

3. 红外线

红外线链路只需一对收发器，设备相对比较便宜，且不需要天线。在调制不相干的红外光后，即可在较小的范围内传输数据。红外线具有很强的方向性，可防止窃听、插入数据等，但对环境干扰敏感。计算机网络可以使用红外线进行数据传输，电视和立体声系统所使用的遥控器都使用红外线进行通信。

4. 激光通信

在有线网络中，可以在光纤内使用光进行通信，同样，光也能在空中传输数据。激光通信技术将激光与电子很好地结合在一起，具有通信容量大、通信质量高和保密性好等特点。

2.6　网络拓扑结构

拓扑（Topology）是从图论演变而来的，是一种研究与大小形状无关的点、线、面特点的方法。网络拓扑结构是指一个网络中各个节点之间互联的几何构形，抛开网络物理连接来讨论网络系统的连接形式，它可以表示出网络设备的网络配置和互相之间的连接。选择哪种

拓扑结构与具体的网络要求有关，网络拓扑结构主要影响网络设备的类型、设备的功能、网络的扩张潜力和网络的管理模式等。

2.6.1　星形拓扑

星形拓扑是以中央节点为中心与其他各节点连接组成，各节点与中央节点通过点到点的方式连接，如图 2-12 所示。中央节点采用集中式通信控制策略，任何两个节点要进行通信都必须通过中央节点控制。

星形拓扑的优点是结构简单、便于管理、集中控制、故障诊断和隔离容易。它的缺点是共享能力较差、中央节点负担过重、网络可靠性低，一旦中央节点出现故障，则会导致全网瘫痪。

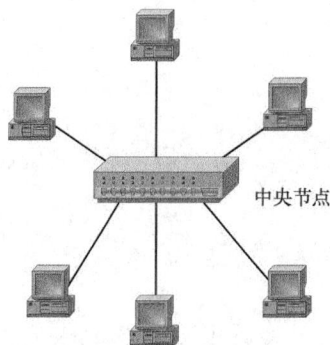

图 2-12　星形网络拓扑

2.6.2　总线型拓扑

用一条称为总线的公共传输介质将节点连接起来的布局方式称为总线型拓扑结构，如图 2-13 所示。总线型拓扑是工业控制网络数据通信中应用最为广泛的一种网络拓扑形式。

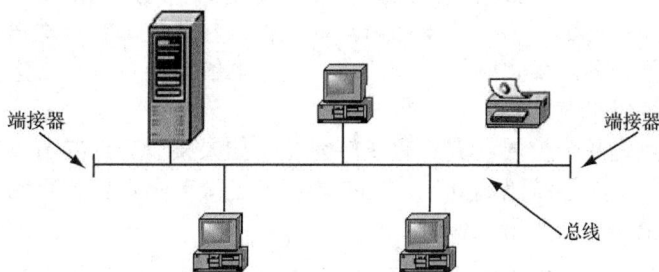

图 2-13　总线型网络拓扑

在总线型拓扑结构中，任何一个节点的信息都可以沿着总线向两个方向传输扩散，并且能被总线中任何一个节点接收。由于其信息向四周传播，类似于广播电台，故总线型网络也被称为广播式网络。

信号在到达总线的端点时会发生反射，反射回来的信号又传输到总线的另一端，这种情况将阻止其他计算机发送信号。为了防止总线端点的反射，必须设置端接器，即在总线的两端安装接收到达端点的信号的元件。

总线型拓扑的优点是结构简单、便于扩充、可靠性高、响应速度快、需要的设备和电缆数量少；缺点是所有节点都要采用共享传输介质，存在多节点争用总线的问题。

2.6.3　环形拓扑

环形拓扑结构是由节点和连接节点的链路组成的一个闭合环，数据在环形网络中单向传输，如图 2-14 所示。由于各节点共享环路，因此需要采取措施来协调控制各节点的发送。

环形拓扑的优点是两个节点间仅有唯一的通路，大大简化了路径选择的控制；某个节点发生故障时，可以自动跳转到旁路，可靠性较高；当网络确定时，其延时固定，实时性强。它的缺点是由于信息串行穿过多个节点环路接口，因此当节点过多时，会影响传输效率，使得网络响应时间变长；而且节点故障会引起全网故障，故障检测困难，扩充不方便。

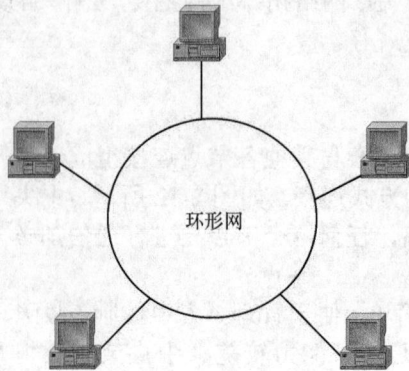

图 2-14　环形网络拓扑

2.6.4　树形拓扑

树形拓扑结构的形状像一棵倒置的树，顶端是树根，树根以下带分支，每个分支还可再带分支，如图 2-15 所示，各节点按层次进行连接，信息交换主要在上、下节点之间进行，相邻及同层节点之间一般不进行数据交换或数据交换量较少。树形网络是一种分层网，一般一个分支和节点的故障不会影响另一分支和节点的工作，任何一个节点送出的信息都可以传遍整个网络的站点，是一种广播式网络。一般树形网络的链路相对具有一定的专用性，无须对原网做任何改动就可以扩充节点。

树形拓扑的优点是易于扩展，故障隔离较容易，如果某一分支的节点或线路发生故障，很容易将故障分支与整个系统隔离开来。它的缺点是各个节点对根节点的依赖性大，如果根节点发生故障，则全网无法正常工作。

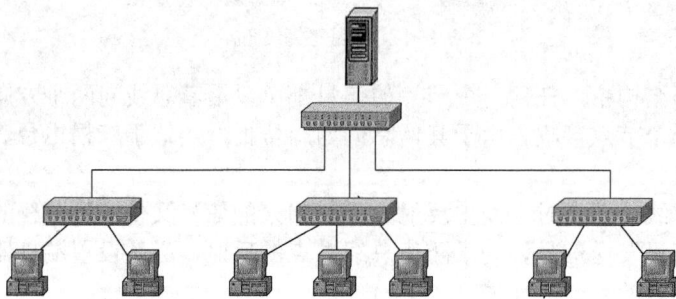

图 2-15　树形网络拓扑

2.7　网络传输介质的访问控制方式

如前所述，在总线型和环形拓扑中，设备必须共享网络传输介质。为解决在同一时间有多个设备争用传输介质，需要使用某种介质访问控制方式，以便协调各设备访问介质的顺序。

通信中对介质的访问可以是随机的，即各个节点可在任何时刻、任意地点访问介质；也可以是受控的，即各个节点可用一定的算法调整各站点访问介质的顺序和时间。在随机访问方式中，常用的争用总线技术为载波监听多路访问/冲突检测；在控制访问方式中则常用令牌环、令牌总线、时分复用、轮询和集总帧等方式。

2.7.1　载波监听多路访问/冲突检测

载波监听多路访问/冲突检测（Carrier Sense Multiple Access With Collision Detection，CSMA/CD）已广泛应用于局域网中。这种控制方式对任何节点都没有预约发送时间，节点发送数据是随机的，必须在网络上争用传输介质，故称为争用技术。若同一时刻有多个节点向传输线路发送信息，则这些信息会在传输线上相互混淆而遭破坏，称为"冲突"。为尽量避免由竞争引起的冲突，每个节点在发送信息之前都要监听传输线上是否有信息在发送，这就是"载波监听"。

载波监听 CSMA 的控制方案是先听再讲。一个站要发送信息，先要监听总线，以决定介质上是否存在其他站的发送信号，如果介质是空闲的，则可以发送；如果介质是忙的，则等待一定时间间隔后重试。当监听总线状态后，可采用以下 3 种 CSMA 坚持退避算法。

（1）不坚持 CSMA

如果传输介质是空闲的，则发送；如果传输介质是忙的，则等待一段随机时间后重新监听传输介质。

（2）1-坚持 CSMA

如果传输介质是空闲的，则发送；如果传输介质是忙的，继续监听，直到传输介质空闲立即发送；如果冲突发生，则等待一段随机时间后重新监听传输介质。

（3）P-坚持 CSMA

如果介质是空闲的，则以 P 的概率发送，或以 $1-P$ 的概率延迟一个时间单位后重复处理，该时间单位等于最大的传输延迟；如果介质是忙的，继续监听，直到介质空闲，然后以 P 的概率发送，或以 $1-P$ 的概率延迟一个时间单位后重复处理。

由于传输线上不可避免地有传输延迟，有可能多个站点同时监听到线上空闲并开始发送，从而导致冲突。故每个节点发送信息之后，还要继续监听线路，判定是否有其他站点正与本站点同时向传输线发送信息，一旦发现，便中止当前发送，这就是"冲突检测"。

2.7.2　令牌访问控制方式

载波监听访问存在介质访问冲突问题，产生冲突的原因是各站点发送数据是随机的。为了解决冲突问题，可采用有控制的发送数据方式。令牌方式是一种按一定顺序在各站点传递令牌（Token）的方法，得到令牌才有介质访问权。令牌访问原理可用于环形网，构成令牌环网；也可用于总线型网，构成令牌总线网。

1. 令牌环方式

令牌环是环形拓扑结构网络采用的一种访问控制方式。由于在环形结构网络上某一时刻允许发送报文的站点只有一个，令牌在网络环路上不断地传送，只有拥有此令牌的站点才有权向环路发送报文，而其他站点仅允许接收报文。站点在发送完毕后，便将令牌交给下一个站点，如果该站点没有报文需要发送，便把令牌顺次传给下一个站点。因此，表示发送权的令牌在环形信道上不断循环。环上每个相应站点都可获得发报权，而任何时刻只会有一个站点利用环路传送报文，因而保证了在环路上不会发生访问冲突。

2. 令牌传递总线方式

令牌传递总线是总线型拓扑结构网络采用的一种介质访问控制方式。这种方式和令牌环不同的是网络上各节点按一定顺序形成一个逻辑环，每个节点在逻辑环中均有一个指定的逻辑位置，末站的后一站就是首站，即首尾相连。每个站都了解先行站和后继站的地址，总线上各站点的物理位置与逻辑位置无关。

2.7.3　时分复用

时分复用是指为共享介质的每个节点预先分配好一段特定的占用总线的时间。各个节点按分配的时间段及先后顺序占用总线。例如让节点 A、B、C、D 分别按 1、2、3、4 的顺序循环并长时间占用总线就是一种多路时分复用的工作方式。

如果事先预计好每个节点占用总线的先后顺序、需要通信的时间长短或要传送的报文字节数量，则可以准确估算出每个节点占用总线之前等待的时间。这对控制网络实现时间的确定性是有帮助的。

时分复用又分为同步时分复用和异步时分复用两种。这里的同步与异步在意义上与位同步、帧同步中的同步概念不同。同步时分复用指为每个节点分配相等的时间，而不管每个设备要通信的数据量的大小。每当分配给某个节点的时间片到来时，该节点就可以发送数据，如果此时该节点没有数据发送，传输介质在该段时间片内就是空的。这意味着同步时分复用的平均分配策略有可能造成通信资源的浪费，不能有效利用链路的全部容量。

时分复用还可以按交织方式组织数据的发送。由一个复用器作为快速转换开关，当开关转向某个设备时，该节点便有机会向网络发送规定数量的数据。复用器以固定的转动速率和顺序在各网络节点间循环运转的过程称为交织，可以以位、字节或其他数据单元进行，交织单元的大小一般相同。例如有 16 个节点，以每个节点每次一个字节进行交织，则可在 32 个时间片内让每个节点发送两个字节。

异步时分复用为各个节点分配的向网络发送数据的时间片长度不一样。在控制网络中，各节点数据信号的传输速率一般相同，按固定方式给数据传输量大的节点分配较长的时间片，而给数据传输量小的节点分配较短的时间片，可以避免通信资源的浪费。控制网络中常见的主从通信也属于时分复用的一种形式，只是各从节点向总线发送数据的时刻和时间片长度都由主节点控制。

异步时分复用还可采用变长时间片的方法来实现，根据给定时段内可能进行发送的节点的通信量统计结果来决定时间片的分配。这种方法动态地分配时间片，按动态方式有弹性地管理变长域，可以大大减少信道资源的浪费，在语音通信系统中应用广泛。

2.7.4　轮询

在轮询协议中，一个主节点作为主机来周期性地轮询各个从节点，各个从节点的信息只能发送给主机，每个通信周期各个从节点至少被轮询一次。轮询过程占用了带宽，增加了网络负担。若主机发生故障，所有从站就不能继续工作，从而导致整个网络瘫痪，所以有时需设置多个主节点来提高系统的可靠性。

轮询式介质访问控制是主从通信结构，其因简单和实时性能可确定等特点而被应用于工业控制网络中。

2.7.5　集总帧方式

Interbus 和 EtherCAT 等工业控制网络采用集总帧方式控制访问，该方式也称为传递数据寄存器方式。通信网络为主从式环形拓扑结构，每个周期内，主站发送一个大的数据帧，里面包含给所有从站的数据，称为集总帧。集总帧沿着环路传输，经过一个从站时，从站对数据帧进行扫描，将其中寻址到自己的数据接收到接收寄存器，并同时将发送寄存器里的反馈数据写入集总帧，并继续传输经过处理的集总帧。

集总帧方式是一种特殊的准全双工数据通信方式，通信效率高，不会有数据发生冲突，实时性能高，但对从站的处理速度要求高。

2.8　OSI 参考模型

2.8.1　OSI 参考模型简介

为了实现不同厂家生产的设备之间的互连操作与数据交换，国际标准化组织 ISO/TC97 于 1978 年建立了"开放系统互联"分技术委员会，起草了开放系统互联（Open System Interconnection，OSI）参考模型的建议草案，并于 1983 年形成正式的国际标准 ISO 7498。1986 年，分技术委员会又对该标准进行了进一步的完善和补充，形成了为实现开放系统互联所建立的分层模型，简称 OSI 参考模型。这是为异种计算机互联提供的一个共同基础和标准框架，并为保持相关标准的一致性和兼容性提供了共同的参考。"开放"并不是指对特定系统实现具体的互联技术或手段，而是对标准的认同。一个系统是开放系统，是指它可以与世界上遵守相同标准的其他系统互联通信。

OSI 参考模型是在博采众长的基础上形成的系统互联技术，促进了数据通信与计算机网络的发展。OSI 参考模型提供了概念性和功能性结构，将开放系统的通信功能分为 7 个层次，各层的协议细节由各层独立进行。这样一旦引入新技术或提出新的业务要求，就可以把因功能扩充、变更所带来的影响限制在直接相关的层内，而不必改动全部协议。OSI 参考模型分层的原则是将相似的功能集中在同一层内，功能差别较大时分层处理，每层只对相邻的上下层定义接口。

OSI 参考模型把开放系统的通信功能划分为 7 个层次，以连接物理介质的层次开始，分别赋予 1、2、3、4、5、6、7 层的顺序编号，对应为物理层、数据链路层、网络层、传输层、会话层、表示层和应用层。OSI 参考模型如图 2-16 所示。

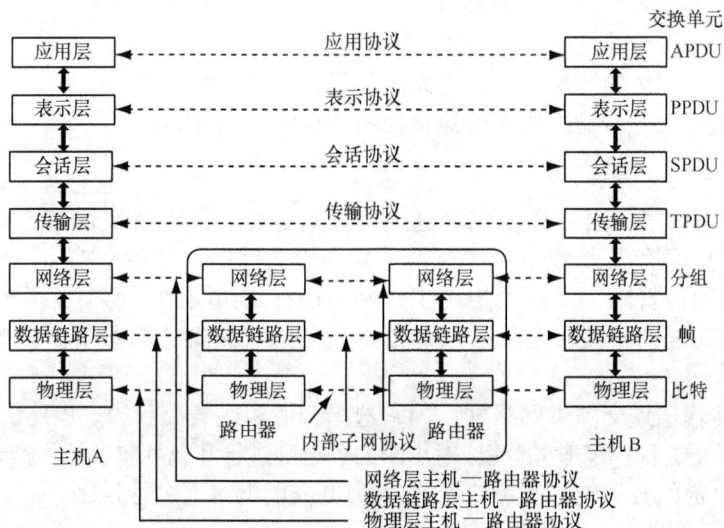

图 2-16　OSI 参考模型

2.8.2　OSI 参考模型的功能划分

OSI 参考模型每一层的功能都是独立的，它利用其下一层提供的服务为其上一层提供服务，而与其他层的具体情况无关。两个开放系统中相同层次之间的通信规约称为通信协议。

1. 物理层

物理层控制节点与信道的连接，提供物理通道和物理连接及同步，实现比特信息的传输，为它的上一层对等实体间提供建立、维持和拆除物理链路所必需的特性进行规定，这些特性指机械、电气、功能和规程特性。如物理层协议可以规定 0 和 1 的电平是几伏、一个比特持续多长时间、数据终端设备（Data Terminal Equipment，DTE）与数据线路设备（Data Circuit-terminal Equipment，DCE）接口采用的接插件的形式等。物理层的功能是实现接通、断开和保持物理链路，对网络节点间通信线路的特性和标准及时钟同步做出规定。物理层是整个 OSI 参考模型七层协议的最低层，利用传输介质完成相邻节点之间的物理连接。该层的协议主要实现以下两个功能。

① 为一条链路上的 DTE（如一台计算机）与信道上的 DCE（如一个调制解调器）之间建立/拆除电气连接，对于这种连接的控制，两端设备必须按预定规程同步完成。

② 在上述链路两端的设备界面上，通过物理接口规程实现彼此之间的内部状态控制和数据比特的变换与传输。

2. 数据链路层

数据链路是构成逻辑信道的一段点到点式的数据通路，是在一条物理链路的基础上建立起来的具有它自己的数据传输格式（帧）和传输控制功能的节点至节点间的逻辑连接。设立该层的目的是无论采用什么样的物理层，都能保证向上层提供一条无差错、高可靠的传输线路，从而保证数据在相邻节点之间正确传输。数据链路层协议保证了数据块能够从数据链路的一端正确地传输到另一端，如使用差错控制技术来纠正传输差错。如果线路支持双向传输，就会出现 A 到 B 的应答帧和 B 到 A 的数据帧竞争的问题，数据链路层的软件能处理这个问题。总之，数据链路层的功能是在通信链路上传输二进制码，具体应实现以下主要功能。

① 完成对网络层数据包的装帧/卸帧。

② 实现以帧为传输单位的同步传输。

③ 在多址公共信道的情况下，为端系统提供接入信道的控制功能。

④ 对数据链路上的传输过程实施流量控制和差错控制等。

3. 网络层

网络层又称通信子网层，用于控制通信子网的运行，管理从发送节点到收信节点的虚电路（逻辑信道）。网络层协议规定了网络节点和虚电路的一种标准接口，完成了网络连接的建立、拆除和通信管理，解决了控制工作站间的报文组交换、路径选择和流量控制的有关问题。这一层功能的不同决定了一个通信子网向用户提供的服务不同，该层具体应实现以下主要功能。

① 接收从传输层递交的进网报文，为它选择合适和适当数目的虚电路。

② 对进网报文进行打包形成分组，对出网的分组则进行卸包并重装成报文，递交给传输层。

③ 对子网内部的数据流量和差错在进/出层上或虚电路上进行控制。

④ 对进/出子网的业务流量进行统计，作为计费的基础。

⑤ 在上述功能的基础上实现子网络之间互联的有关功能等。

4. 传输层

传输层也称为传送层，又称为主机—主机层或端—端层，主要功能是为两个会话实体建立、拆除和管理传送连接，较好地使用网络所提供的通信服务。这种传输连接是从源主机的通信进程出发，穿过通信子网到另一主机端通信进程的一条虚拟通道，这条虚拟通道可能由一条或多条逻辑信道组成。在传输层以下的各层中，其协议是每台机器和它直接相邻的机器之间的协议，而不是源机器与目标机器之间的协议。网络层向上提供的服务有的很强，有的较弱，传输层的任务就是屏蔽这些通信细节，使上层看到的是一个统一的通信环境。传输层具体应实现以下主要功能。

① 接收来自会话层的报文，为它们赋予唯一的传送地址。

② 给传输的报文编号并加报文标头数据。

③ 为传输报文建立和拆除跨越网络的连接通路。

④ 执行传输层上的流量控制等。

5. 会话层

会话层又称会晤层或会议层，会话层、表示层和应用层统称为 OSI 参考模型的高层，这3 层不再关心通信细节，它们面对的是有一定意义的用户信息。用户间的连接（从技术上讲指两个描述层处理之间的连接）叫会话，会话层的功能是组织、协调参与通信的两个用户之间对话的逻辑连接（用户进网的接口），实现各进程间的会话（网络中节点之间交换信息），着重解决面向用户的问题，例如会话建立时，双方必须核实对方是否有权参加会话及由哪一方支付通信费用，在各种选择功能方面取得一致。会话层具体应实现以下主要功能。

① 为应用实体建立、维持和终结会话关系，包括对实体身份的鉴别（如核对密码）、选择对话所需的设备和操作方式（如半双工或全双工）。一旦建立了会话关系，实体间的所有对话业务即可按规定的方式完成对话过程。

② 对会话中的"对话"进行管理和控制，例如对话数据交换控制、报文定界、操作同步等，目的是保证对话数据能完全可靠地传输及保证在传输连接意外中断过后仍能重新恢复对话等。

6. 表示层

表示层又称描述层，主要解决用户信息的语法表示问题，解决两个通信机器中数据格式表示不一致的问题，规定数据的加密/解密、数据的压缩/恢复等采用什么方法等，能完成对一种功能的描述。表示层将数据从适合于某一用户的语法变换为适合于 OSI 参考模型内部使用的传送语法，这种功能描述是十分有必要的，它不是让用户具体编写详细的机器指令去解决哪个问题，而是用功能描述（用户称之为实用子程序库）的方法去解决问题。当然，这些子程序也可以放到操作系统中去，但这会使操作系统变得十分庞大，对于有合适工作规模的具体应用而言不是很恰当。描述层的功能是对各处理机、数据终端所交换的信息格式予以编排和转换，如定义虚拟终端、压缩数据和进行数据管理等。

7. 应用层

应用层直接面向用户，利用应用进程为用户提供访问网络的手段。应用层的功能是采用用户语言执行应用程序，例如网络文件传送、数据库数据传送、通信服务及设备控制等。

最后需要指出的是，OSI 参考模型是在普遍意义下考虑一般情况而推荐给国际参考采用的模式，它提出了 3 个主要概念，即服务、接口和协议。但 OSI 参考模型也存在一些不足，如与会话层和表示层相比，数据链路层和网络层功能太多，会话层和表示层没有相应的国际标准等。

2.8.3 几种典型控制网络的通信模型

从上述内容可以看出，具有 7 层结构的 OSI 参考模型可支持的通信功能是相当强大的。

作为一个通用参考模型，需要解决各方面可能遇到的问题，需要具备丰富的功能。作为工业数据通信的底层控制网络，要构成开放式互联系统，应该如何制订和选择通信模型？7层OSI参考模型是否适应工业现场的通信环境？简化型是否更适合控制网络的应用需求？这些都是应该考虑的重要问题。

为了满足实时性要求，也为了实现工业网络的低成本，工业控制网络采用的通信模型大都在OSI参考模型的基础上进行了不同程度的简化。

图2-17所示为几种典型控制网络的通信参考模型与OSI参考模型的对应关系。可以看到它们与OSI参考模型不完全一致，都在OSI参考模型的基础上分别进行了不同程度的简化，不过控制网络的通信参考模型仍然以OSI参考模型为基础。图2-17中的这几种控制网络还在OSI参考模型的基础上增加了用户层。用户层是根据行业的应用需求施加某些特殊规定后形成的标准，它们在较大范围内取得了用户与制造商的认可。

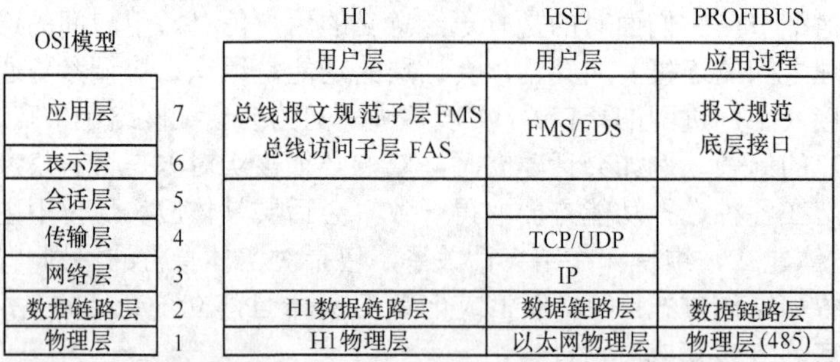

OSI模型		H1	HSE	PROFIBUS
		用户层	用户层	应用过程
应用层	7	总线报文规范子层FMS 总线访问子层 FAS	FMS/FDS	报文规范 底层接口
表示层	6			
会话层	5			
传输层	4		TCP/UDP	
网络层	3		IP	
数据链路层	2	H1数据链路层	数据链路层	数据链路层
物理层	1	H1物理层	以太网物理层	物理层(485)

图 2-17　OSI 参考模型与部分控制网络通信参考模型的对应关系

图2-17中的H1指IEC标准中的基金会现场总线FF。它采用了OSI参考模型的物理层、数据链路层和应用层，隐去了第3~6层，应用层有总线报文规范子层FMS和总线访问子层FAS两个子层，并将从数据链路层到FAS、FMS的全部功能集成为通信栈。在OSI参考模型的基础上增加的用户层规定了标准的功能模块、对象字典和设备描述，供用户组成所需要的应用程序，并实现网络管理和系统管理，在网络管理中设置了网络管理代理和网络管理信息库，用于提供组态管理、性能管理和差错管理等功能；在系统管理中设置了系统管理内核、系统管理内核协议和系统管理信息库，可以实现设备管理、功能管理、时钟管理和安全管理等功能。

图2-17中的HSE指基金会现场总线定义的高速以太网，它是H1的高速网段，也属于IEC的标准子集之一。它从物理层到传输层的分层模型与计算机网络中常用的以太网大致相同，应用层和用户层的设置与H1基本相当。

PROFIBUS是IEC的标准子集之一，并属于德国国家标准DIN 19245和欧洲标准EN 50170。它采用OSI参考模型的物理层和数据链路层。其DP型标准隐去了第3~7层；而FMS型标准只隐去了第3~6层，采用了应用层，并增加了用户层作为应用过程的用户接口。

图2-18所示为OSI参考模型与另外3种控制网络通信参考模型的分层对应关系。其中，LonWorks采用了OSI参考模型的全部7层通信协议，被誉为通用控制网络。作为ISO 11898标准的CAN只采用了OSI参考模型的物理层和数据链路层。CAN是一种应用广泛、可以封装在集成电路芯片中的协议，要用它实际组成一个控制网络，还需要增添应用层或用户层的其他约定。DeviceNet基于CAN总线技术，除了采用OSI参考模型的物理层和数据链路层之外，还采用了应用层。

OSI 模型		LonWorks	CAN	DeviceNet
应用层	7	应用层（应用程序）		应用层
表达层	6	表达层（数据解释）		
会话层	5	会话层（请求/响应/确认）		
传输层	4	传输层（端到端传输）		
网络层	3	网络层（报文传递寻址）		
数据链路层	2	数据链路层（介质访问与成帧）	数据链路层	数据链路层
物理层	1	物理层（物理电气连接）	物理层	物理层

图 2-18　OSI 参考模型与 LonWorks、CAN、DeviceNet 的分层对应关系

2.9　TCP/IP

2.9.1　TCP/IP 特性

由于工业以太网都是基于传统的以太网通信，所以有必要了解一下标准以太网中的 TCP/IP。TCP/IP 是一类协议系统，是一套支持网络通信的协议集合。TCP/IP 定义了信息网络过程，更重要的是定义了数据单元的格式和内容，以便接收计算机能够正确解释收到的消息。TCP/IP 及相关的协议构成了一套在 TCP/IP 网络中处理、传输和接收数据的完整系统，相关协议的系统被称为 TCP/IP 协议簇。确定 TCP/IP 传输格式和过程的实际行为由厂商的 TCP/IP 软件来实现。TCP/IP 具有以下几个特点。

（1）TCP/IP 标准定义了 TCP/IP 网络的通信规则。

（2）TCP/IP 实现了一个软件组件，计算机通过它参与到 TCP/IP 网络中。

（3）TCP/IP 标准的目的是确保所有厂商提供的 TCP/IP 实现都能够很好地兼容。

TCP/IP 包括许多重要特性，主要包括 TCP/IP 协议簇处理以下问题的方式。

1．逻辑编址

网络适配器中有一个唯一的物理地址。当适配器出厂时，通常会分配一个物理地址，这个物理地址称为 MAC 地址。在局域网中，底层与硬件相关的协议使用适配器的物理地址在物理网络中传输数据。现在有多种类型的网络，而且它们传输数据所使用的方法也不相同。例如，在基本以太网中，计算机直接在传输介质上发送数据。每台计算机的网络适配器监听局域网中的每一个传输过程，以确定消息是否发送到目的物理地址。

2．名称解析

对用户而言，数字化的 IP 地址要比网络适配器的物理地址更便于使用，但是 IP 地址的设计初衷是方便计算机操作，并非方便用户操作。人们在记忆计算机的地址是 192.168.1.2 还是 192.168.1.114 时可能会相当麻烦，因此 TCP/IP 同时提供了 IP 地址的另一种结构，它以字母和数字命名，方便用户使用，这种结构称为域名系统（Domain Name System，DNS）。域名到 IP 地址的映射称为名称解析，域名服务器的专用计算机中存储了用于显示域名和 IP 地址转换方式的表。

3．错误控制和流量控制

TCP/IP 协议簇提供了确保数据在网络中可靠传输的特性。这些特性包括检查数据的传输错误（确保到达的数据与发送的数据一致）和确认成功接收到网络信息。TCP/IP 的传输层通

过 TCP/IP 定义了许多这样的错误控制、流量控制和确认功能。位于 TCP/IP 的网络访问层中的底层协议在错误控制的整体系统中也起到了一定的作用。

4. 应用支持

在同一台计算机上可以有多种网络应用程序，协议软件必须提供某些方法来判断接收到的数据属于哪一个应用程序。在 TCP/IP 中，这个通过系统的逻辑通道实现从网络到应用程序的接口被称为端口，每个端口都有一个用于识别该端口的数字，例如 Modbus TCP 的端口号是 502。

2.9.2 TCP/IP 工作方式

1. TCP/IP 协议系统

TCP/IP 协议系统采用了模块化的设计，由不同的组件构成，这些组件从理论上来说能够相互独立地实现自己的功能。TCP/IP 协议系统主要负责完成以下工作任务。

（1）把消息分解为可管理的数据块，并且这些数据块能够有效地通过传输网络和适配器硬件连接寻址。

（2）将数据路由到目的计算机所在的子网，使源子网和目的子网分出不同的物理网络。

（3）执行错误控制、流量控制和确认功能。

（4）从应用程序接收数据并传输到网络。

（5）从网络接收数据并传输到应用程序。

2. TCP/IP 数据包

关于 TCP/IP 协议簇需要强调的是，其中每一层在整个通信过程中都扮演了一定的角色，并采用必要的服务来完成相应的功能。在数据发送过程中，其流程是从协议栈的上方到下方，每一层都把相关的信息（被称为"报头"）捆绑到实际的数据上。包含报头信息和数据的数据包就作为下一层的数据，再次被添加报头信息并重新打包。当数据到达目标计算机时，接收过程恰恰是相反的，在数据从下至上经过协议栈的过程中，每一层都解开相应的报头并且使用其中的信息。当数据从上至下通过协议栈时，其情形有点像俄罗斯套娃。最里面的套娃被套在稍大的套娃里，后者又被套在更大的套娃里，以此类推。在接收端，当数据从下至上经过协议栈时，数据包被逐渐解包。接收端计算机上的网络层会使用网络层的报头信息，传输层会使用传输层的报头信息。在每一层中，数据包的格式都能为相应的层提供必要的信息。由于每一层分别具有不同的功能，所以每一层基本数据包的形式也是千差万别的。

数据包在每一层具有不同的形式和名称，具体名称定义如下。

（1）在应用层生成的数据包被称为消息。

（2）在传输层生成的数据包封装了应用层的消息，如果它来自传输层的 TCP，就被称为分段；如果它来自传输层的 UDP，就被称为数据报。

（3）网络层的数据包封装了分段或者数据报，被称为帧。

习题

1. 下列（　　）是单极性归零码。

A.

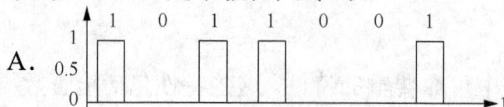

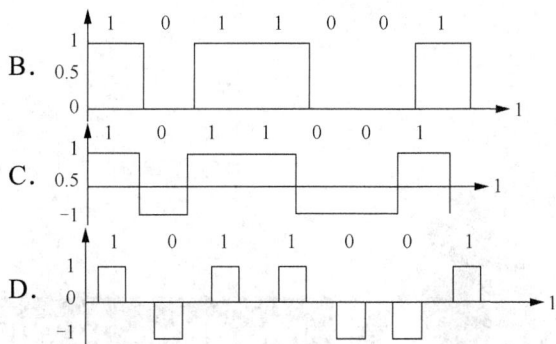

B.
1
0.5
0
1 0 1 1 0 0 1

C.
1
0.5
-1
1 0 1 1 0 0 1

D.
1
0
-1
1 0 1 1 0 0 1

2．下列选项中，（　　）不属于差错控制方法。

A．奇偶校验　　　　B．校验和　　　　　　C．循环冗余校验　　D．CSMA/CD

3．下列选项中，（　　）不属于数字数据编码方式。

A．单极性码　　　　　　　　　　　　B．非归零码

C．归零码　　　　　　　　　　　　　D．幅度键控数据编码

4．数据通信系统一般由（　　）、（　　）、（　　）、（　　）和（　　）5 部分组成。

5．数据通信系统的性能指标主要有（　　）、（　　）和（　　）。

6．数据同步方式主要有（　　）、（　　）和（　　）。

7．在异步传输过程中，每个传输的字符主要分为（　　）位、（　　）位、（　　）位和（　　）位几个部分。

8．简述常用的工业控制网络节点。

9．简述常用的网络互联设备。

10．简述常用通信介质。

11．简述工业控制网络常用的网络拓扑结构。

12．简述常用的网络传输介质的访问控制方式。

13．简述 OSI 参考模型的层次结构和各层次的功能。

14．简述典型工业控制网络的通信模型。

15．简述 TCP/IP 的特性。

第3章 Modbus 控制网络

Modbus 是全球第一个真正用于工业现场的总线协议。为更好地普及和推动 Modbus 基于以太网的分布式应用，目前施耐德公司已将 Modbus 协议的所有权移交给分布式自动化接口（Interface for Distributed Automation，IDA）组织，并成立了 Modbus-IDA 组织，为 Modbus 今后的发展奠定了基础。在我国，Modbus 已经成为国家标准 GB/T 19582-2008。据不完全统计，Modbus 的节点安装数量目前已经超过了 1000 万个。

3.1 概述

Modbus 协议是 Modicon 公司最先倡导的一种通信规约，经过大多数公司的实际应用而逐渐被认可。Modbus 已成为一种标准的通信规约，只要按照这种规约进行数据通信或传输，不同的系统就可以通信。目前，RS-232/RS-485 通信广泛采用了这种规约。

Modbus 概述

Modbus 协议描述了控制器请求访问其他设备的过程、如何回应来自其他设备的请求及怎样侦测错误并记录。

3.1.1 Modbus 的特点

① 标准、开放，用户可以免费、放心地使用 Modbus 协议，不需要缴纳许可费用，也不会侵犯知识产权。目前，支持 Modbus 的厂家超过 400 家，支持 Modbus 的产品超过 600 种。

② Modbus 支持多种电气接口，如 RS-232、RS-485 和以太网等；还可以用各种介质传输 Modbus 信号，如双绞线、光纤和无线介质等。

③ Modbus 的帧格式简单、紧凑，通俗易懂，用户使用容易，厂商开发简单。

3.1.2 Modbus 的通信模型

Modbus 是 OSI 参考模型第 7 层上的应用层报文传输协议，它在连接至不同类型总线时或网络的设备之间提供客户机/服务器通信。Modbus 的通信模型如图 3-1 所示。

目前，Modbus 包括标准 Modbus、Modbus+和 Modbus TCP 共 3 种形式。标准 Modbus 指的就是在异步串行通信中传输 Modbus 信息。Modbus+指的就是在一种高速令牌传递网络中传输 Modbus 信息，采用全频通信，具有更快的通信传输速率。Modbus TCP 就是采用 TCP/IP 和以太网协议来传输 Modbus 信息，属于工业控制网络范畴。本章主要介绍基于异步串行通信的标准 Modbus。

Modbus 应用层		
		基于 TCP 的 Modbus
		TCP
		IP
HDLC	Modbus 串行链路协议	Ethernet /802.3
令牌传递网络	RS-232/RS-485	以太网

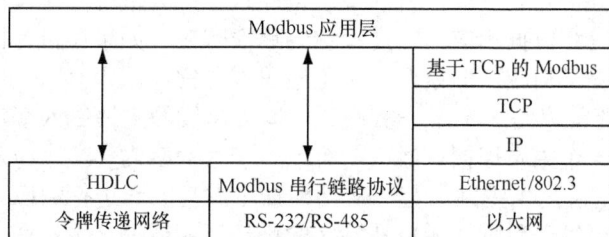

图 3-1　Modbus 的通信模型

3.1.3　通用 Modbus 帧

Modbus 协议定义了一个与基础通信层无关的简单协议数据单元（PDU），特定总线或网络上的 Modbus 协议映射能够在应用数据单元（ADU）上引入一些附加字段。通用 Modbus 帧的格式如图 3-2 所示。

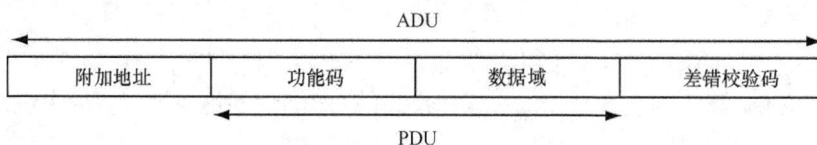

图 3-2　通用 Modbus 帧的格式

Modbus PDU 中功能码的主要作用是告知将执行哪种操作，功能码后面是含有请求和响应参数的数据域。Modbus ADU 中的附加地址用于告知站地址，差错校验码是根据报文内容执行冗余校验计算的结果。

3.1.4　Modbus 通信原理

Modbus 是一种简单的客户机/服务器型应用协议，其通信过程如图 3-3 所示。

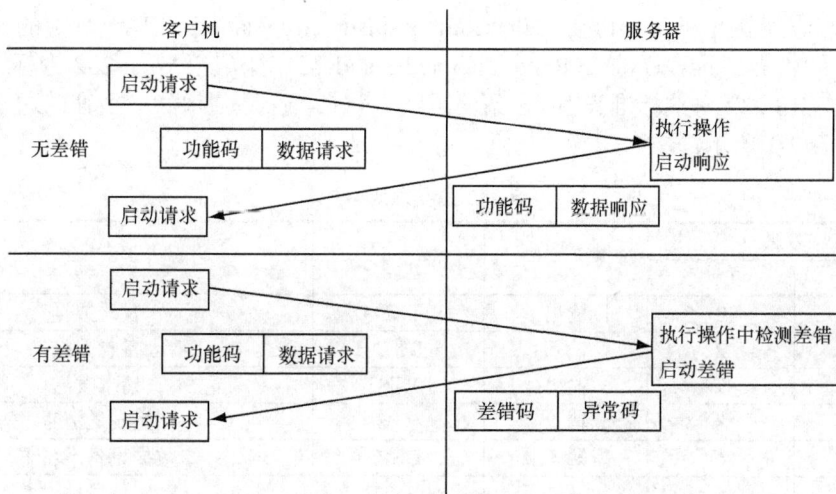

图 3-3　Modbus 协议的通信过程

首先，客户机准备请求并向服务器发送请求，即发送功能码和数据请求，此过程称为启动请求；然后服务器分析并处理客户机的请求，此过程称为执行操作；最后向客户机发送处理结果，即返回功能码和数据响应，此过程称为启动响应。如果在执行操作过程中出现任何差错，服务器将启动差错响应，即返回一个差错码或异常码。

Modbus 串行链路协议是一个主—从协议，串行总线的主站作为客户机，从站作为服务器。在同一时刻只有一个主站连接总线，一个或多个（最多为 247 个）从站连接于同一个串行总线。Modbus 通信总是由主站发起，从站根据主站功能码进行响应。从站在没有收到来自主站的请求时，不会发送数据，所以从站之间不能互相通信。主站在同一时刻只会发起一个 Modbus 事务处理。主站以如下两种模式对从站发出 Modbus 请求。

1. 单播模式

在单播模式下，主站寻址单个从站，从站接收并处理完请求后，向主站返回一个响应。在这种模式下，一个 Modbus 事务处理包含两个报文，一个是来自主站的请求；另一个是来自从站的应答。每个从站必须有唯一的地址（1～247），这样才能区别于其他节点而被独立寻址。

2. 广播模式

在广播模式下，主站向所有从站发送请求，对于主站广播的请求，从站不返回响应。广播请求必须是写命令。所有的设备必须接收广播模式的写功能，地址 0 被保留用来识别广播通信。

3.2 Modbus 物理层

在物理层，串行链路上的 Modbus 系统可以使用不同的物理接口，最常用的是 RS-485 两线制接口。作为附加选项，该物理接口也可以使用 RS-485 四线制接口。当只需要短距离的点对点通信时，也可以使用 RS-232 串行接口作为 Modbus 系统的物理接口。

Modbus 物理层标准

3.2.1 RS-232 接口标准

RS-232C 是美国电子工业协会（Electronic Industry Association，EIA）制定的一种串行物理接口标准。RS 是"推荐标准"（Recommended Standard）的英文缩写，232 为标识号，C 表示修改次数。RS-232 总线标准设有 25 条信号线，包括一个主通道和一个辅助通道，其主要端脚分配如表 3-1 所示。

表 3-1   RS-232 主要端脚分配

端脚		方 向	符 号	功 能
25 针	9 针			
2	3	输出	TXD	发送数据
3	2	输入	RXD	接收数据
4	7	输出	RTS	请求发送
5	8	输入	CTS	为发送清零
6	6	输入	DSR	数据设备准备好
7	5		GND	信号地
8	1	输入	DCD	
20	4	输入	DTR	数据信号检测
22	9	输入	RI	

1. 信号含义

RS-232 的功能特性定义了 25 芯标准连接器中的 20 根信号线，其中包括两条地线、4 条数据线、11 条控制线、3 条定时信号线，剩下的 5 根线作为备用或未定义。常用的只有如下所述的 8 根。

（1）联络控制信号线

① 数据发送准备好（DSR）：DSR 有效时（ON 状态），表明 Modem 处于可以使用的状态。

② 数据终端准备好（DTR）：DTR 有效时（ON 状态），表明数据终端可以使用。

以上这两个信号有时连到电源上，一通电就立即有效。这两个设备状态信号有效，只表示设备本身可用，并不能说明通信链路可以开始进行通信了，能否开始进行通信要由下面的控制信号决定。

③ 请求发送（RTS）：RTS 用来表示 DTE 请求 DCE 发送数据，即当终端准备要接收 Modem 传来的数据时，使该信号有效（ON 状态），请求 Modem 发送数据。它用来控制 Modem 是否进入发送状态。

④ 允许发送（CTS）：CTS 用来表示 DCE 准备好接收 DTE 发来的数据，是与请求发送信号 RTS 相应的信号。当 Modem 准备好接收终端传来的数据，并向前发送时，使该信号有效，从而通知终端开始沿发送数据线 TXD 发送数据。

这对 RTS/CTS 请求应答联络信号用于半双工 Modem 系统中发送方式和接收方式之间的切换。在全双工系统中，因配置了双向通道，故不需要 RTS/CTS 联络信号。

⑤ 振铃指示（RI）：当 Modem 收到交换台送来的振铃呼叫信号时，使 RI 信号有效（ON 状态），通知终端已被呼叫。

（2）数据发送与接收线

① 发送数据（TXD）：通过 TXD 线，终端将串行数据发送到 Modem（DTE→DCE）。

② 接收数据（RXD）：通过 RXD 线，终端接收从 Modem 发来的串行数据（DCE→DTE）。

（3）地线（GND）

GND 提供参考电位，无方向。

2. 电气特性

RS-232 对电器特性、逻辑电平和各种信号线的功能都做了规定。

在 TXD 和 RXD 上，逻辑 1（MARK）=-3～-15V；逻辑 0（SPACE）=+3～+15V。

在 RTS、CTS、DSR、DTR 和 DCD 等控制线上，信号有效（接通，ON 状态，正电压）=+3～+15V；信号无效（断开，OFF 状态，负电压）= 3～ 15V。

以上规定说明了 RS-232 标准对逻辑电平的定义。对于数据（信息码），逻辑 1（传号）的电平低于-3V，逻辑 0（空号）的电平高于+3V；对于控制信号，接通状态（ON，即信号有效）的电平高于+3V，断开状态（OFF，即信号无效）的电平低于-3V，也就是当传输电平的绝对值大于 3V 时，电路可以有效地检查出来，介于-3～+3V 的电压无意义，低于-15V 或高于+15V 的电压也无意义。因此，实际工作时，应保证电平在±（3～15）V。

3. RS-232 电平转换器

为了使采用+5V 供电的 TTL 和 CMOS 通信接口电路能与 RS-232 标准接口连接，必须进行串行口的输入/输出信号的电平转换。

目前常用的电平转换器有 Motorola 公司生产的 MC1488 驱动器、MC1489 接收器，TI 公司的 SN75188 驱动器、SN75189 接收器，美国 MAXIM 公司生产的单一+5V 电源供电、多路 RS-232 驱动器/接收器（如 MAX232A）。

3.2.2　RS-485 接口标准

智能仪表是随着 20 世纪 80 年代初单片机技术的成熟而发展起来的，如今世界仪表市场基本被智能仪表所垄断。究其原因就是企业信息化的需要，企业在仪表选型时要求的一个必要条件就是具有联网通信接口。智能仪表最初是以数据模拟信号输出简单过程量，后来出现了 RS-232 接口，这种接口可以实现点对点的通信方式，但这种方式不能实现联网功能。随后出现的 RS-485 解决了这个问题。

1. RS-485 接口的特点

逻辑 1 以两线间的电压差+（0.2~6）V 表示；逻辑 0 以两线间的电压差-（0.2~6）V 表示。接口信号电平相比 RS-232 降低了，不易损坏接口电路的芯片；且该电平与 TTL 电平兼容，可方便与 TTL 电路连接。

RS-485 接口是采用平衡驱动器和差分接收器的组合，抗共模干扰能力强，即抗噪声干扰性好。

RS-485 最大的通信距离约为 1219m，最高传输速率为 10Mbit/s，传输速率与传输距离成反比，在 100kbit/s 的传输速率下才可以达到最大的通信距离，若需传输更长的距离，则要加 485 中继器。RS-485 总线一般最多支持 32 个节点，如果使用特制的 485 芯片，可以达到 128 个或者 256 个节点，最多可以支持 400 个节点。

RS-485 价格比较便宜，能够很方便地添加到任何一个系统中，还支持比 RS-232 更长的传输距离、更高的传输速率及更多的节点。RS-485 和 RS-232 的主要性能指标的比较如表 3-2 所示。

表 3-2　　　　　　　　　RS-485 和 RS-232 的主要性能指标的比较

规　范	RS-232	RS-485
最大传输距离	15m	1 200m（速率 100kbit/s）
最高传输速度	20kbit/s	10Mbit/s（距离 12m）
驱动器最小输出/V	±5	±1.5
驱动器最大输出/V	±15	±6
接收器敏感度/V	±3	±0.2
最大驱动器数量	1	32 单位负载
最大接收器数量	1	32 单位负载
传输方式	单端	差分

可以看出，RS-485 更适用于多台计算机或带微控制器的设备之间的远距离数据通信。

需要说明的是，RS-485 标准没有规定连接器、信号功能和引脚分配。要保持两根信号线相邻，两根差动导线应该位于同一根双绞线内。引脚 A 与引脚 B 不要调换。

2. RS-485 的优点

（1）成本低

驱动器和接收器价格便宜，并且只需要单一的一个+5V（或者更低）电源来产生差动输出需要的最小 1.5V 的压差。与之相对应，RS-232 的最小+5V 与-5V 输出需要双电源或者一个价格昂贵的接口芯片。

（2）网络驱动能力强

RS-485 是一个多引出线接口，这个接口可以有多个驱动器和接收器，而不是限制为两台设备。利用高阻抗接收器，一个 RS-485 连接最多可以有 256 个接点。

（3）连接距离远

一个 RS-485 的连接距离最远可达 1200m，而 RS-232 的典型距离限制为 15m。

（4）传输速率快

RS-485 的传输速率可以高达 10Mbit/s。电缆长度和传输速率是有关的，较低的传输速率允许较长的电缆。

3．RS-485 收发器

RS-485 收发器种类较多，如 MAXIM 公司的 MAX485、TI 公司的 SN75LBC184 和高速型 SN65ALS1176 等。它们的引脚是完全兼容的，其中 SN65ALS1176 主要用于高速应用场合，如 PROFIBUS-DP 现场总线等。下面主要介绍 MAXIM 公司的 MAX485 芯片。

MAX481/MAX483/MAX485 是用于 RS-485 通信的小功率收发器，它们都含有一个驱动器和一个接收器。MAX483 的特点是具有限斜率的驱动器，这样可以使电磁干扰（EMI）减至最小，并降低因电缆终端不匹配而产生的影响，能以高达 250kbit/s 的速率无误差地传输数据。MAX481 和 MAX485 的驱动器是不限斜率的，允许以 2.5Mbit/s 的速率发送数据。这些收发器的工作电流为 120～500μA。此外，MAX481/MAX483 有一个低电流的关闭方式，在此方式下，它们仅需要 0.1μA 的工作电流。所有这些收发器只需一个 +5V 的电源。

这些驱动器具有短路电流限制和使用热关闭控制电路进行超功耗保护等功能。在超过功耗时，热关闭电路将驱动器的输出端置于高阻状态。接收器输入端具有自动防止故障的特性，当输入端开路时，能确保输出为高电平。MAX481/MAX483/MAX485 是为半双工应用而设计的，主要技术特点如下。

① 低功率 RS-485 收发器。

② 无误差数据传输的限斜率驱动器（MAX483）。

③ 0.1μA 低电流关闭方式（MAX481/MAX483）。

④ 低静态电流 120μA（MAX483）、300μA（MAX481/MAX485）。

⑤ −7～+12V 共模输入电压范围。

⑥ 三态输出。

⑦ 30ns 传输延时，5ns 传输延时偏差（MAX481/MAX485）。

⑧ 工作电源为单一 +5V。

⑨ 总线可接 32 个收发器（MAX485）。

⑩ 限流和热关闭控制电路为驱动器提供过载保护。

MAX481/MAX483/MAX485 的引脚排列和典型工作电路如图 3-4 所示，引脚说明如表 3-3 所示。

表 3-3 　　　　　　　　　**MAX481/MAX483/MAX485 的引脚说明**

MAX481/MAX483/MAX485 引脚	名称	功　　能
1	RO	接收器输出端。若 A 大于 B200mV，RO 为高；若相反，RO 为低
2	$\overline{RE}$	接收器输出使能端。当 $\overline{RE}$ 为低时，RO 有效；当 $\overline{RE}$ 为高时，RO 为高阻状态

续表

MAX481/MAX483/MAX485 引脚	名称	功　能
3	DE	驱动器输出使能端
4	DI	驱动器输入端
5	GND	地
6	A	同向接收器输入端和同向驱动器输出端
7	B	反向接收器输入端和反向驱动器输出端
8	VCC	正电源输入端：4.75～5.25V

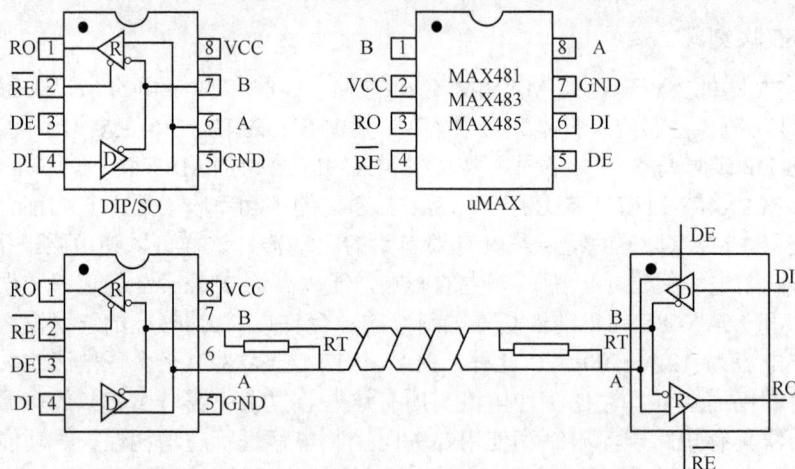

图 3-4　MAX481/MAX483/MAX485 的引脚排列和典型工作电路

3.2.3　串口通信参数

无论是 RS-232 还是 RS-485，它们都拥有相同的串口通信参数设置，主要参数有波特率、数据位、停止位和奇偶校验位。

1. 波特率

波特率是一个衡量串口通信速率的参数，它表示每秒钟传送的数据位（bit）的个数，例如，9600 波特率表示每秒发送 9600 个 bit，也表示为 9600bit/s。

2. 数据位

数据位是衡量串口通信中实际数据位的参数。例如，当通信设备发送一个信息包时，实际的数据位可能是 7 位或 8 位。

3. 停止位

停止位是作为通信信号附加进来的，当它变为 1 时，告诉接收方上一个数据包已经发送完毕，可以开始下一个数据包的传送，由于串口通信的起始位固定为 0，所以在数据包开始发送的时候会出现下降沿，这个下降沿信号可以用于字符同步。一般串口通信的停止位可以设置为 1 位、1.5 位或 2 位。

4. 奇偶校验位

奇偶校验是串口通信中一种简单的检错方式，有奇校验、偶校验和无校验 3 种方式。对于奇校验和偶校验的情况，串口会设置 1 位校验位，用于确保传输的数据中有偶数个或者奇数个逻辑 1。

3.3　Modbus 串行链路层标准

Modbus 串行链路层标准就是通常所说的标准 Modbus 协议，它是 Modbus 协议在串行链路上的实现。Modbus 串行链路层协议是一个主从协议，该协议位于 OSI 参考模型的第 2 层。

Modbus 串行链路层标准定义了一个控制器能够识别和使用的消息结构，而不管它们是经过何种网络进行通信的，也不需要考虑通信网络的拓扑结构。它定义了各种数据帧格式，用以描述控制器请求访问其他设备的过程、如何响应来自其他设备的请求及怎样侦测错误并记录。

3.3.1　Modbus 的传输模式

Modbus 定义了美国信息交换标准代码（ASCII）模式和远程终端单元（RTU）模式两种串行传输模式。在 Modbus 串行链路上，所有设备的传输模式（及串行口参数）必须相同，默认设置必须为 RTU 模式，所有设备必须实现 RTU 模式。若要使用 ASCII 模式，需要按照使用指南进行设置。在 Modbus 串行链路设备实现等级的基本等级中只要求实现 RTU 模式，常规等级要求实现 RTU 模式和 ASCII 模式。

1. ASCII 模式

使用 ASCII 模式，消息以冒号（:）字符（ASCII 为 3AH）开始，以回车换行符结束（ASCII 为 0DH、0AH）。

其他域可以使用的传输字符是十六进制的 0～9、A～F 的 ASCII。网络上的设备不断侦测 ":" 字符，当接收到一个 ":" 时，每个设备都解码下个域（地址域）来判断消息是否是发给自己的。

消息中字符间发送的时间间隔最长不能超过 1s，否则接收的设备将认为传输错误。典型 ASCII 消息帧结构如图 3-5 所示。

起始符	设备地址	功能代码	数据	LRC 校验	结束符
1 个字符	2 个字符	2 个字符	n 个字符	2 个字符	2 个字符

图 3-5　典型 ASCII 消息帧结构

例如，向 1 号从站的 2000H 寄存器写入 12II 数据的 ASCII 消息帧格式如表 3-4 所示。

表 3-4　　　　　　　　　　　　　**Modbus ASCII 消息帧格式**

段　　名	例子（HEX 格式）	说　　明
起始符	3A（:的 ASCII）	消息帧以冒号字符开始
设备地址	30（0 的 ASCII）	1 号从站
	31（1 的 ASCII）	
功能代码	30（0 的 ASCII）	写单个寄存器
	36（6 的 ASCII）	
寄存器地址	32（2 的 ASCII）	寄存器地址为 2000H
	30（0 的 ASCII）	
	30（0 的 ASCII）	
	30（0 的 ASCII）	

续表

段　　名	例子（HEX 格式）	说　　明
写入数据	30（0 的 ASCII）	写入寄存器的数据为 12H
	30（0 的 ASCII）	
	31（1 的 ASCII）	
	32（2 的 ASCII）	
LRC 校验	43（C 的 ASCII）	LCR 校验和为 C7H
	37（7 的 ASCII）	
结束符	0D（CR 的 ASCII）	消息帧以回车换行符结束
	0A（LF 的 ASCII）	

这里完整的 ASCII 消息帧为 3AH 30H 31H 30H 36H 32H 30H 30H 30H 30H 30H 31H 32H 43H 37H 0DH 0AH。

2. RTU 模式

使用 RTU 模式，消息发送至少要以 3.5 个字符时间的停顿间隔开始。传输的第一个域是设备地址，可以使用的传输字符是十六进制的 0～9、A～F。网络设备不断侦测网络总线，包括停顿间隔时间，当第一个域（地址域）接收到消息时，每个设备都进行解码以判断消息是否是发给自己的。在最后一个传输字符之后，一个至少 3.5 个字符时间的停顿标志了消息的结束，一个新的消息可在此停顿后开始传输。

整个消息帧必须作为一个连续的流传输。如果在帧完成之前有超过 1.5 个字符时间的停顿时间，接收设备将刷新不完整的消息，并假定下一字节是一个新消息的地址域。同样地，如果一个新消息在小于 3.5 个字符时间内接着前一消息开始传输，接收设备将认为它是前一消息的延续。这将导致一个错误，因为在最后 CRC 域的值不可能是正确的。典型 RTU 消息帧结构如图 3-6 所示。

停顿时间	设备地址	功能代码	数据	CRC 校验	停顿时间
大于3.5 个字符时间	8bit	8bit	n 个 8bit	16bit	大于3.5 个字符时间

图 3-6　典型 RTU 消息帧结构

例如，向 1 号从站的 2000H 寄存器写入 12H 数据的 RTU 消息帧格式如表 3-5 所示。

表 3-5　　　　　　　　　　　　　　　Modbus RTU 消息帧格式

段　　名	例子（HEX 格式）	说　　明
设备地址	01	1 号从站
功能代码	06	写单个寄存器
寄存器地址	20	寄存器地址（高字节）
	00	寄存器地址（低字节）
写入数据	00	数据（高字节）
	12	数据（低字节）
CRC 校验	02	CRC 校验码（高字节）
	01	CRC 校验码（低字节）

这里完整的 RTU 消息帧为 01H 06H 20H 00H 00H 12H 02H 01H。

3. 地址域

消息帧的地址域包含两个字符（ASCII）或 8bit（RTU），可能的从站地址是 0～247（十进制）。单个设备的地址范围是 1～247。主站通过将要联络的从站的地址放入消息中的地址域来选通从站，当从站发送回应消息时，它把自己的地址放入回应的地址域中，以便主站能够知道是哪一个设备做出回应。

地址 0 是用于广播的地址，所有的从站都能识别。当 Modbus 协议用于更高水准的网络时，广播可能不被允许或以其他方式代替。

4. 功能代码域

消息帧中的功能代码域包含两个字符（ASCII）或 8bit（RTU），可能的代码范围是十进制的 1～255。其中，有些代码适用于所有控制器，有些适用于某种控制器，还有些保留以备后用。

当消息从主站发往从站时，功能代码域将告知从站需要执行哪些行为，例如，去读取输入的开关状态、读一组寄存器的数据内容、读从站的诊断状态及允许调入、记录、校验从站中的程序等。

当从站回应时，它使用功能代码域来指示是正常响应（无误）还是差错响应（有某种错误发生）。对于正常响应，从站仅回应相应的功能代码。对于差错响应，从站返回一差错码，其格式为：将功能代码的最高位置 1。

例如一从站发往从站的消息要求读一组保持寄存器，产生的功能代码为 0 0 0 0 0 0 1 1（十六进制为 03H），对正常响应，从站仅回应同样的功能代码；对差错响应，它返回 1 0 0 0 0 0 1 1（十六进制为 83H）。

除功能代码因异议错误做了修改外，从站会将一异常码放到回应消息的数据域中，这能告诉主站发生了什么错误。

主站应用程序得到差错响应后，典型的处理过程是重发消息，或者诊断发给从站的消息并报告给操作人员。

5. 数据域

数据域是由两个十六进制数集合构成的，范围为 00～FFH。根据网络传输模式，这可以是由一对 ASCII 字符组成或一个 RTU 字符组成的。

从主站发给从站的消息的数据域包含附加的信息，指示从站必须用于执行由功能代码所定义的行为。例如，主站需要从站读取一组保持寄存器（功能代码为 03H），数据域则指定了起始寄存器及要读的寄存器数量。如果主站写一组从站的寄存器（功能代码为 10H），数据域则指明了要写的起始寄存器、要写的寄存器数量、数据域的数据字节数及要写入寄存器的数据。如果没有错误发生，由从站返回的数据域包含请求的数据；如果有错误发生，此域包含异常码，主站应用程序可以用来判断下一步要采取什么行动。

在某种消息中，数据域可以是不存在的（0 长度）。例如，主站要求从站回应通信事件记录（功能代码为 0BH）时，从站不需要附加任何信息。

3.3.2 Modbus 的差错检验

标准的 Modbus 串行链路的可靠性基于两种差错检验方法，即奇偶校验和帧校验。奇偶校验（偶或奇）应该被每个字符采用，帧校验（LRC 或 CRC）必须应用于整个报文。

1. 奇偶校验

用户可以配置控制器是奇校验或偶校验，或无校验，这将决定每个字符中的奇偶校验位是如何设置的。

如果指定了奇偶校验位，1 的位数将算到每个字符的位数中（ASCII 模式为 7 个数据位，

RTU 模式为 8 个数据位）。例如，RTU 字符帧中包含 8 个数据位（11000101），其中 1 的数目是 4 个，如果使用了偶校验，帧的奇偶校验位将是 0，RTU 字符帧中 1 的个数仍是 4；如果使用了奇校验，帧的奇偶校验位将是 1，使得 RTU 字符帧中 1 的个数是 5。

如果没有指定奇偶校验位，传输时就没有校验位，也不进行校验检测，将一个附加的停止位填充至要传输的字符帧中。

2．帧校验

（1）LRC 检测

采用 ASCII 传输模式时，ASCII 消息帧中包含了一个基于 LRC 函数的错误检测域。LRC 域检测消息帧中除开始的冒号及结束的回车换行符外的内容。

LRC 域是一个包含 8 位二进制值的字节。LRC 值由传输设备来计算并放到 ASCII 消息帧中，接收设备在接收 ASCII 消息帧的过程中计算 LRC，并将它和接收到的 ASCII 消息帧的 LRC 域中的值比较，如果两值不等，则说明有错误。

LRC 函数是将消息中 8bit 的字节连续累加，丢弃了进位。LRC 函数如下。

```
static unsigned char LRC (auchMsg,usDataLen)
unsigned char *auchMsg ; /* 要进行 LRC 计算的消息 */
unsigned short usDataLen ; /* LRC 要处理的字节的数量*/
{ unsigned char uchLRC = 0 ; /* LRC 字节初始化 */
while (usDataLen--) /* 传送消息 */
uchLRC += *auchMsg++ ; /* 累加*/
return ((unsigned char) - ((char) uchLRC)) ;
}
```

（2）CRC 检测

采用 RTU 模式时，RTU 消息帧包含了一个基于 CRC 函数的错误检测域。CRC 域检测整个 RTU 消息帧的内容。

CRC 域是两个字节，包含 16 位二进制值。它由传输设备计算后加入 RTU 消息帧中，接收设备重新计算收到的 RTU 消息帧的 CRC，并将其与接收到的 CRC 域中的值比较，如果两值不同，则有误。

CRC 值的计算方法是先调入一个值是全 1 的 16 位寄存器，然后调用计算过程，将消息中连续的 8 位字节和当前寄存器中的值进行处理。仅每个字符中的 8bit 数据对 CRC 有效，起始位和停止位及奇偶校验位均无效。

在 CRC 值产生的过程中，每个 8 位字符都单独和寄存器内容进行异或（XOR）运算，结果向最低有效位方向移动，最高有效位以 0 填充。LSB 被提取出来检测，如果 LSB 为 1，寄存器单独和预置的值进行异或运算；如果 LSB 为 0，则不进行运算。整个过程要重复 8 次，最后一位（第 8 位）完成运算后，下一个 8 位字节又单独和寄存器的当前值进行异或运算。最终寄存器中的值是消息中所有字节都执行运算之后的 CRC 值。

将 CRC 值添加到消息中时，低字节先加入，然后加入高字节。CRC 函数如下。

```
unsigned int crc16(unsigned char *dp,unsigned char len)
{
unsigned char i,j,flag_crc;
unsigned int crc;
crc=0xffff;
for(i=0;i<len;i++)
{
    crc^=dp[i];        /*每个字符单独和寄存器内容进行异或运算*/
```

```
        for(j=0;j<8;j++)      /*重复 8 次*/
        {
            flag_crc=crc&1;/*提取字符的最低位*/
            crc>>=1;                /*字符右移*/
            if(flag_crc) crc^=0xa001;/*如果最低位为1，则和预置的值进行异或运算*/
        }
    }
    return(crc);
}
```

3.3.3　Modbus 的功能码

Modbus 协议定义了公共功能码、用户定义功能码和保留功能码 3 种功能码。

公共功能码是指被确切定义的、唯一的功能码，由 Modbus-IDA 组织确认，可进行一致性测试，且已归档为公开。

用户定义功能码是指用户无须 Modbus-IDA 组织的任何批准就可以选择和实现的功能码，但是不能保证用户定义功能码的使用是唯一的。

保留功能码是某些公司在传统产品上现行使用的功能码，不作为公共功能码使用。Modbus 功能码如表 3-6 所示。

表 3-6　　　　　　　　　　　　　　　　Modbus 功能码

功 能 码	名　　称	作　　用
01	读线圈状态	取得一组逻辑线圈的当前状态（ON/OFF）
02	读输入状态	取得一组开关输入的当前状态（ON/OFF）
03	读保持寄存器	在一个或多个保持寄存器中取得当前的二进制值
04	读输入寄存器	在一个或多个输入寄存器中取得当前的二进制值
05	写单个线圈	强制设置一个逻辑线圈的通断状态
06	写单个寄存器	把具体二进制值装入一个保持寄存器
07	读取异常状态	取得 8 个内部线圈的通断状态,这 8 个线圈的地址由控制器决定,用户逻辑可以定义这些线圈,以说明从机状态,短报文适用于迅速读取状态
08	回送诊断校验	把诊断校验报文送从机，以对通信处理进行评鉴
09	编程（只用于 484）	使主机模拟编程功能，修改从机逻辑
10	控询（只用于 484）	可使主机与一台正在执行长程序任务的从机通信，探询该从机是否已完成其操作任务，仅在含有功能码 09 的报文发送后，本功能码才发送
11	读取事件计数	可使主机发出单询问，并随即判定操作是否成功，尤其是该命令或其他应答产生通信错误时
12	读取通信事件记录	可使主机检索每台从机的 Modbus 事务处理通信事件记录。如果某项事务处理完成，记录会给出有关错误
13	编程（184/384 484 584）	可使主机模拟编程功能，修改从机逻辑
14	探询（184/384 484 584）	可使主机与正在执行任务的从机通信，定期控询该从机是否已完成其程序操作，仅在含有功能码 13 的报文发送后，本功能码才发送
15	写多个线圈	强制设置一串连续逻辑线圈的通断
16	写多个寄存器	把具体的二进制值装入一串连续的保持寄存器

续表

功 能 码	名　　称	作　　用
17	报告从机标识	可使主机判断编址从机的类型及该从机运行指示灯的状态
18	（884和MICRO 84）	可使主机模拟编程功能，修改PC状态逻辑
19	重置通信链路	发生非可修改错误后，使从机复位于已知状态，可重置顺序字节
20	读取通用参数（584L）	显示扩展存储器文件中的数据信息
21	写入通用参数（584L）	把通用参数写入扩展存储文件，或修改之
22～64	保留作扩展功能备用	—
65～72	留作用户功能	留作用户功能的扩展编码
73～119	非法功能	—
120～127	保留	留作内部作用
128～255	保留	用于异常应答

Modbus协议是为了读写PLC数据而产生的，主要支持输入离散量、输出线圈、输入寄存器和保持寄存器涉及的数据类型。Modbus各功能码对应的数据类型如表3-7所示。

表3-7　　　　　　　　　　Modbus功能码与数据类型对应表

代　　码	功　　能	数 据 类 型
01	读取线圈状态	位
02	读取输入状态	位
03	读取保持寄存器	整型、字符型、状态字、浮点型
04	读取输入寄存器	整型、状态字、浮点型
05	写单个线圈	位
06	写单个寄存器	整型、字符型、状态字、浮点型
15	写多个线圈	位
16	写多个寄存器	整型、字符型、状态字、浮点型

Modbus协议相当复杂，但常用的功能码主要是01、02、03、04、05、06、15和16，下面列举这几个常用功能码的功能和报文格式。

1. 读取线圈状态

（1）描述

功能码01用于读取从站的离散量输出状态（ON或OFF）。

（2）请求报文

功能码01请求报文中的数据必须包含需要读取的线圈的起始地址和线圈个数。读取17号从站线圈0014H-0038H的请求报文如表3-8所示。

表3-8　　　　　　　　　　Modbus功能码01请求报文

段　　名	例子（HEX格式）
从站地址	11
功能码	01
开始地址（高字节）	00
开始地址（低字节）	14

续表

段　　名	例子（HEX 格式）
数量（高字节）	00
数量（低字节）	25
校验码（LRC 或 CRC）	—

（3）应答报文

线圈的状态通过应答报文中的数据位来传送，数据位为 1 表示线圈状态为 ON，数据位为 0 表示线圈状态为 OFF。第一个数据字节的低位（LSB）为第一个需要查询的线圈状态，其余线圈状态紧跟其后。若线圈个数不是 8 的倍数，多余的位需要用 0 填充，即最后一个数据字节的高位（MSB）为 0。同时，报文中包含字节数，用来指示一共有多少个数据字节需要被传送。功能码 01 应答报文如表 3-9 所示。

表 3-9　　　　　　　　　**Modbus 功能码 01 应答报文**

段　　名	例子（HEX 格式）
从站地址	11
功能码	01
字节数	05
数据（线圈 27-20）	CD
数据（线圈 35-28）	6B
数据（线圈 43-36）	B2
数据（线圈 51-44）	0E
数据（线圈 56-52）	1B
校验码（LRC 或 CRC）	—

2．读取输入状态

（1）描述

功能码 02 用于读取从站的离散量输入状态（ON 或 OFF）。

（2）请求报文

功能码 02 请求报文中的数据必须包含需要读取的线圈的起始地址和线圈个数。读取 17 号从站线圈 00C5H-00DAH 的请求报文如表 3-10 所示。

表 3-10　　　　　　　　　**Modbus 功能码 02 请求报文**

段　　名	例子（HEX 格式）
从站地址	11
功能码	02
开始地址（高字节）	00
开始地址（低字节）	C5
数量（高字节）	00
数量（低字节）	16
校验码（LRC 或 CRC）	—

（3）应答报文

从站的输入线圈的状态通过应答报文中的数据位来传送，数据位为 1 表示线圈状态为 ON，数据位为 0 表示线圈状态为 OFF。第一个数据字节的低位为第一个需要查询的线圈状态，其余线圈状态紧跟其后。若线圈个数不是 8 的倍数，多余的位需要用 0 填充，即最后一个数据字节的高位为 0。同时，报文中包含字节数，用来指示一共有多少个数据字节需要被传送。功能码 02 应答报文如表 3-11 所示。

表 3-11   Modbus 功能码 02 应答报文

段　名	例子（HEX 格式）
从站地址	11
功能码	02
字节数	03
数据（线圈 0204-0197）	AC
数据（线圈 0212-0205）	DB
数据（线圈 0218-0213）	35
校验码（LRC 或 CRC）	—

3. 读取保持寄存器

（1）描述

功能码 03 用于读取从站保持寄存器的 16 位二进制数。

（2）请求报文

功能码 03 请求报文中的数据必须包含需要读取的寄存器的起始地址和寄存器个数。读取 17 号从站寄存器 006CH-006EH 的请求报文如表 3-12 所示。

表 3-12   Modbus 功能码 03 请求报文

段　名	例子（HEX 格式）
从站地址	11
功能码	03
开始地址（高字节）	00
开始地址（低字节）	6C
数量（高字节）	00
数量（低字节）	03
校验码（LRC 或 CRC）	—

（3）应答报文

寄存器的 16 位二进制数通过两个字节来传送，第 1 个字节为寄存器的高位字节，第 2 个字节为寄存器的低位字节。功能码 03 的应答报文如表 3-13 所示。

表 3-13   Modbus 功能码 03 应答报文

段　名	例子（HEX 格式）
从站地址	11
功能码	03
字节数	06

续表

段　名	例子（HEX 格式）
高位字节（寄存器 006CH）	02
低位字节（寄存器 006CH）	2B
高位字节（寄存器 006DH）	00
低位字节（寄存器 006DH）	00
高位字节（寄存器 006EH）	00
低位字节（寄存器 006EH）	64
校验码（LRC 或 CRC）	—

在这个应答报文中，寄存器 006CH 的值为 555（022BH），寄存器 006DH 的值为 0（0H），寄存器 006EH 的值为 100（0064H）。

4. 读取输入寄存器

（1）描述

功能码 04 用于读取从站输入寄存器的 16 位二进制数。

（2）请求报文

功能码 04 请求报文中的数据必须包含需要读取的寄存器的起始地址和寄存器个数。

读取 17 号从站寄存器 0009H 的请求报文如表 3-14 所示。

表 3-14　　　　　　　　　　　　**Modbus 功能码 04 请求报文**

段　名	例子（HEX 格式）
从站地址	11
功能码	04
开始地址（高字节）	00
开始地址（低字节）	09
数量（高字节）	00
数量（低字节）	01
校验码（LRC 或 CRC）	—

（3）应答报文

寄存器的 16 位二进制值通过两个字节来传送，第 1 个字节为寄存器的高位字节，第 2 个字节为寄存器的低位字节。功能码 04 的应答报文如表 3-15 所示。

表 3-15　　　　　　　　　　　　**Modbus 功能码 04 应答报文**

段　名	例子（HEX 格式）
从站地址	11
功能码	04
字节数	02
高位字节（寄存器 0009H）	00
低位字节（寄存器 0009H）	0A
校验码（LRC 或 CRC）	—

在这个应答报文中，寄存器 0009H 的值为 10（000AH）。

5. 写单个线圈

（1）描述

功能码 05 用于将从站的某个保持线圈状态设置为 ON 或者 OFF。在广播时，与总线相连的所有从站相同地址上的线圈状态被设置。

（2）请求报文

功能码 05 请求报文中的数据必须包含需要设置的线圈的地址。线圈需要被设置的状态包含在数据中，数据 FF00H 表示需要将线圈状态设置为 ON；数据 0000H 表示需要将线圈状态设置为 OFF，其余值将被忽略。将 17 号从站线圈 001DH 设置为 ON 的请求报文如表 3-16 所示。

表 3-16　　　　　　　　　　　　　Modbus 功能码 5 请求报文

段　　名	例子（HEX 格式）
从站地址	11
功能码	05
线圈地址（高字节）	00
线圈地址（低字节）	1D
数据（高字节）	FF
数据（低字节）	00
校验码（LRC 或 CRC）	—

（3）应答报文

若线圈设置成功，功能码 05 应答报文是请求报文的一个副本。功能码 05 应答报文如表 3-17 所示。

表 3-17　　　　　　　　　　　　　Modbus 功能码 05 应答报文

段　　名	例子（HEX 格式）
从站地址	11
功能码	05
线圈地址（高字节）	00
线圈地址（低字节）	AD
数据（高字节）	FF
数据（低字节）	00
校验码（LRC 或 CRC）	—

6. 写单个寄存器

（1）描述

功能码 06 用于将从站的某个保持寄存器设置为指定值。在广播时，与总线相连的所有从站相同地址上的寄存器值被设置。

（2）请求报文

功能码 06 请求报文中的数据必须包含需要设置的寄存器的地址。把 17 号从站寄存器 0002H 设置为 0003H 的请求报文如表 3-18 所示。

表 3-18   **Modbus 功能码 06 请求报文**

段　名	例子（HEX 格式）
从站地址	11
功能码	06
寄存器地址（高字节）	00
寄存器地址（低字节）	02
数据（高字节）	00
数据（低字节）	03
校验码（LRC 或 CRC）	—

（3）应答报文

若寄存器设置成功，功能码 06 应答报文是请求报文的一个副本。功能码 06 应答报文如表 3-19 所示。

表 3-19   **Modbus 功能码 06 应答报文**

段　名	例子（HEX 格式）
从站地址	11
功能码	06
寄存器地址（高字节）	00
寄存器地址（低字节）	02
数据（高字节）	00
数据（低字节）	03
校验码（LRC 或 CRC）	—

7. 写多个线圈

（1）描述

功能码 15 用于将从站的一段连续线圈状态设置为指定值。在广播时，与总线相连的所有从站相同地址上的线圈状态被设置。

（2）请求报文

功能码 15 请求报文中的数据必须包含需要设置的线圈的地址。线圈需要被设置的状态包含在数据中，数据位为 1 表示需要将线圈状态设置为 ON；数据位为 0 表示需要将线圈状态设置为 OFF。例如需要设置 17 号从站从 0013H 开始的连续 10 个线圈的值，如图 3-7 所示，数据区第 1 个被传送的字节（CDH）表示线圈 0013H-001AH 的设置值，低位表示低地址线圈 0013H，高位表示高地址线圈 001AH；第 2 个被传送的字节（01H）表示线圈 001BH-001CH 的设置值，低位表示低地址线圈 001BH，高位不需要使用的位保留为 0。功能码 15 请求报文如表 3-20 所示。

	MSB第1个字节LSB								MSB第2个字节LSB							
位	1	1	0	0	1	1	0	1	0	0	0	0	0	0	0	1
线圈	26	25	24	23	22	21	20	19	—	—	—	—	—	—	28	27

图 3-7　数据帧

表 3-20 Modbus 功能码 15 请求报文

段　名	例子（HEX 格式）
从站地址	11
功能码	0F
开始地址（高字节）	00
开始地址（低字节）	13
数量（高字节）	00
数量（低字节）	0A
字节数	02
数据（高字节）	CD
数据（低字节）	01
校验码（LRC 或 CRC）	—

（3）应答报文

若线圈设置成功，功能码 15 应答报文包括从站地址、功能码、开始地址和数量，如表 3-21 所示。

表 3-21 Modbus 功能码 15 应答报文

段　名	例子（HEX 格式）
从站地址	11
功能码	0F
开始地址（高字节）	00
开始地址（低字节）	13
数量（高字节）	00
数量（低字节）	0A
校验码（LRC 或 CRC）	—

8. 写多个寄存器

（1）描述

功能码 16 用于将从站的一段连续保持寄存器设置为指定值。在广播时，与总线相连的所有从站相同地址上的寄存器值被设置。

（2）请求报文

功能码 16 请求报文中的数据必须包含需要设置的寄存器的地址。把 17 号从站寄存器 0002H、0003H 设置为 000AH、0102H 的请求报文如表 3-22 所示。

表 3-22 Modbus 功能码 16 请求报文

段　名	例子（HEX 格式）
从站地址	11
功能码	10
开始地址（高字节）	00
开始地址（低字节）	02
数量（高字节）	00

续表

段　　名	例子（HEX 格式）
数量（低字节）	02
字节数	04
数据（高字节）	00
数据（低字节）	0A
数据（高字节）	01
数据（低字节）	02
校验码（LRC 或 CRC）	—

（3）应答报文

若寄存器设置成功，功能码 16 应答报文包括从站地址、功能码、开始地址和数量，如表 3-23 所示。

表 3-23　　　　　　　　　　　**Modbus 功能码 16 应答报文**

段　　名	例子（HEX 格式）
从站地址	11
功能码	10
开始地址（高字节）	00
开始地址（低字节）	02
数量（高字节）	00
数量（低字节）	02
校验码（LRC 或 CRC）	—

3.3.4　Modbus 协议的编程实现

由 RTU 消息帧格式可以看出，在完整的一帧消息开始传输时，必须和上一帧消息之间至少有 3.5 个字符时间的间隔，这样接收方在接收时才能将该帧作为一个新的数据帧接收；另外，在本数据帧进行传输时，帧中传输的每个字符之间的间隔不能超过 1.5 个字符时间，否则本帧将被视为无效帧，但接收方将继续等待和判断下一次 3.5 个字符的时间间隔之后出现的新一帧并进行相应的处理。因此，在编程时先要考虑 1.5 个字符时间和 3.5 个字符时间的设定和判断。

1. 字符时间的设定

在 RTU 模式中，1 个字符时间是指按照用户设定的波特率传输一个字节所需要的时间。

例如，当传输波特率为 2400bit/s 时，1 个字符时间为 $11\times1/2400\approx4583\mu s$，同样可以得出 1.5 个字符时间和 3.5 个字符时间分别为 $11\times1.5/2400\approx6875\mu s$、$11\times3.5/2400\approx16041\mu s$。

为了节省定时器，在设定这两个时间段时可以使用同一个定时器，定时时间取 1.5 个字符时间和 3.5 个字符时间的最大公约数，即 0.5 个字符时间，同时设定两个计数器变量为 m 和 n，用户可以在需要开始启动时间判断时将 m 和 n 清零。而在定时器的中断服务程序中，只需要对 m 和 n 分别做加 1 运算，并判断是否累加到 3 和 7。当 $m=3$ 时，说明 1.5 个字符时间已到，此时可以将 1.5 个字符时间已到标志 T15FLG 置成 01H，并将 m 重新清零；当 $n=7$ 时，说明 3.5 个字符时间已到，此时将 3.5 个字符时间已到标志 T35FLG 置成 01H，并将 n

重新清零。

波特率从 1200bit/s 到 19200bit/s 时，定时器定时时间均采用上述方法计算而得。当波特率为 38400bit/s 时，Modbus 通信协议推荐此时 1 个字符时间为 500μs，即定时器定时时间为 250μs。

2. 数据帧接收的编程方法

在实现 Modbus 通信时，设每个字节的一帧信息需要 11 位，即 1 位起始位、8 位数据位、两位停止位，无校验位。通过串行口的中断接收数据，中断服务程序每次只接收并处理 1 字节数据，并启动定时器实现时序判断。

在接收新一帧数据时，接收完第一个字节之后，置一帧标志 FLAG 为 0AAH，表明当前存在一有效帧正在接收。在接收该帧的过程中，一旦出现时序不对的情况，则将帧标志 FLAG 置成 55H，表明当前存在的帧为无效帧。其后，接收到的本帧的剩余字节仍然放入接收缓冲区，但帧标志 FLAG 不再改变，直至接收到 3.5 字符时间间隔后的新一帧数据的第一个字节，主程序即可根据 FLAG 标志判断当前是否有有效帧需要处理。

Modbus 数据串行口接收中断服务程序结构框图如图 3-8 所示。

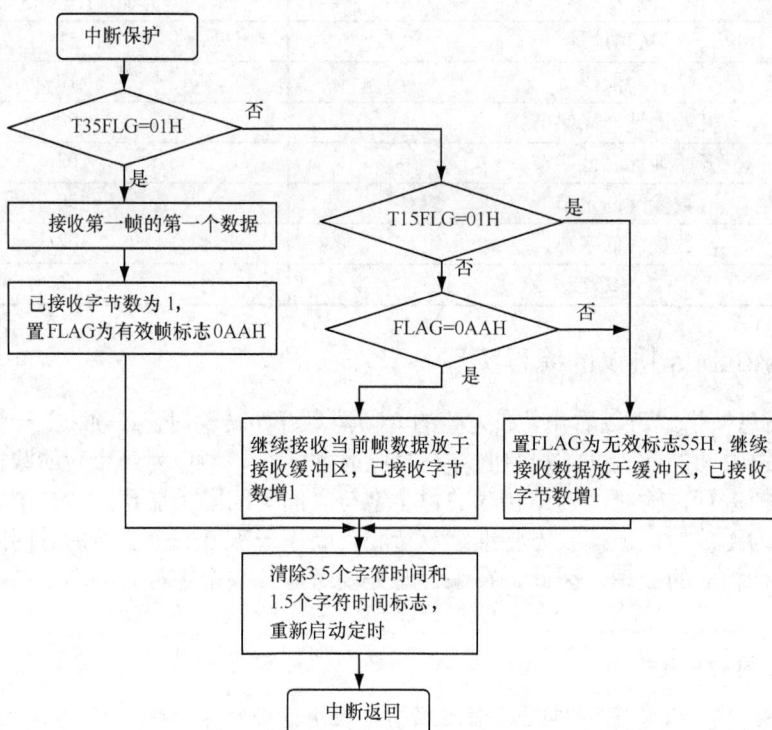

图 3-8　Modbus 数据串行口接收中断服务程序结构框图

3.4　Modbus TCP

Modbus 是目前应用最广泛的现场总线协议之一。1999 年推出了在以太网中运行的工业以太网协议（Modbus TCP）。Modbus TCP 以一种比较简单的方式将 Modbus 帧嵌入 TCP 帧中。互联网编号分配管理机构（Internet

Assigned Numbers Authority，IANA）给 Modbus 协议赋予 TCP 端口 502，这是其他工业以太网协议所没有的。Modbus 标准协议已被提交给互联网工程任务部（Internet Engineering Task Force，IETF）成为以太网标准。Modbus 也是使用广泛的事实标准，其普及得益于使用门槛低，无论用串口还是用以太网，硬件成本低廉，Modbus 和 Modbus TCP 都可以免费获取，不需要任何费用，且在网上有很多免费资源，如 C/C++、Java 样板程序，ActiveX 控件及各种测试工具等，所以用户使用起来很方便。另外，几乎可找到任何现场总线到 Modbus TCP 的网点，方便用户实现各种网络之间的互联。

3.4.1 Modbus TCP 概述

图 3-9 所示为 Modbus TCP 的通信参考模型。从图 3-9 中可以看到，Modbus 是 OSI 参考模型第 7 层上的应用层报文传输协议，它在连接至不同类型总线或网络的设备之间提供客户机/服务器通信。

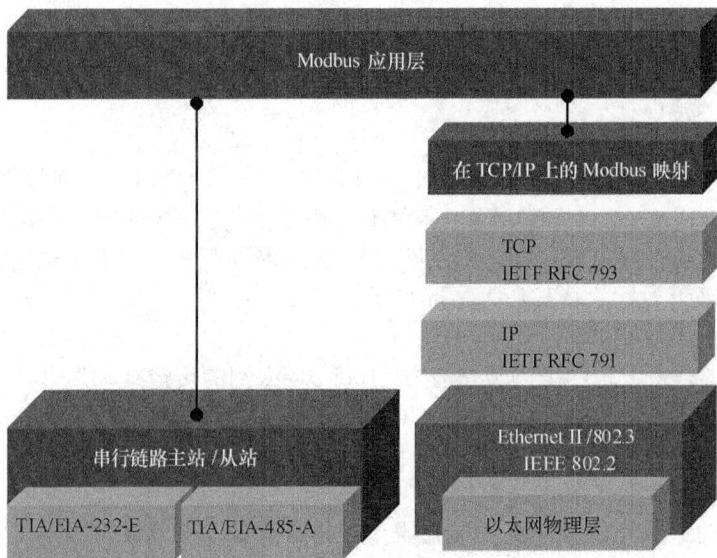

图 3-9　Modbus TCP 的通信参考模型

Modbus 是一个请求/应答协议，并且提供功能码规定的服务。目前，Modbus 网络支持有线、无线类的多传输介质。有线介质包括 EIA/TIA-232、EIA-422、EIA/TIA-485，以太网和光纤等。图 3-10 所示为 Modbus TCP 的通信体系结构，每种设备（PLC、HMI、控制面板、驱动设备和 I/O 设备等）都能使用 Modbus 协议来启动远程操作。在基于串行链路和以太网 TCP/IP 的 Modbus 上可以进行相同的通信，一些网关允许在几种使用 Modbus 协议的总线或网络之间进行通信。

Modbus TCP 具有以下特点。

（1）TCP/IP 已成为信息行业的事实标准

世界上超过 90%的网络都使用 TCP/IP，只要在应用层使用 Modbus TCP，就可实现工业以太网数据交换。

（2）易于与各种系统互联

采用 Modbus TCP 的系统可灵活应用于管理网络、实时监控及现场设备通信，强化了与不同应用系统互联的能力。

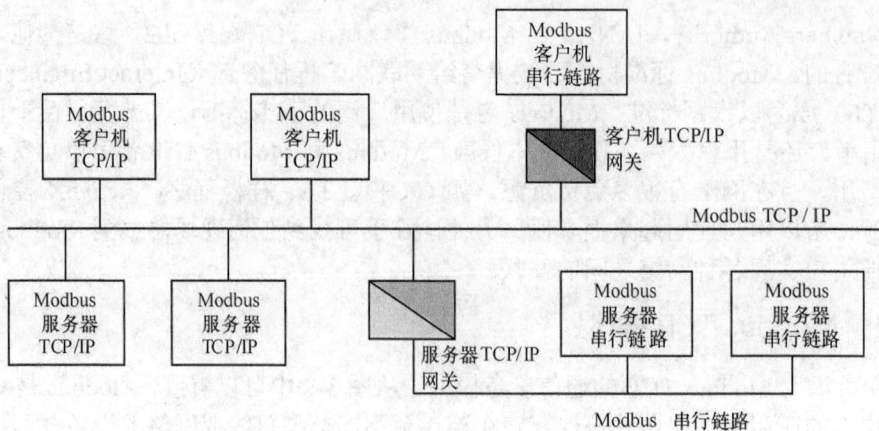

图 3-10　Modbus TCP 的通信体系结构

（3）网络实施价格低廉

由于 Modbus TCP 在原有以太网的基础上添加了 Modbus 应用层，所以 Modbus TCP 设备可全部使用通用网络部件，大大降低了设备成本。

（4）满足用户要求

目前，我国已把 Modbus TCP 作为工业网络标准之一，用户可免费获得协议及样板程序，可在 UNIX、Linux、Windows 系统环境下运行，不需要专门的驱动程序。在国外，Modbus TCP 被国际半导体产业协会（SEMI）定为网络标准，国际水处理、电力系统也把它作为应用的事实标准，还有越来越多行业将其作为标准来用。

（5）高速的网络传输能力

用户最关心的是所使用网络的传输能力，100M 以太网的传输结果为每秒 4 000 个 Modbus TCP 报文，而每个报文可传输 125 个字（16bit），故相当于 4000×125=500000 个模拟量数据（8000000 开关量）。

（6）厂家能提供完整的解决方案

工业以太网的接线元件包括工业集成器、工业交换机、工业收发器、工业连接电缆。工业以太网服务器支持远程和分布式 I/O 扫描功能、设备地址 IP 的设置功能、故障设备在线更换功能、分组的信息发布与订阅功能及网络动态监视功能，还包含支持瘦客户机的 Web 服务。Modbus TCP 还拥有其他工控设备的支持，如工业用人机界面、变频器、软启动器、电动机控制中心、以太网 I/O、各种现场总线的网桥，甚至带 Modbus TCP 的传感器，这些都为用户使用提供了方便。

3.4.2　Modbus TCP 应用数据单元

Modbus TCP 采用 TCP/IP 和以太网协议来传输 Modbus 信息，因此与 Modbus 串行链路数据单元类似，Modbus TCP 的应用数据单元就是将 Modbus 简单协议数据单元（PDU）按照 TCP/IP 标准进行封装而形成的。一个 TCP 帧只能传送一个 Modbus ADU，建议不要在同一个 TCP PDU 中发送多个 Modbus 请求或响应。Modbus TCP 采用客户机与服务器之间的请求响应式通信服务模式。在 TCP/IP 网络和串行链路子网之间需要通过网关互联。图 3-11 所示为 Modbus TCP 应用数据单元的结构，从图中可以看到，在 Modbus TCP 应用数据单元中有一个被称为 MBAP 的报文头，即 Modbus 应用协议报文头，这种专用报文头的长度为 7 个字节，该报文头所包含的字段如表 3-24 所示。

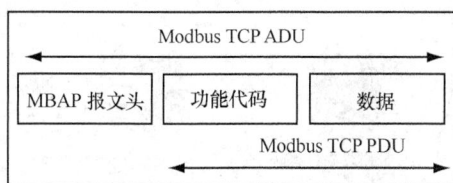

图 3-11 Modbus TCP 应用数据单元的结构

表 3-24 MBAP 报文头的字段

字 段	长度/B	描 述	客 户 机	服 务 器
事务处理标识符	2	识别 Modbus 请求/响应事务处理	由客户机设置	服务器从接收的请求中重新复制
协议标识符	2	0=Modbus 协议	由客户机设置	服务器从接收的请求中重新复制
长度	2	随后的字节数量	由客户机设置（请求）	由服务器设置（响应）
单元标识符	1	识别串行链路或其他总线上连接的远程从站	由客户机设置	服务器从接收的请求中重新复制

事务处理标识符用于事务处理配对；长度字段是后续字段的字节数，包括单元标识符和数据字段的字节数；单元标识符用于系统内的路由选择。通过 TCP 将所有 Modbus TCP ADU 发送至注册的 502 端口。

3.4.3 Modbus-RTPS

2008 年 10 月，ISA 展会期间，Modbus 组织与 IDA 宣布合并，致力于基于以太网的控制方案的推广，合并后的 Modbus-IDA 组织横跨欧美，成为能够与 PRIFINET 和 Ethernet/IP 抗衡的阵营。

Modbus-RTPS 是 Modbus-IDA 组织开发的基于以太网 TCP/IP 和 Web 互联网技术的实时以太网，其中的 RTPS（Real-Time Publish/Subscribe）是基于以太网 TCP/IP 的实时扩展通信协议。RTPS 协议及其应用程序接口由一个兼容各种设备的中间件来实现，它采用美国 RTI（Real-Time Innovations）公司的 NDDS3.0（Network Data Delivery Service）实时通信系统。

RTPS 协议基于发布者/预订者建立，进行扩展后增加了设置数据发送截止时间、控制数据流速率和使用多址广播等功能。它可以简化为一个数据发送者和多个数据接收者通信的工作，进而极大地减轻了网络的负荷。

3.5 台达工业自动化设备

在工业自动化领域，台达公司凭借在电力电子和控制技术方面积累的专业经验，自 1995 年开始生产变频器以来，产品线不断扩张，至今已拥有

Modbus 设备

驱动、控制和运动三大类系列齐全、先进可靠的工业自动化产品，可以为客户提供量身定做的自动化解决方案，并以完善的售前咨询和全球联保售后服务，获得了客户一致的肯定。其产品在机床、纺织、印刷、包装、楼宇自动化、食品、电子设备、橡塑、电梯、暖通及木工等领域都有广泛的应用。台达工业自动化解决方案如图 3-12 所示。

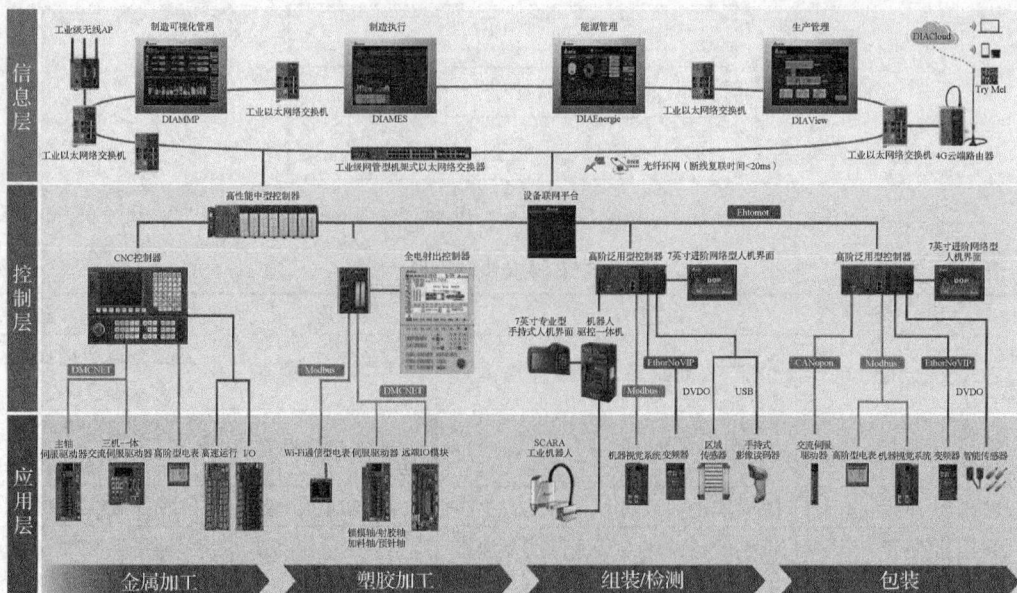

图 3-12　台达工业自动化解决方案

3.5.1　台达 PLC 简介

1. 台达 PLC 系列

目前，台达 PLC 有 ES、EX、EH2、PM、SA、SC、SE、SX、SS、SV、AS 及 AH 等系列。各系列机型均有各自的特点，可满足不同的控制要求。

① ES 系列性价比较高，可实现顺序控制。

② EX 系列具备数字量和模拟量 I/O，可实现反馈控制。

③ EH 系列采用了 CPU+ASIC 双处理器，支持浮点运算，指令最短执行时间为 0.24μs。

④ PM 系列可实现 2 轴直线/圆弧差补控制，最高脉冲输出频率达 500kHz，可用于运动控制。

⑤ SA 系列内存容量为 8K Steps，运算能力强，可扩展 8 个功能模块。

⑥ SC 系列具有 100kHz 的高速脉冲输出频率和 100kHz 的脉冲计数频率。

⑦ SE 系列网络型进阶薄型控制器自带以太网功能，支持 Modbus TCP 和 Ethernet/IP 功能。

⑧ SX 系列具有 2 路模拟量输入和 2 路模拟量输出，并且可扩展 8 个功能模块。

⑨ SS 系列外形轻巧，可实现基本顺序控制。

⑩ SV 系列外形轻巧，采用了 CPU+ASIC 双处理器，支持浮点运算，指令最短执行时间为 0.24μs。

⑪ AS 系列为高阶泛用型模块式控制器，具有灵活、智能、友善的特点，适合高阶机械设备控制器的解决方案。

⑫ AH 系列为高性能中型模块式控制器，适合高阶产业机械与系统整合应用的智能解决方案。

2. 台达 DVP28SV11T PLC 简介

台达 SV 系列 PLC 主机提供左侧并列式高速扩充接口，可扩充应用多样的网络接口，如以太网、DeviceNet、PROFIBUS 等，以满足实时控制的要求，左侧最多可连接 8 个通信模块。
台达 DVP28SV11T PLC 的特点如下。

① 主机点数：28。

② 最大 I/O 点数：512 点。

③ 程序容量：16K Steps。

④ 指令执行时间：0.24μs（基本指令）。

⑤ 通信端口：内建 RS-232 与 RS-485，兼容 Modbus ASCII / RTU 通信协议。

⑥ 数据缓存器：10000 字符。

台达 DVP28SV11T PLC 的外观及功能介绍如图 3-13 所示。

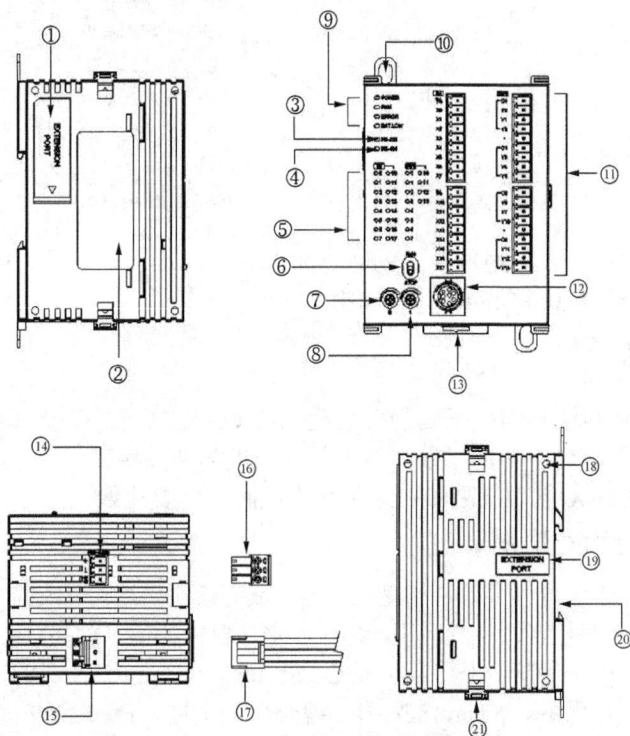

① 左侧高速 I/O 模块连接口

② 铭牌

③ COM1（RS-232）通信接收（Rx）指示灯

④ COM2（RS-485）通信传送（Tx）指示灯

⑤ 输入 / 输出点指示灯

⑥ RUN / STOP 开关

⑦ VR0：模拟电位器 0

⑧ VR1：模拟电位器 1

⑨ 电源、运行、错误及电池状态指示灯

⑩ 直接固定孔

⑪ 输入 / 输出端子

⑫ COM1（RS-232）程序输入 / 输出通信口

⑬ DIN 轨固定扣

⑭ COM2（RS-485）通信口（Master/Slave）

⑮ 电源输入口

⑯ 3PIN 脱落式端子（标准附件）

⑰ 电源输入连接线（标准附件）

⑱ I/O 模组定位孔

⑲ I/O 模组连接口

⑳ DIN 轨槽 (35mm)

㉑ I/O 模组固定扣

图 3-13　台达 DVP28SV11T PLC 的外观及功能介绍

当台达 SV 系列 PLC 通过 DVPEN01-SL 主站模块与工业以太网相连时，DVPEN01-SL
模块负责 PLC 主机与总线上其他从站的数据交换。DVPEN01-SL 模块负责将 PLC 的数据传
送到总线上的从站，同时将总线上各个从站返回的数据传回 PLC，实现数据交换。

台达 DVPEN01-SL 模块是运行于 PLC 主机左侧的工业以太网通信模块，主要对 PLC 主机进行远程设置和与远程 I/O 模块等设备进行数据交换。台达 DVPEN01-SL 模块的外观及功能介绍如图 3-14 所示。

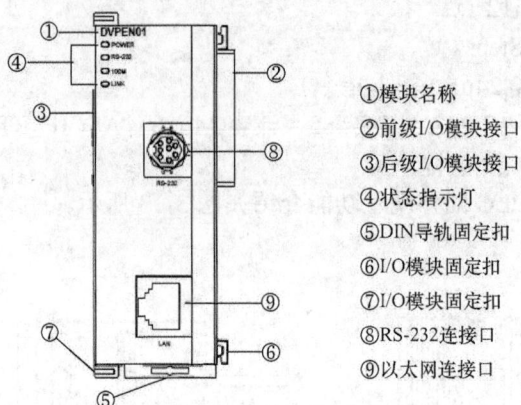

①模块名称
②前级I/O模块接口
③后级I/O模块接口
④状态指示灯
⑤DIN导轨固定扣
⑥I/O模块固定扣
⑦I/O模块固定扣
⑧RS-232连接口
⑨以太网连接口

图 3-14　台达 DVPEN01-SL 模块的外观及功能介绍

DVPEN01-SL 工业以太网通信模块的特点如下。
① 能够自动检测 10/100 Mbit/s 传输速率。
② 支持 Modbus TCP。
③ 可以发送电子邮件。
④ 能够通过网际网络时间校正功能，自动调整 PLC 主机万年历时间。
⑤ 支持点对点数据交换功能（数据交换最大长度为 200 字节）。
⑥ 支持 MDI/MDI-X 自动检测，在选择网络线时不需要跳线。

3. 台达 AS 系列 PLC 简介

台达 AS 系列 PLC 定位为高阶泛用型控制器，具有模块化结构，支持多种运动控制功能，具有灵活、智能、友善等特点，广泛应用于电子制造、机械加工、食品包装等行业的高阶设备。

台达 AS 系列 PLC 采用新一代 32-bit SoC（System on Chip）AS CPU，CPU 内置 RS-232、RS-485、Mini USB、以太网、Micro SD 卡、编码器、脉冲、EtherCAT 及 CANopen 等功能；最大 I/O 扩展点数为 1024 点，最大扩展模块为 32 个，多元化模块选择，包含数字 I/O、模拟 I/O、温度、秤重、串行、工业总线模块等。台达 AS 系列 PLC 系统结构图如图 3-15 所示。

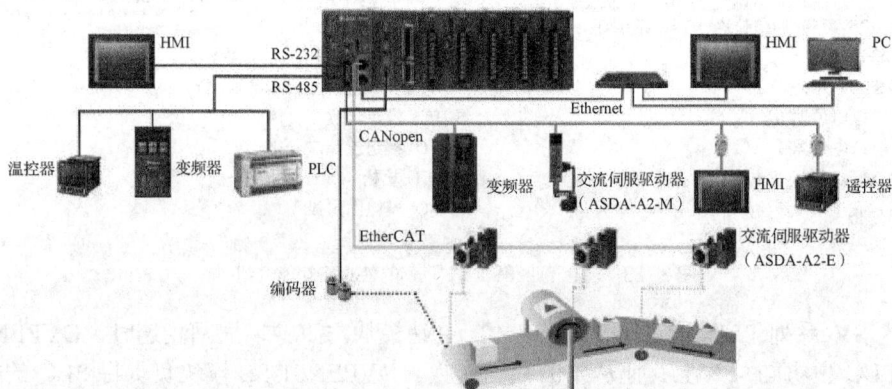

图 3-15　台达 AS 系列 PLC 系统结构图

4. 台达 AH500 系列 PLC 简介

台达 AH500 系列 PLC 定位为高性能中型控制器，具有模块化结构，适合高端产业机械与系统整合应用的智能解决方案，广泛应用于纺织机械、包装机械、射出成型机、大型仓储管理、物流系统、高端应用的产业机械设备（电子设备、印刷机械、造纸行业），以及系统整合工程（水处理、暖通空调、交通监控）。

台达 AH500 系列 PLC 支持冗余主机功能，采用 32 位双核心多工运算处理器，LD 指令执行时间为 20 ns，CPU 模块内置全隔离 RS-232 / 422 / 485、Mini USB、Ethernet、SDHC 存储器功能；最大 I/O 扩展点数为 DIO 4352 点、AIO 544 个通道，多元化模块选择，包含数字 I/O、模拟 I/O、温度、网络、脉冲、EtherCAT 及 DMCNET 运动控制等模块。台达 AH500 系列 PLC 系统结构图如图 3-16 所示。

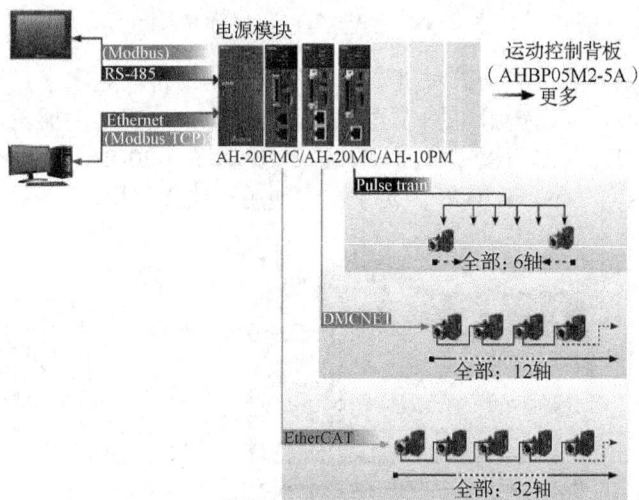

图 3-16　台达 AH500 系列 PLC 系统结构图

3.5.2　台达触摸屏

台达触摸屏 DOP-B07E515 是一款 7 英寸宽屏、65536 色 TFT 高分辨率的触摸屏，内部具有丰富的接口，包括 3 个串行口、1 个以太网接口、1 个 USB 接口和 1 个存储卡接口。其前面板和背面板如图 3-17 和图 3-18 所示。同时，该款触摸屏的通信接口支持 Modbus 总线协议，方便用户连接使用。

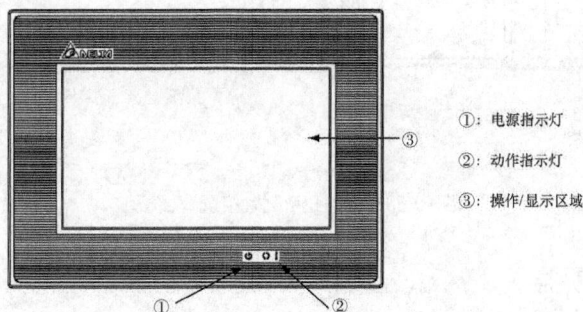

①：电源指示灯

②：动作指示灯

③：操作/显示区域

图 3-17　DOP-B07E515 触摸屏前面板

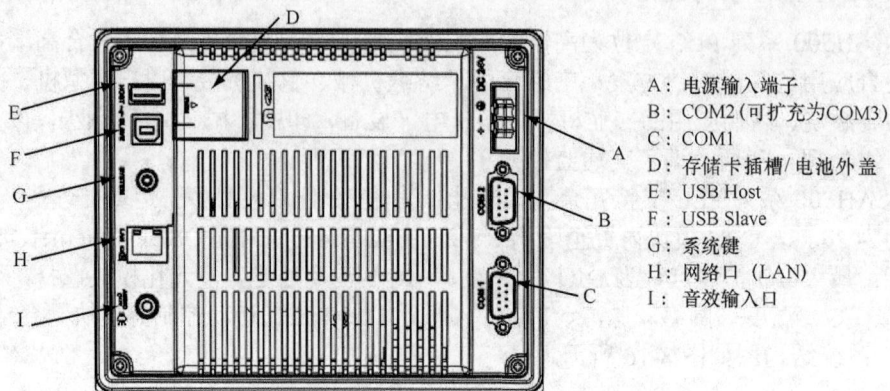

图 3-18　DOP-B07E515 触摸屏背面板

A：电源输入端子
B：COM2（可扩充为COM3）
C：COM1
D：存储卡插槽/电池外盖
E：USB Host
F：USB Slave
G：系统键
H：网络口（LAN）
I：音效输入口

　　台达 DOP-H 系列触摸屏是针对机器人等各类运动平台教导需求订制的手持人机设备，包括电源指示灯、实体辅助键盘、操作显示屏、紧急停止按钮、手摇轮、三段式操作按钮、信号接口和总线接口。其前面板和背面板如图 3-19 和图 3-20 所示。同时，该款触摸屏的通信接口支持 Modbus 和 Modbus TCP 等协议，方便用户连接使用。

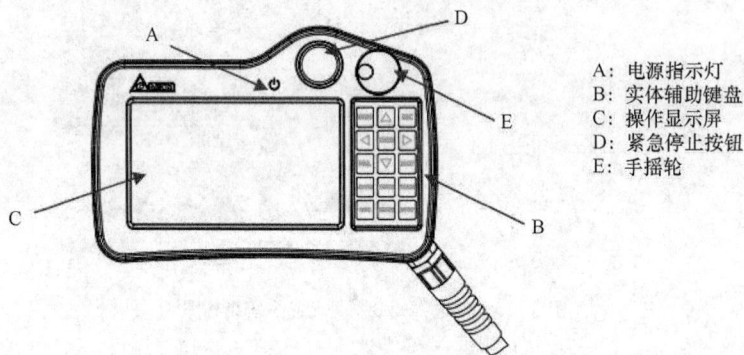

A：电源指示灯
B：实体辅助键盘
C：操作显示屏
D：紧急停止按钮
E：手摇轮

图 3-19　DOP-H 系列触摸屏前面板

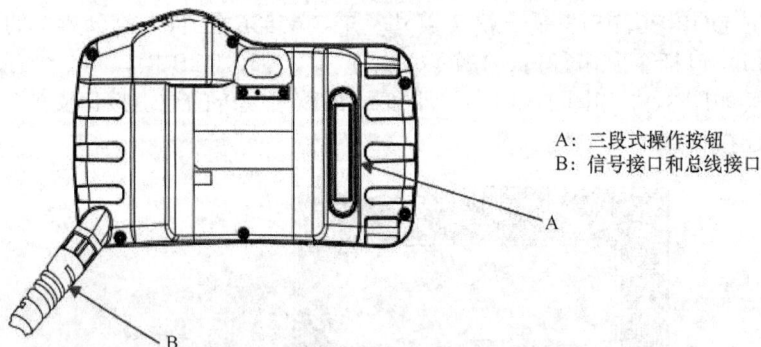

A：三段式操作按钮
B：信号接口和总线接口

图 3-20　DOP-H 系列触摸屏背面板

3.5.3　台达变频器

　　台达变频器（Variable-Frequency Drive，VFD）目前已在工业自动化市场建立广泛的品牌知名度。各系列产品针对力矩、损耗、过载、超速运转等不同操作需求而设计，并依据不同的产业机械属性做调整；可给客户提供多元化的选择，并广泛应用于工业自动化控制领域。台达变频器具有高功率体积比、品质卓越、能针对不同行业开发专用产品等特点。

1. VFD-E 系列变频器简介

台达 VFD-E 系列变频器采用弹性模块的设计，最大的特色是内置 PLC 功能，可编写简易程序储存与执行；并可外加通信卡（支持 DeviceNet、PROFIBUS、LonWorks、CANopen），是小功率型的最佳代表，满足业界多元化的需求。台达 VFD-E 系列变频器如图 3-21 所示。

2. VFD-E 系列变频器的特点

① 具有模块化与易拆式的风扇设计，容易替换。

图 3-21　台达 VFD-E 系列变频器

② 支持并排式（Side-By-Side）与便利的铝轨（DIN-Rail）安装。

③ 内置 PID 回授控制。

④ 内置 RFI Switch，搭配良好接地可有效降低干扰。

⑤ 内置 RS-485 端口，支持 Modbus 协议，通信速率可达 38400bit/s。

⑥ 支持 DC bus 共直流母线，多台变频器并联可共同分担刹车回升能量，并稳定各台变频器的 DC bus 电压。

⑦ 具有丰富的配件模块扩展弹性（VFD-E 系列 PG 卡、DeviceNet 卡、PROFIBUS 卡、LonWorks 卡、CANopen 卡、刹车模块、E 系列 I/O 等）。

⑧ 内置 PLC（程序容量 500 Steps），弹性规划符合各类应用程序的需求。

3. VFD-E 系列变频器操作面板

台达 VFD-E 系列变频器操作面板有两种，一种是简易面板，另一种是数字操作面板。简易面板上有 3 种指示灯，即 READY、RUN、FAULT。

电源指示灯（READY）：当电源启动时即会显示，直到关闭电源，并且驱动器内部放电完成才会熄灭。

运转指示灯（RUN）：当设定电机运转时，该指示灯会亮起。

警告指示灯（FAULT）：当有错误信息或是由外部端子设定警告功能，该指示灯会亮起。

VFD-E 系列变频器数字操作面板功能图如图 3-22 所示，其显示器上可以显示运行、停止、正转、反转和频率值等状态，RUN、STOP 按键可以控制电动机启动和停止，频率设定旋钮可以更改频率设定值，MODE、ENTER、上下三角（加减）等按键用于修改变频器内部参数。

4. VFD-E 系列变频器的接线端子和通信接口

VFD-E 系列变频器的接线端子用于连接主电路和控制电路，通过主电路向电动机传送能量，通过控制电路完成变频器的自动控制。通信接口控制设备（PC、HMI、PLC 等）可以通过通信方式完成变频器的自动控制。台达 VFD-E 系列变频器的接线端子和通信接口如图 3-23 所示。

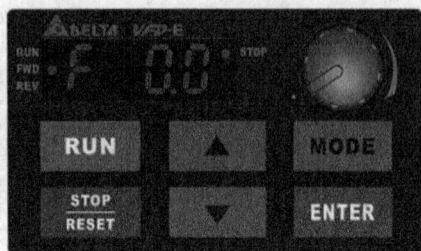

图 3-22 VFD-E 系列变频器数字操作面板功能图

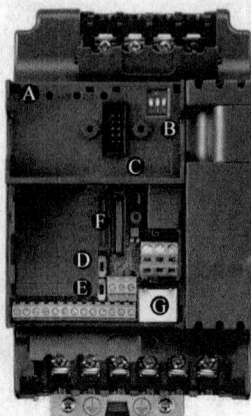

A ● READY: 电源指示灯
  ● RUN: 运转中指示灯
  ● FAULT: 警告指示灯
B 1. 开关往上拨切换为基底频率，设定为50Hz，参考参数01.00～01.02
  2. 开关往上拨切换成自由停车，参考参数02.02
  3. 开关往上拨切换频率来源为ACI，参考参数02.00设定值为2
C 简易面板/操作器接口
D ACI端子电流/电压输入切换
E NPN/PNP
F 扩展卡接口
G RS-485端口(RJ-45)

图 3-23 台达 VFD-E 系列变频器的接线端子和通信接口

3.5.4 台达机器人

1. 水平关节机器人

台达研发的水平关节机器人（也称 SCARA 机器人）如图 3-24 所示，该机器人有 4 个关节轴，可广泛应用于消费性电子产品、电子电机、橡塑料、包装、金属制品业的电锁、组装、涂胶、移载、焊锡、搬运等领域，轻松简易地结合外围整合控制开发系统，进而打造出精简、高整合性的机器人工作站。

采用高弹性、高整合性的台达水平关节机器人，以及外围自动化零件（如伺服系统、视觉系统、线性模块等），不仅满足单机或结合移载平台应用，更可因应产线变化，满足制程应用需求。另外，由于具备容易且快速导入产线自动化的优势，它在制造系统中可呈现更高的灵活性、敏捷度并逐步实现智能生产，借此体现自动化的高效率，有效提升质量、提高生产效率、节省工时与降低人事成本。

2. 垂直关节机器人

台达所推出的垂直关节机器人如图 3-25 所示，该机器人具有 6 轴的自由度，腕部中空设计、多种安装及友善的操作接口可广泛应用于 3C 电子、电子电机、金属加工与橡塑料业，并应用于检测、组装、涂胶、移载、上下料、搬运、包装、锁螺丝等领域。

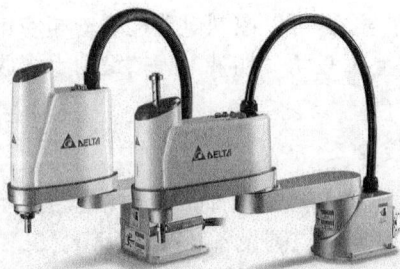

图 3-24 台达 SCARA 机器人

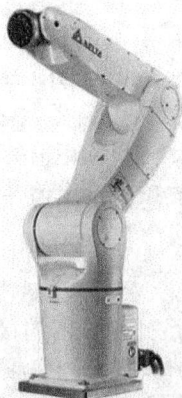

图 3-25 台达垂直关节机器人

3. 机器人控制器

台达机器人控制器分为 MS 和 DCV 两个系列，MS 系列用于控制水平关节机器人，DCV 系列用于控制垂直关节机器人。台达机器人控制器是将多轴伺服驱动器整合于一身的工业机器人解决方案。从复杂的数学运算、平滑轨迹规划，到实时性高的伺服控制回路，完整的系统信息都整合在同一个控制核心中，有效提升了整套系统运算的实时性。搭配台达 DRAS 软件，内置 IEC 61131-3 标准 5 种 PLC 编辑语法及 PLCopen 运动控制的完整功能块，并提供台达机器人语言（DRL），客户可依照实际应用，自行开发定制化、行业专精、制程相关的机器人功能与程序。台达机器人控制器内置 DMCNET 高速运动总线，除了本体 4 轴外，可再扩展额外 6 轴，可满足各类机器人的轴数需求；此外，台达机器人控制器支持泛用通信界面 Modbus / Modbus TCP，可连接各类机器人外围组件，如视觉、传感器、中控计算机等系统，从而整合成一个完整的工业型机器人系统平台，如图 3-26 所示。

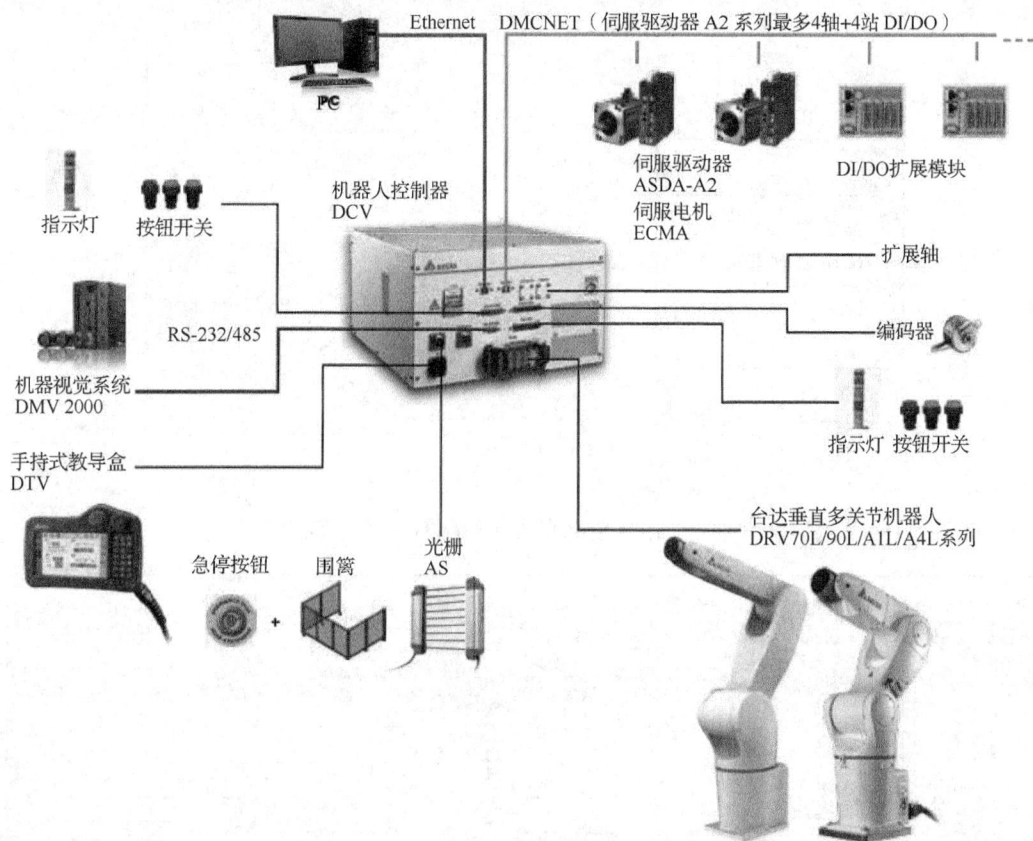

图 3-26　台达工业型机器人系统平台

3.6　Modbus 系统组态

3.6.1　台达 PLC 编程软件介绍

1. WPLSoft

WPLSoft 为台达电子 DVP 系列可编程控制器及 VFD-E 系列变频器在 Windows 操作系统

环境下所使用的梯形图程序编辑软件，可以在台达官方网站上免费下载。使用 WPLSoft 进行 PLC 程序设计的基本操作步骤如下所述。

（1）新建文件

① 选择"文件"菜单下的"新建"命令，弹出"机种设置"对话框，如图 3-27 所示。

② PLC 机种设置完成后单击"通信设置"选项区域中的"设置"按钮，将打开"通信设置"对话框，如图 3-28 所示。传输方式有 RS-232、USB、Ethernet 等几种，串行通信设置包括通信端口、数据长、校验位、停止位、波特率、通信站号和传输方式等的设置。在"网络通信设置"选项区域中设置 IP 地址和通信端口等。

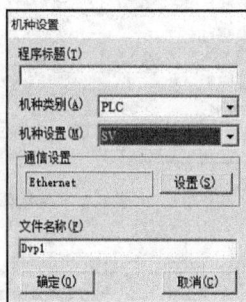

图 3-27 "机种设置"对话框   图 3-28 "通信设置"对话框

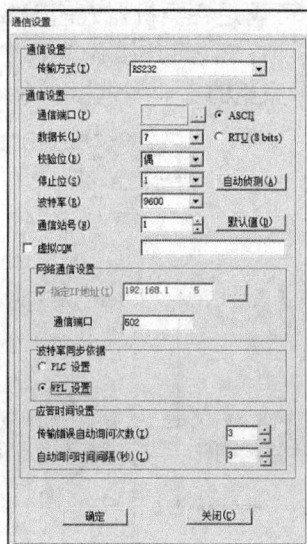

③ 完成通信设置后，将打开 WPLSoft 的编程界面，如图 3-29 所示。

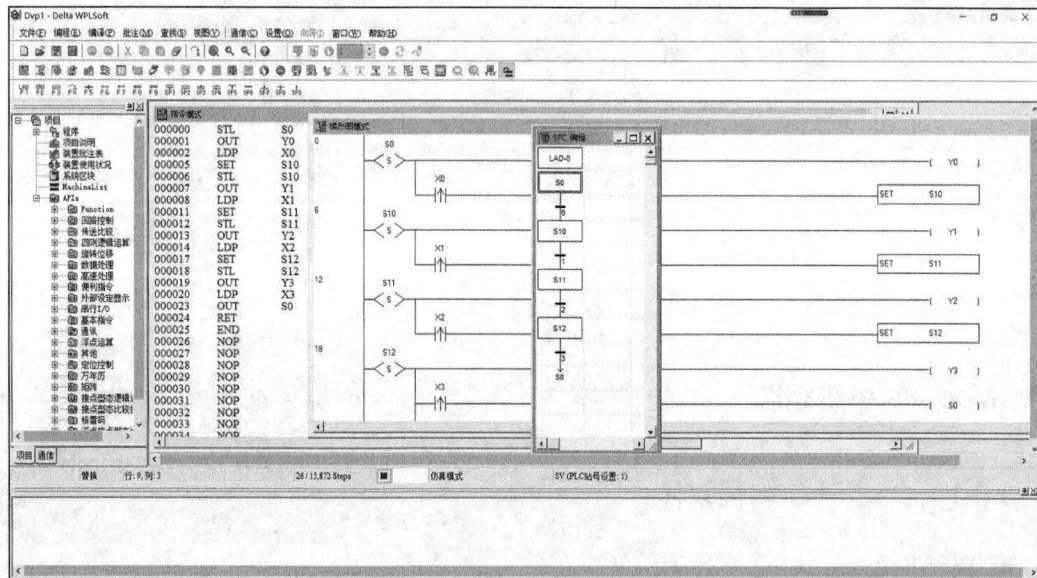

图 3-29 WPLSoft 的编程界面

（2）编写程序

WPLSoft 支持梯形图、指令表和顺序功能图（SFC）3 种方式的编程语言。梯形图适用于逻辑控制程序编程，指令表适用于运算程序编程，顺序功能图适用于顺序控制程序编程。

由于篇幅限制，本书不对编程语言进行介绍，请读者查阅相关书籍或技术手册进行学习。

（3）下载程序

选择"通信"菜单下的"PC⇔（PC|HPP）"命令，打开"通信"对话框，如图 3-30 所示。在"通信"对话框中的"通信模式"下拉列表中选择"PC=>PLC"选项，再单击"确定"按钮后完成下载。

（4）调试

选择"通信"菜单下的"梯形图监控开始"命令，开始监控程序的运行，如图 3-31 所示。

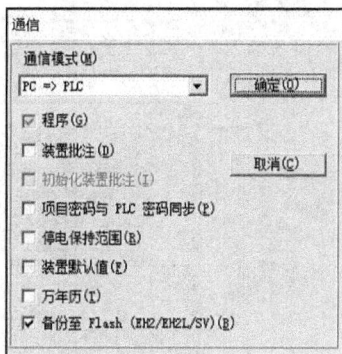

图 3-30 "通信"对话框

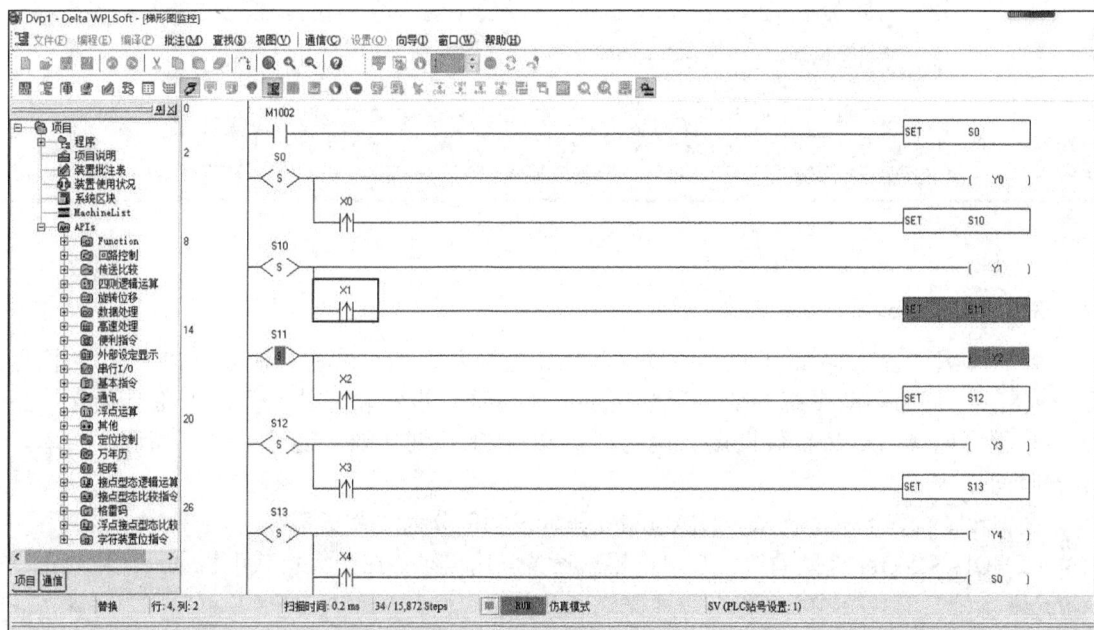

图 3-31 调试界面

2. ISPSoft

ISPSoft 为台达新一代的 PLC 开发工具，支持 DVP、AS 和 AH 等系列 PLC。该软件可以在台达官方网站上免费下载，除了导入 IEC 61131-3 的编程架构外，更以多任务整合的方式来进行项目的管理，无论是单纯的小型应用，还是较为复杂的中大型控制系统，ISPSoft 都能提供给用户一个高效且便利的开发环境。ISPSoft 界面如图 3-32 所示。

ISPSoft 软件操作

由于篇幅限制，本书不对 ISPSoft 的操作进行具体介绍，请读者查阅台达官方网站技术手册进行学习。

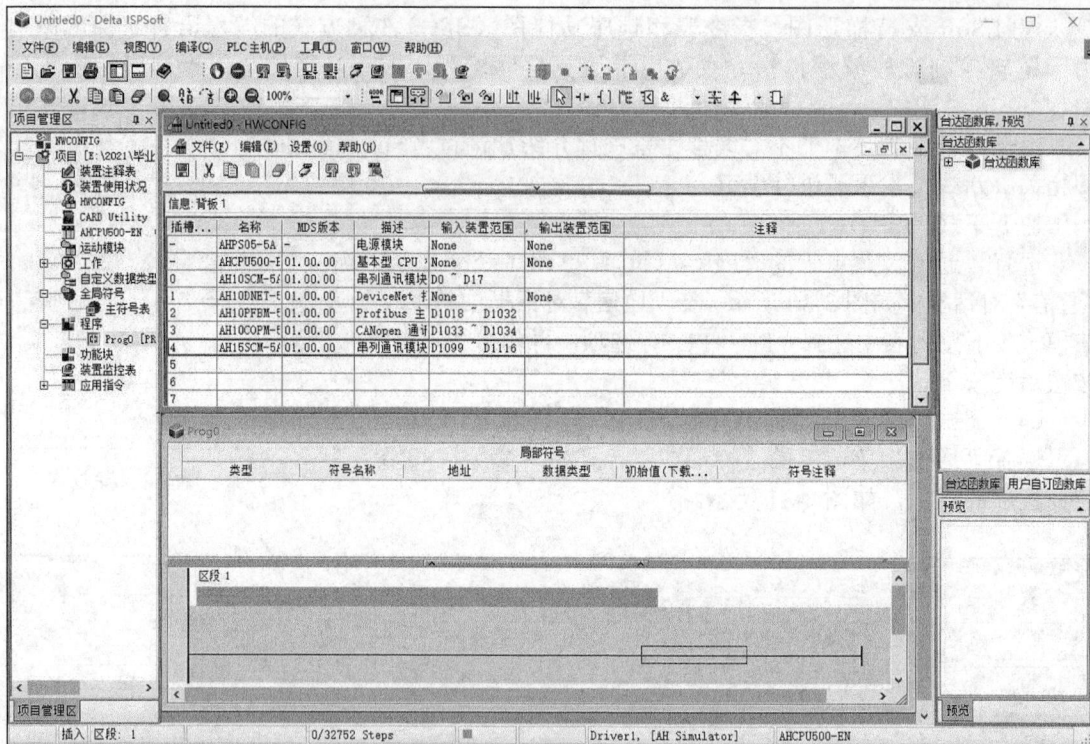

图 3-32　ISPSoft 界面

3. DIAStudio

　　台达思图平台 DIAStudio 是为设备和系统整合常用的可编程控制器（PLC）、人机界面（HMI）、伺服驱动系统、变频器等提供一体化选型设定软件的工具。该工具包含产品选型、程序编译、产品参数设定、设备调机与 HMI 规划功能，能够大幅提高调试效率，节省时间。

　　根据设备构建流程的需求，DIAStudio 按阶段功能分为 4 个子系统。

　　（1）DIASelector 选型系统：客户可根据设备应用需求，在计算机或手机 App（目前支持 Android 系统）的系统填入信息，快速完成产品选型。

　　（2）DIADesigner 编程系统：将 DIASelector 的选型数据导出，可先传送至软件 EPLAN 完成布线后，再汇入 DIADesigner 进行所有产品的编程、参数设定、调校及项目管理。

　　（3）DIADesigner-AX 运动控制编程系统：基于 IEC 61131-3 的编程工具，支持台达新一代运动控制器（AX 系列），内置大量应用指令和强大的运动控制函数库。

　　（4）DIAScreen 人机界面规划系统：汇入 DIADesigner 设定完成的项目，快速完成人机界面/文本显示器的数据交换与设定。

　　台达思图平台 DIAStudio 需在台达官网注册后方能下载。单击图 3-33 所示的"注册"链接即可进入注册界面。由于篇幅限制，本书不对 DIAStudio 的操作进行具体介绍，请读者查阅台达官方网站技术手册进行学习。

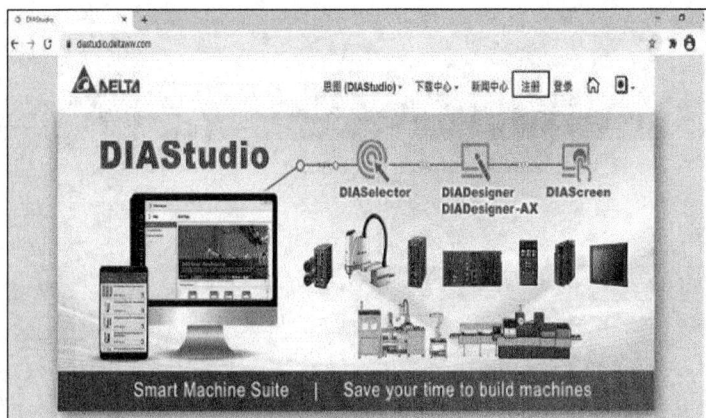

图 3-33 "注册"链接

3.6.2 DOPSoft 介绍

DOPSoft 是台达的触摸屏组态软件，软件的具体使用方法请查阅相关手册，本章不做详细讲解。DOPSoft 可以在台达官方网站上免费下载，使用 DOPSoft 进行触摸屏组态的基本操作步骤如下所述。

1. 新建文件

新建触摸屏文件时，在"新增项目精灵"对话框中输入专案名称和画面名称，并选择触摸屏型号和通信协议，如图 3-34 所示。触摸屏型号要根据实际设备选择，通信协议可以选择主流公司的 PLC 通信协议或者开放的通信协议（如 Modbus）。

图 3-34 新建文件

2. 设计画面

DOPSoft 的组态主界面如图 3-35 所示，在工具栏中可以将按钮、指示灯、仪表、柱状图及数据显示等工具放入画面编辑框中进行编辑、设计静态画面。可以利用属性表视窗对内部变量、I/O 变量等进行相关的设计，以完成触摸屏的动画设计。

3. 运行调试

DOPSoft 可以进行无硬件连接的模拟调试和有硬件连接的实际调试。

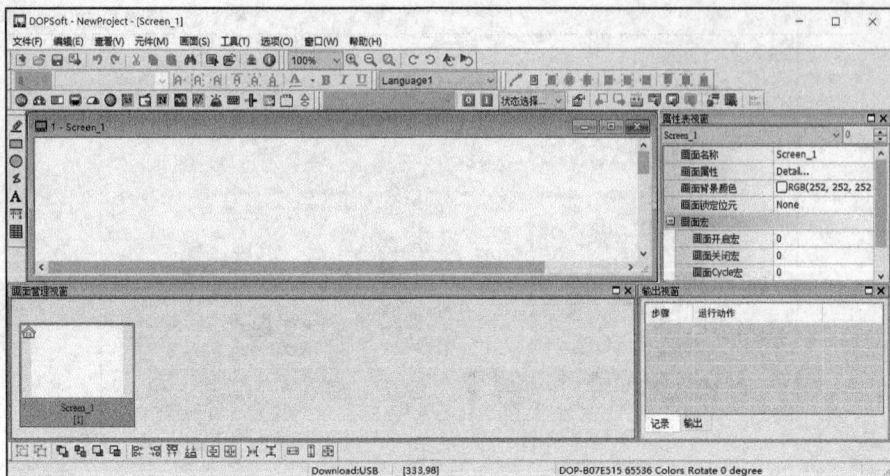

图 3-35　DOPSoft 的组态主界面

（1）模拟调试

如果没有触摸屏，可以使用模拟调试方式来验证组态程序的部分功能。模拟器运行时，可用鼠标操作来验证触摸屏的功能。

（2）实际调试

将模拟调试后的组态程序下载到触摸屏中，将触摸屏与 PLC 连接，可进行实际调试。在实际调试过程中，触摸屏可以向 PLC 发出控制命令，也可以监视 PLC 的工作状态。

3.6.3　PLC 与变频器基于 Modbus 通信

下面以一个应用案例说明如何组建一个基于 Modbus 的通信网络。

功能要求：组建 Modbus 网络，实现由一个触摸屏通过 PLC 来控制一台 VFD-E 变频器启动、停止和改变频率的功能。

1. 系统分析

Modbus 网络采用主从结构，Modbus 主站采用台达 SV 系列 PLC，Modbus 从站采用台达 VFD-E 变频器，触摸屏采用台达 DOP-B07E515。网络结构如图 3-36 所示。

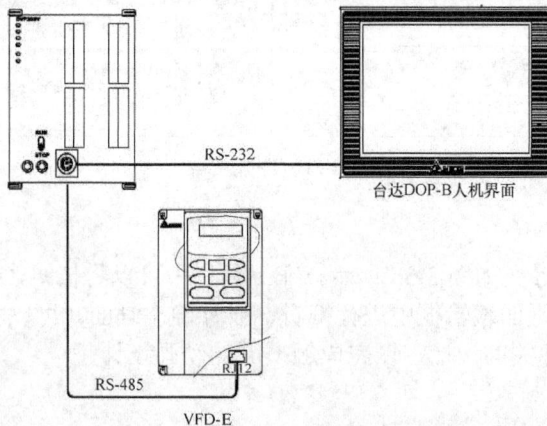

图 3-36　Modbus 网络结构

2. 变频器参数配置

通过 VFD-E 变频器的操作面板对通信参数进行设置，如表 3-25 所示。参数 09-00 设置通信地址为 01，参数 09-01 设置通信速率为 19200bit/s，参数 09-04 设置通信格式为 8 位字符、无校验、两位停止位、RTU 模式。

表 3-25　　　　　　　　　　　VFD-E 变频器参数说明

参　　数	设　置　值	说　　明
02-00	03	由 RS-485 通信接口进行频率设置
02-01	03	由 RS-485 通信接口进行运转控制，键盘操作有效
09-00	01	VFD-E 变频器通信地址为 01
09-01	02	通信速率为 19200bit/s
09-04	03	Modbus RTU 模式，字符格式为<8,N,2>

3. 触摸屏设置

触摸屏与 PLC 之间采用 RS-232 连接，通信标准可以选择台达 PLC 通信协议（Delta DVP PLC）。

触摸屏元件与 PLC 变量对应关系如表 3-26 所示。

表 3-26　　　　　　　　　触摸屏元件与 PLC 变量对应关系

触摸屏元件	PLC 变量	说　　明
按钮 1	M0	变频器启动
按钮 2	M1	变频器停止
频率给定	D1	变频器给定频率值
输出频率显示	D2	变频器输出频率显示

触摸屏仿真运行界面如图 3-37 所示。

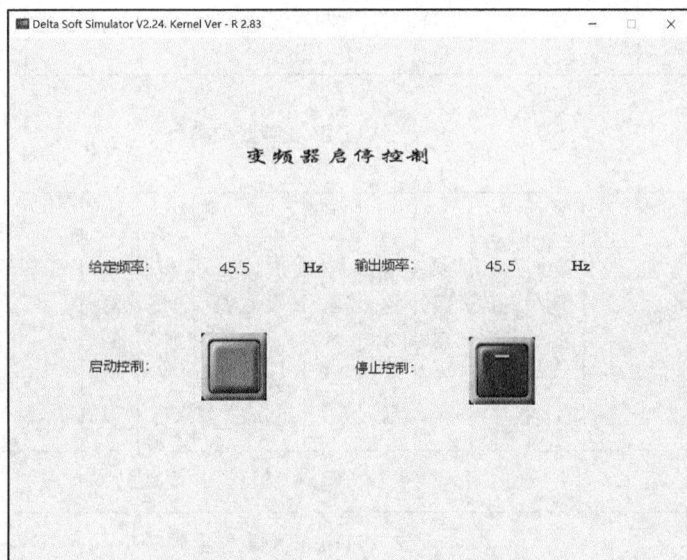

图 3-37　触摸屏仿真运行界面

4. Modbus 网络控制

控制要求：当触摸屏中的"启动"按钮按下时，PLC 中 M0=ON，VFD-E 变频器启动；当触摸屏中的"停止"按钮按下时，PLC 中 M1=ON，VFD-E 变频器停止。通过触摸屏给定频率输入向 PLC 的 D1 写入给定频率值，PLC 通过 Modbus 将给定频率写入变频器，再读出变频器中的给定频率和输出频率，最后送往触摸屏显示。

（1）定义变频器 Modbus 通信参数地址

变频器 Modbus 通信的主要参数如表 3-27 所示。

表 3-27　　　　　　　　　　　　变频器 Modbus 通信的主要参数

定义	参数地址	功能说明															
		15	14	13	12	11	10	9	8	7	6	5	4	3	2	1	0
内部参数	GGnnH	GG 表示参数群，nn 表示参数说明。例如，04-01 由 0401H 来表示															
启停命令	2000H	保留			选择多段速、加减速控制位功能		多段速 0000：主速 0001：第一段速 0010：第二段速 0011：第三段速 0100：第四段速 0101：第五段速 0110：第六段速 0111：第七段速 1000：第八段速 1001：第九段速 1010：第十段速 1011：第十一段速 1100：第十二段速 1101：第十三段速 1110：第十四段速 1111：第十五段速				加减速 00：第一加减速时间 01：第二加减速时间 02：第三加减速时间 03：第四加减速时间		正反转 00：无功能 01：正转 10：反转 11：改变方向		保留		起停控制 00：无功能 01：停止 10：启动 11：点动	
频率命令	2001H	VFD-E 变频器频率命令															
工作状态	2101H	保留			点动指令	0：停机 1：运转	参数锁定	运转指令来自通信	主频率来自 AI	主频率来自通信	u 灯状态	H 灯状态	F 灯状态	操作器 LED 状态 bit0：RUN bit1：STOP bit2：JOG bit3：FWD bit4：REV			
频率值	2102H	VFD-E 变频器给定频率															
	2103H	VFD-E 变频器输出频率															

（2）编写 PLC 梯形图程序

根据系统控制要求编写网络控制梯形图程序，如图 3-38 所示。

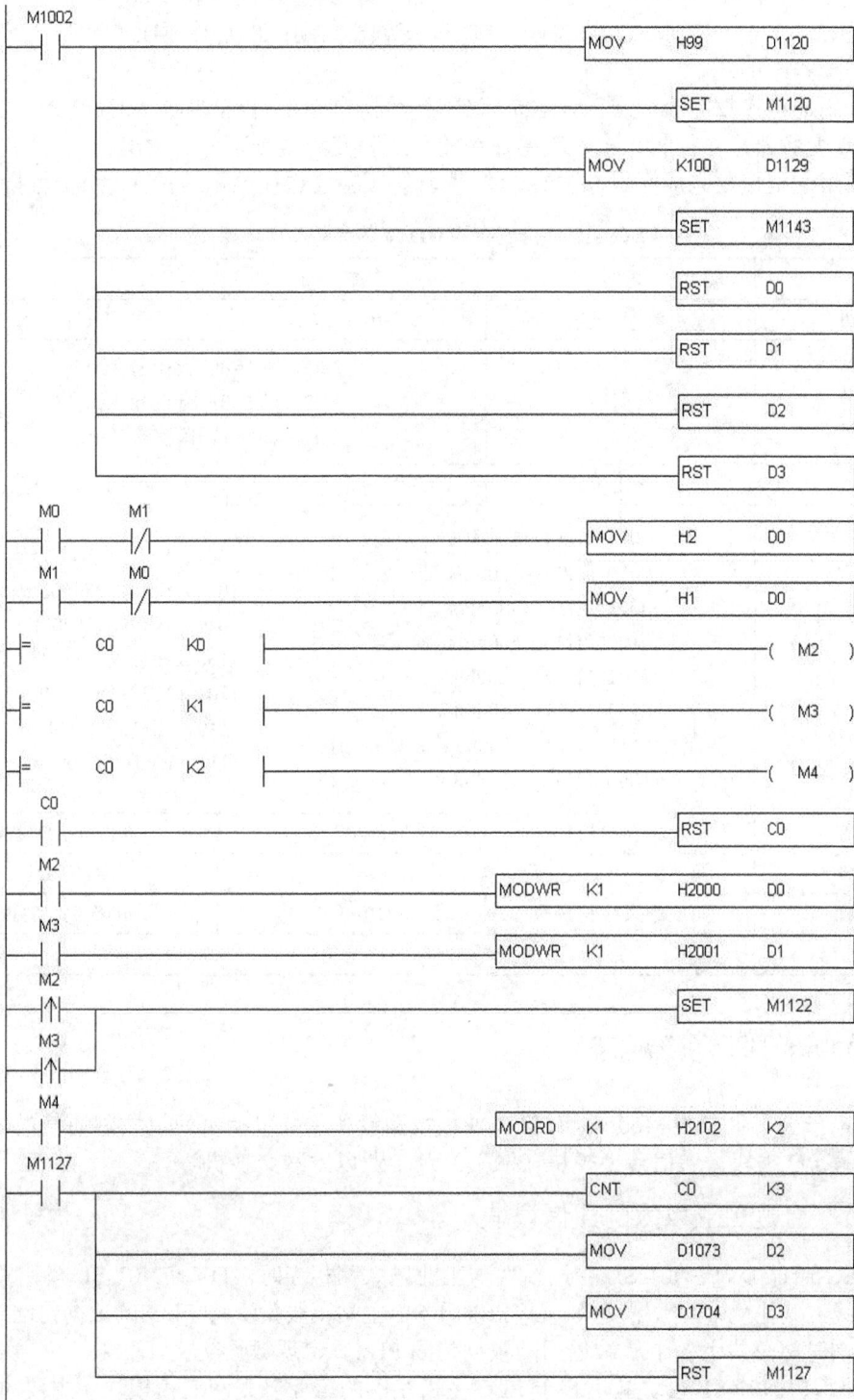

图 3-38　网络控制梯形图程序

程序说明如下。

① 程序利用 RUN 脉冲（M1002）对 PLC COM2 通信口和变频器相关数据进行初始化，使其通信格式为 Modbus RTU、19200bit/s、8、N、2，参数功能如表 3-28 所示。

② PLC 中 M0=ON 时，D0=02H，VFD-E 变频器启动；PLC 中 M1=ON 时，D0=01H，VFD-E 变频器停止。

③ 利用通信接收完成标志（M1127）触发计数器自加 1，自动完成 MODWR 和 MODRD 指令，实现变频器启停控制、给定频率命令的写入和变频器频率值的读出。

④ 利用通信接收完成标志（M1127）将读取的频率值送往显示缓冲区，用于触摸屏显示。

表 3-28 　　　　　　　　　　　PLC 通信特殊寄存器 D1120 的参数及其功能

	内容	0	1
bit0	数据长度	bit0=0：7	bit0=1：8
bit1 bit2	奇偶性	bit2，bit1=00 无校验（None） bit2，bit1=01 奇校验（Odd） bit2，bit1=11 偶校验（Even）	
bit3	停止位	bit3=0：1 位停止位	bit3=1：2 位停止位
bit4-7	0001（H1）：110bit/s 0010（H2）：150bit/s 0011（H3）：300bit/s 0100（H4）：600bit/s 0101（H5）：1200bit/s 0110（H6）：2400bit/s 0111（H7）：4800bit/s 1000（H8）：9600bit/s	1001（H9）：19200bit/s 1010（HA）：38400bit/s 1011（HB）：57600bit/s 1100（HC）：115200bit/s 1101（HD）：500000bit/s 1110（HE）：31250bit/s 1111（HF）：921000bit/s	
bit8	起始字符选择	bit8=0：无	bit8=1：D1124
bit9	第一结束字符选择	bit9=0：无	bit9=1：D1125
bit10	第二结束字符选择	bit10=0：无	bit10=1：D1126
bit11-15	无功能		

3.7　Modbus TCP 系统组态

台达电子公司生产的 Modbus TCP 工业以太网设备主要包括工业以太网通信模块、工业以太网远程 I/O 模块、通信转换模块（网关）及工业以太网交换机等。

3.7.1　台达工业以太网通信模块

当 PLC 通过 DVPEN01-SL 主站模块与工业以太网相连时，DVPEN01-SL 模块负责 PLC 主机与总线上其他从站的数据交换。DVPEN01-SL 主站模块负责将 PLC 的数据传送到总线上的从站，同时将总线上各个从站返回的数据传回 PLC，实现数据交换。

台达 DVPEN01-SL 模块是运行于 PLC 主机左侧的工业以太网通信模块，主要对 PLC 主机进行远程设置和与远程 I/O 模块等设备进行数据交换。

1. DVPEN01-SL 模块的特点

① 能自动检测 10/100 Mbit/s 传输速率。

② 支持 Modbus TCP。

③ 可以发送电子邮件。

④ 能通过网际网络时间校正功能,自动调整 PLC 主机万年历时间。

⑤ 具有点对点数据交换功能(数据交换最大长度为 200 字节)。

⑥ 支持 MDI/MDI-X 自动检测,在选择网络线时不需要跳线。

2. DVPEN01-SL 模块的外观及功能介绍

台达 DVPEN01-SL 模块的外观及功能介绍如图 3-39 所示。

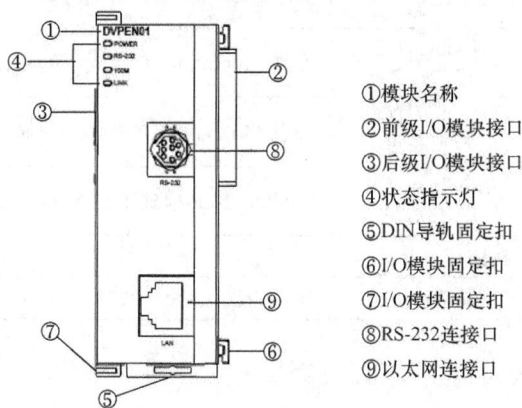

①模块名称
②前级I/O模块接口
③后级I/O模块接口
④状态指示灯
⑤DIN导轨固定扣
⑥I/O模块固定扣
⑦I/O模块固定扣
⑧RS-232连接口
⑨以太网连接口

图 3-39　台达 DVPEN01-SL 模块的外观及功能介绍

3. DVPEN01-SL 模块 Modbus-TCP 相关控制寄存器

当 DNET 扫描模块与 PLC 主机连接后,PLC 将给每一个扫描模块分配数据映射区,DVPEN01-SL 模块 Modbus-TCP 相关控制寄存器及其说明如表 3-29 所示。

表 3-29　　　　　　　**DVPEN01-SL 模块 Modbus-TCP 相关控制寄存器及其说明**

DVPEN01-SL 以太网通信模块				
CR 编号		属性	寄存器名称	说　明
HW	LW			
	#0	R	机种型号	系统内定,只读:DVPEN01-SL 机种编码=H'4050
	#1	R	固件版本	十六进制,显示目前固件版本
	#2	R	通信模式设置	b0:Modbus TCP 模式设置。b1:数据交换模式设置
	#15	R/W	RTU 对应功能启动旗标	默认值为 0,当设为 1 时启动 RTU 对应功能;当设为 0 时即停止
	#16	R/W	RTU 对应功能从站联机状态	对应功能从站联机状态 b0:RTU 从站一联机状态 b1:RTU 从站二联机状态 b2:RTU 从站三联机状态 b3:RTU 从站四联机状态
	#111	R/W	8 位处理模式	设置 Modbus TCP 主端操控为 8 位模式

续表

CR 编号		属性	寄存器名称	说　明
HW	LW			
	#112	R/W	Modbus TCP 保持联机时间	Modbus TCP 保持联机时间（s）
	#113	—	保留	
	#114	R/W	Modbus TCP 通信超时时间	设置 Modbus TCP 模式的通信超时时间（ms）
	#115	R/W	Modbus TCP 发送	设置 Modbus TCP 模式的数据是否发送
	#116	R/W	Modbus TCP 状态	显示 Modbus TCP 模式的目前状态
#118	#117	R/W	Modbus TCP 对方 IP	设置 Modbus TCP 模式下的对方通信设备 IP 地址
	#119	R/W	Modbus TCP 数据长度	设置 Modbus TCP 模式下的通信数据长度
#219～#120		R/W	Modbus TCP 传送/接收数据	Modbus TCP 模式下传送/接收的数据存放区段
#248～#220		—	保留	
	#251	R	错误状态	显示错误代码

3.7.2　台达工业以太网远程 I/O 模块

台达 RTU-EN01 远程 I/O 模块支持 Modbus TCP，其 I/O 扩展接口用于连接扩展 I/O 模块。RTU-EN01 也可以作为 Modbus TCP 的网关，支持 Modbus TCP 指令转为 Modbus ASCII / RTU，通过它的 RS-485 接口可以连接变频器、伺服驱动器、温控器及可编程控制器等 Modbus 设备。

1. RTU-EN01 模块的特点

① 支持 Modbus TCP，可通过台达 DCISoft 进行远程设定。

② 具有 Smart PLC 功能，支持计数器、定时器、万年历，不需要 PLC 主机控制或编程，经过简易设定即能独立运作。

③ 最大支持 16 台数字量输入/输出模块（输出/输入最多可达 256 点）与 8 台模拟量输入/输出模块。

④ RTU-EN01 模块支持 Modbus TCP/Modbus 网关，最多可以连接 32 台 Modbus 设备。

⑤ RTU-EN01 模块支持通过网页设定参数。

⑥ 支持 MDI/MDI-X 自动检测，在选择网络线时不需要跳线。

2. RTU-EN01 模块的外观及功能介绍

台达 RTU-EN01 模块的外观及功能介绍如图 3-40 所示。

3. RTU-EN01 模块的典型应用

RTU-EN01 主要实现工业以太网远程 I/O 模块及工业以太网和 Modbus 设备的网关功能。台达 RTU-EN01 模块的典型应用如图 3-41 所示。

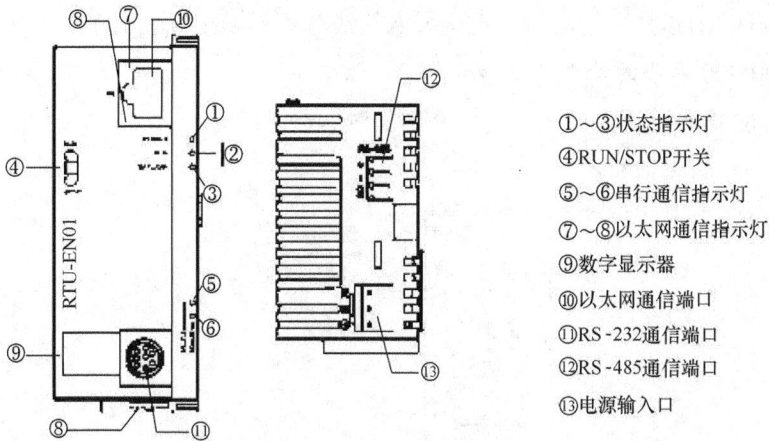

①~③状态指示灯
④RUN/STOP开关
⑤~⑥串行通信指示灯
⑦~⑧以太网通信指示灯
⑨数字显示器
⑩以太网通信端口
⑪RS-232通信端口
⑫RS-485通信端口
⑬电源输入口

图 3-40 台达 RTU-EN01 模块的外观及功能介绍

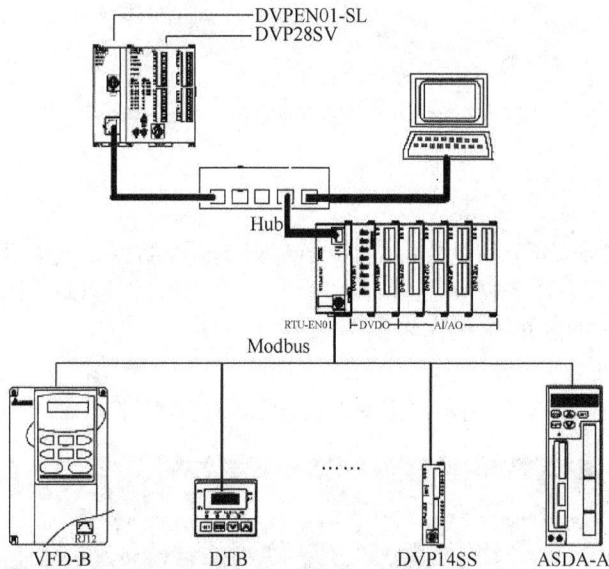

图 3-41 台达 RTU-EN01 模块的典型应用

3.7.3 台达工业以太网交换机

台达 DVS-005I00 是一款入门型工业以太网交换机，用于工业以太网集成，常以它为核心构成星形局域网。DVS-005I00 注重加强硬件防护设计，并具有人性化的网络管理软件与封包的保护机制，且兼容多种通信规范。

1. DVS-005I00 的特点

① 5 路以太网接口。
② 1Gbit/s 的交换速率。
③ 直流电源输入。
④ 工业防护等级 IP30 铝合金外壳。
⑤ 支持 DIN 导轨或壁挂式安装。
⑥ 具备自动协商功能，支持全双工/半双工流量控制。

⑦ 支持 MDI/MDI-X 自动检测，在选择网络线时不需要跳线。

2. DVS-005I00 模块的外观及功能介绍

台达 DVS-005I00 模块的外观及功能介绍如图 3-42 所示。

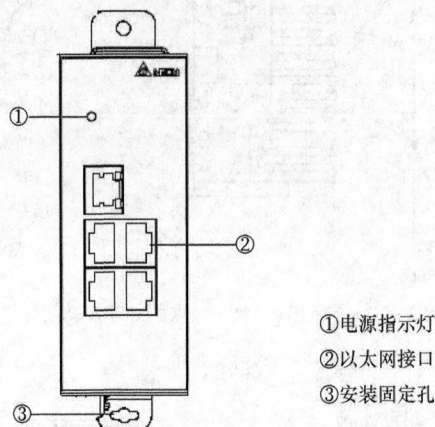

①电源指示灯
②以太网接口
③安装固定孔

图 3-42　台达 DVS-005I00 模块的外观及功能介绍

3.7.4　DCISoft 介绍

台达通信整合软件 DCISoft 是台达工业以太网模块配置软件，支持 DVPEN01-SL、RTU-EN01、IFD9506、IFD9507 等工业以太网设备。DCISoft 可以在中达电通官方网站免费下载，下面简单介绍 DCISoft 的操作步骤。

（1）打开 DCISoft

DCISoft 的主界面如图 3-43 所示，主要由设备列表、网络设备图形显示区和输出窗口组成。

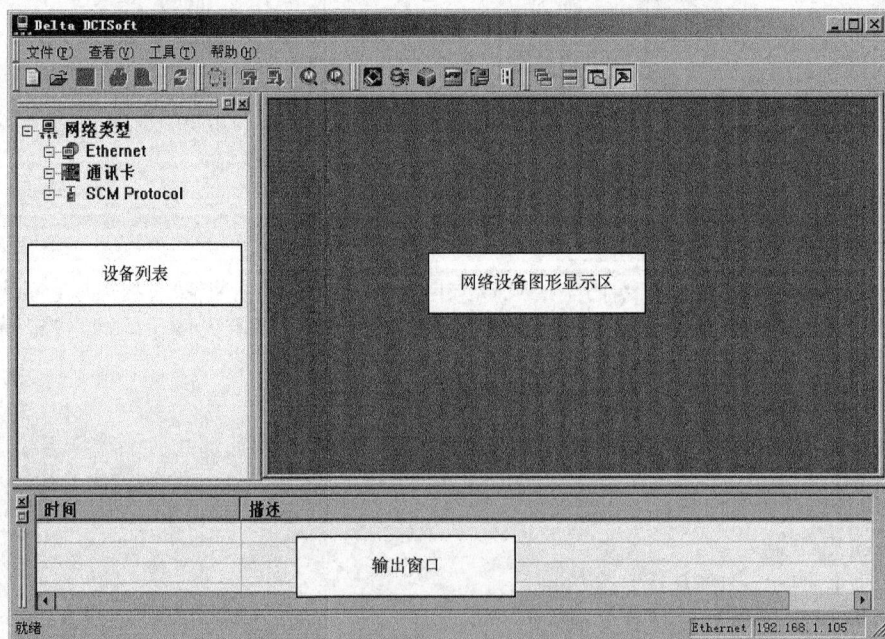

图 3-43　DCISoft 的主界面

（2）通信设置

选择"工具">>"通讯设定"命令，弹出"通讯设定"对话框，如图 3-44 所示。

在此对个人计算机与工业以太网模块的通信参数进行设置，如"设定通讯""IP""串口""波特率""通讯站号""传输模式"，设置完成后单击"确定"按钮。

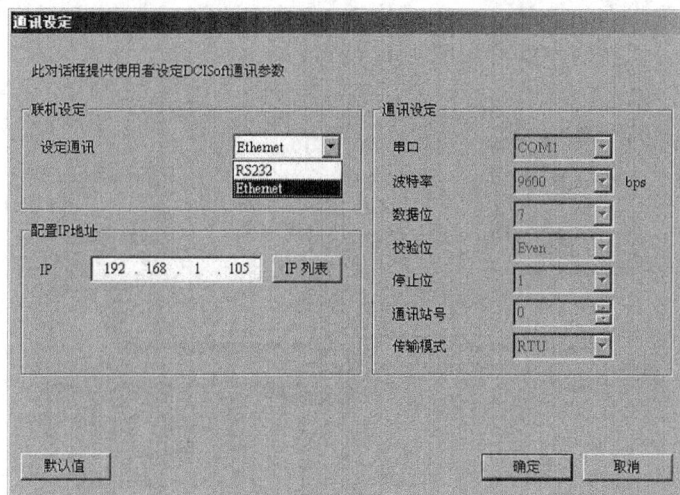

图 3-44　"通讯设定"对话框

（3）在线连接

在 DCISoft 主界面中单击带有放大镜标志的搜寻按钮，以广播方式搜寻所有在网域上的台达 Ethernet 产品。设备列表即显示搜寻到的模块列表，网络设备图形显示区则显示各模块的装置列表，如图 3-45 所示。

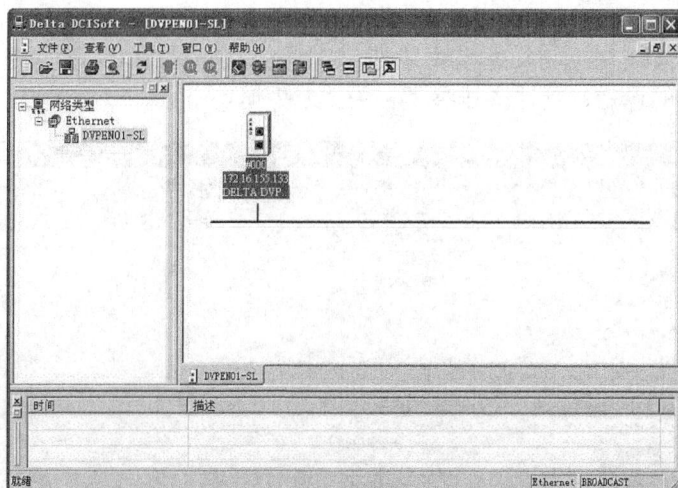

图 3-45　工业以太网设备在线显示

3.7.5　Modbus TCP 应用案例

下面以一个应用案例说明如何组建及配置 Modbus TCP 工业以太网。

功能要求：组建 Modbus TCP 工业以太网，实现远程 I/O 模块与 PLC 主机进行数字量和模拟量输入输出的变量连接。

1. 系统分析

采用 Modbus TCP 构建工业以太网，Modbus TCP 主站采用台达 DVPEN01-SL 模块与 SV 系列 PLC，装有台达通信整合软件 DCISoft 的个人计算机作为工业以太网配置工具，工业以太网远程 I/O 模块采用台达 RTU-EN01 模块与 I/O 扩展模块。3 台设备通过工业以太网交换机构成星形局域网，系统网络结构如图 3-46 所示。

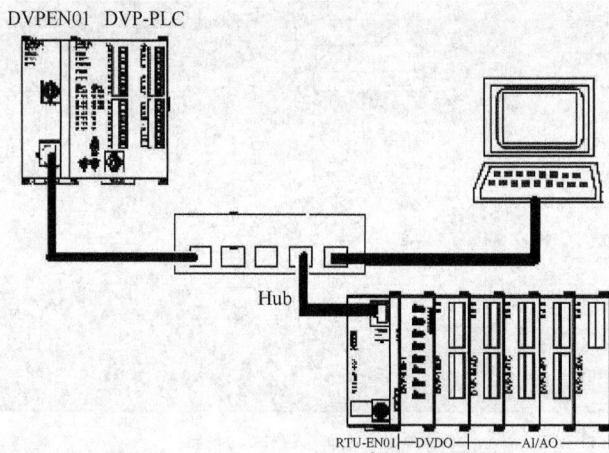

图 3-46　工业以太网系统网络结构

2. 使用 DCISoft 配置网络

正确配置 DCISoft 通信参数，完成在线连接后就可以进行网络配置。

（1）RTU-EN01 节点配置

① 双击网络设备图形显示区中的 RTU-EN01 图标，弹出节点配置窗口，如图 3-47 所示。通过节点配置可以实现 RTU-EN01 模块时间、IP 地址、Smart PLC、模拟量输入/输出、网关和密码等功能参数的设定，具体操作参考相关技术手册。

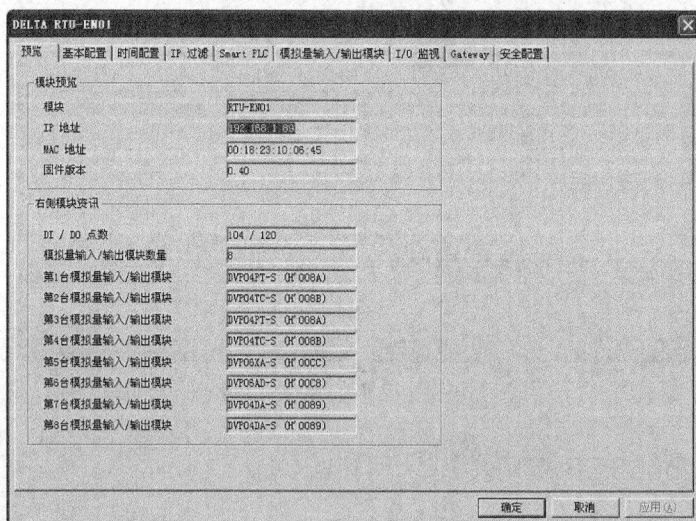

图 3-47　RTU-EN01 节点配置

　　② 节点配置窗口的"预览"选项卡给出了 RTU-EN01 节点的基本信息，包括模块类型、IP 地址、MAC 地址、开关量输入/输出点数及扩展模块数量与类型等。切换到"基本配置"选项卡，如图 3-48 所示，可以配置模块名称、IP 地址及 Modbus 超时（ms）等参数。

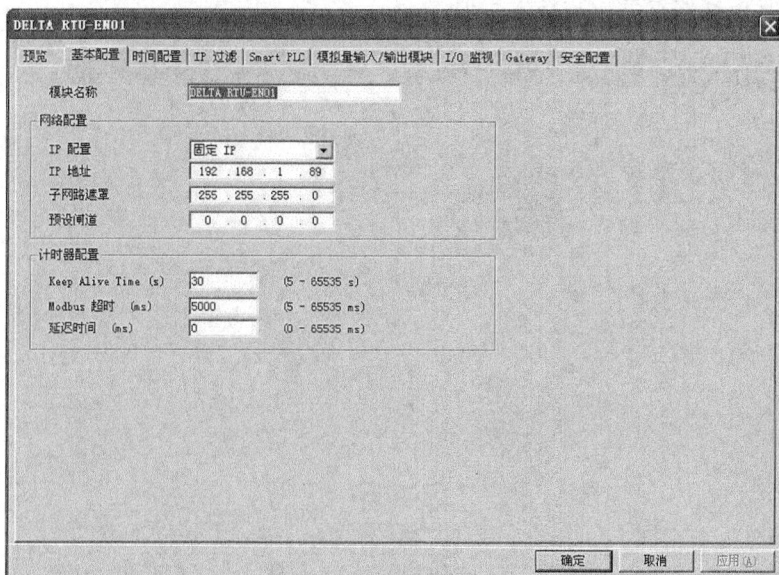

图 3-48　RTU 基本配置

　　③ 节点配置窗口的"模拟量输入/输出模块"选项卡给出了 RTU-EN01 连接的模拟量输入/输出模块控制寄存器（CR）对应表，如图 3-49 所示。搭配台达通信模块 DVPEN01-SL 即可将 CR 直接对应到 DVP28SV 的 D 缓存器。通过 PLC 程序对 D 存储器直接读取或写入值，即可控制 RTU-EN01 上的模拟输入/输出模块。RTU-EN01 最大支持 64 路读取对应和 64 路写入对应。

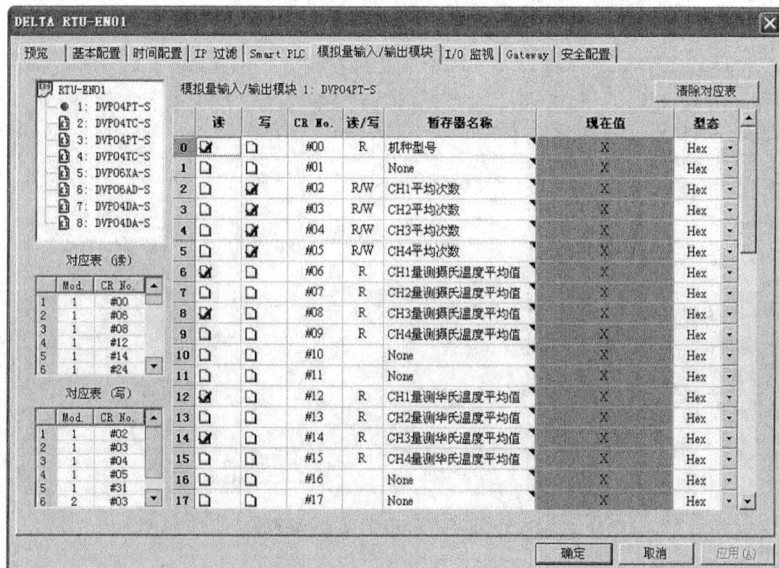

图 3-49　RTU 模拟量输入/输出模块配置

（2）DVPEN01-SL 模块的配置

① 双击网络设备图形显示区中的 DVPEN01-SL 图标，弹出节点配置窗口，如图 3-50 所示。通过节点配置可以实现 RTU-EN01 模块 IP 地址、E-mail、数据交换、RTU 和密码等功能参数的设定，具体操作参考相关技术手册。

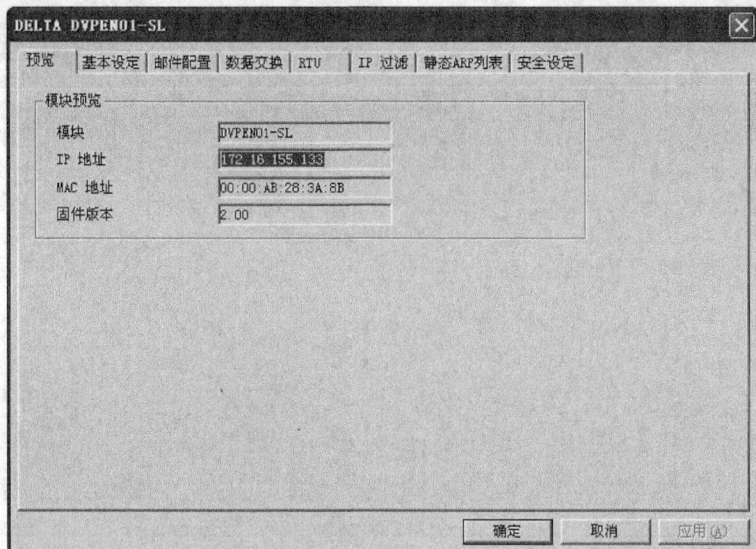

图 3-50　DVPEN01-SL 节点配置

② 节点配置窗口的"预览"选项卡给出了 DVPEN01-SL 节点的基本信息，包括模块类型、IP 地址、MAC 地址等。切换到"基本设定"选项卡，如图 3-51 所示，可以配置模块名称、IP 地址及启动 Modbus TCP 功能等参数。

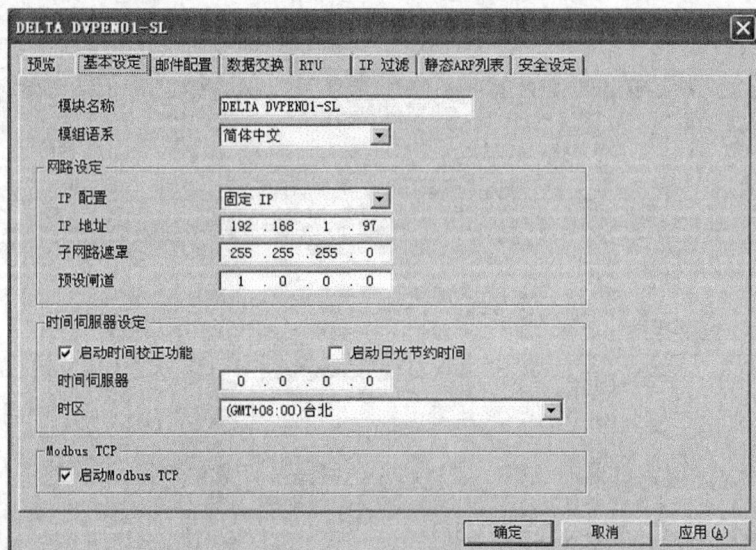

图 3-51　DVPEN01-SL 基本设定

③ 切换到"RTU"选项卡，如图 3-52 所示，可以设置启动 Remote I/O 对应功能，设置通信参数（刷新周期、超时时间），以及对 PLC 主机与远程 I/O 模块数据对应关系进行配置。

设定完 DVPEN01-SL 和 RTU-EN01 的对应关系后，对应信息即可于 DVPEN01-SL 中使用 WPLSoft 程序直接对对应的位（M）和寄存器（D）进行存取以操作远程 RTU-EN01。本例中开关量输入地址从 M2000 开始，开关量输出地址从 M3000 开始，模拟量输入地址从 D2000 开始，模拟量输出地址从 D3000 开始。

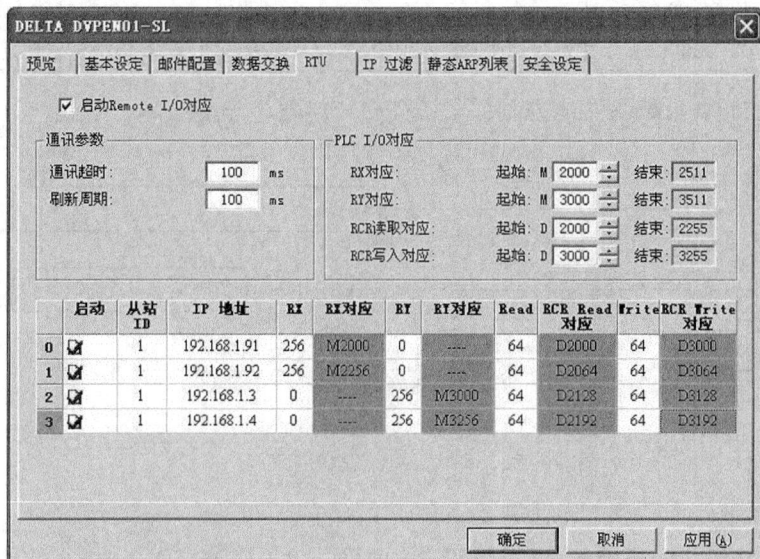

图 3-52　DVPEN01-SL 模块 RTU 设定

3. Modbus TCP 工业以太网网络控制

控制要求：当开关量输入 X0=ON 时，模拟量输出 CH1 每秒自加 1；开关量输入 X0=OFF 时，模拟量输出 CH1 保持不变。当模拟量输入 CH1 超过 6000 时，开关量输出 Y0 控制报警指示灯亮；当模拟量输入 CH1 低于 6000 时，开关量输出 Y0 控制报警指示灯灭。

（1）工业以太网远程 I/O 模块与 PLC 元件的对应关系

RTU-EN01 模块连接的扩展模块分别为 DVP-08ST、DVP-16SP、DVP-04AD、DVP-04TC、DVP-04PT 和 DVP-02DA。通过 DCISoft 配置后的工业以太网远程 I/O 模块与 PLC 元件的对应关系如表 3-30 所示。

表 3-30　　　　　　　　　　I/O 模块与 PLC 元件的对应关系

I/O	PLC 元件	RTU-EN01 连接 I/O 扩展模块	备　注
输入数据	M2000-M2007	DVP-08ST	8 点开关量输入
	M2008-M2015	DVP-16SP	8 点开关量输入
	D2000-D2003	DVP-04AD	4 路模拟量输入通道当前值
	D2004-D2007	DVP-04TC	4 路测量摄氏温度平均值
	D2008-D2011	DVP-04PT	4 路测量摄氏温度平均值
输出数据	M3000-M3007	DVP-16SP	8 点开关量输出
	D3000-D3001	DVP-02DA	2 路模拟量输出通道输出值

（2）PLC 梯形图程序

根据系统控制要求设计的 I/O 分配表如表 3-31 所示。

表 3-31   **I/O 分配表**

I/O		PLC 元件	RTU-EN01 元件	连接设备	备　注
输入数据		M2000	X0	开关	控制模拟量输出变化
		D2000	AD CH1	电位器	模拟量输入通道 1 当前值
输出数据		M3000	Y0	指示灯	模拟量输入超上限报警
		D3000	DA CH1	万用表	模拟量输出通道 1 输出值

根据系统控制要求编写网络控制梯形图程序，如图 3-53 所示。

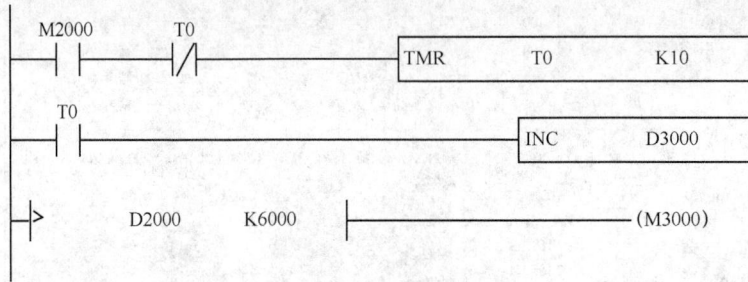

图 3-53　网络控制梯形图程序

（3）程序下载

将运行 WPLSoft 的计算机 IP 地址设置为 192.163.1.3，开启 WPLSoft 的通信设置窗口，如图 3-54 所示。接下来只要单击 DELTA DVPEN01-SL（IP 地址为 192.163.1.97），WPLSoft 就可以与 PLC 主机通信并下载梯形图程序。

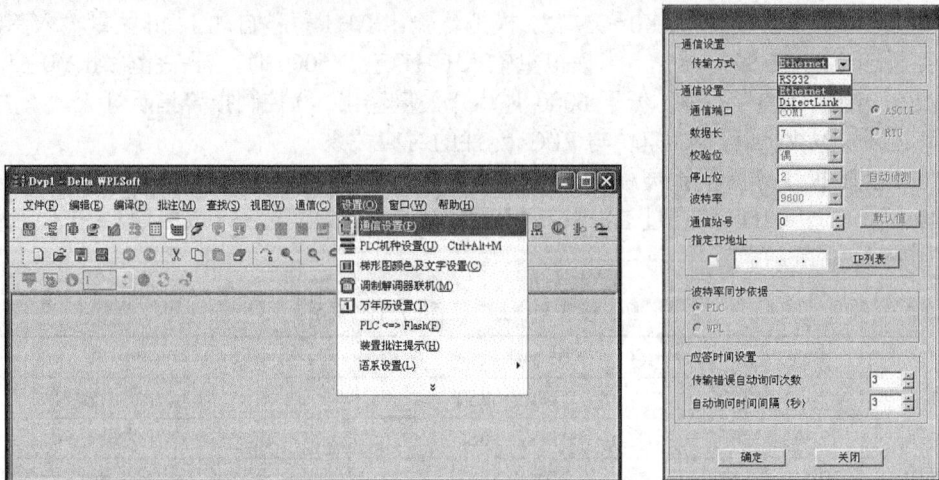

图 3-54　WPLSoft 通信设置窗口

实验 1　Modbus 网络系统设计

1. 实验目的

① 了解台达 PLC、变频器的主要功能。

Modbus 网络系统
设计实验

② 理解 Modbus 主从网络的主要功能。

③ 掌握 WPLSoft 的使用方法。

④ 掌握 DOPSoft 的使用方法。

⑤ 掌握基于 Modbus 网络的主从站的配置方法。

⑥ 理解基于 Modbus 网络的 PLC 编程方法。

2. 控制要求

组建 Modbus 网络，完成由一个触摸屏通过 PLC 来控制一台 VFD-E 变频器启动、停止、反转的功能。

3. 实验设备

① 装有 WPLSoft、DOPSoft 的个人计算机。

② 台达 SV 系列 PLC。

③ 台达触摸屏。

④ 台达 VFD-E 变频器。

⑤ RS-485 线缆、导线。

⑥ 三相异步电动机。

习题

1. （多选）Modbus 支持的物理层标准有（　　）。

   A．令牌传递网络　　B．RS-232　　　　　　C．RS-485　　　　　　D．以太网

2. Modbus 基于 RS-485 通信时常采用（　　）通信传输介质。

   A．双绞线　　　　　B．同轴电缆　　　　　C．光纤　　　　　　　D．无线

3. （多选）Modbus 数据帧包括（　　）。

   A．从站地址　　　　B．功能码　　　　　　C．数据　　　　　　　D．校验码

4. （多选）基于 RS-485 的 Modbus 通信模型包含（　　）。

   A．物理层　　　　　B．数据链路层　　　　C．网络层　　　　　　D．应用层

5. 台达 VFD-E 变频器 2.00 参数的功能是（　　）。

   A．频率指令设定　　B．运转指令设定　　　C．通信地址设定　　　D．通信速率设定

6. （多选）台达 VFD-E 变频器频率指令的来源有（　　）输入。

   A．数字操作器　　　B．外部端子模拟量　C．RS-485 通信　　　D．旋转电位器

7. 台达 VFD-E 变频器内部 4.01 参数的 Modbus 地址是（　　）。

   A．4.01　　　　　　B．401　　　　　　　C．0401H　　　　　　D．0104H

8. （多选）台达 VFD-E 变频器 2000H 寄存器可以实现的功能有（　　）。

   A．启动停止　　　　B．正转反转　　　　　C．点动　　　　　　　D．设置加减速

9. 台达 VFD-E 变频器 Modbus 通信方式控制频率为 25Hz，需要向其 2001H 寄存器写入数据（　　）。

   A．25　　　　　　　B．250　　　　　　　C．2500　　　　　　　D．250H

10. （多选）台达工业机器人控制器支持的通信接口有（　　）。

   A．RS-232　　　　　B．RS-485　　　　　　C．USB　　　　　　　D．以太网

11. Modbus RTU 通信由主站发起，从站只能根据主站功能码进行响应，从站若没有收到来自主站的请求信号，不会发送数据。　　　　　　　　　　　　　　　　　　（　　）

12．Modbus RTU 主站在同一时刻可以发起多个 Modbus 事务处理。　　　　　（　　）

13．Modbus RTU 主站发出的广播请求可以是读命令，也可以是写命令。　　　（　　）

14．智能仪表采用 RS-232 接口作为 Modbus RTU 从站时，可以实现点对点的通信方式，也可以实现一个主站对多个从站的数据通信。　　　　　　　　　　　　　　　　（　　）

15．RS-485 的最大传输距离比 RS-232 要大，但是最大传输速率比 RS-232 要小。（　　）

16．在 RS-485 接口中，要保持两根信号线相邻，两根差动导线应处于同一根双绞线内，且引脚 A 与引脚 B 可以根据需要进行调换。　　　　　　　　　　　　　　　（　　）

17．在 Modbus 串行链路上，所有设备传输模式及串行口参数必须相同。　　（　　）

18．台达 DVP 系列 PLC 的 RS-485 通信口既可以作 Modbus 主站，也可以作 Modbus 从站。　　　　　　　　　　　　　　　　　　　　　　　　　　　　　　　（　　）

19．台达触摸屏只能与台达 PLC 配合工作，不能与其他品牌的 PLC 通信。　（　　）

20．Modbus 协议规范的核心是（　　　）层标准。

21．Modbus 串行链路协议规定主站发出的请求模式分为（　　　）模式和（　　　）模式。

22．Modbus 串行链路协议规定的传输模式分为（　　　）模式和（　　　）模式。

23．RS-232 标准全双工通信时至少要接（　　　）、（　　　）和（　　　）这 3 根线。

24．如果 Modbus 从站在执行操作过程中出现任何差错，服务器将启动（　　　），返回一个（　　　）码。

25．RS-485 标准支持的最大传输距离是（　　　）m，最大驱动器数量是（　　　）个节点。

26．简述 Modbus 的特点。

27．简述 Modbus 通信模型和工作原理。

28．简述通用 Modbus 帧的组成和各部分功能。

29．简述 RS-485 接口标准与 RS-232 接口标准的区别。

30．简述 Modbus 串行链路协议规定的差错检验方式。

31．简述 Modbus 常用的功能码。

32．写出向站号为 1 的从站 2002H 寄存器写入 11H 数据的 RTU 消息帧格式（不包括 CRC 部分）。

第 4 章 PROFIBUS 现场总线

在众多现场总线标准中,PROFIBUS 以其技术的成熟性、完整性和应用的可靠性等多方面的优秀表现,成为现场总线技术领域国际市场上的领导者。PROFIBUS 不仅注重系统技术,而且侧重应用行规的开发,是能够全面覆盖工厂自动化和过程自动化应用领域的现场总线。目前,PROFIBUS 是在世界范围内应用最广泛的现场总线技术之一。

4.1 PROFIBUS 概述

4.1.1 PROFIBUS 简介

PROFIBUS(Process Fieldbus)是 1987 年德国联邦科技部集中 13 家公司和 5 个研究机构的力量按 ISO/OSI 参考模型制定的现场总线德国国家标准,并于 1991 年 4 月在 DIN 19245 中发表。最初的 PROFIBUS 标准中只有 PROFIBUS-DP 和 PROFIBUS-FMS,1994 年又推出了 PROFIBUS-PA,它引用了 1993 年通过的 IEC 工业控制系统现场总线标准的物理层 IEC 1158-2,从而可以在有爆炸危险的区域内连接通过总线馈电的本质安全型现场仪表,这使 PROFIBUS 更加完善。PROFIBUS 的发展历程如表 4-1 所示。

表 4-1   **PROFIBUS 的发展历程**

时 间	事 件
1987 年	PROFIBUS-DP 由 Siemens 等 13 家公司和 5 家研究机构联合开发
1989 年	PROFIBUS-DP 被批准为德国工业标准 DIN 19245
1996 年	PROFIBUS-FMS/-DP 被批准为欧洲标准 EN 50170 V.2
1998 年	PROFIBUS-PA 被批准纳入 EN 50170 V.2,并成立 PROFIBUS International(PI)
1999 年	PROFIBUS 成为国际标准 IEC 61158 的组成部分(Type 3)
2001 年	PROFIBUS-DP 被批准成为我国的行业标准 JB/T 10308.3-2001
2003 年	PROFINET 成为国际标准 IEC 61158 的组成部分(Type 10)
2006 年	PROFINET 成为我国国家标准

PROFIBUS 是一种国际化、开放式、不依赖于设备生产商的现场总线标准,是无知识产权保护的标准。因此,世界上任何人都可以获得这个标准,并设计各自的软、硬件解决方案。

经过多年的发展与不断完善及推广,PROFIBUS 已经成为国际上使用非常广泛的一种现场总线。截至 2007 年年底,全球总共安装了超过 2300 万个 PROFIBUS 站点,其中 330 万个站点用于过程工业领域,PROFIBUS-PA 站点大约有 63 万个。所有重要的设备生产商都支持 PROFIBUS 标准,与此相关的产品和服务有 2500 多种。PROFIBUS 在现场总线技术领域已

PROFIBUS 概述

成为国际市场上的领导者。先进的通信技术及丰富完善的应用行规使 PROFIBUS 成为目前市场上唯一能够全面覆盖工厂自动化和过程自动化应用的现场总线。

4.1.2 PROFIBUS 的通信模型

PROFIBUS 的通信模型如图 4-1 所示，该模型遵从 ISO/OSI 参考模型标准，只用了 ISO/OSI 参考模型的部分层。

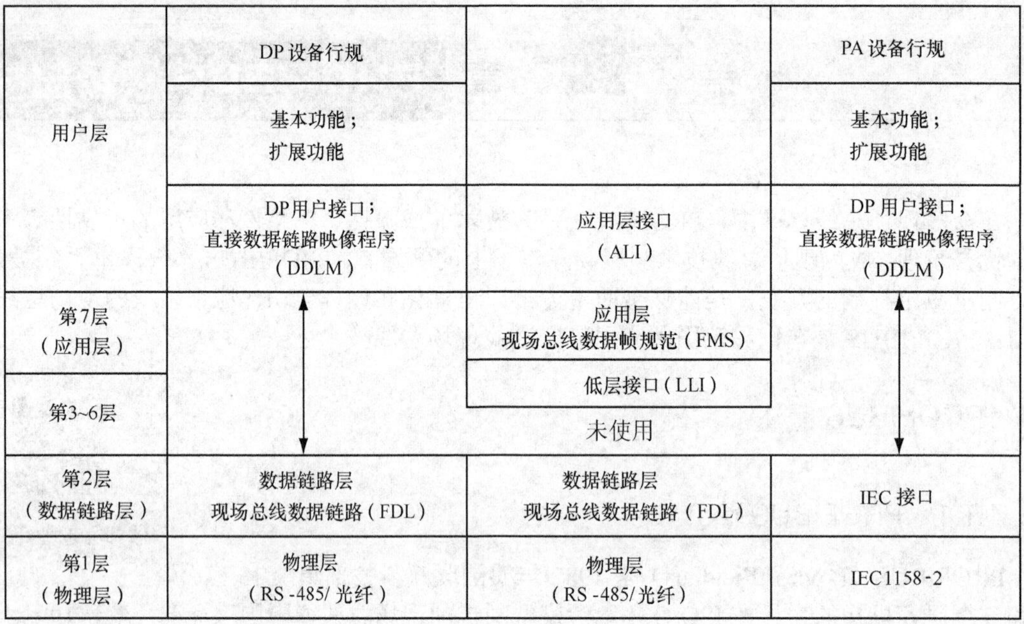

用户层	DP 设备行规			PA 设备行规
用户层	基本功能； 扩展功能			基本功能； 扩展功能
用户层	DP 用户接口； 直接数据链路映像程序 （DDLM）	应用层接口 （ALI）		DP 用户接口； 直接数据链路映像程序 （DDLM）
第 7 层 （应用层）		应用层 现场总线数据帧规范（FMS）		
第 7 层 （应用层）		低层接口（LLI）		
第 3~6 层		未使用		
第 2 层 （数据链路层）	数据链路层 现场总线数据链路（FDL）	数据链路层 现场总线数据链路（FDL）		IEC 接口
第 1 层 （物理层）	物理层 （RS -485/ 光纤）	物理层 （RS -485/ 光纤）		IEC1158 -2

图 4-1　PROFIBUS 的通信模型

PROFIBUS-DP 定义了第 1 层、第 2 层和用户层，第 3~7 层未加描述。用户层规定了用户、系统及不同设备可调用的应用功能，并详细说明了不同 PROFIBUS-DP 设备的设备行为。

PROFIBUS-PA 的数据传输采用扩展的 PROFIBUS-DP 协议。另外，PROFIBUS-PA 还描述了现场设备行为的 PROFIBUS-PA 行规。PROFIBUS-PA 的传输技术采用 IEC 1158-2 标准，确保了本质安全和通过总线给现场设备供电。使用 DP/PA 耦合器可很容易地将 PROFIBUS-PA 设备集成到 PROFIBUS-DP 网络中。

PROFIBUS-FMS 定义了第 1 层、第 2 层和第 7 层（应用层），应用层包括现场总线数据帧信息规范（Fieldbus Message Specification，FMS）和低层接口（Lower Layer Interface，LLI）。FMS 包括了应用协议，并向用户提供了强有力的通信服务。LLI 协调不同的通信关系，并向 FMS 提供不依赖设备的第 2 层访问接口。

4.1.3 PROFIBUS 的家族成员

PROFIBUS 由 3 个兼容部分组成，即 PROFIBUS-DP、PROFIBUS-PA、PROFIBUS-FMS。
PROFIBUS-DP 是一种高速低成本通信，特别适用于设备级控制系统的通信。使用 PROFIBUS-DP 可取代 24VDC 或 4~20mA 信号传输。PROFIBUS-PA 专为过程自动化设计，可使传感器和执行机构连在一根总线上，并有本质安全规范。PROFIBUS-FMS 用于车间级监控网络，这是令牌结构的实时多主网络。PROFIBUS-DP 以其设置简单、价格低廉、功能强大等特点，已经成为现在应用最多的 PROFIBUS 系统之一，本章将详细讲解 PROFIBUS-DP 的相关知识。

1. PROFIBUS-PA

PROFIBUS-PA 中的 PA（Process Automation）即过程自动化。PROFIBUS-PA 将自动化系统和过程控制系统与压力、湿度和液位变送器等现场设备连接起来。

（1）PROFIBUS-PA 特性

PROFIBUS-PA 具有以下特性。

① 适合过程自动化应用的行规使不同厂家生产的现场设备具有互换性。

② 增加和去除总线站点不会影响到其他站。

③ 过程自动化的 PROFIBUS-PA 总线段与工厂自动化的 PROFIBUS-DP 总线段之间通过耦合器连接，并可实现两总线段间的透明通信。

④ 采用 IEC 1158-2 标准，可使用双绞线完成远程供电和数据传送。

⑤ 具有本质安全特性，使其在潜在爆炸危险区可使用。

（2）PROFIBUS-PA 传输协议

PROFIBUS-PA 采用 PROFIBUS-DP 的基本功能来传送测量值和状态，并用扩展的 PROFIBUS-DP 功能来制定现场设备的参数和进行设备操作。PROFIBUS-PA 第 1 层采用 IEC 1158-2 技术，第 2 层和第 1 层之间的技术在 DIN 19245 系列标准的第四部分做了规定。

（3）PROFIBUS-PA 设备行规

PROFIBUS-PA 设备行规保证了不同厂商所生产的现场设备的互换性和互操作性，它是 PROFIBUS-PA 的一个组成部分，任务是选用各种类型现场设备真正需要通信的功能，并提供这些设备功能和设备行为的一切必要规格。

目前，PROFIBUS-PA 行规已对所有通用的测量变送器和选择的其他一些设备的类型做了具体规定，这些设备如下所述。

① 测压力、液位、温度和流量的变送器。

② 数字量输入和输出。

③ 模拟量输入和输出。

④ 阀门。

⑤ 定位器。

2. PROFIBUS-FMS

PROFIBUS-FMS 中的 FMS（Fieldbus Message Specification）即现场总线数据帧规范，它的设计旨在实现车间监控级通信。在车间监控级，可编程控制器之间需要实现比设备级更大量的数据传送，但通信的实时性要求低于设备级。

（1）PROFIBUS-FMS 应用层

应用层提供了供用户使用的通信服务，这些服务包括访问变量、程序传递、事件控制等。

（2）PROFIBUS-FMS 行规

PROFIBUS-FMS 提供了应用范围广泛的功能来保证它的普遍应用。PROFIBUS-FMS 行规做了以下规定。

① 控制器间的通信行规。

② 楼宇自动化行规。

③ 低压开关设备行规。

3. PROFIBUS-DP

PROFIBUS-DP 中的 DP（Decentralized Periphery）即分散型外围设备，它主要用于设备级的高速数据传输。中央控制器通过总线同分散的现场设备进行通信，一般采用周期性的通信方式。这些数据交换所需的功能是由 PROFIBUS-DP 的基本功能所规定的。除了执行这些基本功能外，现场设备还需要非周期性通信以进行组态、诊断和报警处理。

PROFIBUS-DP 总线的特点如下所述。

① 传输介质支持屏蔽双绞线和光纤。

② 通信速率为 9.6kbit/s～12Mbit/s。

③ 无中继器的一个总线段最多可以连接 32 个站点。

④ 无中继器的一个总线段最长传输距离可达 1200m。

⑤ 支持总线型或树形拓扑，有终端电阻。

⑥ 采用不归零的差分编码，支持半双工、异步传输。

⑦ 短数据帧长度为 1 字节，普通数据帧长度为 3～255 字节。

4.2 PROFIBUS-DP 的通信模型

4.2.1 PROFIBUS-DP 的物理层

PROFIBUS-DP 的物理层定义传输介质以适应不同的应用，包括长度、拓扑、总线接口、站点数和通信速率等。PROFIBUS-DP 主要的传输介质有屏蔽双绞线和光纤两种，目前屏蔽双绞线以其简单、低成本、高速率等特点成为市场的主流，因此本书主要介绍以屏蔽双绞线为介质的传输技术。

1. 拓扑结构

PROFIBUS-DP 的拓扑结构主要有总线型和树形两种。

（1）总线型拓扑结构

在总线型拓扑结构中，PROFIBUS-DP 系统是一个两端有有源终端器的线性总线结构，也称为 RS-485 总线段，如图 4-2 所示。在一个总线段上最多可连接 32 个站点。当需要连接的站点超过 32 个时，必须将 PROFIBUS-DP 系统分成若干个总线段，使用中继器连接各个总线段。

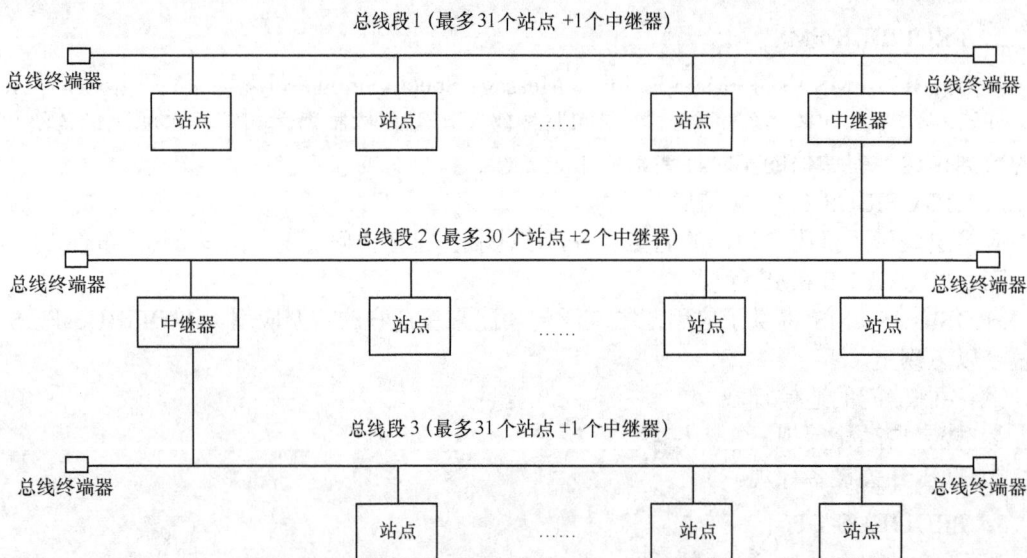

图 4-2 总线型拓扑结构

　　根据 RS-485 标准，在数据线 A 和 B 的两端均加接总线终端器。PROFIBUS-DP 的总线终端器包含一个下拉电阻（与数据基准电位 DGND 相连接）和一个上拉电阻（与供电正电压 VP 相连接），如图 4-3 所示。当总线上没有站点发送数据时，也就是说，两个数据帧之间的总线处于空闲状态时，这两个电阻可以确保在总线上有一个确定的空闲电位。几乎在所有标准的 PROFIBUS-DP 总线连接器上都组合了所需要的总线终端器，而且可以由跳接器或开关来启动。

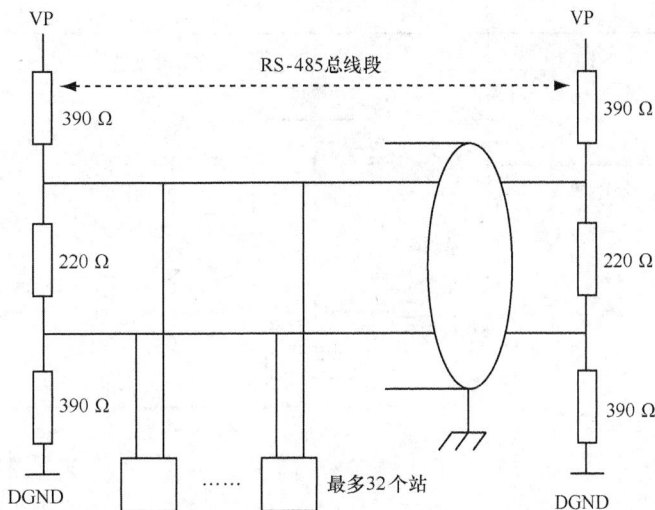

图 4-3　RS-485 总线段的结构

　　中继器也称为线路放大器，用于放大传输信号的电平。采用中继器可以增加线缆长度和所连接的站点数，两个站点之间最多允许采用 3 个中继器。如果数据通信速率小于或等于 93.75kbit/s，且连接的区域形成一条链（线性总线拓扑），并假定导线的横截面积为 $0.22mm^2$，则最大允许的拓扑如下所述。

　　① 1 个中继器：2.4 km，62 个站。
　　② 2 个中继器：3.6 km，92 个站。
　　③ 3 个中继器：4.8 km，122 个站。

　　中继器也是一个负载，因此在一个总线段内，中继器也计数为一个站点，可运行的最大总线站点数就减少一个。但是中继器并不占用逻辑的总线地址。

　　（2）树形拓扑结构

　　在树形拓扑中可以用多于 3 个中继器，并可连接多于 122 个站点。这种拓扑结构可以覆盖一个很大的区域，例如，在通信速率低于 93.75kbit/s、导线横截面积为 $0.22mm^2$ 时，纵线长度可达 4.8km，如图 4-4 所示。

　　2. 电特性

　　PROFIBUS-DP 规范将 NRZ 位编码与 RS-485 信号结合，目的是降低总线耦合器成本，耦合器可以使站点与总线之间电气隔离或非电气隔离；PROFIBUS-DP 需要总线终端器，特别在较高数据通信速率（达到 1.5Mbit/s）时更需要。

　　PROFIBUS-DP 规范描述了平衡的总线传输。位于双绞线两端的终端器使得 PROFIBUS-DP 的物理层支持高速数据传输，可支持 9.6kbit/s、19.2kbit/s、45.45kbit/s、93.75kbit/s、187.5kbit/s、500kbit/s、1.5Mbit/s、3Mbit/s、6Mbit/s 及 12Mbit/s 等通信速率。

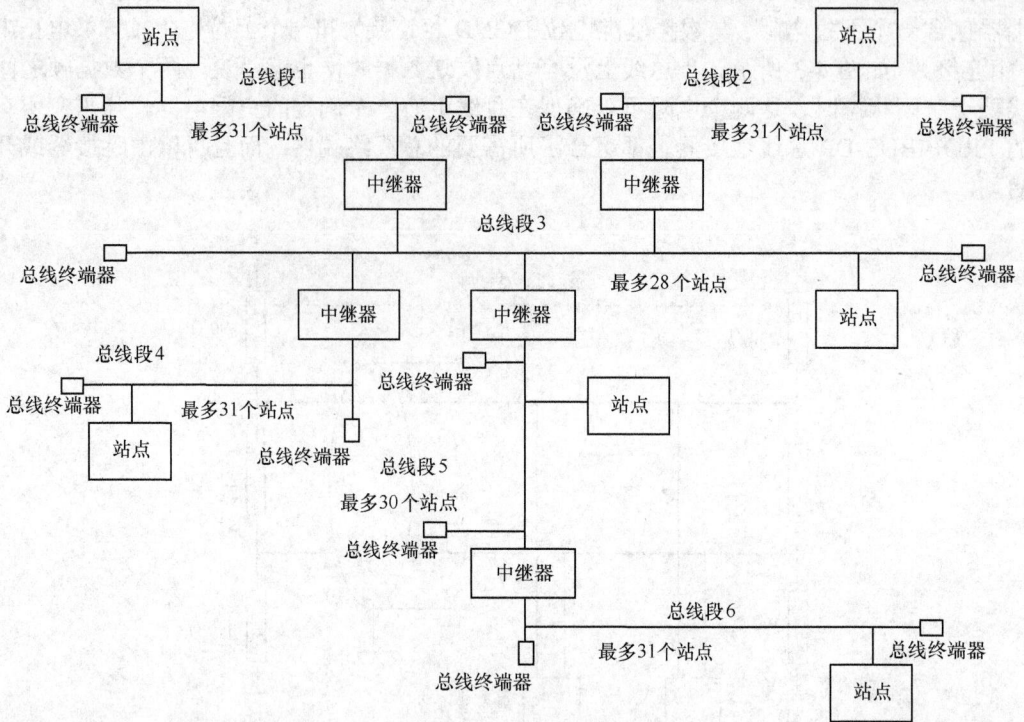

图 4-4 树形拓扑结构

整个网络的长度及每个总线段的长度都与通信速率有关，例如，通信速率小于或等于 93.75kbit/s 时，最大电缆长度为 1200m；对于 1.5Mbit/s 的通信速率，最大电缆长度会减到 200m。不同通信速率对应的网络及总线段长度如表 4-2 所示。

表 4-2　　　　　　　　　　　不同通信速率对应的网络及总线段长度

通 信 速 率	最大总线段长度	网络最大延伸长度
9.6kbit/s	1200m	6000m
19.2kbit/s	1200m	6000m
45.45kbit/s	1200m	6000m
93.75kbit/s	1200m	6000m
187.5kbit/s	1000m	5000m
500kbit/s	400m	2000m
1.5Mbit/s	200m	1000m
3Mbit/s	100m	500m
6Mbit/s	100m	500m
12Mbit/s	100m	500m

3．连接器

国际性的 PROFIBUS-DP 标准 EN 50170 推荐使用 9 针 D 形连接器用于总线站点与总线电缆的相互连接。D 形连接器的插座与总线站点相连接，而 D 形连接器的插头与总线电缆相连接。9 针 D 形连接器的针脚分配如表 4-3 所示。

表 4-3 9 针 D 形连接器的针脚分配

外　　形	针 脚 号	信 号 名 称	设 计 含 义
	1	SHIELD	屏蔽或功能地
	2	M24	24V 输出电压的地（辅助电源）
	3	RXD/TXD-P	接收/发送数据-正，B 线
	4	CNTR-P	方向控制信号 P
	5	DGND	数据基准电位（地）
	6	VP	供电电压-正
	7	P24	正 24V 输出电压（辅助电源）
	8	RXD/TXD-N	接收/发送数据-负，A 线
	9	CMTR-N	方向控制信号

当总线系统运行的通信速率大于 1.5Mbit/s 时，由于所连接的站点的电容性负载会引起导线反射，因此必须使用附加轴向电感的总线连接插头。

4. 电缆

PROFIBUS-DP 总线的主要传输介质是一种屏蔽双绞线电缆，屏蔽有助于改善电磁兼容性。如果没有严重的电磁干扰，也可以使用无屏蔽的双绞线电缆。

PROFIBUS-DP 电缆的具体技术规范如表 4-4 所示。

表 4-4 PROFIBUS-DP 电缆的具体技术规范

电缆参数名称	参 数 值
阻抗	$135\sim165\Omega$（$f=3\sim20\text{MHz}$）
电容	$<30\text{pF/m}$
电阻	$<110\Omega\text{/km}$
导体横截面积	$\geq0.34\text{mm}^2$
非 IS 护套的颜色	紫色
IS 护套的颜色	蓝色
内部电缆导体 A 的颜色（RxD/TxD-N）	绿色
内部电缆导体 B 的颜色（RxD/TxD-P）	红色

4.2.2　PROFIBUS-DP 的数据链路层

根据 ISO/OSI 参考模型，PROFIBUS-DP 的数据链路层规定了介质访问控制、数据安全性及传输协议和数据帧的处理。

1. 系统组成

PROFIBUS-DP 网络系统中的站点有主站和从站之分，其系统组成如图 4-5 所示。其中，主站决定总线的数据通信，当主站得到总线控制权限时，没有外界请求也可以主动发送信息。从站没有总线控制权限，仅对接收到的信息给予确认或当主站发出请求时向它发送信息。PROFIBUS-DP 的主站按功能不同还可分为 1 类主站和 2 类主站。

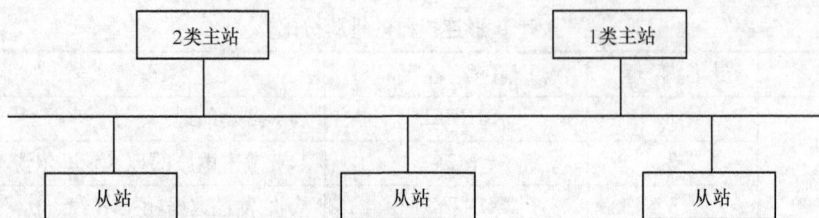

图 4-5　PROFIBUS-DP 系统组成

（1）1 类主站

1 类主站指有能力控制若干个从站、完成总线通信控制与管理的设备，如 PLC、PC 等均可作为 1 类主站。

（2）2 类主站

2 类主站指有能力管理 1 类主站的组态数据和诊断数据的设备，它还可以具有 1 类主站所具有的通信能力，用于完成各站点的数据读写、系统组态、监视及故障诊断等，如编程器、操作员工作站等均可作为 2 类主站。

（3）从站

从站作为给 1 类主站提供 I/O 数据的外围设备，也可以提供报警等非周期性数据。从站在主站的控制下完成组态、参数修改、数据交换等功能，从站由主站统一编址，接收主站指令，按主站的指令驱动 I/O，并将 I/O 及故障诊断等信息返回给主站。典型的从站包括远程 I/O、阀门、驱动器和传感器等。

在 PROFIBUS-DP 网络中，主站周期性地读取从站的输入信息，并周期性地向从站发送输出信息。总线循环时间必须要比主站的程序循环时间短，在很多应用场合，程序循环时间约为 10ms。除了周期性用户数据传输外，PROFIBUS-DP 还提供强有力的组态和诊断功能。

2. 设备地址设置

PROFIBUS-DP 支持的设备地址范围是 0～127。这其中有几个特殊的地址是保留作为它用的，除此之外，一般情况下地址是可以随便使用的，但在实际应用中还是遵守一定的规则较好。

① 地址 127 保留，用于全局控制或广播信息。

② 地址 126 保留，用于尚未分配地址，需要使用 2 类主站来设置地址的从站。在网络上只允许一个从站具有该地址，PROFIBUS-DP 主站不得设置为该地址，也不应该与该从站进行数据交换。

③ 地址 0 一般保留作为 2 类主站地址。

④ 1 类主站地址一般应该从地址 1 开始编号，然后连续编址。即使主站数量很少，也要适当保留几个地址号（保留个位号码到地址 9 最好）。

⑤ 从站地址一般按总线段的不同，从一个整数号码开始编址。如总线段 1 的从站地址为 10、11、12……，总线段 2 的从站地址为 20、21、22……。这样做主要是为了方便使用。

这样算来，对于一个单主站系统（一个 1 类主站）来说，除去 3 个保留地址外，系统中从站的数目最多就只有 124 个，即 128-3-1=124。

3. 介质访问控制方式

在数据链路层，PROFIBUS-DP 使用混合的介质访问控制方式来实现相关站点之间的通信。图 4-6 所示的 PROFIBUS-DP 的介质访问控制方式包括用于主站间通信的分散的令牌传递机制和用于主站与从站间通信的集中的主—从机制。PROFIBUS-DP 的介质访问控制方式与所使用的传输介质无关，每个 PROFIBUS-DP 站点在总线上有一个唯一的地址，数据帧用站点编址的方法组织。

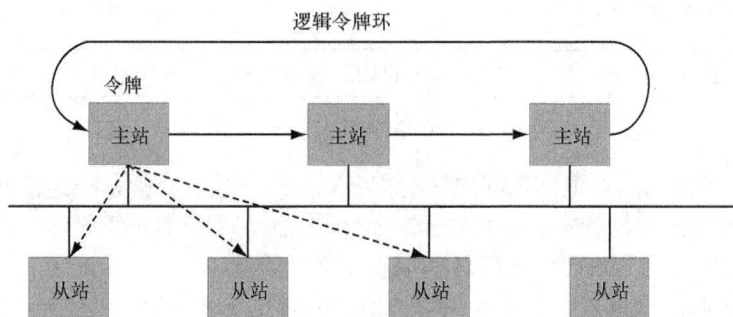

图 4-6 介质访问控制方式

（1）令牌传递

在令牌介质存取中，令牌是一种特殊的数据帧，它在主站间传递控制权。连接到 PROFIBUS-DP 网络的主站按它的总线地址的升序组成一个逻辑令牌环，当某个主站得到令牌后，该主站就被允许在以后的一段时间内执行主站工作，根据主从站关系给其他的主站或从站发送帧，直到发完或规定的时间到，再把令牌按令牌环规定的顺序传给其他主站。具有最高总线地址的站点只传递令牌给具有最低总线地址的站点，以使逻辑令牌环闭合。

（2）主—从通信

在主—从通信方式下，由一个主站控制着多个从站，构成主—从系统。主站发出命令，从站给出响应，配合主站完成对数据链路的控制。一个主站应与相关的多个从站中的每一个从站建立一条数据链路，从站可以发送多个数据帧，直到从站没有数据帧可发送、未完成数据帧的数目已达最大值或从站被主站停止。

4. 帧格式

PROFIBUS-DP 帧按格式分类共有 4 种，分别是无数据字段的固定长度的帧、有数据字段的固定长度的帧、有可变数据字段长度的帧和令牌帧。这些帧按功能分类可分为请求帧、应答/回答帧。其中，请求帧是指主站向从站发送的命令，应答帧是指从站向主站的响应帧中无数据字段的帧，而回答帧是指响应帧中有数据字段的帧。

（1）帧字符

组成 PROFIBUS-DP 帧的最小单位是帧字符，其结构如图 4-7 所示。每个帧字符由 11 位组成，包括 1 个起始位、8 个信息位、1 个奇偶校验位和 1 个停止位。

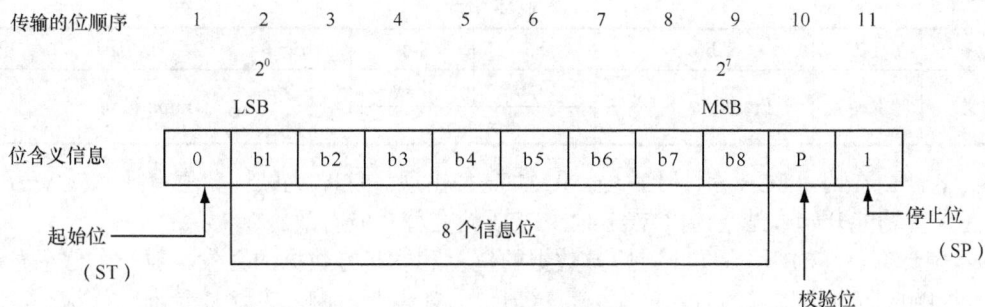

图 4-7 帧字符结构

（2）帧格式

PROFIBUS-DP 帧的基本格式如图 4-8 所示，大致可以分为同步段、起始段、地址段、控制段、数据段、校验段和结束段。

同步段	起始段	地址段	控制段	数据段	校验段	结束段

图 4-8 PROFIBUS-DP 帧的基本格式

① 同步段。每个请求帧帧头都有至少 33 个同步位，也就是说每个通信建立握手帧前必须保持至少 33 位长的空闲状态，这 33 个同步位长作为帧同步时间间隔，称为同步段（SYN）。而应答/回答帧前没有这个规定，响应时间取决于系统设置。

② 起始段。起始段用来区分不同类型的帧，分为以下 5 种。

• SD1=10H，代表此帧为无数据字段的固定长度的帧。

• SD2=68H，代表此帧为有可变数据字段长度的帧。

对于有可变数据字段长度的帧，因为帧中的数据字段长度不固定，所以在起始段中还要用两个字符 LE 和 LEr 来标明数据字段的长度，格式如图 4-9 所示。其中 LE 长度为一个字节，其值代表地址段、控制段和数据段的总字节数，取值范围为 4～249；LEr 重复 LE 的数值。

SD2	LE	LEr	SD2

图 4-9 有可变数据字段长度的帧起始段格式

• SD3=A2H，代表此帧为有数据字段的固定长度的帧。

以上 3 种帧既可以作请求帧，也可以作应答/回答帧。

• SD4=DCH，代表此帧为令牌帧。通过令牌帧完成主站之间介质访问控制权限的传递。令牌帧是主动请求帧，它不需要回答或应答。

• SC=E5H，代表此帧为短应答帧。短应答帧只有这一个字符，它只作应答使用，是无数据字段固定长度的帧的一种简单形式。

③ 地址段。地址段由目的地址 DA 和源地址 SA 两部分组成，DA 和 SA 分别为一个字节，DA 指示了接收该帧的站点地址，SA 指示了发送该帧的站点地址。

④ 控制段。控制段 FC 用来定义帧作用，表明该帧是主动请求帧还是应答/回答帧。FC 还包括了防止信息丢失或重复的控制信息，其格式如表 4-5 所示。其中 Res 为保留位，发送方将此位设置为二进制 0，接收方不必解释此位；Frame 位代表帧类型，Frame=1 时为请求帧，Frame=0 时为应答/回答帧。

表 4-5 控制段格式

位序	b7	b6	b5	b4	b3	b2	b1	b0
含义	Res	Frame	1	FCB	FCV	Function		
			0	Stn-Type				

• Frame=1 时，FCB 为帧计数位，0、1 交替出现。FCV 为帧计数位有效，FCV=0 时，FCB 的交替功能开始或结束；FCV=1 时，FCB 的交替功能有效。

• 帧计数位 FCB 用来防止响应方数据的重复和发起方数据的丢失。当一个信息发起方第一次给响应方发送请求帧时，FCV=0，FCB=1。如果此时响应方还处于未运行状态，则响应方无响应，当发起方在第二次对该响应方发起请求时仍置 FCV=0、FCB=1。如果响应方已经运行，则响应方将发起方的第一次请求帧归类为第一次帧循环，并将 FCB=1 与发起方的地址一起存储。发起方收到响应方的正确应答后将不会重复此请求帧。此时，若发起方再次对同一响应方发送主动帧，发起方将设置 FCV=1、FCB=0/1。

- 对于响应方来说，当接收到一个 FCV=1 的主动帧时，如果收到的主动帧与响应方保存的 SA 不同，则响应方不检查 FCB 的值；如果与所保存的 SA 相同，响应方将检查 FCB 的值，将其与前一个该发起方发送的主动帧中的 FCB 进行比较，如果存在 FCB（0/1）交替出现的情况，则响应方确认前一帧循环已经正确完成。在这两种情况下，响应方都会保存 FCB 和 SA 的值，直到接收到一个新的请求帧为止。

- 响应方在每次响应请求帧时将保存本次的应答/回答帧，直到收到前一帧循环已经正确完成的确认。如果收到变更了地址的请求帧、不需要应答的发送数据帧或令牌帧，响应方也认为前一帧循环已经正确完成。如果一个应答/回答帧丢失或有错误，则发起方在重试请求时将不会修改 FCB 的值，此时响应方将得知前一个帧循环存在错误，它将再次向发起方传送保存了的应答/回答帧数据。对于不需要应答的发送数据、请求 FDL 状态、请求标识用户数据和请求存取点状态而言，FCV 和 FCB 都等于 0，响应方对 FCB 不做分析。

- Frame=0 时，Stn-Type 位代表站点类型和总线数据链路层 FDL 状态，其定义如表 4-6 所示。

表 4-6　　　　　　　　　　　　　　　　　**Stn-Type 定义**

b5	b4	解　释
0	0	从站
0	1	未准备进入逻辑令牌环的主站
1	0	准备进入逻辑令牌环的主站
1	1	已在逻辑令牌环中的主站

- Function 位为 4 位功能码，在请求帧和应答/回答帧中 Function 有区别，其具体功能定义如表 4-7 所示。

表 4-7　　　　　　　　　　　　　　　　**Function 具体功能定义**

帧 的 类 型	编 码 号	功　能
请求帧	0，1，2	保留
	3	具有低优先级的有应答要求的发送数据
	4	具有低优先级的无应答要求的发送数据
	5	具有高优先级的有应答要求的发送数据
	6	具有高优先级的无应答要求的发送数据
	7	保留（请求诊断数据）
	8	保留
	9	有应答要求的 FDL 状态请求
	10，11	保留
	12	具有低优先级的发送并请求数据
	13	具有高优先级的发送并请求数据
	14	有应答要求的标识用户数据请求
	15	有应答要求的链路服务，存取点状态请求

帧 的 类 型	编 码 号	功 能
	0	应答肯定
	1	应答否定，FDL/FMA 1/2 用户差错
	2	应答否定，对于请求无资源（且无应答 FDL 数据）
	3	应答否定，无服务被激活
	4~7	保留
	7	保留（请求诊断数据）
应答/回答帧	8	低优先级应答 FDL/FMA 1/2 数据（且发送数据 OK）
	9	应答否定，无应答 FDL/FMA 1/2 数据（且发送数据 OK）
	10	高优先级应答 FDL 数据（且发送数据 OK）
	11	保留
	12	低优先级应答 FDL 数据，对于请求无资源
	13	高优先级应答 FDL 数据，对于请求无资源
	14，15	保留

⑤ 数据段。数据段 DU 包含有效的数据信息。无数据字段的固定长度的帧、令牌帧和短应答帧无数据段，有数据字段的固定长度的帧中数据段固定为 8 个字节长度，有可变数据字段长度的帧中数据段长度根据 LE/LEr 的值而定。

⑥ 校验段。校验段 FCS 用于对该帧进行校验，由不进位加所有帧字符的和获得。在一个帧中它总是紧紧位于结束定界符之前，它的长度为一个字节。

在无数据字段的固定长度的帧中，校验段将由计算 DA、SA 和 FC 的算术和获得，这里不包括起始段和结束段，也不考虑进位。在有数据字段的固定长度的帧和有可变数据字段长度的帧中，校验段将附加包含数据段 DU。

⑦ 结束段。结束段 ED 为帧结束的界定符，取值为 16H。

4.2.3 PROFIBUS-DP 的用户层

PROFIBUS-DP 协议用户层的位置如图 4-1 所示，主要包括 DDLM、DP 用户接口、DP设备行规等，它们在通信中可以实现各种应用功能。

1. DDLM

DDLM 是预先定义的直接数据链路映像程序，将所有在用户接口中传送的功能都映射到第 2 层（数据链路层），向数据链路层发送功能调用必需的参数，接收来自数据链路层的确认和指示并将它们传送给用户接口。

DDLM 功能包括主站—从站功能、主站—主站功能和 DDLM 本地功能（主站本地功能和从站本地功能）。

2. DP 用户接口

PROFIBUS-DP 协议中没有定义 ISO/OSI 参考模型中的第 7 层（应用层），而是在用户接口中定义了 PROFIBUS-DP 设备可使用的应用功能及各种类型的系统和设备的行为特性。2类主站中不存在用户接口，DDLM 直接为用户提供服务。在 1 类主站中，除了 DDLM 外，还存在用户、用户接口及用户与用户接口之间的接口。用户接口与用户之间的接口被定义为数据接口与服务接口，该接口用于处理与 PROFIBUS-DP 从站之间的通信。PROFIBUS-DP

从站中存在着用户与用户接口，而用户与用户接口之间的接口被创建为数据接口。主站—主站之间的数据通信由 2 类主站发起，在 1 类主站与 PROFIBUS-DP 从站两者之间的用户经由用户接口，利用预先定义的 PROFIBUS-DP 通信接口进行通信。

3. DP 设备行规

PROFIBUS-DP 设备行规提供了设备的可互换性，保证了不同厂商生产的设备具有相同的通信功能，而工厂操作人员无须关心两者之间的差异，因为与应用有关的参数含义在行规中均做了精确的规定说明。常用的 PROFIBUS-DP 设备行规如下所述。

（1）NC/RC 行规

此行规描述怎样通过 PROFIBUS-DP 来控制加工和装配的自动化设备。从高级自动化系统的角度看，精确的顺序流程图描述了这些自动化设备的运动和程序控制。

（2）编码器行规

此行规描述具有单转或多转分辨率的旋转、角度和线性编码器怎样与 PROFIBUS-DP 相耦连。两类设备均定义了基本功能和高级功能，如标定、报警处理和扩展的诊断。

（3）变速驱动的行规

主要的驱动技术制造商共同参与开发了 PROFIDRIVE 行规，该行规规定了怎样定义驱动参数及怎样发送设定值和实际值。这样就可能使用和交换不同制造商生产的驱动设备。

此行规包含"运行状态""速度控制""定位"所需要的规范，规定了基本的驱动功能，并为有关应用的扩展和进一步开发留有足够的余地。此行规包括 PROFIBUS-DP 应用功能或 PROFIBUS-FMS 应用功能的映像。

（4）操作人员控制和过程监视行规

此行规为简单 HMI 设备规定了怎样通过 PROFIBUS-DP 把它们与高级自动化部件相连接。本行规使用 PROFIBUS-DP 扩展功能进行数据通信。

（5）PROFIBUS-DP 的防止出错数据传输的行规

此行规定义了用于有故障安全设备通信的附加数据安全机制，如紧急 OFF。

4. 电子设备数据文件

现代化的现场总线设备和传统电气设备的最大区别就是其智能化的程度极高。为了符合高性能和高可靠性的通信要求，这些设备必须向控制器提供必需的各种参数，同时这些参数也为现代化的设备管理提供了必要的基础和依据。

PROFIBUS 中的 1 类主站和所有从站进行系统组态时，必须知道它们的设备特征和性能，如制造商的名字、该设备支持的通信速率、I/O 模块情况及其他必需的和可选的特性数据，而这些数据都写在一个 ASCII 格式的文件中，这个文件就是电子设备数据文件 GSD。GSD 源于德语"Gerate Stamm Datei"，可译为"标准的设备描述"文件或"通信特性表"，它是用许多关键字表示的可读的文本文件，其中包括该 PROFIBUS 设备的一般特性和制造商指定的通信参数。

GSD 文件由制造商事先写好，在设备出厂前已经固化到相应的设备中，不同性能的设备 GSD 文件也不一样。用户可以读 GSD 文件，但不能对其进行修改。组态软件必须能够处理 GSD 文件，因为在进行系统组态时，对各个设备的识别都是通过 GSD 文件完成的。

GSD 文件的名字由 8 个符号组成，前 4 个是制造商的名字，后 4 个是该设备的 ID 号，ID 号不是随便使用的，而是制造商从 PROFIBUS 用户组织申请来的。如 SI-EM8027.GSD 表示西门子公司的一个 PROFIBUS 设备，ID 号为 8027；WAGOB760.GSE 表示 WAGO 公司的一个 PROFIBUS 设备，ID 号为 B760。用户在购买 PROFIBUS 设备时，供货商一般会提供相应设备的 GSD 文件，用户也可以从 PROFIBUS 官网下载 GSD 文件。

GSD 文件由以下 3 部分组成。

① 一般特性，主要包括制造商的一些信息，如设备名称、GSD 版本号、通信速率等。

② 主站特性，主要包括与主站有关的参数，如最多能处理的从站数、上传和下载选择等。从站没有该部分内容。

③ 从站特性，主要包括所有的从站信息，如 I/O 通道的数量和类型、诊断功能等，如果该从站为模块类型，则还包括可获得的模块数量和类型。

使用 GSD 文件编辑器可以阅读、编辑 GSD 文件，设备制造商在开发总线设备时也需要使用 GSD 文件编辑器创建相应的 GSD 文件。

GSD 文件现在已有以下 5 个版本。

① 版本 1，定义和简单设备有关的一般关键字，仅仅用于周期性数据交换的通信。

② 版本 2，为了满足 PROFIBUS-PA 的需要，定义了一些句法上的变化，增加了一些支持的通信速率。

③ 版本 3，按照 PROFIBUS-PA 的要求，定义了一些非周期性数据交换的关键字和新的物理接口及要求。

④ 版本 4，为 PROFIBUS-DP V2 设备所使用的新版本。

⑤ 版本 5，为 PROFINET 设备所使用的新版本。

4.3 PROFINET

PROFINET 解决了工业以太网和实时以太网的技术统一。它在应用层使用了大量软件新技术，如 Microsoft 的 COM 技术、OPC、XML、TCP/IP、ActiveX 等。由于 PROFINET 能透明地兼容现场工业控制网络和办公室以太网，因此 PROFINET 可以在整个工厂内实现统一的网络构架，实现"一网到底"。

4.3.1 PROFINET 技术的起源

PROFINET 是 PROFIBUS 国际组织（PNO）于 2001 年 8 月发布的新一代通信系统，在 2003 年 4 月 IEC 颁布的现场总线国际标准 IEC 61158 第 3 版中，PROFINET 被正式列为国际标准 IEC 61158 Type10。

PROFINET 是一种工业以太网标准，它利用高速以太网的主要优点克服了 PROFIBUS 总线的传输速率限制，无须对原有 PROFIBUS 系统或其他现场总线系统做任何更改，就能完成与这些系统的集成，能够将现场控制层和企业信息管理层有机地融合为一体。

4.3.2 PROFINET 的主要技术特点

PROFINET 的网络拓扑形式可分为星形、树形、总线型、环形（冗余）、混合型等，以 switch 支持下的星形以太网为主。

PROFINET 的 switch 属于 PROFINET 的网络连接设备，通常称为交换机，在 PROFINET 网络中扮演着重要的角色。switch 旨在将快速以太网（100Mbit/s，IEEE 802.3u）分成不会发生传输冲突的单个网段，并实现全双工传输，即在一个端口可以同时接收和发送数据。

在只传输非实时数据包的 PROFINET 中，其 switch 与一般以太网中的普通交换机相同，可直接使用。但是，在需要传输实时数据的场合，如对具有 IRT 实时控制要求的运动控制来说，必须使用装备了专用 ASIC 的交换机设备。这种通信芯片能够对 IRT 应用提供"预定义时间槽"（Pre-Defined Time Slots），用于传输实时数据。

为了确保与原有系统或个别的原有终端或集线器兼容，switch 的部分接口也支持运行 10BaseTX。

PROFINET 的主要技术特点如下所述。

（1）PROFINET 的基础是组件技术。

组件对象模型（Component Object Model，COM）是微软公司提出的一种面向对象的设计技术，允许基于预制组件的应用开发。PROFINET 使用此类组件模型，为自动化应用量身定做了 COM 对象。在 PROFINET 中，每个设备都被看作一个具有 COM 接口的自动化设备，都拥有一个标准组件，组件中定义了单个过程内、同一设备上的两个过程之间及不同设备上的两个过程之间的通信。设备的功能是通过对组件进行特定的编程来实现的。同类设备具有相同的内置组件，对外提供相同的 COM 接口，为不同厂家的设备之间提供了良好的互换性和互操作性。

（2）PROFINET 采用标准以太网和 TCP/IP 协议簇，再加上应用层的 DCOM（Distributed COM）来完成节点之间的通信和网络寻址。

（3）通过代理设备实现 PROFINET 与传统 PROFIBUS 系统或其他总线系统的无缝集成。

当现有的 PROFIBUS 网段通过一个代理设备连接到 PROFINET 网络中时，代理设备既是一个系统的主站，又是一个 PROFINET 站点。作为 PROFIBUS 主站，代理设备协调 PROFIBUS 站点间的数据传输；与此同时，作为 PROFINET 站点，又负责在 PROFINET 上进行数据交换。代理设备可以是一个控制器，也可以是一个路由器。图 4-10 所示为 PROFINET 网络结构示意图。

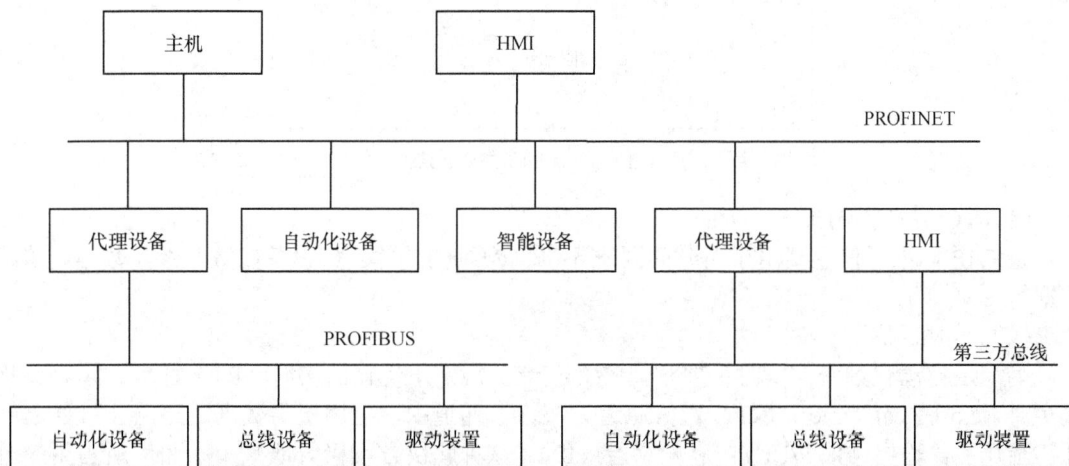

图 4-10 PROFINET 网络结构示意图

（4）PROFINET 支持总线型、树形、星形和冗余环形结构。

（5）PROFINET 采用 100Mbit/s 以太网交换技术。

PROFINET 可以使用标准网络设备，PROFINET 控制器类似 PROFIBUS 的 1 类主站，PROFINET 监视器类似 PROFIBUS 的 1 类主站，PROFINET I/O 设备类似 PROFIBUS 从站。在 PROFINET 网络中允许主/从站在任一时刻发送数据，甚至可以双向同时收发数据。

（6）PROFINET 支持生产者/用户通信方式。

生产者/用户通信方式用于控制器和现场 I/O 交换信息，生产者直接发送数据给用户，无须用户发出请求。

（7）借助于简单网络管理协议，PROFINET 可以在线调试和维护现场设备。

PROFINET 支持统一诊断，可高效定位故障点。故障信号出现时，故障设备向控制器发出一个故障中断信号，控制器调用相应的故障处理程序。诊断信息可以直接从设备中读出并显示在监视器上。通道故障也会发出故障通知，由控制器确认并处理。

4.3.3　PROFINET 通信

1. 不同类型的通信

PROFINET 的体系结构如图 4-11 所示。基于以太网的 PROFINET 使用如下所述的 3 种不同类型的通信模式，以支持不同的应用需要。

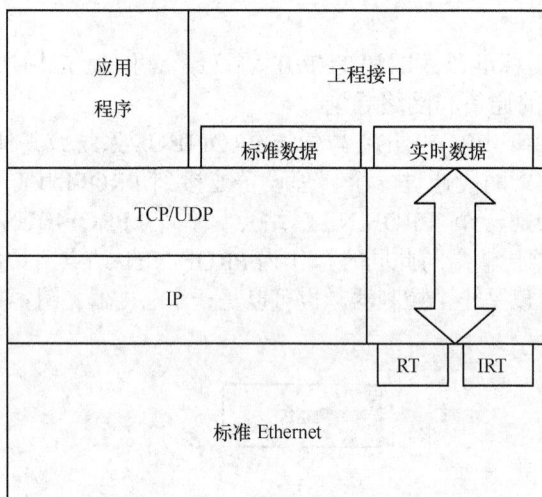

图 4-11　PROFINET 的体系结构

（1）TCP/IP 标准通信

TCP/IP 标准通信主要用于对时间要求不高的数据的传输，如设备参数、诊断数据、装载数据等。

（2）实时通信

为满足自动化系统的实时性要求，PROFINET 规定了优化的实时（RT）通信通道，又称软实时（Soft Real Time，SRT）通信通道。在这一通道中，应用层与数据链路层直接建立联系，避免了传输层（TCP/UDP）和网络层（IP）。这种解决方案极大地减少了通信所占用的时间，从而提高了自动化数据的刷新时间，数据的更新周期可在 1～10ms。

PROFINET 不仅提供了优化的实时通信通道，而且还对传输的数据进行了优先级处理（符合 IEEE 802.1p 协议），按照数据的优先级控制数据流量，优先级 7 用于实时数据交换，保证实时数据比其他数据优先传送。

（3）同步实时通信

PROFINET 定义了同步实时（Isochronous Real Time，IRT）通信，以满足对时间要求苛刻的应用，如运动控制、过程数据的周期性传输等，允许数据的更新周期小于 1ms。为了实现这一功能，通信周期又分为强制部分和开放部分。周期性的实时数据在强制通道内执行，其他实时数据在开放通道内执行，两种数据类型交替执行，不存在相互干扰。

另外，PROFINET 也定义了用于 PROFINET 与现场设备直接连接的 I/O 标准，借助于该标准，来自现场设备的数据信号周期性地映射到控制单元，实现数据交换。PROFINET 支持的每个现场设备的最大传输速率为 1.44Mbit/s，超过限制时需要通过下层的现场总线传输。

2. 不同时间性能等级的通信

针对现场控制应用对象的不同，PROFINET 中设计了 3 种不同时间性能等级的通信，这 3 种性能等级的 PROFINET 通信可以覆盖自动化应用的全部范围。

① 采用 TCP/UDP/IP 标准通信传输没有严格时间要求的数据，如用于对参数赋值和组态等。

② 采用软实时（SRT）方式传输有实时要求的过程数据，用于一般工厂自动化领域。

③ 采用同步实时（IRT）方式传输对时间要求特别严格的数据，如用于运动控制等。

这种可根据应用需求而变化的通信是 PROFINET 的重要优势之一，它确保了自动化过程的快速响应，也可适应企业管理层的网络管理。PROFINET 使用以太网和 TCP/UDP/IP 作为通信的构造基础，对来自应用层的不同数据定义了标准通道和实时通道。

标准通道使用的是标准的 IT 应用层协议，如 HTTP、SMTP、DHCP 等应用层协议。例如一个普通以太网的应用，它可以传输设备的初始化参数、组件互联关系的定义、用户数据链路建立时的交互信息等，对传输的实时性没有特别要求。

实时通道分为两个部分，其中的通道是一个基于以太网第 2 层的实时通道，能减少通信协议栈处理实时数据所占用的运行时间，可以提高过程数据刷新的实时性能。

对于时间要求更为苛刻的运动控制来说，PROFINET 采用 IRT 通道进行通信。IRT 通道使用了一种独特的数据传输方式，它为关键数据定义了专用时间槽，在此时间间隔内可以传输有严格实时要求的关键数据，如图 4-12 所示。

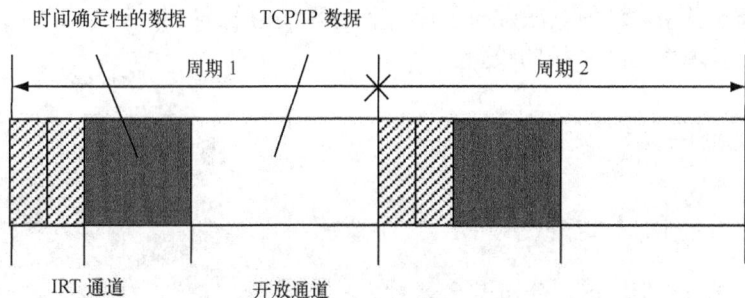

图 4-12 PROFINET 中的专用时间槽分配

PROFINET 中的通信传输周期分为两个部分，即时间确定性部分和开放性部分。有实时性要求的报文帧在时间确定性通道——实时通道中传输，而一般应用则采用 TCP/IP 报文在开放的标准通道中传输。

将实时通道细分为 SRT 和 IRT 方式，较好地解决了一般实时通道不能满足某些运动控制的高精度时间要求的问题。IRT 数据传输是在专用的通信 ASIC 基础上实现的。被称作 ERTEC ASIC 的芯片装备在 PROFINET 交换机的端口，负责处理实时数据的同步和保留专用时间槽。这种基于硬件的实现方法能够获得 IRT 所要求的时间同步精度，同时也减轻了交换机的宿主微处理器对 PROFINET 通信任务的管理负担。

4.3.4　PROFINET 与其他现场总线系统的集成

PROFINET 提供了与 PROFIBUS 及其他现场总线系统集成的方法，以便 PROFINET 能与其他现场总线系统方便地集成为混合网络，实现现场总线系统向 PROFINET 的技术转移。PROFINET 为连接现场总线提供了基于代理设备的集成和基于组件的集成两种方法。

1. 基于代理设备的集成

代理设备 Proxy 负责将 PROFIBUS 网段、以太网设备及其他现场总线、DCS 等集成到 PROFINET 系统中，由代理设备完成 COM 对象之间的交互。代理设备将所挂接的设备抽象成 COM 服务器，设备之间的数据交互变成 COM 服务器之间的相互调用。这种集成方法最大的优点就是可扩展性好，只要设备能够提供符合 PROFINET 标准的 COM 服务器，该设备就可以在 PROFINET 系统中正常运行。这种方法可通过网络实现设备之间的透明通信（无须开辟协议通道），确保对原有现场总线中设备数据的透明访问。

在 PROFINET 网络中，代理设备是一个与 PROFINET 连接的以太网站点设备。对 PROFIBUS-DP 等现场总线网段来说，代理设备可以是 PLC、基于 PC 的控制器或一个简单的网关。

2. 基于组件的集成

在这种集成方法下，原有的整个现场总线网段可以作为一个"大组件"集成到 PROFINET 中。在组件内部采用原有的现场总线通信机制（如 PROFIBUS-DP），而在该组件外部则采用 PROFINET 机制。为了使现有的设备能够与 PROFINET 通信，组件内部的现场总线主站必须具备 PROFINET 功能。

用户可以采用上述方法集成多种现场总线系统，如 PROFIBUS、FF、DeviceNet、Interbus、CC-Link 等。其做法是，定义一个总线专用的组件接口（用于该总线的数据传输）映像，并将它保存在代理设备中。这种方法方便了原有各种现场总线与 PROFINET 的连接，能够较好地保护用户对现有现场总线系统的投资。

4.4　西门子工业自动化设备简介

PROFIBUS-DP
设备简介

PROFIBUS-DP
系统设计

4.4.1　西门子 PLC 简介

德国的西门子（SIMENS）公司是全球最大的电子和电气设备制造商之一，其生产的西门子自动化（SIMATIC）可编程控制器处于全球领先地位。目前 SIMATIC 系列控制器主要有：通用逻辑模块（LOGO!）、S7-200 SMART 系列、S7-1200 系列、S7-300 系列、S7-400 系列、S7-1500 系列等产品。

1. S7-200 SMART

S7-200 SMART 是西门子家族的新成员，如图 4-13 所示，该系列主要应用于低端的离散自动化系统和独立自动化系统中使用的紧凑型控制器模块，它是西门子 S7-200 系列的升级版本。

SIMATIC S7-200 SMART 提供不同类型、I/O 点数丰富的 CPU 模块，单体 I/O 点数最高可达 60 点，可满足大部分小型自动化设

图 4-13　S7-200 SMART

备的控制需求；新颖的信号板设计可扩展通信端口、数字量通道、模拟量通道；配备西门子专用高速处理器芯片，基本指令执行时间可达 0.15μs，在同级别小型 PLC 中遥遥领先；CPU 标配的以太网接口支持 PROFINET、TCP、UDP、Modbus TCP 等多种工业以太网通信协议，并支持 Web 服务器功能。通过此接口还可与其他 PLC、触摸屏、变频器、伺服驱动器、上位机等联网通信；CPU 模块本体最多集成 3 路高速脉冲输出，频率高达 100 kHz，支持 PWM/PTO 输出方式及多种运动模式，能够轻松驱动伺服驱动器。CPU 集成的 PROFINET 接口可以连接多台伺服驱动器，配以方便易用的 SINAMICS 运动库指令，快速实现设备调速、定位等运动控制功能。

2. S7-1200

S7-1200 系列 PLC 是发布于 2009 年的小型 PLC，如图 4-14 所示，主要应用于低端的离散自动化系统和独立自动化系统中使用的小型控制器模块。

图 4-14　S7-1200

S7- 1200 PLC 使用灵活、功能强大、设计紧凑、组态灵活的指令集，这些特点的组合使它成为控制各种应用的有效解决方案。CPU 将微处理器、集成电源、输入和输出电路、内置 PROFINET、高速运动控制 I/O 及板载模拟量输入组合到一个设计紧凑的外壳中来形成功能强大的控制器。下载用户程序后，CPU 将包含监控应用中的设备所需的逻辑。CPU 根据用户程序逻辑监视输入并更改输出，用户程序可以包含布尔逻辑、计数、定时、复杂数学运算及与其他智能设备的通信。

S7-1200 控制器带有多达 6 个高速计数器，本体最大支持 100 kHz，信号板最大支持 200 kHz，用于计数和测量；S7-1200 控制器集成了 4 个 100 kHz 的高速脉冲输出，用于步进电机或伺服驱动器的速度和位置控制。使用 PLCopen 运动控制指令控制这 4 个输出可以输出脉宽调制信号来控制电机速度、阀位置或加热元件的占空比。S7-1217C 的 4 个 DI 和 4 个 DO 最大支持 1MHz 的差分输入、差分输出；S7-1200 控制器提供 3 种带自动调节功能的 PID 控制回路，用于简单的闭环过程控制；S7-1200 控制器提供 8 路闭环运动控制，可以连接支持 PROFINET / PROFIBUS 的伺服驱动器，或者模拟量驱动器。

3. S7-1500

西门子公司于 2013 年发布 S7-1500 系列 PLC，如图 4-15 所示，主要应用于中高端系统，SIMATIC S7-1500 PLC 设定新的标准，适用于对速度和准确性要求较高的复杂设备装置，而且可以无缝集成到 TIA 博途软件中，从而极大提高工程组态的效率。

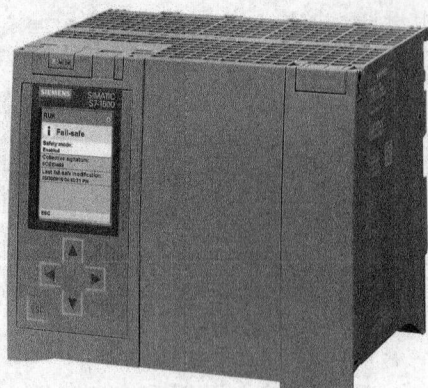

图 4-15　S7-1500 PLC

　　S7-1500 系列控制器中的 1516-3 PN/DP 配有彩色显示屏，操作方便；CPU 1516-3 PN/DP 有 3 个接口，两个用于 PROFINET，一个用于 PROFIBUS。第一个 PROFINET 接口有两个端口，这两个端口具有相同的 IP 地址，共同形成现场总线级别的接口（开关输入功能）。第二个 PROFINET 接口具有一个带有自身 IP 地址的端口，用于集成到公司网络。第三个接口用于连接到 PROFIBUS 网络。所有 S7-1500 自动化系统的 CPU 都支持跟踪功能，跟踪功能与工艺无关，可用于调试和优化用户程序，尤其适用于运动控制和控制类应用；CPU 1516-3 PN/DP 集成工艺功能，其标准运动控制用于通过 PROFINET IO IRT 和 PROFIdrive 接口编写的具有运动控制功能的 PLC 开放式功能块。该功能支持速率控制轴、定位轴和外部编码器。CPU 1516-3 PN/DP 集成系统诊断，系统诊断将自动生成并持续显示；集成 Web 服务器，CPU 的状态查询与安装的软件无关。图示化的过程变量显示功能和用户自定义的网站便于信息采集；CPU 1516-3 PN/DP 具有专有技术保护功能，包括防复制保护、访问保护、完整性保护。

4.4.2　ET 200SP 远程 I/O

　　作为 ET 200 分布式 I/O 家族的新成员，SIMATIC ET 200SP 是一款面向过程自动化和工厂自动化的创新产品，如图 4-16 所示。ET 200SP 可以帮助用户有效应对提高过程效率和工厂生产力的挑战。ET 200SP 的防护等级为 IP20，支持 PROFINET 和 PROFIBUS，单个模块最多支持 16 通道，各种模块任意组合，运行中可以更换模块（热插拔）。

图 4-16　ET 200SP

SIMATIC ET 200SP 安装于标准 DIN 导轨，一个站点基本配置包括 PROFINET 或 PROFIBUS 的 IM 通信接口模块、I/O 模块、工艺模块及所对应的基座单元。接口模块用于将 SIMATIC ET 200SP 连接到 PROFINET 或者 PROFIBUS 总线。SIMATIC ET 200SP 具有多种 I/O 模块，包括常规输入/输出模块、工艺模块等。ET 200SP 支持 RS 232/RS422/RS485、Modbus RTU、USS、IO-Link、AS-i、CANopen、CAN、DALI 等通信功能。

4.4.3 西门子触摸屏

SIMATIC HMI 面板是用于高效实现设备级交互的 HMI 装置，如图 4-17 所示。当人们必须使用执行各种任务的机械和设备进行作业时，可以考虑使用监视器和操作人员控制设备。

1. 精简面板

精简面板拥有全面的人机界面基本功能，是适用于简易人机界面应用的理想入门级系列面板。精简系列提供了带 4"、7"、9"和 12"宽屏显示器的面板，以及可进行按键及触控组合式操作的面板。精简面板集成一个 RS 485/422 接口或者一个以太网接口，支持西门子控制器（SIMATIC S7-1500、SIMATIC S7-1200、SIMATIC S7-300、SIMATIC S7-400、SIMATIC S7-200(CN)、SIMATIC S7-200 SMART、SIMATIC LOGO!），并且最多连接 4 个控制器（PLC）。

2. 精智面板

精智面板可满足设备级的各种高可视化要求，凭借其优异的功能、性能与多样化的界面显示，成为高端应用的理想之选。精智系列提供了带 4"、7"、9"、12"、15"、19"和 22"宽屏显示器（1600 万色）的面板。精智面板集成 PROFIBUS（MPI/DP）和 PROFINET（以太网）接口，支持西门子控制器（SIMATIC S7-1500、SIMATIC S7-1200、SIMATIC S7-300、SIMATIC S7-400、SIMATIC S7-200 SMART、SIMATIC LOGO!）

精智面板集成高端功能，带有归档、脚本、PDF/Word/Excel 查看器、Internet Explorer、Media Player、Web 服务器，支持配方管理、趋势显示、报警功能，支持 U 盘下载，支持连接特定打印机。精智面板支持硬件实时时钟功能（缓冲时间长达 6 周）。设备发生电源故障时，可确保数据安全和 SIMATIC HMI 存储卡的数据安全；创新的维护和调试方式，可通过第二个 SD 卡进行自动备份。

图 4-17 西门子触摸屏

4.4.4 西门子变频器

SINAMICS G120 系列变频器的设计目标是为交流电机提供经济的高精度的速率/转矩控

制，如图 4-18 所示。SINAMICS G120 是由多种不同功能单元组成的模块化变频器，构成变频器两个必需的主要模块是控制单元和功率单元。控制单元可以通过不同的方式对功率模块和所接的电机进行控制和监控。功率模块可以驱动的电机功率范围为 0.37 kW 到 250 kW（0.5hp 到 400 hp）。高性能的 IGBT 及电机电压脉宽调制技术和可选择的脉宽调制频率的采用，使得电机运行极为灵活可靠，多方面的保护功能可以为功率模块和电机提供更高一级的保护。

图 4-18　G120 系列变频器

G120 系列变频器可以在带电的状态下进行模块更换（热插拔），模块的更换更加简单，维护起来极为方便友好；集成安全保护功能，使得它能更好地应用于有安全保护要求的设备和工厂；提供强大的通信功能，支持 PROFINET 或 PROFIBUS 及 PROFIdrive；方便的 USB 接口使本地调试和故障诊断更加简单；通过 BiCo 技术可以实现多种集成的功能；可以通过通用工具 SIZER、STARTER 和 Drive ES 进行工程设置和调试，保证了组态的简单性和调试的便利性。

4.4.5　西门子伺服驱动器

SINAMICS S210 伺服驱动系统（见图 4-19）配合上位控制器中的工艺功能，可以解决多种多样的驱动任务，从连续运行、定位、同步到多轴协调运行，再到凸轮盘、插补等。

图 4-19　S210 伺服驱动系统

SINAMICS S210 驱动器集成了一个 PROFINET 通信接口，用于连接到上位控制器。驱动器和上位控制器之间的数据交换采用标准协议；定位运行采用 PROFIdrive 协议；安全通信采用 PROFIsafe 协议。总线通信可使采用 SIMATIC S7 自动化系统控制驱动的方案发挥最佳效果。驱动轴通过"工艺对象"或者"运动控制模块"集成到 SIMATIC S7 或 SIMOTION 控制器中。SINAMICS S210 的使用方式灵活多变，且用途广泛。该系列驱动器配备 SINAMICS S-1FK2 系列同步伺服电机，以驱动回转轴或直线轴。

4.5　西门子工业自动化软件

4.5.1　博途软件

TIA Portal 的项目视图如图 4-20 所示，除常用的菜单栏、工具栏外，项目视图主要包含项目树、详细视图、工作区、巡视窗口和任务卡等区域。

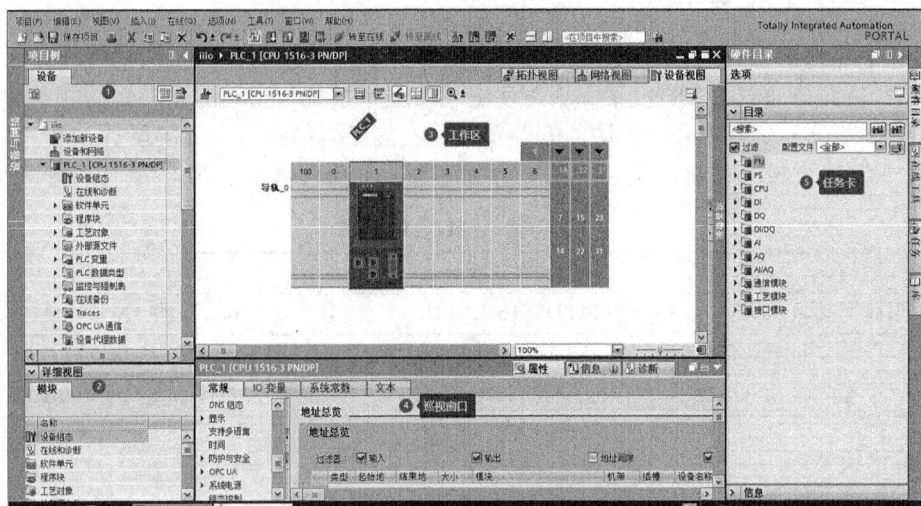

图 4-20　TIA Portal 的项目视图

1. 项目树

项目树可以用来访问所有的设备和项目数据，添加新的设备，编辑已有的设备，打开处理项目数据的编辑器。

项目中的各组成部分在项目树中以树形结构显示，分为 4 个层次：项目、设备、文件夹和对象。项目树的使用方式与 Windows 的资源管理器很相似。文件夹作为每个编辑器的子元件，以结构化的方式保存对象。

2. 详细视图

项目树窗口下的区域是详细视图，详细视图中显示总览窗口或项目树中所选对象的特定内容，其中包含文本列表或变量。

3. 工作区

工作区用来显示打开的对象，例如编辑器、视图和表格等。在工作区中可以打开多个对象，但每次在工作区中只能看到其中的一个对象。

4. 巡视窗口

巡视窗口用来显示对象或所执行操作的附加信息等。巡视窗口有 3 个选项卡：属性、信息和诊断。

属性：显示所选对象的属性，可以更改可编辑的属性。

信息：显示有关所选对象的附加信息及执行操作时发出的报警。

诊断：提供有关系统诊断事件、已组态消息事件及连接诊断的信息。

5. 任务卡

根据所编辑对象或所选对象，任务卡提供了用于执行附加操作的任务卡。这些操作如下所述。

（1）从库中或者从硬件目录中选择对象。

（2）在项目中搜索和替换对象。

（3）将预定义的对象拖曳到工作区。

4.5.2 博途软件基本组态

设备组态的任务就是在设备视图和网络视图中生成各种设备和网络，并将设备联网，将模块插入 PLC 和分布式 I/O 的机架，从而使生成的虚拟系统与实际的硬件系统相对应，各种模块的型号、订货号、版本号、模块的安装位置、通信连接都应与实际的硬件系统完全相同。

现有一个 PLC 控制系统，其包含的元件如表 4-8 所示，将这个 PLC 控制系统组态。

表 4-8　　　　　　　　　　　　　　　PLC 控制系统包含的元件

序 号	名 称	规格、型号	订 货 号
1	CPU 单元	CPU1516-3PN/DP	6ES7516-3AN01-0AB0
2	数字量输入模块	DI 32x24VDC HF	6ES7521-1BL00-0AB0
3	数字量输出模块	DQ 32x24VDC/0.5A ST	6ES7522-1BL00-0AB0

1. 新建项目

单击"创建新项目"，设置项目名称、存储路径等信息，单击"创建"按钮，单击左下角的"项目视图"，如图 4-21 所示。

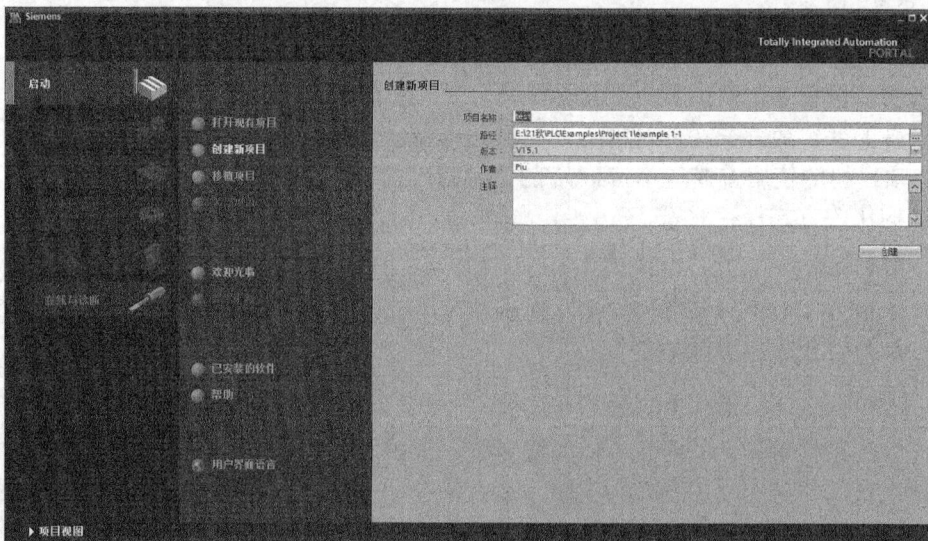

图 4-21　新建项目

2. 添加新设备

在图 4-22 中，双击项目树中的"添加新设备"，弹出图 4-23 所示的"添加新设备"对话框，选中要添加的 CPU 1516-3 PN/DP（6ES7 516-3AN01-0AB0），单击"确定"按钮。

图 4-22　添加新设备

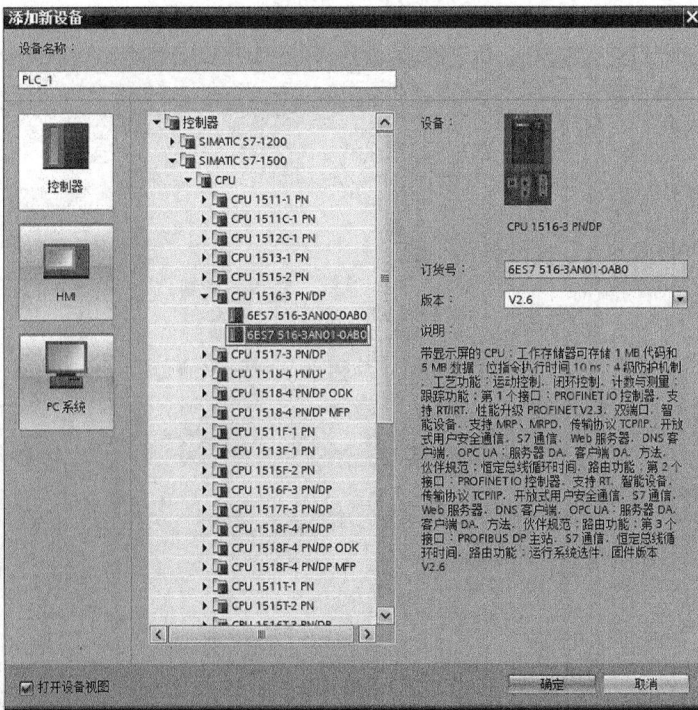

图 4-23　添加 CPU 模块

选中项目树中的"设备组态"，展开右侧的"硬件目录"，将 DI 32x24VDC HF（6ES7 521-1BL00-0AB0）拖曳到 2 号槽位，如图 4-24 所示。用同样的方法将 DQ 32x24VDC/0.5A ST（6ES7 522-1BL00-0AB0）拖曳到 3 号槽位，如图 4-25 所示。

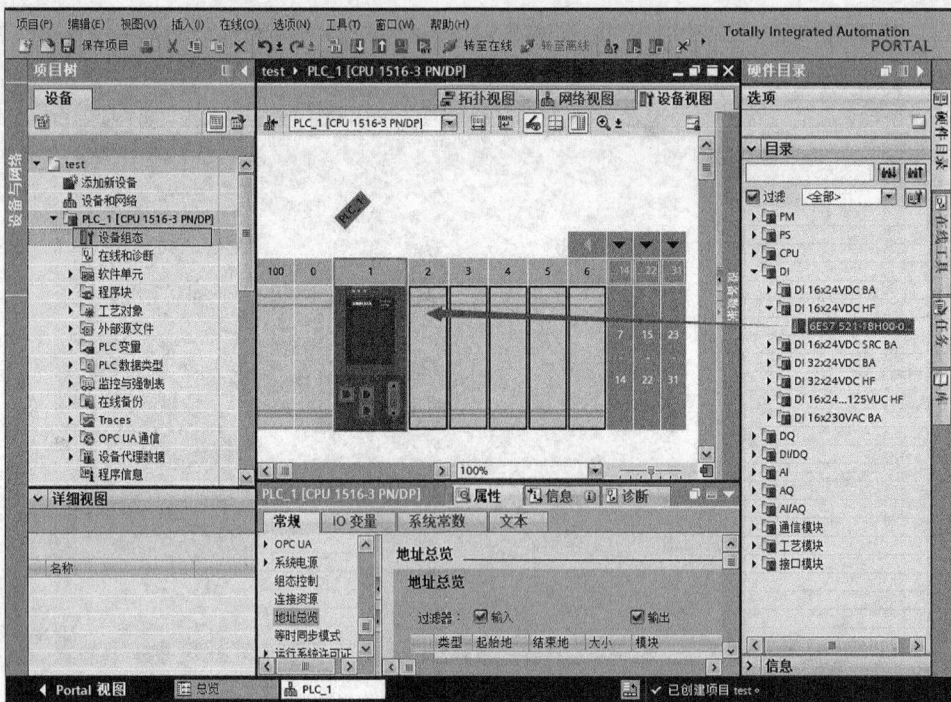

图 4-24　添加 DI 模块

图 4-25　添加 DQ 模块

3. 编写程序

在项目树中，展开"程序块"，双击"Main[OB1]"，编辑梯形图程序，如图 4-26 所示。

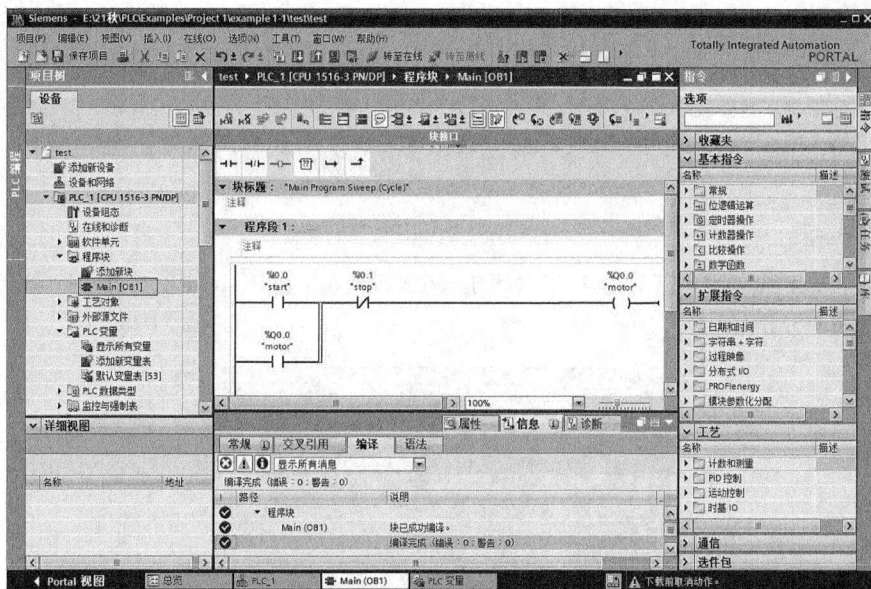

图 4-26 编辑梯形图程序

4. 下载项目

在工具栏中，单击"下载到设备"按钮 ，弹出图 4-27 所示的"扩展下载到设备"对话框，"PG/PC 接口的类型"选择"PN/IE"，"PG/PC 接口"选择计算机的网卡，单击"开始搜索"按钮，找到硬件设备，单击"下载"按钮。

图 4-27 下载项目

4.6 PROFIBUS-DP 控制网络系统组态

PROFIBUS-DP
网络组态

4.6.1 PLC 与远程 I/O PROFIBUS-DP 通信

控制要求：用 S7-1500 PLC 作为主站，分布式模块作为从站，通过 PROFIBUS-DP 现场总线通信，实现数据传输，编程实现由从站启停按钮控制从站指示灯。

1. 硬件组态

新建项目，PLC 选择 CPU 1516-3PN/DP（6ES7 516-3AN01-0AB0），如图 4-28 所示，该控制器集成 PROFIBUS-DP 功能。

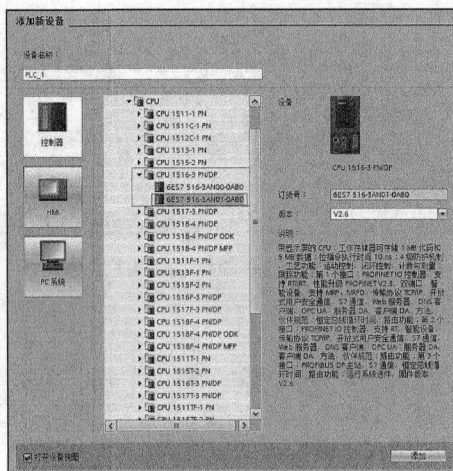

图 4-28　控制器选型

在"网络视图"选项卡中，把"硬件目录"中的"IM 155-6 DP HF"拖曳到工作区，如图 4-29 所示。双击"IM 155-6 DP"进入"设备视图"，将 SM 131（6ES7 131-6BF00-0CA0）、SM 132（6ES7 132-6BF00-0CA0）分别拖曳到相应的槽位，如图 4-30 所示。

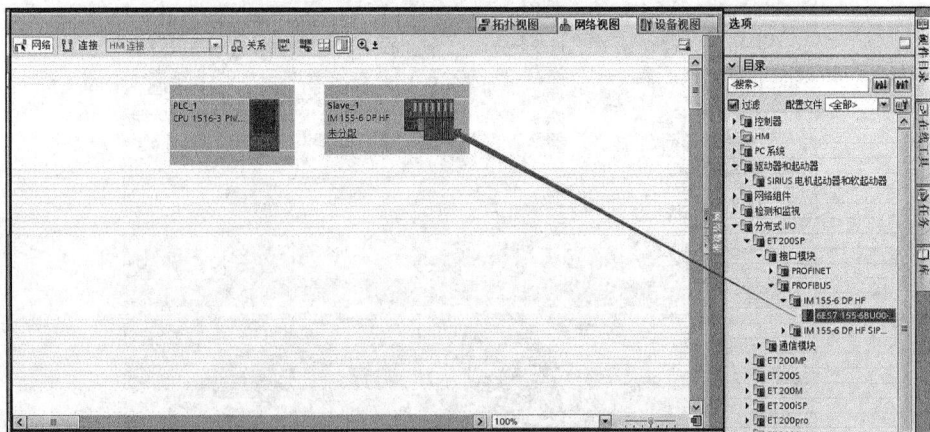

图 4-29　分布式模块硬件组态

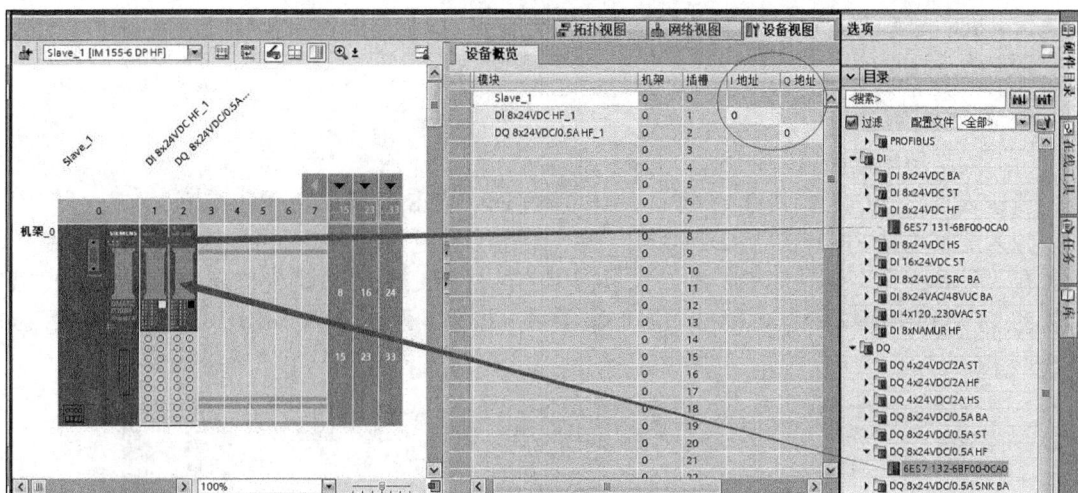

图 4-30　远程 I/O 组态

2. PROFIBUS 网络配置

在图 4-31 所示的"网络视图"选项卡中，选中 CPU 1516-3 PN/DP 的 PROFIBUS 接口，用鼠标将其拖曳到 IM 155-6 DP 模块的 PROFIBUS 接口处，分别在两个模块的"属性"中设置地址等信息。

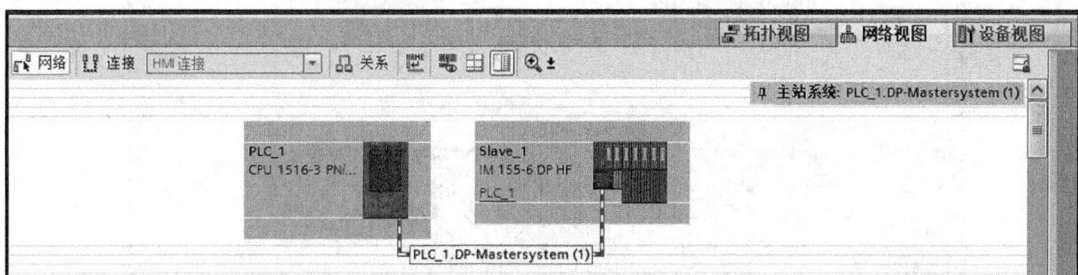

图 4-31　PROFIBUS 网络图

3. 编写 PLC 梯形图程序

编写 PLC 梯形图程序，如图 4-32 所示，实现由从站启停按钮控制从站指示灯的控制要求，分布式从站不需要编写梯形图程序。

图 4-32　分布式 I/O 模块 PROFIBUS 通信梯形图程序

4.6.2　PLC 与变频器 PROFIBUS-DP 通信

控制要求：用一台 S7-1500 PLC 对变频器 G120 拖动的电动机进行 PROFIBUS-DP 无级

调速。电机的功率为 0.75kW，额定转速为 1440r/min，额定电压为 380V，额定电流为 2.05A，额定频率为 50.00Hz。

1. 硬件组态

（1）主站控制器配置

新建项目，PLC 控制器选择 CPU 1516-3 PN/DP（6ES7 516-3AN01-0AB0）。

（2）配置主站 PROFIBUS-DP 参数

在"设备视图"选项卡中，选中设备右下方的"DP 接口"，选中"属性"，再选中"常规"的"PROFIBUS 地址"，单击"添加新子网"按钮，弹出"PROFIBUS 地址"参数，如图 4-33 所示。

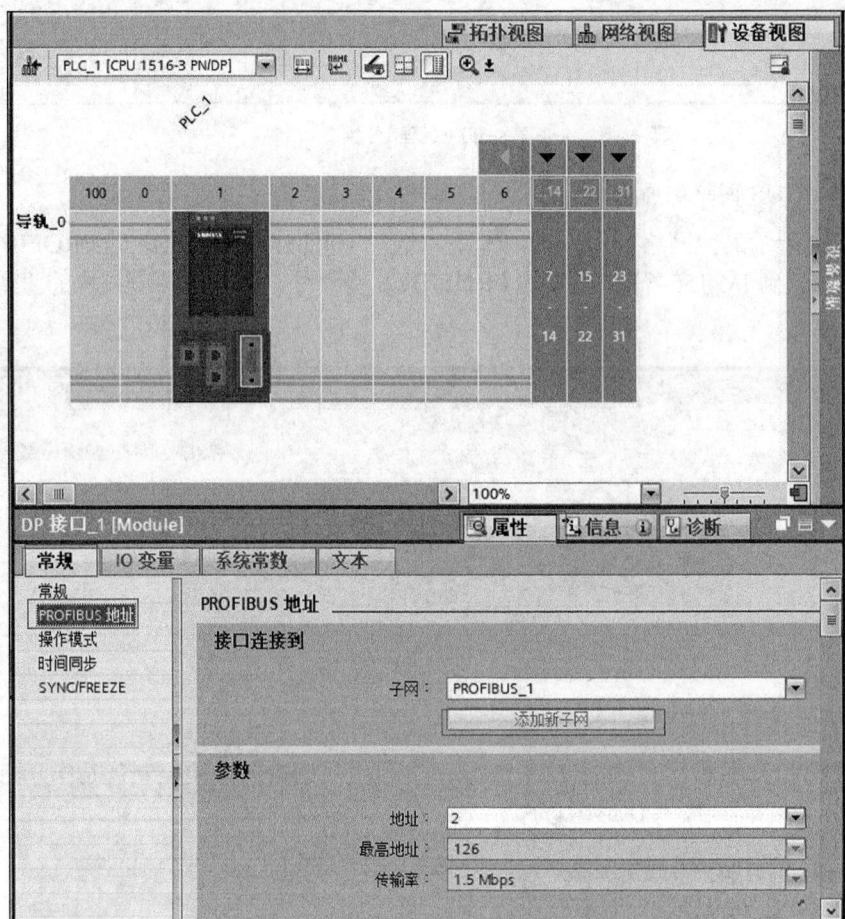

图 4-33　配置主站 PROFIBUS-DP 参数

（3）从站硬件配置

在"网络视图"选项卡中，将"硬件目录"中的"SINAMICS G120C DP (F) V4.7"拖曳到图的空白处，效果如图 4-34 所示。

（4）PROFIBUS 网络配置

在"网络视图"选项卡中，选中主站的 PROFIBUS 接口，用鼠标将其拖曳到 G120C 模块的 PROFIBUS 接口处，如图 4-35 所示。

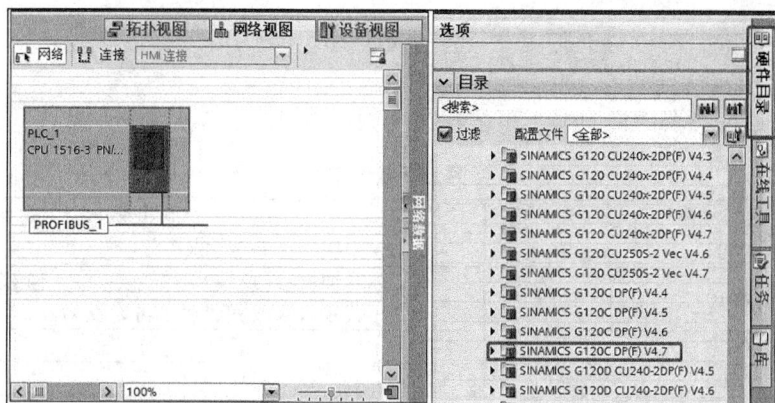

图 4-34　从站硬件配置

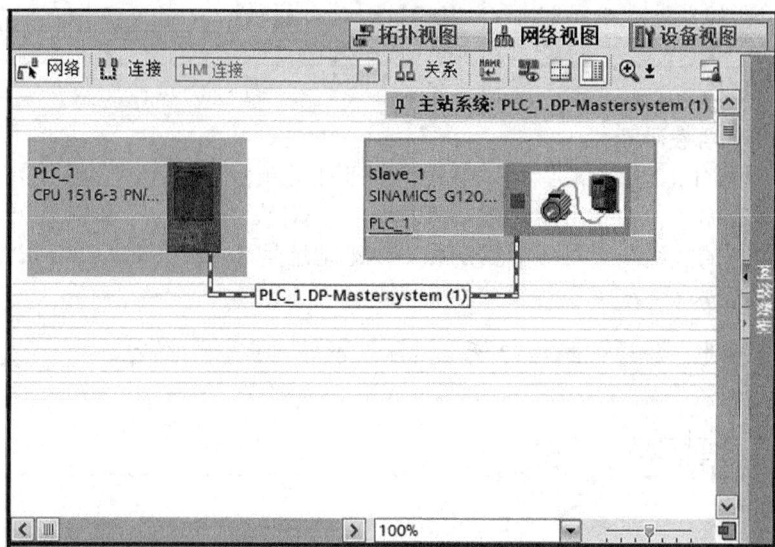

图 4-35　PROFIBUS 网络配置

（5）配置通信报文

选中并双击"G120C"，切换到 G120C 的"设备视图"选项卡，在右侧的"硬件目录"中选中"SIEMENS telegram 352，PZD 6/6"，如图 4-36 所示。

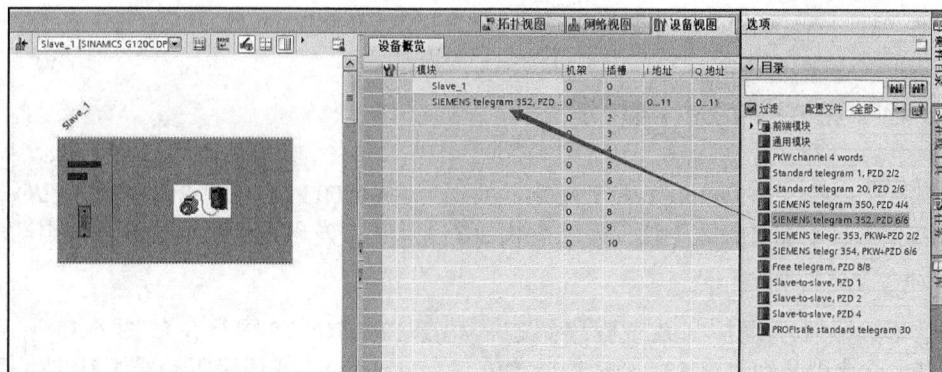

图 4-36　配置通信报文

2. 设置变频器

（1）设置变频器参数

查阅 G120C 变频器的说明书，再依次在变频器中设定表 4-9 中的参数。

表 4-9　　　　　　　　　　　　　变频器参数设定表

序号	变频器参数	设 定 值	单位	功能说明
1	p0003	3	-	权限级别，3 是专家等级
2	p0010	1/0	—	驱动调试参数筛选。先设置为 1，当 p0015 和电动机相关参数修改完成后，再设置为 0。
3	p0015	4	—	—
4	p0304	380	V	电动机额定电压
5	p0305	2.05	A	电动机额定电流
6	p0307	0.75	kW	电动机额定功率
7	p0310	50.00	Hz	电动机额定频率
8	p0311	1440	r/min	电动机额定转速
9	p0918	3	—	DP 地址

（2）设置变频器拨码开关

G120C 变频器 PROFIBUS 站地址的设定需要在变频器上设置，变频器上有一组拨码开关，每一个开关有 ON 和 OFF 两个状态，每一个开关对应 "8-4-2-1" 码的数据，站地址等于所有处于 ON 位置的拨码开关对应数据的和。本地地址是 3，所以将 1 和 2 拨到 ON 状态。

3. 编写 PLC 梯形图程序

PLC 主站的梯形图程序如图 4-37 所示，从站不需要编写程序。

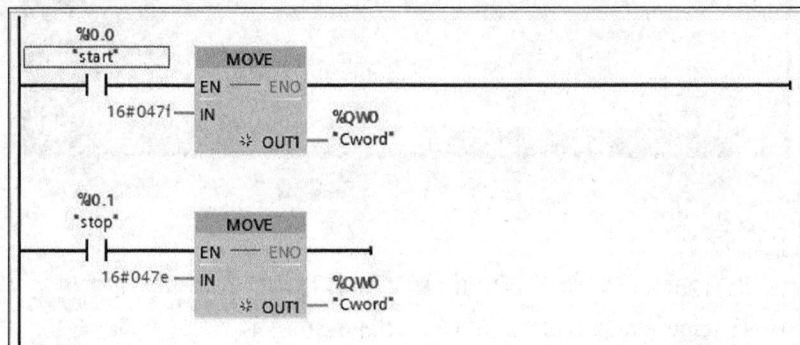

图 4-37　变频器控制 PROFIBUS 通信梯形图程序

4.7　PROFINET 控制网络系统组态

控制要求：通过 PROFINET 控制网络，实现用 S7-1500 PLC、ET 200SP 远程 I/O 模块、3 台 S210 伺服驱动器进行数据通信，实现由远程 I/O 模块发出命令远程控制伺服电动机。

1. 硬件组态

通过博途软件实现控制系统网络组态，构建 PROFINET 网络，如图 4-38 所示。在 PROFINET 网络中分别设置 S7-1516-3 PN/DP、ET 200SP、S210 伺服驱动器的 IP 地址和设备名称。

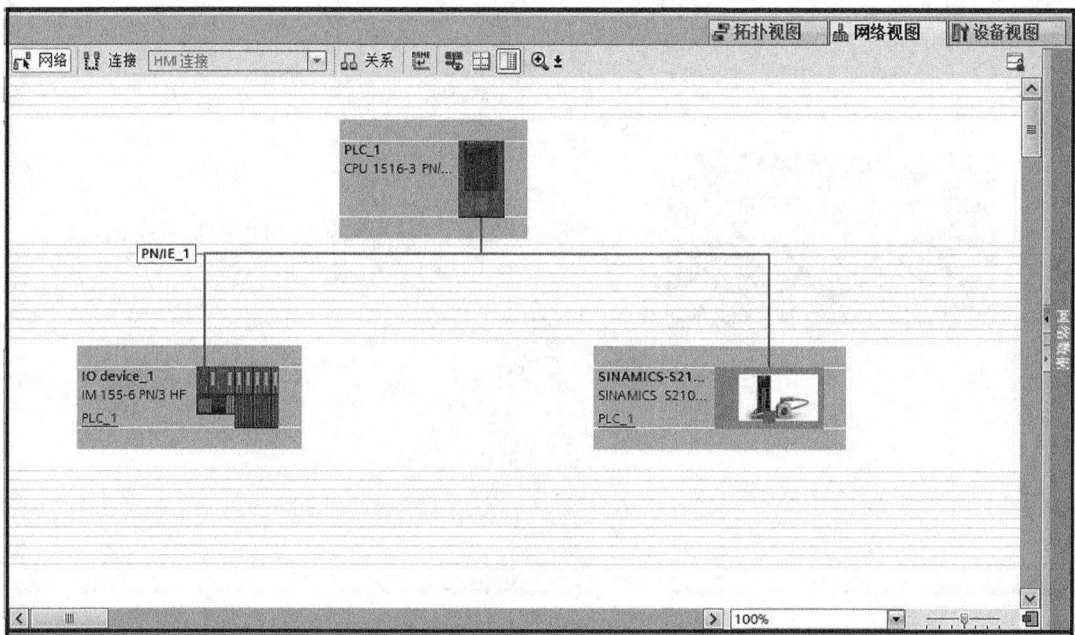

图 4-38　网络组态

　　ET 200SP 远程 I/O 模块硬件组态如图 4-39 所示，ET 200SP 由一个接口模块 IM 155-6 PN、两个数字量输入模块 DI 8×24VDC HF、两个数字量输出 DQ 8×24VDC/0.5A HF 组成。

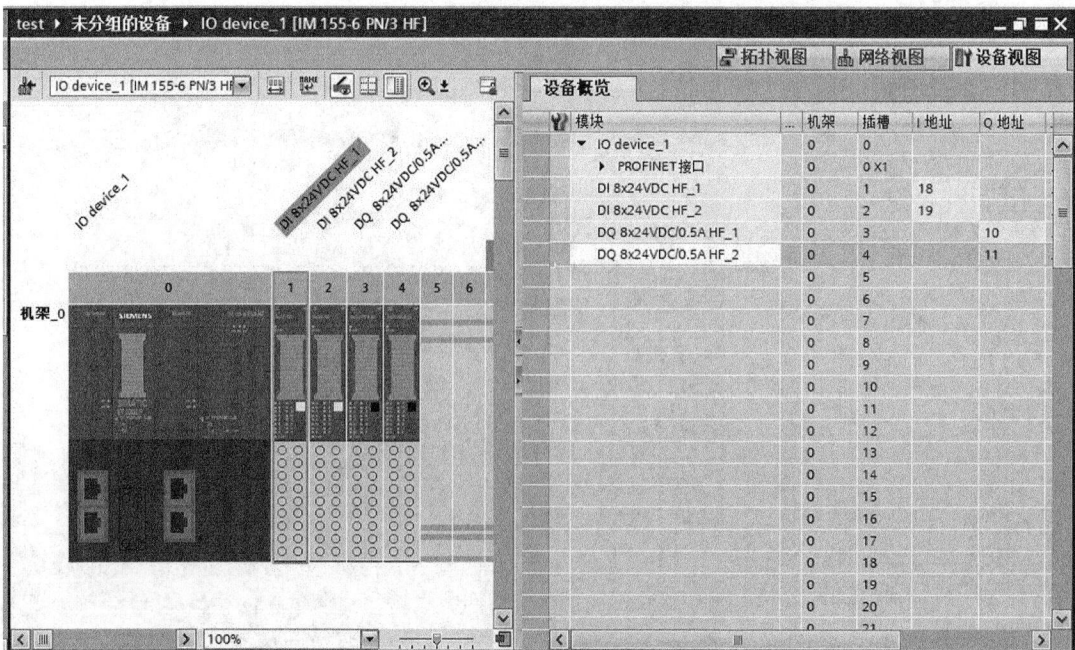

图 4-39　ET 200SP 远程 I/O 模块硬件组态

　　S210 伺服驱动器硬件组态如图 4-40 所示，S210 伺服驱动器选用标准报文 3。

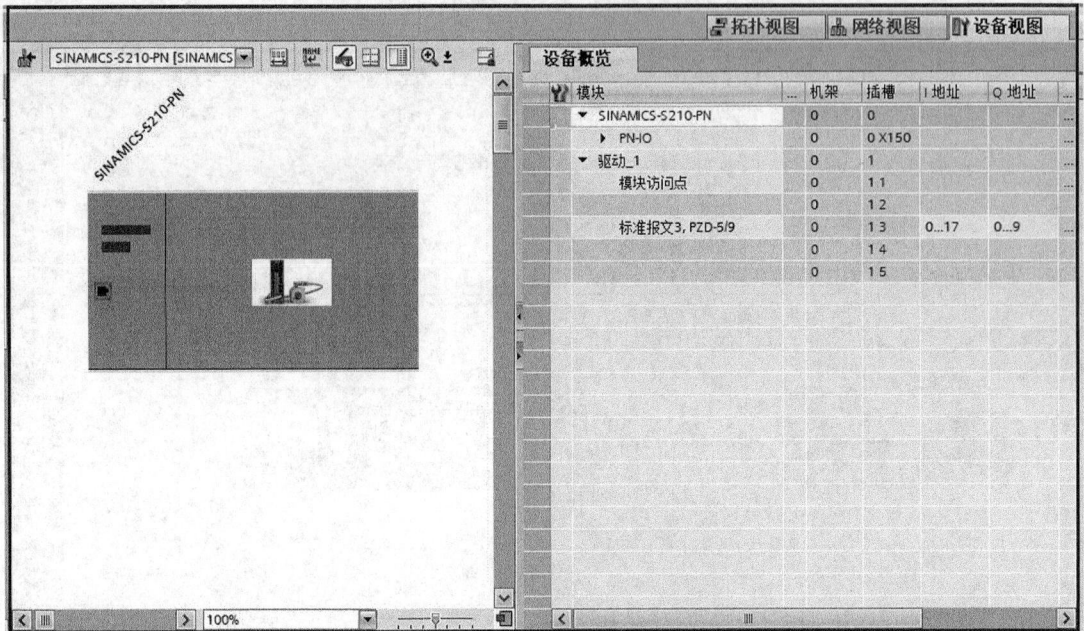

图 4-40　S210 伺服驱动器硬件组态

2. 工艺对象组态

在博途软件 PLC 项目下，新增工艺对象并组态工艺对象，如图 4-41 所示，主要将轴类型设置为旋转型、驱动装置设置为报文 3，与驱动装置/编码器数据交换设置为自动形式，设置原点、正/负向限位等参数。

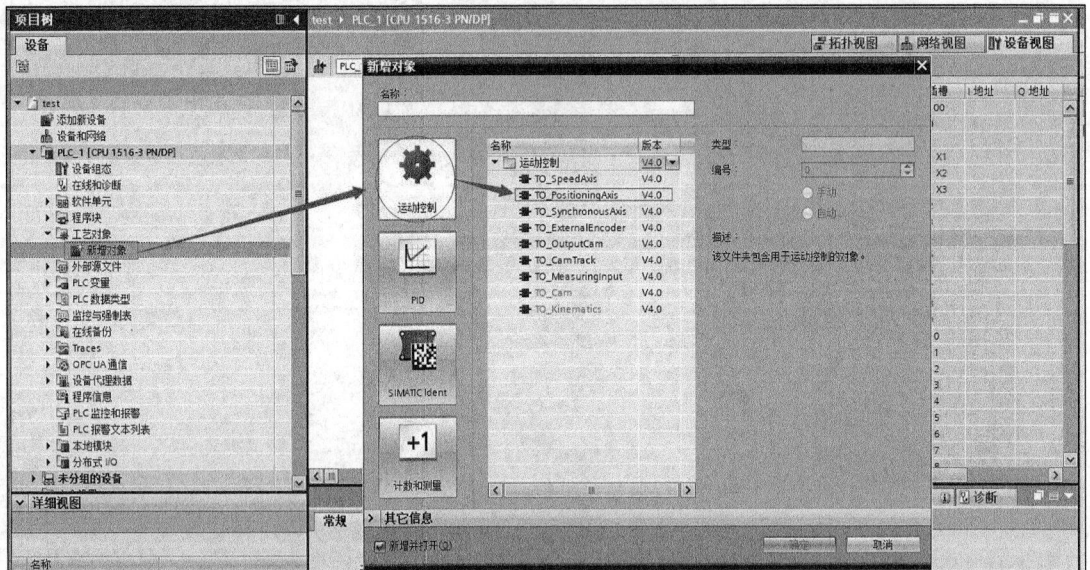

图 4-41　新增工艺对象

3. 编写 PLC 梯形图程序

根据控制要求编写 PLC 梯形图程序，如图 4-42 所示，程序基本功能分析如下。

（1）I18.0 实现 ET 200SP 模块远程控制 S210 伺服驱动器使能。

（2）I18.1 实现 ET 200SP 模块控制 S210 伺服驱动器复位报警。

（3）I18.2 实现 ET 200SP 模块控制 S210 伺服驱动器暂停。

（4）I18.3 实现 ET 200SP 模块控制 S210 伺服驱动器回原点。

（5）I18.4 实现 ET 200SP 模块控制 S210 伺服驱动器绝对定位控制，MD100 参数设定伺服电动机转速，MD104 参数设定伺服电动机绝对位置，MD108 参数设定伺服电动机运转方向。

（6）I18.5 实现 ET 200SP 模块控制 S210 伺服驱动器相对定位控制，MD100 参数设定伺服电动机转速，MD104 参数设定伺服电动机相对位置。

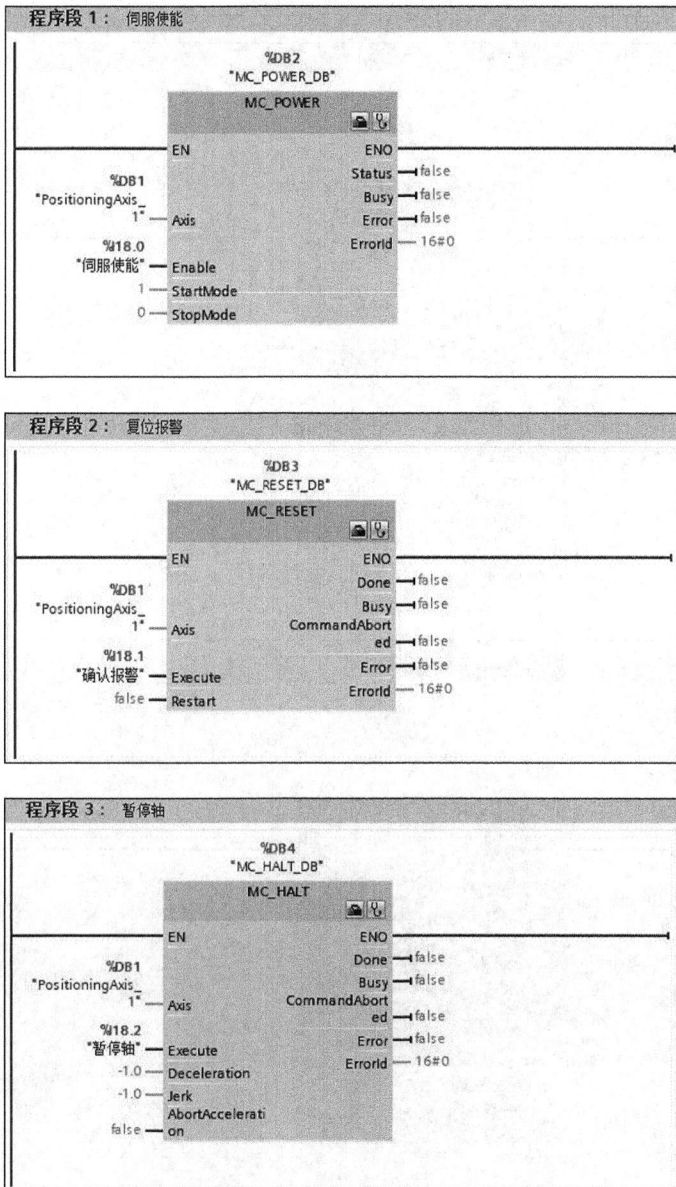

图 4-42 PROFINET 通信梯形图程序

程序段 4： 回原点

```
                              %DB5
                           "MC_HOME_DB"
                             MC_HOME
                                        🔒🖊
        ─────── EN                            ENO ───────
        %DB1                          ReferenceMarkP
   "PositioningAxis_                      osition ─── 0.0
         1" ─── Axis                        Done ─┤false
        %I18.3                              Busy ─┤false
   "启动回原点" ─── Execute           CommandAbort
        0.0 ─── Position                      ed ─┤false
          0 ─── Mode                        Error ─┤false
                                          ErrorId ─── 16#0
```

程序段 5： 绝对定位控制

```
                             %DB6
                            "MC_
                          MOVEABSOLUTE_
                             DB"
                          MC_MOVEABSOLUTE
                                        🔒🖊
        ─────── EN                            ENO ───────
        %DB1                               Done ─┤false
   "PositioningAxis_                       Busy ─┤false
         1" ─── Axis                 CommandAbort
        %I18.4                               ed ─┤false
   "启动绝对控制" ─── Execute              Error ─┤false
        %MD104                           ErrorId ─── 16#0
   "位置设置" ─── Position
        %MD100
   "速度设置" ─── Velocity
        -1.0 ─── Acceleration
        -1.0 ─── Deceleration
        -1.0 ─── Jerk
        %MD108
   "方向控制" ─── Direction
```

程序段 6： 相对定位控制

```
                             %DB7
                            "MC_
                          MOVERELATIVE_
                             DB"
                          MC_MOVERELATIVE
                                        🔒🖊
        ─────── EN                            ENO ───────
        %DB1                               Done ─┤false
   "PositioningAxis_                       Busy ─┤false
         1" ─── Axis                 CommandAbort
        %I18.5                               ed ─┤false
   "启动相对控制" ─── Execute              Error ─┤false
        %MD104                           ErrorId ─── 16#0
   "位置设置" ─── Distance
        %MD100
   "速度设置" ─── Velocity
        -1.0 ─── Acceleration
        -1.0 ─── Deceleration
        -1.0 ─── Jerk
```

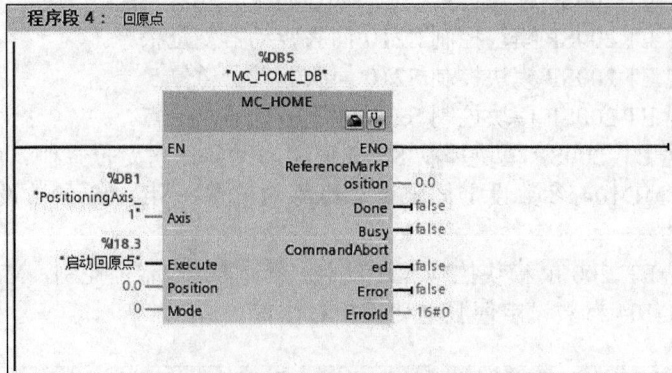

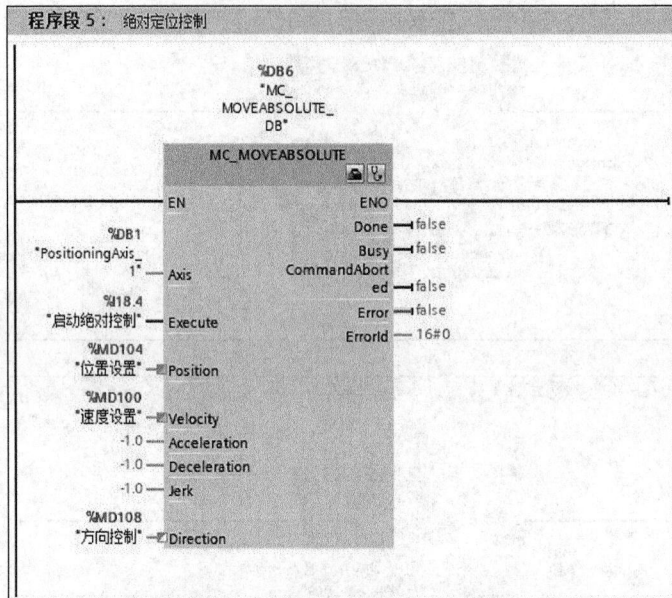

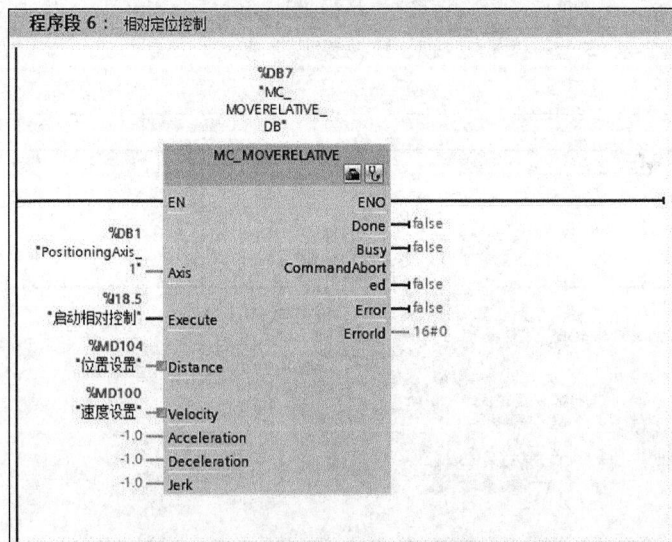

图 4-42　PROFINET 通信梯形图程序（续）

实验 2　PROFIBUS 控制网络系统设计

1. 实验目的

① 了解 PROFIBUS-DP 设备。

② 理解 PROFIBUS-DP 主从网络的主要功能。

③ 掌握 G120C 变频器接线和功能设置方法。

④ 掌握远程 I/O 配置方法。

⑤ 理解基于 PROFIBUS-DP 的 PLC 梯形图编程方法。

2. 控制要求

组建 PROFIBUS-DP 网络，实现远程 I/O 模块与 PLC 主机的连接，控制变频器拖动一台三相异步电动机的启动和停止功能，并将指示灯用于状态显示。

3. 实验设备

① 西门子 S7-1500 PLC。

② 西门子 ET 200SP IM155-6 DP、SM131 和 SM132 模块。

③ 西门子 G120C 变频器。

④ 装有 TIA Portal 的个人计算机。

⑤ 通信电缆。

⑥ 按钮、指示灯、导线若干。

⑦ 接触器、三相异步电动机。

实验 3　PROFINET 控制网络系统设计

1. 实验目的

① 了解 PROFINET 设备。

② 理解 PROFINET 主从网络的主要功能。

③ 掌握 G120 变频器接线和功能设置方法。

④ 掌握远程 I/O 配置方法。

⑤ 理解基于 PROFINET 的 PLC 梯形图编程方法。

2. 控制要求

组建 PROFINET 网络，实现远程 I/O 模块与 PLC 主机的连接，控制变频器拖动一台三相异步电动机的启动和停止功能，并将指示灯用于状态显示。

3. 实验设备

① 西门子 S7-1500 PLC。

② 西门子 ET 200SP IM 155-6 PN、SM131 和 SM132 模块。

③ 西门子 G120 变频器。

④ 装有 TIA Portal 的个人计算机。

⑤ 通信电缆。

⑥ 按钮、指示灯、导线若干。

⑦ 接触器、三相异步电动机。

习题

1. PROFIBUS 由哪 3 部分组成？
2. PROFIBUS-DP 总线的特点是什么？
3. PROFIBUS-DP 主要的传输介质是什么？
4. PROFIBUS-DP 的拓扑结构有哪几种类型？
5. PROFIBUS-DP 最大通信速率和传输距离是多少？
6. PROFIBUS-DP 系统的组成部分有哪些？
7. PROFIBUS-DP 帧按格式分类有哪些？
8. 西门子常用的 PROFIBUS-DPS 设备有哪些？
9. PROFINET 的主要技术特点有哪些？
10. PROFINET 通信模式有哪些？

第 5 章 CAN 总线

控制器局域网（Controller Area Network，CAN）是 1983 年德国 Bosch 公司为解决众多测量控制部件之间的数据交换问题而开发的一种串行数据通信总线。1986 年，德国 Bosch 公司在汽车工程人员协会大会上提出了新总线系统，该系统被称为汽车串行控制器局域网。1993 年，ISO 正式将 CAN 总线颁布为道路交通运输工具—数据报文交换—高速报文控制器局域网标准（ISO 11898），为 CAN 总线标准化和规范化铺平了道路。CAN 总线的发展历程如表 5-1 所示。

表 5-1   CAN 总线的发展历程

时间	事件
1983 年	CAN 总线始于德国 Bosch 公司开发的一种串行数据通信总线
1986 年	CAN 总线协议被公开发表
1987 年	第一枚 CAN 总线控制器由 Intel 公司生产
1991 年	Bosch 公司发布 CAN 2.0 规范。Kvaser 公司定义了基于 CAN 总线的应用层协议 CAN kingdom
1992 年	CAN 用户和制造商集团协会 CiA（CAN in Automation）成立并发布 CAN 总线的应用层协议（CAL）。奔驰公司生产第一辆使用 CAN 总线网络的轿车
1993 年	发布道路交通运输工具—数据报文交换—高速报文控制器局域网标准（ISO11898）
1994 年	美国 AB 公司开发了基于 CAN 总线的 DeviceNet 现场总线
1995 年	CiA 发布基于 CAN 总线的 CANopen 现场总线
2000 年	Bosch 公司开发了时间触发的 CAN 总线标准 TTCAN

CAN 总线在汽车电子系统中得到了广泛应用，已成为世界汽车制造业的主体行业标准，代表着汽车电子控制网络的主流发展趋势。因 CAN 总线具有卓越的性能、极高的可靠性、独特灵活的设计和低廉的价格，现已广泛应用于工业现场控制、机器人、医疗仪器及环境监控等众多领域。

5.1 CAN 总线的特点

与其他同类通信技术相比，CAN 总线具有突出的可靠性、实时性和灵活性等技术优势，其主要特点如下所述。

CAN 总线特点

① CAN 总线是到本书编写为止唯一有国际标准的现场总线。

② CAN 总线以多主方式工作，本质上是一种载波监听多路访问（CSMA）方式，总线

上任意一个节点均可以主动地向网上其他节点发送报文，而不分主从。

③ CAN 总线废除了传统的站地址编码，采用报文标识符对通信数据进行编码。

④ CAN 总线通过对报文标识符过滤即可实现点对点传送、一点对多点传送和全局广播等多种数据传送方式。

⑤ CAN 总线采用非破坏性总线仲裁（Nondestructive Bus Arbitration，NBA）技术，按优先级发送，可以极大减少总线冲突仲裁时间，在重通信负载时能够表现出良好的性能。

⑥ CAN 总线直接通信距离最远可达 10km（通信速率在 5kbit/s 以下），通信速率最高可达 1Mbit/s（最远通信距离为 40m）。

⑦ CAN 总线上的节点数主要取决于总线驱动电路，目前可达 110 个。

⑧ CAN 总线采用短帧结构，传输时间短，受干扰的概率低，保证了通信的低出错率。

⑨ CAN 总线每帧都有 CRC 校验及其他检错措施，保证了通信的高可靠性。

⑩ CAN 节点在错误严重的情况下具有自动关闭的功能，以使总线上其他节点的操作不受影响。

⑪ CAN 总线通信介质可灵活采用双绞线、同轴电缆或光纤。

⑫ CAN 总线具有较高的性价比。CAN 节点结构简单，器件容易购置，每个节点的价格较低，而且开发技术容易掌握。

5.2 CAN 总线的通信模型

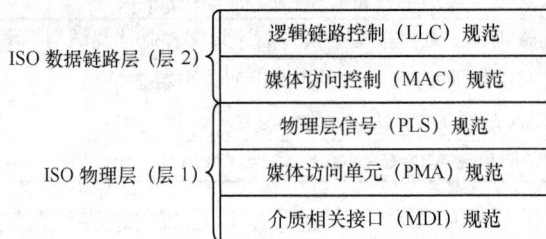

1991 年，Bosch 公司发布 CAN 2.0 规范。CAN 2.0 规范分为 CAN 2.0A 与 CAN 2.0B，CAN 2.0A 支持标准的 11 位标识符，CAN 2.0B 同时支持标准的 11 位标识符和扩展的 29 位标识符。CAN 2.0 规范的目的是在任何两个基于 CAN 总线的仪器之间建立兼容性，CAN 2.0B 规范完全兼容 CAN 2.0A 规范。CAN 总线通信模型如图 5-1 所示，遵从 ISO/OSI 参考模型中的物理层、数据链路层规范。实际应用 CAN 总线时，用户可以根据需要实现应用层的功能。

图 5-1　CAN 总线通信模型

5.2.1 CAN 总线的物理层

CAN 总线的物理层包括物理层信号（PLS）规范、媒体访问单元（PMA）规范和介质相关接口（MDI）规范 3 部分，主要完成电气连接、驱动器/接收节点特性、位定时、同步及位编码/解码的描述。

1. CAN 总线的位编码

CAN 位流根据"不归零"（NRZ）方式来编码。CAN 总线的数值为两种互补逻辑数值——"显性"（Dominant）或"隐性"（Recessive），"显性"数值表示逻辑 0，而"隐性"数值表示逻辑 1。当总线上两个不同的节点在同一位时间分别传送显性和隐性位时，总线上呈现显性位，即显性位覆盖了隐性位。

2. CAN 总线的位数值表示

CAN 总线可以使用多种通信介质，例如双绞线、同轴电缆和光纤等，最常用的就是双绞线。采用双绞线时，信号使用差分电压（V_{diff}）传送，两条信号线被称为 CAN_H 和 CAN_L，CAN 总线的位数值表示如图 5-2 所示。传送隐性位时，总线上差分电压近似为 0V；传送显性位时，总线上差分电压近似为 2V。

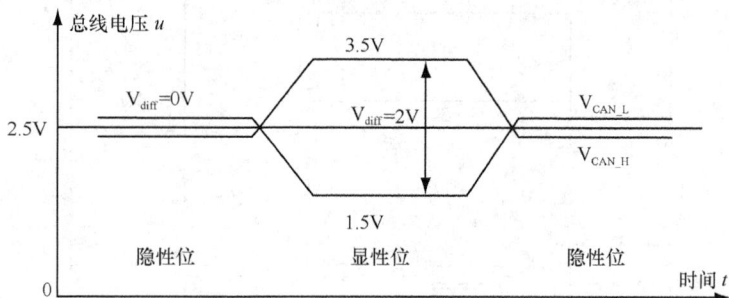

图 5-2　CAN 总线的位数值表示

3. 最大传输距离与通信速率

CAN 总线上任意两节点之间的最大传输距离与其通信速率的关系如图 5-3 所示。不同的系统，通信速率不同，但在确定的系统里，通信速率是唯一且固定的。

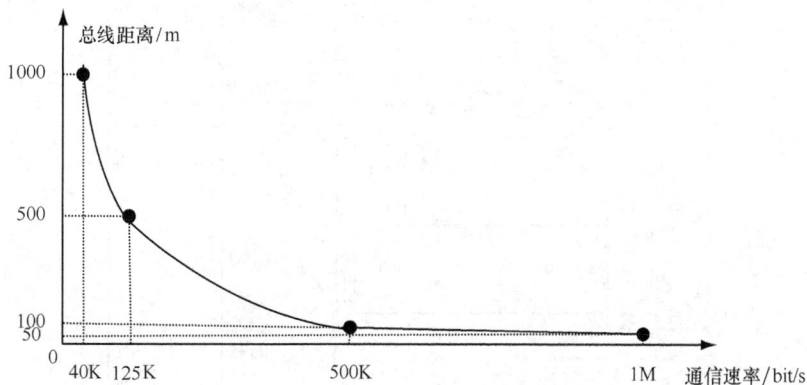

图 5-3　通信速率和最大传输距离

4. CAN 总线与节点的电气连接

CAN 总线技术规范中没有规定物理层的驱动器/接收器特性，允许用户根据具体应用规定相应的发送驱动能力。CAN 总线技术规范中对通信介质未做规定，所以 CAN 总线通信介质可以选择双绞线、同轴电缆、光纤，甚至可以是无线网络（CDMA、GPRS、蓝牙等）。一般来说，在一个总线段内，要实现不同节点间的数据传输，所有节点的物理层应该是相同的。

在国际标准 ISO 11898 中，对基于双绞线的 CAN 系统建议了图 5-4 所示的电气连接。为了抑制信号在端点的反射，CAN 总线要求在两个端点上安装两个 120Ω 的终端电阻。CAN 总线的驱动可采用单线上拉、单线下拉和双线驱动。如果所有节点的晶体管均处于关断状态，则 CAN 总线上呈现隐性状态。如果 CAN 总线上至少有一个节点发送端的那对晶体管导通，产生的电流流过终端电阻，在 CAN_H 和 CAN_L 两条线之间产生差分电压，总线上就呈现出显性状态。CAN 总线上的信号接收采用差分比较器来读取差分电压值。

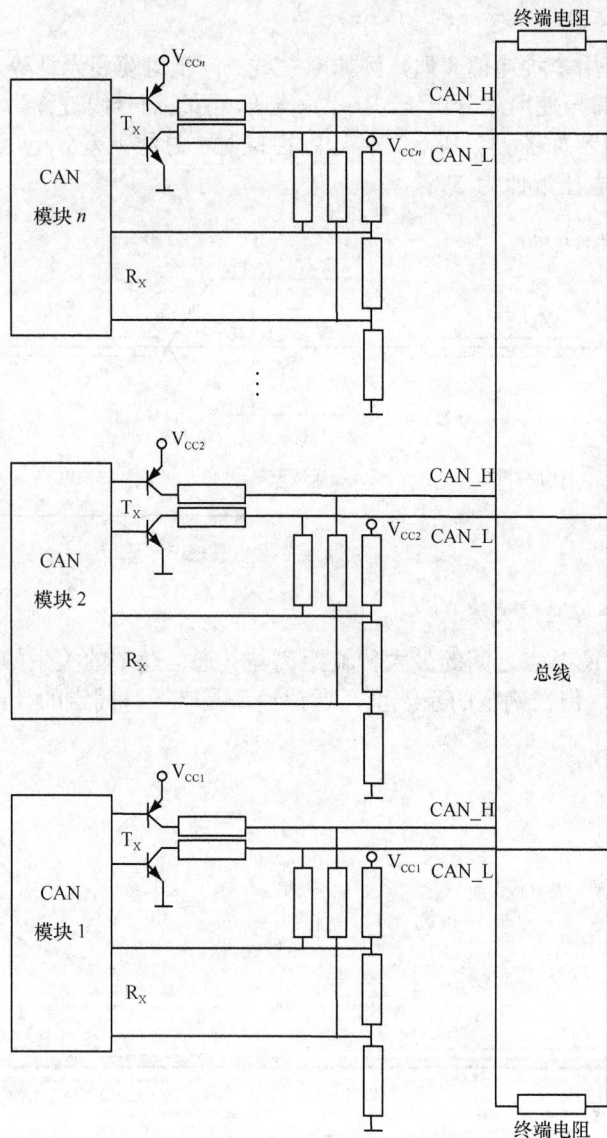

图 5-4　基于双绞线的 CAN 系统的电气连接

5. 位时间

理想发送节点在没有重同步的情况下每秒发送的位数量定义为标称位速率（Nominal Bit Rate）。标称位时间（Nominal Bit Time）被定义为标称位速率的倒数，即标称位时间 = 1/标称位速率。

位时间指的是 CAN 总线通信时一位数据持续的时间。CAN 总线工作时标称位速率是不变的，那么标称位时间也保持不变，即要求每个位在总线上的时间保持一致。

CAN 总线的标称位时间可划分为不重叠的时间段，包括同步段（SYNC_SEG）、传播段（PROP_SEG）、相位缓冲段 1（PSEG1）和相位缓冲段 2（PSEG2），如图 5-5 所示。

采样点

同步段	传播段	相位缓冲段 1	相位缓冲段 2

标称位时间

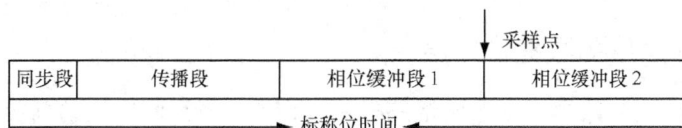

图 5-5 位时间结构

（1）同步段

同步段用于同步总线上不同的节点，是 CAN 总线位时间中每一位的起始部分。不管是发送节点发送一位还是接收节点接收一位都是从同步段开始的。此段期待一个跳变沿。

（2）传播段

传播段用于补偿网络内的物理延时。由于发送节点和接收节点之间存在网络传输延迟及物理接口延迟，发送节点发送一位之后，接收节点延迟一段时间才能接收到，因此，发送节点和接收节点对应同一位的同步段起始时刻就有一定的延时。

（3）相位缓冲段 1、2

相位缓冲段用于补偿边沿阶段的误差。通过相位缓冲段的加长或缩短可以实现重同步。

（4）采样点

采样点（Sample Point）是读取总线电平并将其转换为一个对应的位值的一个时间点，位于相位缓冲段 1 的结尾。

CAN 总线标称位时间中各个时间段都可以根据具体网络情况重新设置，均由 CAN 控制器的可编程位定时参数来实现。位时间内时间段的设定能实现 CAN 总线节点同步、网络发送延迟补偿和采样点定位等功能。

6. 同步

同步使 CAN 总线系统的收发两端在时间上保持步调一致。从位时间的同步方式考虑，CAN 总线实质上属于异步通信协议，每传输一帧，以帧起始位开始，而以帧结束位及随后的间歇场结束。这就要求收/发双方从帧起始位开始必须保持帧内报文代码中的每一位严格同步。CAN 总线的位同步只有在节点检测到"隐性位"到"显性位"的跳变时才会产生，当跳变沿不位于位周期的同步段之内时将会产生相位误差。该相位误差就是跳变沿与同步段结束位置之间的距离。相位误差源于节点的振荡器漂移、网络节点之间的传播延迟及噪声干扰等。CAN 协议规定了硬同步和重同步两种类型的同步。

（1）硬同步

硬同步只在总线空闲时通过一个从"隐性位"到"显性位"的跳变（帧起始）来完成，此时不管有没有相位误差，所有节点的位时间重新开始。强制引起硬同步的跳变沿位于重新开始的位时间的同步段之内。

（2）重同步

在报文的随后位中，每当有从"隐性位"到"显性位"的跳变，并且该跳变落在了同步段之外时，就会引起一次重同步。重同步机制可以根据跳变沿加长或者缩短位时间以调整采样点的位置，以保证正确采样。

若跳变沿落在了同步段之后、采样点之前，则会产生正的相位误差，此时接收节点会加长自己的相位缓冲段 1；若跳变沿落在了采样点之后、同步段之前，则会产生负的相位误差，此时接收节点会缩短自己的相位缓冲段 2。

重同步跳转宽度（SJW）定义为相位缓冲段 1 可被加长或相位缓冲段 2 可被缩短的上限值。

5.2.2 CAN 总线的数据链路层

CAN 总线的数据链路层包括逻辑链路控制（LLC）子层和介质访问控制（MAC）子层两部分。

1. 逻辑链路控制子层

逻辑链路控制子层是为数据传送和远程数据请求提供服务的，确认由 LLC 子层接收的报文实际已被接收；并为恢复管理和通知超载提供报文。

（1）验收过滤

帧内容由标识符命名，标识符描述数据的含义，每个接收节点通过帧验收过滤确定此帧是否被接收。

（2）超载通知

若接收节点由于内部原因要求延迟下一个数据帧/远程帧，则发送超载帧，以延迟下一个数据帧/远程帧。

（3）恢复管理

发送期间，对于丢失仲裁或被错误干扰的帧，LLC 子层具有自动重发功能。

2. 介质访问控制子层

介质访问控制子层的功能主要包括帧格式和介质访问管理，此外还有位填充、应答、错误检测和故障界定等。MAC 子层不具有修改的灵活性，是 CAN 总线协议的核心。MAC 子层的功能描述如图 5-6 所示。

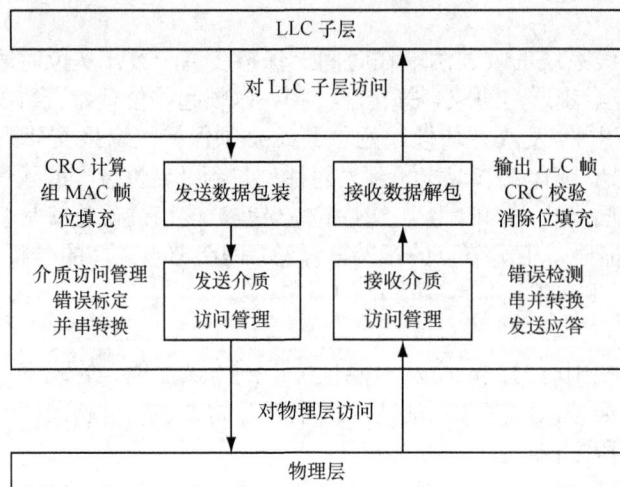

图 5-6 MAC 子层的功能描述

（1）介质访问管理

如果总线处于空闲状态，任何单元都可以开始发送报文。若是两个或两个以上的单元同时开始传送报文，就会产生总线访问冲突。CAN 总线采用"带非破坏性逐位仲裁的载波侦听多路访问"（CSMA/NBA）机制，使用标识符的位仲裁形式可以解决这种冲突。仲裁期间，每一个发送节点都对发送位的电平与被监控的总线电平进行比较，如果电平相同，则这个单元可以继续发送；如果发送的是一"隐性"电平而监控到一"显性"电平，那么该节点就丢失了仲裁，必须退出发送状态。仲裁过程如图 5-7 所示。

节点1	0	0	0	0	0	0	1	1	0	0	1	丢失仲裁，退出发送状态
节点2	0	0	0	0	0	0	1	1	0	0	0	1	1	0	0	0	1	1	1	1
总线数值	0	0	0	0	0	0	1	1	0	0	0	1	1	0	0	0	1	1	1	1

图 5-7　仲裁过程

因此，在总线访问期间，标识符定义静态的报文优先权，标识符值越小的优先权越高。总线空闲时，任何单元都可以开始传送报文，具有较高优先权的报文单元可以获得总线访问权，这也是 CAN 的特点之一。

（2）MAC 帧位填充

当发送节点在发送位流中（帧起始、仲裁场、控制场、数据场和 CRC 序列）检测到 5 个数值相同的连续位（包括填充位）时，便在实际发送的位流中自动插入一个补码位，如图 5-8 所示。

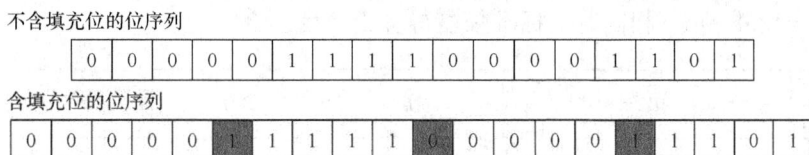

不含填充位的位序列

0	0	0	0	0	0	1	1	1	1	0	0	0	0	0	1	1	1	0	1

含填充位的位序列

0	0	0	0	0	1	1	1	1	1	0	0	0	0	0	0	1	1	1	0	1

图 5-8　MAC 帧位填充

5.3　CAN 总线的帧结构

CAN 总线上的报文以不同的固定报文格式发送。CAN 通信协议约定了 4 种不同的报文格式，分别为数据帧（Data Frame）、远程帧（Remote Frame）、出错帧（Error Fram）和超载帧（Overload Frame）。数据帧用于从发送节点至接收节点携带数据。远程帧用于接收节点向发送单元请求发送具有相同标识符的数据。出错帧由检测出总线错误的节点发出，用于通知总线出现了错误。超载帧用于在当前和后续的数据或远程帧之间增加附加的延时。

CAN 总线帧结构

5.3.1　数据帧

数据帧由 7 个不同的位场组成，分别为帧起始、仲裁场、控制场、数据场、CRC 场、应答场和帧结束。数据帧的位场排列如图 5-9 所示，其中帧起始（SOF）、仲裁场和控制场定义为数据帧帧头，CRC 场、应答场和帧结束定义为数据帧帧尾。

帧间空间	S O F	仲裁场	控制场	数据场	CRC 场	应答场	帧结束	帧间空间

图 5-9　数据帧的位场排列

1. 帧起始

帧起始标志数据帧的起始，由一个显性位组成。只有在总线空闲时才允许节点开始发送帧起始，所有节点必须同步于开始发送报文的节点的帧起始前沿，即硬同步。

2. 仲裁场

在帧起始之后是仲裁场，标准帧和扩展帧的仲裁场格式不同。标准帧仲裁场由 11 位标识符（ID）和远程发送请求位（RTR）组成，如图 5-10 所示。其中标识符分别为 ID10～ID0，用于总线仲裁和报文过滤，RTR 位用于区分报文是数据帧还是远程帧，数据帧 RTR 位为显性，远程帧 RTR 位为隐性。

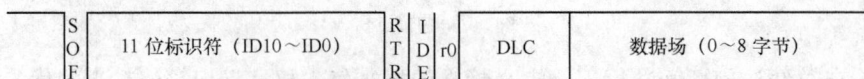

S O F	11 位标识符（ID10～ID0）	R T R	I D E	r0	DLC	数据场（0～8 字节）

图 5-10　标准数据帧帧头结构

扩展帧仲裁场由 29 位标识符、替代远程请求位（SRR）、标识符扩展位（IDE）和远程发送请求位（RTR）组成，如图 5-11 所示。其中标识符分为基本 ID（ID28～ID18）和扩展 ID（ID17～ID0）两部分，基本 ID 相当于与标准帧 ID 兼容，SRR 位在扩展帧中用于替代标准帧 RTR 位的位置，且 SRR 位固定为隐性位。IDE 位用于区分报文是扩展帧还是标准帧，扩展帧 IDE 位为隐性位，标准帧 IDE 位为显性位。当扩展帧与标准帧进行总线仲裁，而扩展帧的基本 ID 与标准帧 ID 相同时，标准帧赢得总线仲裁。

S O F	基本标识符（ID28～ID18）	S R R	I D E	扩展标识符（ID17～ID0）	R T R	r1	r0	DLC

图 5-11　扩展数据帧帧头结构

3．控制场

控制场由 6 个位组成。控制场的前两位为保留位（r1 和 r0），保留位定义为显性位；其余 4 位为数据长度码（DLC），说明了数据帧的数据场中包含的数据字节数。数据场允许的数据字节数为 0～8，数据长度码和数据字节数的关系如表 5-2 所示。

表 5-2　　　　　　　　　　数据长度码和数据字节数的关系

数据字节数	数据长度码			
	DLC3	DLC2	DLC1	DLC0
0	0	0	0	0
1	0	0	0	1
2	0	0	1	0
3	0	0	1	1
4	0	1	0	0
5	0	1	0	1
6	0	1	1	0
7	0	1	1	1
8	1	0	0	0

4．数据场

数据场由数据帧的发送数据组成，先发送的是最高字节的最高位。数据场的数据字节长度由上述数据长度码定义（0～8 字节）。

5．CRC 场

CRC 场由 15 位 CRC 序列和 1 位 CRC 界定符组成，如图 5-12 所示。CRC 序列用于检测报文传输错误，参与 CRC 校验的位流成分是帧起始、仲裁场、控制场和数据场（不包括填充位），CRC 生成的多项式 $R(X)$ 为 $X^{15}+X^{14}+X^{10}+X^8+X^7+X^4+X^3+1$。CRC 序列计算与校验由 CAN 控制器中的硬件完成。CRC 界定符定义为隐性位。

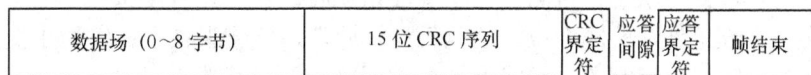

数据场（0～8 字节）	15 位 CRC 序列	CRC 界定符	应答间隙	应答界定符	帧结束

图 5-12　数据帧帧尾结构

6. 应答场

应答场由应答间隙和应答界定符两个位组成，如图 5-12 所示。在应答间隙期间，发送节点发出一个隐性位，任何接收到匹配 CRC 序列报文的节点都会发回一个显性位，确认报文收到无误。应答界定符为 1 个隐性位。应答的本质是所有接收节点检查报文的一致性。

7. 帧结束

每一个数据帧的结束均由一标志序列（即帧结束）界定，这个标志序列由 7 个隐性位组成，如图 5-12 所示。

5.3.2　远程帧

一般情况下，数据传输是由数据源节点自主完成的（例如传感器发送数据帧）。但也可能发生目的节点向源节点请求发送数据的情况，要做到这一点，目的节点可以发送一个标识符与所需数据帧的标识符相匹配的远程帧。随后相应的数据源节点会发送一个数据帧以响应远程帧请求。远程帧也分为标准帧和扩展帧，由帧起始、仲裁场、控制场、CRC 场、应答场和帧结束 6 个域组成。

远程帧与数据帧存在两点不同：第一，远程帧的 RTR 位为隐性状态；第二，远程帧没有数据场，所以数据长度代码的数值没有任何意义，可以为 0～8 范围内的任何数值。当带有相同标识符的数据帧和远程帧同时发出时，数据帧将赢得仲裁，这是因为其紧随标识符的 RTR 位为显性。这样可使发送远程帧的节点立即收到所需数据。

5.3.3　出错帧

出错帧是由检测到总线错误的任一节点产生的。出错帧由错误标志和错误界定符两个位场组成，如图 5-13 所示。

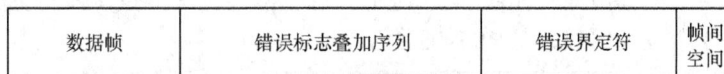

数据帧	错误标志叠加序列	错误界定符	帧间空间

图 5-13　出错帧结构

1. 错误标志

错误标志包括激活错误标志和认可错误标志两种。节点发送哪种类型的出错标志，取决于其所处的错误状态。

（1）激活错误标志

当节点处于错误激活状态，检测到一个总线错误时，这个节点将产生一个激活错误标志，并中断当前的报文发送。激活错误标志由 6 个连续的显性位构成，这种位序违背了位填充规则，也破坏了应答场或帧结束的固定格式。所有其他节点会检测到错误条件并且开始发送错误标志。因此，这个显性位序列的形成就是各个节点发送的不同错误标志叠加在一起的结果。

错误标志叠加序列的总长度最小为6位，最大为12位。

（2）认可错误标志

当节点处于错误认可状态，检测到一个总线错误时，该节点将发送一个认可错误标志。认可错误标志包含6个连续的隐性位。由此可知，除非总线错误被正在发送报文的节点检测到，否则错误认可节点出错帧的发送将不会影响网络中任何其他节点。

2. 错误界定符

错误界定符由8个隐性位构成。传送了错误标志以后，每个节点开始发送错误界定符，先发送一个隐性位，并一直监视总线直到检测出一个隐性位，接着开始发送其余7个隐性位。

5.3.4　超载帧

1. 超载帧的产生

超载帧的产生可能有以下3种原因。

① 接收节点的内部原因，需要延迟下一个数据帧或远程帧。

② 在间歇的第1位和第2位检测到一个显性位。

③ 在错误界定符或过载界定符的第8位（最后一位）采样到一个显性位。

2. 超载帧结构

超载帧由超载标志和超载界定符两个位场组成，如图5-14所示。超载标志由6个显性位构成，这种位序违背了"间歇"的固定格式，其他节点检测到超载条件并发送超载标志，因此超载标志将会产生叠加。超载标志叠加序列的总长度最小为6位，最大为12位。超载界定符包含8个隐性位。超载帧与激活错误帧具有相同的格式，但超载帧只能在帧间空间产生，出错帧是在帧传输时发出的。节点最多可产生两条连续超载帧来延迟下一条报文的发送。

帧结束或超载界定符	超载标志叠加序列	超载界定符	帧间空间或数据帧

图 5-14　超载帧结构

5.3.5　帧间空间

帧间空间将前一帧与其后的数据帧或远程帧分离开来。对于错误激活节点，帧间空间由间歇和总线空闲两个位场组成，如图5-15所示。对于错误认可节点，帧间空间由间歇、延迟传送和总线空闲3个位场组成，如图5-16所示。

间歇（3位）	总线空闲

图 5-15　错误激活节点帧间空间结构

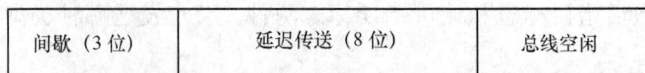

间歇（3位）	延迟传送（8位）	总线空闲

图 5-16　错误认可节点帧间空间结构

1. 间歇

间歇由3个隐性位组成。间歇期间，所有的节点均不允许传送数据帧或者远程帧，只能标识超载条件。

2. 总线空闲

总线空闲由任意长度的隐性位组成。在总线空闲期间，任何等待发送报文的节点都可以发送报文。

3. 延迟传送

延迟传送由 8 个隐性位组成。错误认可节点在发送报文之前发出 8 个隐性位跟随在间歇之后，延迟传送期间，若有其他节点发送报文，则该错误认可节点将变为接收节点。

5.4　CAN 总线的错误处理机制

为了增强可靠性，CAN 总线协议提供了完备的错误检测和故障界定机制。

CAN 总线的错误
处理机制

5.4.1　错误类型

CAN 总线协议中定义了以下 5 种错误类型，这 5 种错误不会相互排斥。

1. 位错误

节点在发送数据的同时也对总线进行监视，如果发送的位值与监视的位值不符合，则在此位时间里检测到一个位错误。在仲裁场发送隐性位，但监视为显性位时，将被视为丢失仲裁，而不是位错误；在应答场输出隐性电平，但检测到显性电平时，将被判断为其他节点的应答，而不是位错误；在发送认可错误标志，但检测出显性电平时，也不视为位错误。

2. 填充错误

在帧起始和 CRC 界定符之间，如果节点检测到 6 个连续相同的位，则检测出一个填充错误。

3. CRC 错误

当接收节点计算得出的 CRC 序列与接收到的 CRC 序列不匹配时，将检测到一个 CRC 错误。

4. 格式错误

如果一个节点在帧结束、帧间空间、CRC 界定符或应答界定符等具有固定格式的位场中检测到非法位，那么将检测到一个格式错误。

5. 应答错误

若发送节点监视已发送为隐性位的应答间隙没有变为显性位，则表明没有任何其他节点正确接收到报文，此时将检测到一个应答错误。

5.4.2　错误界定规则

1. 错误界定

CAN 具有错误分析功能。每个 CAN 节点能够在 3 个错误状态，即错误激活状态、错误认可状态和总线关闭状态之一中工作。这些错误的区分取决于 CAN 控制器自带错误计数器（接收错误计数器、发送错误计数器）的值。

（1）错误激活状态

如果两个错误计数器的值都为 0～127，则节点处于错误激活状态，一旦检测到错误，就会产生激活错误标志（6 个显性位）。错误激活节点可以正常参与总线通信。

（2）错误认可状态

如果错误计数器的值为128～255，则节点处于错误认可状态，一旦检测到错误，就会产生错误认可标志（6个隐性位）。错误认可节点可以参与总线通信，只是在发送报文之前的帧间空间中有延迟传送时间段。

（3）总线关闭状态

如果发送错误计数器的值高于255，则节点处于总线关闭状态，在这种状态下，节点对总线没有影响。

CAN总线节点在3种错误状态之间转换的过程如图5-17所示。

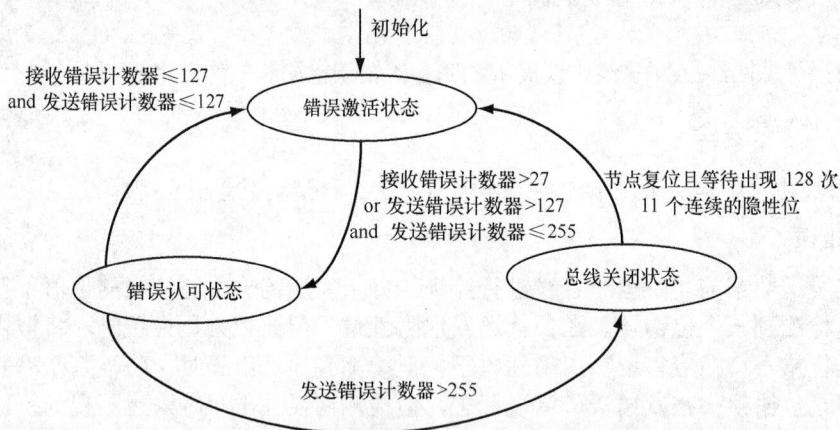

图5-17　CAN总线节点错误状态转换示意图

2. 错误界定规则

CAN总线上单元的错误状态是依据错误计数器的数值而界定的，错误界定规则就是指错误计数器的计数规则。在给定报文发送期间，可应用不止1个规则，简单归纳为以下4个规则。

① 当接收节点检测到一个错误时，接收错误计数器的值增加。
② 当发送节点检测到一个错误时，发送错误计数器的值增加。
③ 报文成功发送后，发送错误计数器的值减少。
④ 报文成功接收后，接收错误计数器的值减少。

综上所述，CAN具有极高的安全性，每一个节点均可采取措施以进行错误检测（监视、循环冗余检查、位填充、报文格式检查）、错误标定及错误自检。由此可以检测到全局错误、发送节点局部错误、报文中5个任意分布错误和长度低于15位的突发性错误，其遗漏错误的概率低于报文错误率 4.7×10^{-11}。同时，CAN具有很好的错误界定能力，CAN节点能够把永久故障和短暂扰动区分开来，永久故障的节点会被关闭。

5.5　SJA1000 CAN控制器

SJA1000是PHILIPS半导体公司于1997年研制的一款独立CAN控制器，可以完成CAN总线标准中物理层和数据链路层的所有功能，在汽车制造和其他工

SJA1000控制器（1）

SJA1000控制器（2）

SJA1000控制器（3）

业领域得到了十分广泛的应用。SJA1000 有 BasicCAN 和 PeliCAN 两种不同的协议模式。BasicCAN 模式是 SJA1000 复位时的默认模式，与早期产品 PCA82C200 兼容，只支持 CAN 2.0A 协议；PeliCAN 模式是新增加的工作模式，支持 CAN 2.0B 协议的一些新特性。由于篇幅限制，本章只介绍 BasicCAN 模式，PeliCAN 模式的相关内容可以查阅 SJA1000 技术手册。

5.5.1　SJA1000 引脚功能

设计 CAN 总线节点时，SJA1000 一般与其他微控制器配合工作，它支持两种微控制器接口模式，即 Intel 模式和 Motorola 模式。SJA1000 的引脚分布如图 5-18 所示，引脚功能如表 5-3 所示。

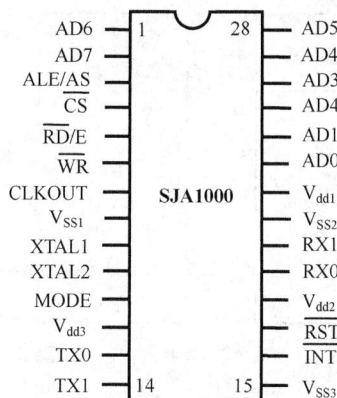

图 5-18　SJA1000 的引脚分布

表 5-3　SJA1000 引脚功能

符　号	引　脚	功　　能
AD0～AD7	2、1、28～23	数据/地址复用总线
ALE/AS	3	地址锁存信号（Intel 模式）/地址选择信号（Motorola 模式）
$\overline{CS}$	4	片选信号，低电平允许访问 SJA1000
$\overline{RD}$ / E	5	读允许信号（Intel 模式）/使能信号（Motorola 模式）
$\overline{WR}$	6	写允许信号
CLKOUT	7	时钟输出信号，SJA1000 内部振荡器产生的时钟信号，经过分频后输出
Vss1、Vdd1	8、22	逻辑电路电源和地
XTAL1	9	时钟振荡放大电路的输入端，外部振荡信号由此输入
XTAL2	10	时钟振荡放大电路的输出端，当使用外部振荡信号时开路
MODE	11	模式选择输入：高电平，Intel 模式；低电平，Motorola 模式
Vss2、Vdd2	21、18	输入比较器的电源和地
Vss3、Vdd3	15、12	输出驱动电路电源和地
TX0、TX1	13、14	输出驱动器 0 和输出驱动器 1 到物理总线的输出端
RX0、RX1	19、20	从 CAN 总线到 SJA1000 输入比较器的输入端
$\overline{INT}$	16	中断信号输出
$\overline{RST}$	17	复位输入，用于复位 CAN 接口（低电平有效）

5.5.2 SJA1000 内部功能结构

SJA1000 的内部功能结构如图 5-19 所示，主要包括接口管理逻辑、发送缓冲器、接收缓冲器、验收过滤器、位流处理器、位定时逻辑及错误管理逻辑等。

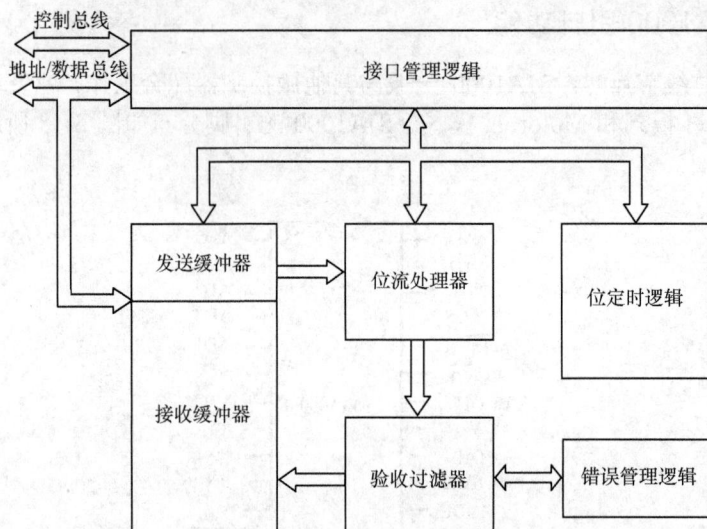

图 5-19 SJA1000 的内部功能结构

1. 接口管理逻辑

接口管理逻辑（IML）解释来自微控制器的命令，控制 CAN 寄存器的寻址及向微控制器提供中断报文和状态报文。

2. 发送缓冲器

发送缓冲器（TXB）是微控制器和位流处理器之间的接口，它能够存储发送到 CAN 网络上的完整报文。发送缓冲器长 13 字节，由微控制器写入，由位流处理器读出。

3. 接收缓冲器

接收缓冲器（RXD）是验收过滤器和微控制器之间的接口，用来储存从 CAN 总线上接收的报文。接收缓冲器采取先进先出（FIFO）的数据管理方式，共有 64 字节，提供给用户 13 字节的操作空间，可以读取一个完整的数据帧。

4. 验收过滤器

验收过滤器（ACF）把待接收报文的标识符和接收的验收识别码的内容相比较，以决定是否接收该报文，只有验收过滤通过且无差错才把接收的报文送入接收缓冲器。

5. 位流处理器

位流处理器（BSP）是一个在发送缓冲器、接收缓冲器和 CAN 总线之间控制数据流的单元。它还执行 CAN 总线上的错误检测、仲裁、位填充和错误处理。

6. 位定时逻辑

位定时逻辑（BTL）用于监视和处理 CAN 总线的位时序，主要包括硬同步、重同步、补偿传播延迟时间、定义采样点和标称位时间内的采样次数。

7. 错误管理逻辑

错误管理逻辑（EML）负责传送层模块的错误管理。它接收位流处理器的出错报告，通知位流处理器和接口管理逻辑进行错误统计。

5.5.3 SJA1000 内部存储区分配

SJA1000 是一种基于内存编址的控制器，对 SJA1000 片内寄存器的操作就像读写 RAM 一样。

SJA1000 的内部存储区包括控制段、发送缓冲器和接收缓冲器。微控制器和 SJA1000 之间状态、控制和命令信号的交换都是在控制段完成的，例如在初始化时，可通过编程来配置通信参数。发送报文时，先将应发送的报文写入发送缓冲器，然后命令 SJA1000 把报文发送到 CAN 总线。接收报文时，通过验收过滤而成功接收的报文被保存到接收缓冲器，微控制器从接收缓冲器中读取接收的报文，然后释放空间以做下一步应用。

为了防止控制段的寄存器被任意改写，SJA1000 设置了两种不同的操作模式，即工作模式和复位模式。只有在复位模式下，才可以对控制段的某些寄存器进行初始化操作；而只有在工作模式下，才可以进行正常的 CAN 通信。

BasicCAN 模式下 SJA1000 内部存储区的分配情况如表 5-4 所示。

表 5-4　　　　　　　　　BasicCAN 模式下 SJA1000 内部存储区的分配

CAN 地址	段	工 作 模 式		复 位 模 式	
		读	写	读	写
0	控制段	控制寄存器	控制寄存器	控制寄存器	控制寄存器
1		FFH	命令寄存器	FFH	命令寄存器
2		状态寄存器	—	状态寄存器	—
3		FFH	—	中断寄存器	—
4		FFH	—	验收代码寄存器	验收代码寄存器
5		FFH	—	验收屏蔽寄存器	验收屏蔽寄存器
6		FFH	—	总线定时寄存器 0	总线定时寄存器 0
7		FFH	—	总线定时寄存器 1	总线定时寄存器 1
8		FFH	—	输出控制寄存器	输出控制寄存器
9		测试寄存器	测试寄存器	测试寄存器	测试寄存器
10	发送缓冲器	ID10～ID3	ID10～ID3	FFH	
11		ID2～ID0、RTR、DLC	ID2～ID0、RTR、DLC	FFH	—
12		数据字节 1	数据字节 1	FFH	
13		数据字节 2	数据字节 2	FFH	
14		数据字节 3	数据字节 3	FFH	
15		数据字节 4	数据字节 4	FFH	
16		数据字节 5	数据字节 5	FFH	
17		数据字节 6	数据字节 6	FFH	
18		数据字节 7	数据字节 7	FFH	
19		数据字节 8	数据字节 8	FFH	

续表

CAN 地址	段	工作模式		复位模式	
		读	写	读	写
20		ID10～ID3	ID10～ID3	ID10～ID3	ID10～ID3
21		ID2～ID0、RTR、DLC	ID2～ID0、RTR、DLC	ID2～ID0、RTR、DLC	ID2～ID0、RTR、DLC
22		数据字节1	数据字节1	数据字节1	数据字节1
23		数据字节2	数据字节2	数据字节2	数据字节2
24	接收缓冲器	数据字节3	数据字节3	数据字节3	数据字节3
25		数据字节4	数据字节4	数据字节4	数据字节4
26		数据字节5	数据字节5	数据字节5	数据字节5
27		数据字节6	数据字节6	数据字节6	数据字节6
28		数据字节7	数据字节7	数据字节7	数据字节7
29		数据字节8	数据字节8	数据字节8	数据字节8
30		FFH	—	FFH	—
31		时钟分频寄存器	时钟分频寄存器	时钟分频寄存器	时钟分频寄存器

注："—"表示没有此项功能，也就是没有写入功能的只读寄存器。

SJA1000 内部的 CAN 地址由 8 位地址线确定，再加上片选线微控制器就可以确定 SJA1000 内部寄存器的地址，例如 MCS-51 系列单片机常用高 8 位地址线提供 SJA1000 的片选线，低 8 位地址线确定 SJA1000 内部的 CAN 地址。

5.5.4 SJA1000 寄存器功能

1. 控制寄存器

控制寄存器（CR）用于改变 CAN 控制器的行为，其 CAN 地址为 0，微控制器可以对控制寄存器进行读/写操作。控制寄存器的功能描述和复位值如表 5-5 所示。

表 5-5　　　　　　　　　　控制寄存器的功能描述和复位值

位	符号	名称	功能	复位值
CR.0	RR	复位请求	RR=1，SJA1000 中止当前的通信任务，进入复位模式；RR=0，SJA1000 回到工作模式	1
CR.1	RIE	接收中断使能	RIE=1，开启接收中断，报文被无错接收后，SJA1000 发出一个接收中断信号到微控制器；RIE=0，关闭接收中断	×
CR.2	TIE	发送中断使能	TIE=1，开启发送中断，报文被成功发送后，SJA1000 发出一个发送中断信号到微控制器；TIE=0，关闭发送中断	×
CR.3	EIE	错误中断使能	EIE=1，开启错误中断，如果出错或总线状态改变，SJA1000 发出错误中断信号到微控制器；EIE=0，关闭错误中断	×
CR.4	OIE	溢出中断使能	OIE=1，开启溢出中断，当接收数据溢出时，SJA1000 发出溢出中断信号到微控制器；OIE=0，关闭溢出中断	×
CR.5	—	—	保留	1
CR.6	—	—	保留	×
CR.7	—	—	保留	0

注："×"表示此位不受复位影响。

控制寄存器的复位请求位可以控制 SJA1000 复位模式和工作模式之间的切换。

在 BasicCAN 模式下，SJA1000 可以管理 4 个中断源，将中断使能位置位，就可以开放对应的中断。SJA1000 最常用到的中断是接收中断，将控制寄存器设置为 02H，就可以开启接收中断并进入运行模式。

2. 命令寄存器

命令寄存器（CMR）用于控制 SJA1000 传输层的动作，其 CAN 地址为 1，命令寄存器对微控制器来说是只写存储器，读命令寄存器的结果总是 FFH。命令寄存器的功能描述如表 5-6 所示。

表 5-6 命令寄存器的功能描述

位	符号	名 称	功 能
CMR.0	TR	发送请求	TR=1，当前报文被发送； TR=0，无动作
CMR.1	AT	中止发送	AT=1，如果不是在处理过程中，等待处理的发送请求被取消； AT=0，无动作
CMR.2	RRB	释放接收缓冲器	RRB=1，接收缓冲器中存放报文的内存空间将被释放； RRB=0，无动作
CMR.3	CDO	清除数据溢出	CDO=1，清除数据溢出状态位； CDO=0，无动作
CMR.4	GTS	进入睡眠模式	GTS=1，如果没有 CAN 中断等待和总线活动，SJA1000 进入睡眠模式； GTS=0，无动作
CMR.5	—	—	保留
CMR.6	—	—	保留
CMR.7	—	—	保留

SJA1000 最常用到的命令寄存器是发送请求和释放接收缓冲器，将命令寄存器设置为 01H，就可以命令 SJA1000 将发送缓冲器中的报文发送到 CAN 总线；将命令寄存器设置为 04H，就可以命令 SJA1000 将接收缓冲器中的报文清除以释放空间进行新报文的接收。

3. 状态寄存器

状态寄存器（SR）反映了 SJA1000 的工作状态，其 CAN 地址为 2，状态寄存器对微控制器来说是只读存储器。状态寄存器的功能描述和复位值如表 5-7 所示。

表 5-7 状态寄存器的功能描述和复位值

位	符号	名 称	功 能	复位值
SR.0	RBS	接收缓冲器状态	RBS=1，表示接收缓冲器中有可用报文； RBS=0，表示接收缓冲器为空	0
SR.1	DOS	数据溢出状态	DOS=1，有溢出，说明报文因为 RXFIFO 没有足够的空间而丢失；DOS=0，没有溢出发生	0
SR.2	TBS	发送缓冲器状态	TBS=1，释放状态，CPU 可以向发送缓冲器写报文； TBS=0，锁定状态，CPU 不能访问发送缓冲器，有报文正在等待发送或正在发送	1
SR.3	TCS	发送完毕状态	TCS=1，最近一次发送请求被成功处理； TCS=0，当前发送请求未处理完毕	1

续表

位	符号	名　称	功　能	复位值
SR.4	RS	接收状态	RS=1，SJA1000 正在接收报文； RS=0，未接收	0
SR.5	TS	发送状态	TS=1，SJA1000 正在传送报文； TS=0，未发送	0
SR.6	ES	出错状态	ES=1，至少出现一个错误计数器满或超过 CPU 报警限制； ES=0，两个错误计数器都在报警限制以下	0
SR.7	BS	总线状态	BS=1，总线关闭，SJA1000 退出总线活动； BS=0，总线开启，SJA1000 加入总线活动	0

微控制器和 SJA1000 进行报文沟通有中断和查询两种方式。采用中断方式时，SJA1000 作为微控制器的外部中断源主动提出请求；采用查询方式时，微控制器主动查询 SJA1000 的状态寄存器以了解 SJA1000 的工作状态。例如，查询接收缓冲器状态可以判断是否有报文可以读取，查询发送缓冲器状态可以判断是否可以向发送缓冲器写入报文。

4. 中断寄存器

中断寄存器（IR）用于识别中断源，其 CAN 地址为3，中断寄存器对微控制器来说是只读存储器。当中断寄存器的一位或多位被置位时，SJA1000 产生中断信号（$\overline{INT}$ 引脚为低电平）到微控制器。中断寄存器被微控制器读过之后，所有的位被复位。中断寄存器的功能描述和复位值如表 5-8 所示。

表 5-8　　　　　　　　　中断寄存器的功能描述和复位值

位	符号	名　称	功　能	复位值
IR.0	RI	接收中断	当接收缓冲器可用报文且接收中断使能时，RI 被置位；对 RI 进行读操作或释放接收缓冲器时将 RI 复位	0
IR.1	TI	发送中断	发送缓冲器状态从 0 变为 1（释放）且发送中断使能时，TI 被置位；对 TI 进行读操作会将其清除	0
IR.2	EI	错误中断	错误状态位或总线状态位变化且错误中断使能时，EI 被置位；对 EI 进行读操作会将其清除	0
IR.3	DOI	数据溢出中断	数据溢出状态位从 0 变为 1 且数据溢出中断使能时，DOI 被置位；对 DOI 进行读操作会将其清除	0
IR.4	WUI	唤醒中断	退出睡眠模式时 WUI 被置位；对 WUI 进行读操作会将其清除	0
IR.5	—	—	保留	0
IR.6	—	—	保留	0
IR.7	—	—	保留	0

SJA1000 最常用到的中断是接收中断，微控制器在中断子程序里可以读取中断寄存器，如果读到的值为 01H，就可以判定产生了接收中断，接着就可以读取接收缓冲器中的报文。

5. 验收代码寄存器

验收代码寄存器（ACR）是验收过滤器的一部分，用于存储 8 位验收代码（AC）。当验收代码位 AC.7～AC.0 和报文标识符的高 8 位相等时，该报文可以通过验收过滤器写入接收缓冲器。验收代码寄存器的 CAN 地址为 4，SJA1000 处于复位模式时，微控制器可以对验收代码寄存器进行读/写操作。

6. 验收屏蔽寄存器

验收屏蔽寄存器（AMR）也是验收过滤器的一部分，用于存储 8 位验收屏蔽码（AMC）。验收屏蔽寄存器增强了 SJA1000 验收过滤器的灵活性，实现了 CAN 总线废除传统站地址编码的特点。验收屏蔽寄存器的某位值为 0 时，报文标识符的对应位需要验收；某位值为 1 时，则对应的标识符位不需要验收。验收代码寄存器的 CAN 地址为 5，SJA1000 处于复位模式时，微控制器可以对验收屏蔽寄存器进行读/写操作。

验收过滤器可以接收的报文标识符需要满足公式 5-1，即验收代码位（AC.7～AC.0）和报文标识符的高 8 位（ID.10～ID.3）相等且与验收屏蔽位（AM.7～AM.0）的对应位相或为 1 时，该报文可通过验收过滤器被接收。

$$[（ID.10～ID.3）\odot（AC.7～AC.0）]\vee（AM.7～AM.0）=11111111 \tag{5-1}$$

【例 5-1】 若 CAN 总线节点采用 SJA1000 CAN 总线控制器，并且采用 BasicCAN 模式，设计只接收 4 种报文，ID 分别为 11001100001、11001101001、11001110001 及 11001111001，应如何设置 SJA1000 的验收代码寄存器和验收屏蔽寄存器？

分析：SJA1000 采用 BasicCAN 模式时，只能对报文标识符的高 8 位 ID 进行过滤，而要接收的 4 种报文 ID 的高 6 位（ID.10～ID.5）相同，可以通过验收屏蔽寄存器设置为需要验收，验收代码寄存器的高 6 位（AC.7～AC.2）设置为与 ID.10～ID.5 相同。而 4 种报文 ID 的 ID.4 和 ID.3 两位不同，可以通过验收屏蔽寄存器设置为不需要验收，验收代码寄存器的低 2 位（AC.1 和 AC.0）可任意设置。所以将 SJA1000 的验收代码寄存器设置为 110011××，验收屏蔽寄存器设置为 00000011。

7. 总线定时寄存器 0

总线定时寄存器 0（BTR0）用于定义波特率预设值（BRP）和重同步跳转宽度（SJW）的值，其 CAN 地址为 6。SJA1000 处于复位模式时，微控制器可以对总线定时寄存器 0 进行读/写操作。总线定时寄存器 0 的功能描述如表 5-9 所示。

表 5-9　　　　　　　　　　总线定时寄存器 0 的功能描述

BIT7	BIT6	BIT5	BIT4	BIT3	BIT2	BIT1	BIT0
SJW.1	SJW.0	BRP.5	BRP.4	BRP.3	BRP.2	BRP.1	BRP.0

（1）波特率预设值

CAN 系统时钟（t_{SCL}）周期是可编程的，由 SJA1000 内的时钟周期（t_{CLK}）和波特率预设值确定。CAN 系统时钟决定了 CAN 总线位时间周期内各部分的基准时间份额，一般要求标称位时间包含 CAN 系统时钟的数量为 8～25。CAN 系统时钟周期的计算公式如公式 5-2 所示，f_{osc} 是振荡器时钟频率。

$$t_{SCL}=2t_{CLK}×（32×BRP.5+16×BRP.4+8×BRP.3+4×BRP.2+2×BRP.1+BRP.0+1） \tag{5-2}$$

即 $t_{SCL}=2t_{CLK}×$（BTR0 低 6 位数值+1），其中 $t_{CLK}=1/f_{osc}$。

（2）重同步跳转宽度

为了补偿不同 CAN 总线控制器的时钟振荡器之间的偏差，任何 CAN 总线控制器都需要在当前传送的相关信号边沿进行重同步。重同步跳转宽度定义了每一个位周期可以被加长或缩短的 CAN 系统时钟周期的最大数目。重同步跳转宽度的计算公式如公式 5-3 所示。

$$t_{SJW}=t_{SCL}×（2×SJW.1+SJW.0+1） \tag{5-3}$$

【例 5-2】 若 CAN 总线控制器 SJA1000 使用的振荡器时钟频率为 20MHz，且总线定时寄存器 0 的值为 11000011，该 CAN 总线节点的重同步跳转宽度为多少？

解： SJA1000 的时钟周期 $t_{CLK}=1/f_{OSC}=1/20\text{MHz}=0.05\mu\text{s}$。

CAN 系统时钟周期 $t_{SCL}=2t_{CLK}\times(32\times0+16\times0+8\times0+4\times0+2\times1+1+1)=0.4\mu\text{s}$。

重同步跳转宽度 $t_{SJW}=t_{SCL}\times(2\times1+1+1)=1.6\mu\text{s}$。

8. 总线定时寄存器 1

总线定时寄存器 1（BTR1）用于定义每个位周期的长度、采样点的位置和在每个采样点的采样次数，CAN 地址为 7。SJA1000 处于复位模式时，微控制器可以对总线定时寄存器 1 进行读/写操作。总线定时寄存器 1 的功能描述如表 5-10 所示。

表 5-10　　　　　　　　　　　　　　　总线定时寄存器 1 的功能描述

BIT7	BIT6	BIT5	BIT4	BIT3	BIT2	BIT1	BIT0
SAM	TSEG2.2	TSEG2.1	TSEG2.0	TSEG1.3	TSEG1.2	TSEG1.1	TSEG1.0

（1）采样位

采样位（SAM）用于定义 CAN 总线在每个采样点的采样次数。当采样位为 1 时，总线采样 3 次，一般在低/中速总线上使用，能有效过滤总线上的干扰信号；当采样位为 0 时，总线采样 1 次，一般使用在高速总线上。

（2）时间段 1 和时间段 2

时间段 1（TSEG1）和时间段 2（TSEG2）决定了每一个位时间的长度和采样点的位置，SJA1000 总线定时寄存器定义的位周期结构如图 5-20 所示。

CAN 总线标准中标称位时间由同步段、传播段、相位缓冲段 1 和相位缓冲段 2 组成，其中同步段为 1 个系统时钟周期，即 $t_{SYNCSEG}=t_{SCL}$，SJA1000 将传播段和相位缓冲段 1 合在一起定义为时间段 1，相位缓冲段 2 定义为时间段 2。时间段 1 t_{TSEG1}、时间段 2 t_{TSEG2} 和标称位时间 t_{bit} 的计算公式分别为公式 5-4、公式 5-5 和公式 5-6。

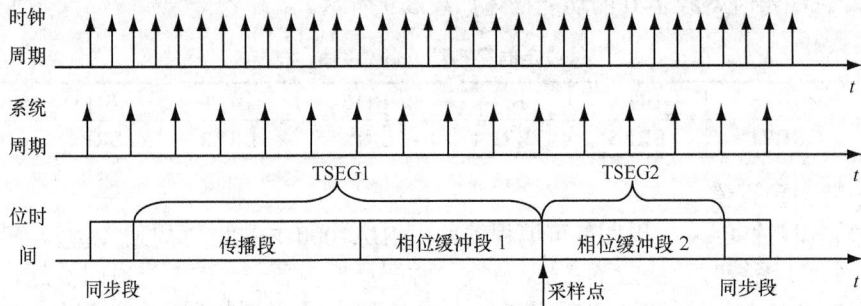

图 5-20　SJA1000 总线定时寄存器定义的位周期结构

$$t_{TSEG1}=t_{SCL}\times(8\times TSEG1.3+4\times TSEG1.2+2\times TSEG1.1+TSEG1.0+1) \tag{5-4}$$

$$t_{TSEG2}=t_{SCL}\times(4\times TSEG2.2+2\times TSEG2.1+TSEG2.0+1) \tag{5-5}$$

$$t_{bit}=t_{SYNCSEG}+t_{TSEG1}+t_{TSEG2} \tag{5-6}$$

【例 5-3】 若 CAN 总线控制器 SJA1000 使用的振荡器时钟频率为 16MHz，且总线定时寄存器 0 的值为 00000000，总线定时寄存器 1 的值为 00011100，计算该节点的通信速率。若该节点持续接收包含 2 字节数据的数据帧（不考虑填充位），由 SJA1000 产生接收中断的最短时间为多少？

解： SJA1000 的时钟周期 $t_{CLK}= 1/f_{OSC}=1/16MHz=0.0625\mu s$。

CAN 系统时钟周期 $t_{SCL}=2t_{CLK}\times（32\times0+16\times0+8\times0+4\times0+2\times0+0+1）=0.125\mu s$。

同步段 $t_{SYNCSEG}= t_{SCL}=0.125\mu s$。

时间段 1 $t_{TSEG1}= t_{SCL}\times（8\times1+4\times1+2\times0+0+1）=1.625\mu s$。

时间段 2 $t_{TSEG2}= t_{SCL}\times（4\times0+2\times0+1+1）=0.25\mu s$。

标称位时间 $t_{bit}= t_{SYNCSEG} + t_{TSEG1} + t_{TSEG2}=2\mu s$。

通信速率 $1/t_{bit}=500kbit/s$。

不考虑填充位的 2 字节数据的数据帧位数 $n=1+12+6+8\times2+16+2+7=60$。

SJA1000 接收的两个数据帧之间只有 3 位间歇时接收中断时间最短，故最短接收中断时间为 $t_{int}= t_{bit}\times（n+3）=2\times（60+3）=126\mu s$。

【例 5-4】 若 CAN 总线控制器 SJA1000 使用的振荡器时钟频率为 16MHz，需要设计通信速率为 1Mbit/s，如何设置 SJA1000 的总线定时寄存器 BTR0 和 BTR1？

解： 标称位时间 $t_{bit}=1/1Mbit/s=1\mu s$。

SJA1000 的时钟周期 $t_{CLK}= 1/f_{OSC}=1/16MHz=0.0625\mu s$。

由于通信速率为 1Mbit/s，速度快，设波特率预设值 BRP=0。

CAN 系统时钟周期 $t_{SCL}=2t_{CLK}\times（0+1）=0.125\mu s$。

标称位时间包含时间份额总数 $n=t_{bit}/t_{SCL}=1/0.125=8$，满足 $8\leqslant n\leqslant25$ 的要求，所以波特率预设值 BRP=0 是合理的。

标称位时间内 8 份时间份额分为同步段、时间段 1、时间段 2 共 3 部分，其中同步段固定为 1 份，假设将时间段 1 分为 5 份，时间段 2 分为两份。

同步段 $t_{SYNCSEG}= t_{SCL}=0.125\mu s$。

时间段 1 $t_{TSEG1}= t_{SCL}\times（TSEG1+1）=0.625\mu s$。

时间段 2 $t_{TSEG2}= t_{SCL}\times（TSEG2+1）=0.25\mu s$。

设重同步跳转宽度 $t_{SJW}=t_{SCL}\times（SJW+1）=0.125\mu s$。

可解得 TSEG1=4，TSEG2=1，SJW=0。

由于通信速率为 1Mbit/s，速度快，故选择采样点的采样数目为 1，则 SAM 位为 0。

综上所述，总线定时寄存器 BTR0 为 00000000B，即 00H；BTR1 为 01000100B，即 14H。

关于总线定时寄存器与通信速率的对应关系，现在有很多计算软件，只要将振荡器时钟频率和所需通信速率输入，即可由软件自动计算出总线定时寄存器的配置参数。

注意 例 5-4 中总线定时寄存器参数的结果不唯一。在实际的系统设计中，用户可以根据振荡器时钟频率、总线通信速率及总线的最大传输距离等因素，对 CAN 控制器的总线定时寄存器参数进行优化设置，协调影响位定时设置的振荡器容差和最大总线长度两个主要因素，合理安排位周期中采样点的位置和采样次数，保证总线上位流有效同步的同时，优化系统的通信性能。

---

9. 输出控制寄存器

输出控制寄存器（OCR）用于控制 SJA1000 的发送电路，可以配置成不同的输出驱动方式，CAN 地址为 8。SJA1000 处于复位模式时，微控制器可以对输出控制寄存器进行读/写操作。输出控制寄存器的功能描述如表 5-11 所示。

表 5-11   输出控制寄存器的功能描述

BIT7	BIT6	BIT5	BIT4	BIT3	BIT2	BIT1	BIT0
OCTP1	OCTN1	OCPOL1	OCTP0	OCTN0	OCPOL0	OCMODE1	OCMODE0

（1）输出引脚配置

OCTPx 和 OCTNx 可编程设置输出引脚的驱动方式，可设置为悬浮、上拉、下拉、推挽 4 种驱动方式。OCPOLx 可编程设置输出端极性。输出引脚配置如表 5-12 所示。

表 5-12   输出引脚配置

驱动方式	TXD	OCTPx	OCTNx	OCPOLx	TXx
悬浮	×	0	0	×	悬浮
下拉	0	0	1	0	低
	1	0	1	0	悬浮
	0	0	1	1	悬浮
	1	0	1	1	低
上拉	0	1	0	0	悬浮
	1	1	0	0	高
	1	1	0	1	高
	1	1	0	1	悬浮
推挽	0	1	1	0	低
	1	1	1	0	高
	0	1	1	1	高
	1	1	1	1	低

（2）输出模式

OCMODE1 和 OCMODE0 用于设置 SJA1000 的输出模式，如表 5-13 所示。

表 5-13   SJA1000 的输出模式

OCMODE1	OCMODE0	SJA1000 的输出模式
0	0	双相输出模式
0	1	测试输出模式
1	0	正常输出模式
1	1	时钟输出模式

在正常输出模式中，位序列通过 TX0 和 TX1 输出，输出驱动引脚 TX0 和 TX1 的电平取决于 OCTPx、OCTNx 和 OCPOLx。

在时钟输出模式中，TX0 引脚和正常模式中的是相同的，但是 TX1 上的数据流被发送时钟 TXCLK 代替了，发送时钟的上升沿标志着一个位的开始，时钟脉冲宽度是一个系统时钟周期。

双相输出模式中的输出位随时间和位序变化而触发。如果总线控制器被发送节点从总线上通电退耦，则位流不允许含有直流成分，在隐性位期间输出悬浮，显性位轮流使用 TX0 或 TX1 发送。例如第一个显性位在 TX0 上发送，第二个显性位在 TX1 上发送，第三个显性位在 TX0 上发送，以此类推。

在测试输出模式中，RX 上的电平在下一个系统时钟的上升沿映射到 TX*x* 上，系统时钟与输出控制寄存器中定义的极性一致。

10. 时钟分频寄存器

时钟分频寄存器控制 CLKOUT 引脚输出时钟的频率、专用接收中断输出、接收比较通道及 BasicCAN 模式与 PeliCAN 模式的选择，CAN 地址为 31。SJA1000 处于复位模式时，微控制器可以对时钟分频寄存器进行读/写操作。时钟分频寄存器的功能描述如表 5-14所示。

表 5-14　　　　　　　　时钟分频寄存器的功能描述

BIT7	BIT6	BIT5	BIT4	BIT3	BIT2	BIT1	BIT0
CAN 模式	CBP	RXINTEN	0	关闭时钟	CD.2	CD.1	CD.0

CD.2～CD.0 用来定义外部 CLKOUT 引脚上的输出时钟频率，如表 5-15 所示。

表 5-15　　　　　　　　**CLKOUT** 引脚上的输出时钟频率设定

CD.2	CD.1	CD.0	CLKOUT 频率
0	0	0	$f_{osc}/2$
0	0	1	$f_{osc}/4$
0	1	0	$f_{osc}/6$
0	1	1	$f_{osc}/8$
1	0	0	$f_{osc}/10$
1	0	1	$f_{osc}/12$
1	1	0	$f_{osc}/14$
1	1	1	f_{osc}

关闭时钟位用于禁止 CLKOUT 引脚的时钟输出。如果关闭时钟位为 1，则 CLKOUT 引脚在睡眠模式中是低电平，其他情况下是高电平。

接收中断允许（RXINTEN）位用于允许 TX1 引脚用于专用接收中断输出。当一条已接收的报文成功通过验收过滤器时，TX1 引脚输出一个位时间长度的接收中断脉冲。

比较器旁路（CBP）位可以使输入数据不经过 CAN 输入比较器，此时内部延时减短，这将使总线长度增加。如果 CBP 被置位，则只有 RX0 被激活。没有使用的 RX1 引脚应连接到一个确定的电平，例如 V_{ss}。

CAN 模式位用于选择 SJA1000 工作于 BasicCAN 模式还是 PeliCAN 模式。如果 CAN 模式位为 0，SJA1000 工作于 BasicCAN 模式，否则工作于 PeliCAN 模式。CAN 模式位复位值为 0，也就是说 SJA1000 的默认协议模式是 BasicCAN 模式。

11. 发送缓冲器

发送缓冲器用于存储微控制器要求 SJA1000 发送的报文，分为描述符区和数据区。发送缓冲器的读/写只能由微控制器在 SJA1000 处于工作模式时完成，在 SJA1000 处于复位模式时读出的值总是 FFH。

SJA1000 在 BasicCAN 模式下时，发送缓冲器描述符占 2 字节，如表 5-16 所示。描述符包括 11 位标识符、1 位远程发送请求位和 4 位数据长度码。数据长度码不应超过 8，如果选择的值超过 8，则按 8 处理。CAN 地址 12～19 是存储数据字节的存储单元。

表 5-16 发送缓冲器描述符结构

CAN 地址	位							
	7	6	5	4	3	2	1	0
10	ID.10	ID.9	ID.8	ID.7	ID.6	ID.5	ID.4	ID.3
11	ID.2	ID.1	ID.0	RTR	DLC.3	DLC.2	DLC.1	DLC.0

12. 接收缓冲器

接收缓冲器用于存储从 CAN 总线上接收来的报文，等待微控制器读取。SJA1000 在 BasicCAN 模式下时，接收缓冲器的结构和发送缓冲器类似。接收缓冲器是 RXFIFO 中可访问的部分，位于 CAN 地址 20～29。一条报文被读取后，执行释放接收缓冲器命令，则下一条报文进入 CAN 地址 20～29 等待读取。

RXFIFO 共有 64 个字节，一次可以存储多少条报文取决于数据的长度。如果 RXFIFO 中没有足够的空间来存储新的报文，SJA1000 会产生数据溢出，部分已写入 RXFIFO 的报文将被删除，这种情况可以通过状态寄存器和数据溢出中断表示出来。

5.6 CAN 总线收发器 PCA82C250

CAN 总线收发器是 CAN 控制器和物理总线的接口，用于给总线提供差动发送能力和给 CAN 控制器提供差动接收能力。PCA82C250 是 PHILIPS 公司针对汽车中的高速应用而生产的 CAN 总线收发器，是目前应用最广泛的 CAN 总线收发器之一，它具有以下特性。

PCA82C250

① 符合 ISO 11898 国际标准。
② 高速率，最高可达 1Mbit/s。
③ 具有总线保护能力，可抵抗汽车环境中的瞬间干扰。
④ 具有斜率控制模式，可降低射频干扰（RFI）。
⑤ 采用差分接收器，抵抗宽范围的共模干扰，有很强的抗电磁干扰（EMI）的能力。
⑥ 具有过热保护功能。
⑦ 具有发送输出极对电源或地的短路保护。
⑧ 具有低电流待机模式。
⑨ 未上电节点对总线无影响。
⑩ 总线可连接 110 个节点。

5.6.1 PCA82C250 引脚功能

设计 CAN 总线节点时，PCA82C250 一般与 CAN 控制器（例如 SJA1000）配合工作。PCA82C250 的引脚分布如图 5-21 所示，引脚功能如表 5-17 所示。

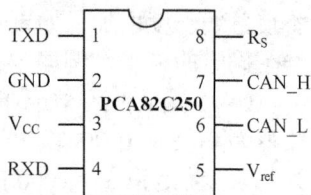

图 5-21　PCA82C250 的引脚分布

表 5-17 PCA82C250 引脚功能

符号	引脚	功能描述
TXD	1	发送数据输入
GND	2	地
V_{CC}	3	电源电压
RXD	4	接收数据输出

符号	引脚	功能描述
V_{ref}	5	参考电压输出
CAN_L	6	低电平 CAN 电压输入或输出
CAN_H	7	高电平 CAN 电压输入或输出
R_S	8	斜率电阻输入

5.6.2　PCA82C250 内部功能结构

PCA82C250 的内部功能结构如图 5-22 所示，主要包括基准电压、发送器、接收器、保护电路和工作模式控制电路等。

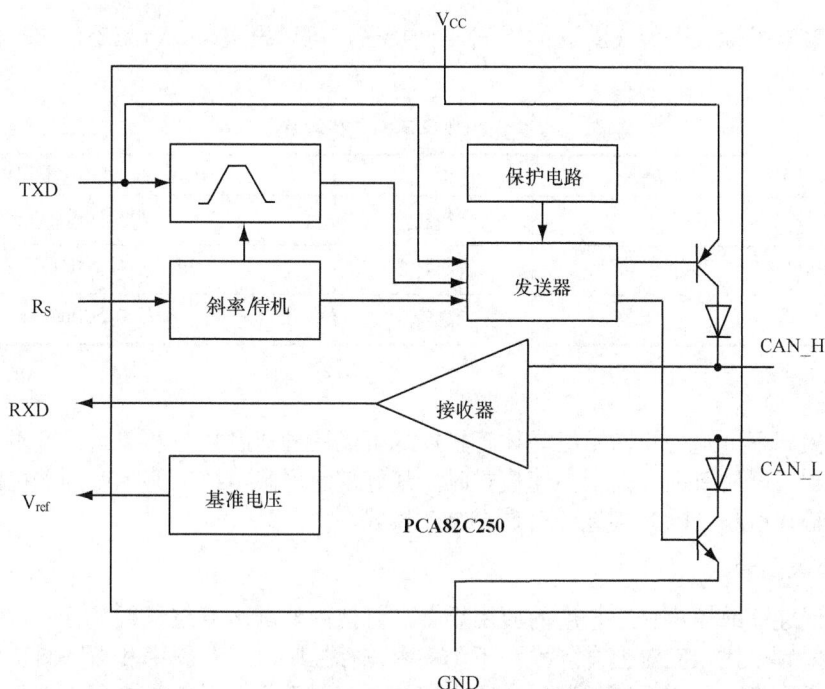

图 5-22　PCA82C250 的内部功能结构

1. 基准电压

基准电压电路用于向某些 CAN 控制器提供基准电压（V_{ref}），基准电压一般为 PCA82C250 电源电压（V_{CC}）的一半。

2. 发送器

发送器用于将 CAN 控制器传送过来的 TTL 电平转换为 ISO 11898 标准规定的 CAN 总线电平。

3. 接收器

接收器用于将总线上传送过来的 ISO 11898 标准规定的 CAN 总线电平转换为 CAN 控制器接收需要的 TTL 电平。

4. 保护电路

为了保障 PCA82C250 可靠工作，保护电路主要有短路保护和过热保护。短路保护主要采用限流电路，当发送输出极对电源或地短路时，尽管功率消耗有所增加，但限定的电流值将防止发送器输出级毁坏。如果 CAN 节点温度超过大约 160℃，两个发送器输出极的极限电流将降低，因为发送器占去大部分功率消耗，所以可以降低芯片的温度，集成电路（Integrated Circuit，IC）芯片中的其他部分在使用中将保持不变，实现了过热保护。

5. 工作模式控制电路

工作模式控制电路用于选择 PCA82C250 的工作模式，即高速模式、待机模式和斜率控制模式。

5.6.3 PCA82C250 的工作模式

通过斜率电阻输入引脚（R_S）的 3 种不同接法，可以设置 PCA82C250 的工作模式，如表 5-18 所示。

表 5-18　　　　　　　　　　　R_S 选择的 3 种不同工作模式

在 R_S 引脚上的强制条件	模式	在 R_S 引脚上的电压和电流
$V_{R_s}>0.75V_{CC}$	待机	$I_{R_s}<|10\mu A|$
$-10\mu A<I_{R_s}<-200\mu A$	斜率控制	$0.3V_{CC}<V_{R_s}<0.6\,V_{CC}$
$V_{R_s}<0.3V_{CC}$	高速	$I_{R_s}<-500\mu A$

1. 高速模式

在高速模式下，发送器输出级晶体管将以尽可能快的速度打开和关闭，且不采用任何措施限制上升和下降的斜率。采用高速模式时，最好使用屏蔽电缆以避免射频干扰问题。通过把斜率电阻输入引脚（R_S）接地即可选择高速模式。

2. 斜率控制模式

对于较低速度或较短总线长度的应用场合，可使用非屏蔽双绞线或平行线作为总线。此时，为降低射频干扰，应对上升斜率和下降斜率进行控制。上升斜率和下降斜率可通过由斜率电阻输入引脚（R_S）接至地的连接电阻进行控制，斜率正比于斜率电阻输入引脚（R_S）的电流输出。

3. 待机模式

通过斜率电阻输入引脚（R_S）接至高电平可选择低电流待机模式。在此模式下，发送器被关闭，而接收器转至低电流。若在总线上检测到显性位，RXD 将变为低电平。微控制器应将 PCA82C250 转回正常工作状态，以对此信号做出响应。注意，由于处在待机模式下，接收器是慢速的，因此，第一个报文将丢失。

5.7　CAN 总线节点设计

CAN 总线具有通信速率高、可靠性高、灵活性好和性价比高等优点，这使 CAN 总线系统在工业控制领域扮

CAN 节点设计（1）　CAN 节点设计（2）

演着非常重要的角色。CAN 总线节点是构成 CAN 总线系统的基本单元，因此，掌握 CAN 总线节点设计十分重要，本节主要介绍 CAN 总线节点硬件和软件的设计思路。

5.7.1　CAN 总线节点的硬件设计

1. CAN 总线节点结构

CAN 总线节点分为非智能型和智能型两种类型。非智能型节点不包含微控制器，例如一片 P82C150 芯片就可以构成用于数字和模拟信号采集的 CAN 总线节点。智能型节点是由微控制器、可编程的 CAN 控制器和 CAN 收发器组成的。

CAN 收发器主要负责信号电平转换，不具备可编程参数。CAN 总线节点的核心是 CAN 控制器，它执行 CAN 规范里规定的完整 CAN 协议，它通常用于报文缓冲和验收过滤。微控制器用于设置 CAN 控制器的可编程参数和应用层协议设计，此外它还负责执行应用功能，例如控制执行器、读传感器和处理人机接口（HMI）。

图 5-23 所示的是智能型 CAN 总线节点的构成，其中，微控制器选择 MCS-51 单片机，CAN 控制器选择 SJA1000，CAN 收发器选择 PCA82C250。

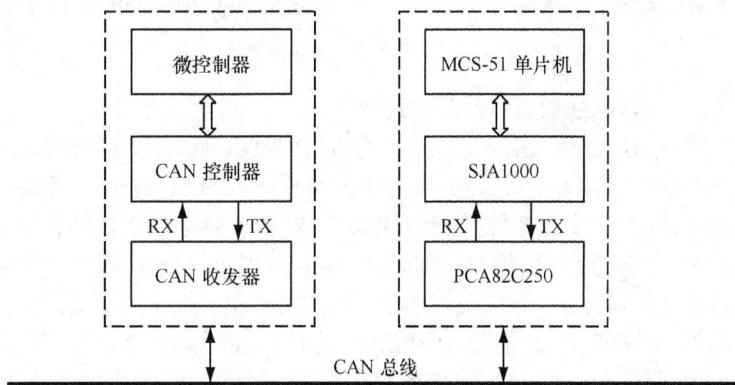

图 5-23　智能型 CAN 总线节点的构成

2. CAN 总线节点的硬件电路

CAN 总线节点的硬件电路比较简单，主要包括电源电路、复位电路、时钟电路、MCS-51 单片机与 SJA1000 接口电路及 CAN 总线收发器电路几部分。

（1）电源电路

SJA1000 片上有 3 个独立电源，分别给输入电路、输出电路及内部逻辑管理电路供电。这样可以把逻辑功能电路与外部总线更好地隔离，减少外部干扰。

（2）复位电路

为了使 SJA1000 正确复位，XTAL1 引脚必须连接一个稳定的振荡器时钟，复位输入引脚的外部复位信号要同步并被内部延长到 15 个 t_{CLK}。注意，SJA1000 的复位输入引脚为低电平有效，MCS-51 单片机的复位输入引脚为高电平有效。

（3）时钟电路

SJA1000 能用片内振荡器或片外时钟源工作。另外，CLKOUT 引脚可被使能，向微控制器输出时钟频率。MCS-51 单片机与 SJA1000 的时钟电路有 4 种连接形式，如图 5-24 所示。

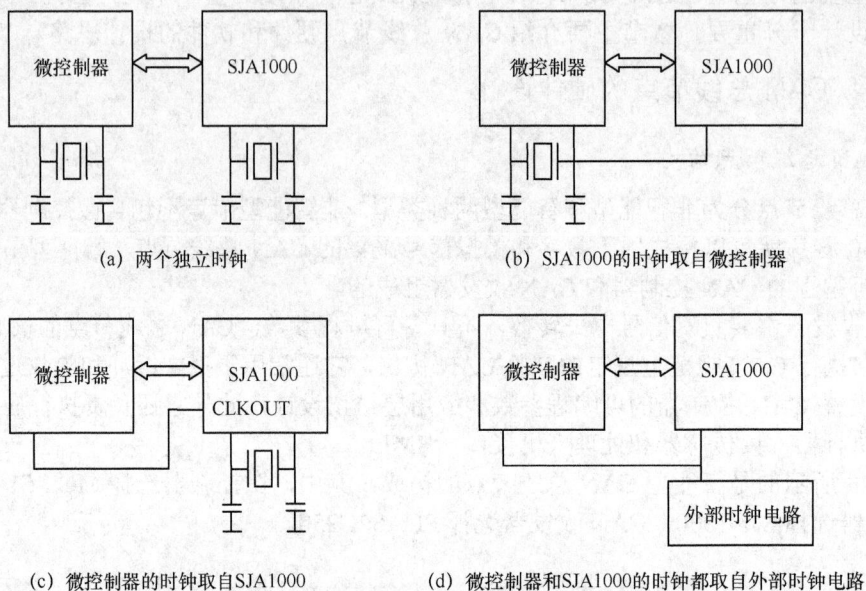

(a) 两个独立时钟　　　　　　　　(b) SJA1000的时钟取自微控制器

(c) 微控制器的时钟取自SJA1000　　(d) 微控制器和SJA1000的时钟都取自外部时钟电路

图 5-24　CAN 总线节点时钟电路

（4）MCS-51 单片机与 SJA1000 接口电路

MCS-51 单片机与 SJA1000 接口电路主要包括数据线、地址线和控制线的接线设计，如图 5-25 所示，SJA1000 的 MODE 引脚接高电平并选择 Intel 接口模式。MCS-51 单片机的 P0口接 SJA1000 的数据/地址总线，8 位数据线用于单片机与 SJA1000 之间的数据传递，低 8 位地址线用于 SJA1000 内部的 CAN 地址寻址。MCS-51 单片机可采用线选法提供片选信号，即 SJA1000 的片选线接 P2 口任意一个口线（高 8 位地址线）。图 5-25 中的 P2.7 作为 SJA1000的片选线，片选地址为 7F00H，片选地址和 CAN 地址相加得到 SJA1000 内部寄存器的地址。单片机和 SJA1000 的读写允许信号、地址锁存信号控制线对应连接即可。SJA1000 的中断输出接单片机的中断输入，可以使 SJA1000 的某些事件触发微控制器的外部中断。

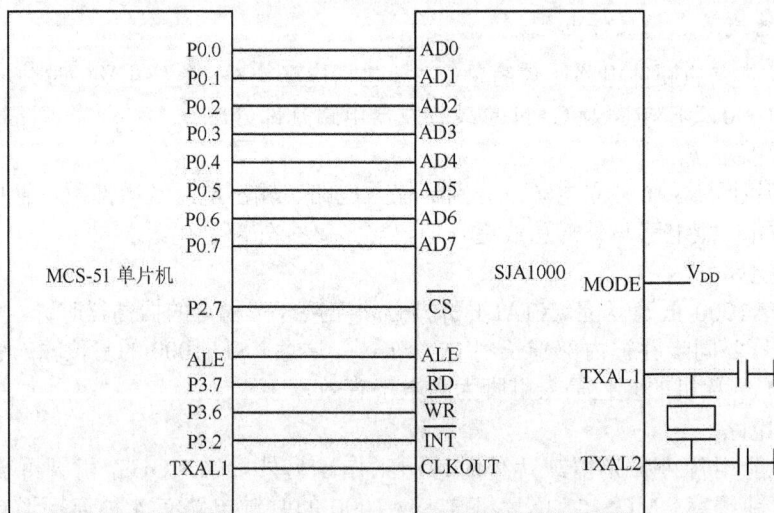

图 5-25　MCS-51 单片机与 SJA1000 接口电路

（5）CAN 总线收发器电路

CAN 总线收发器电路是指 SJA1000 与 PCA82C250 之间的电路，主要包括串行通信线、模式选择和光电隔离几部分。串行通信线包括串行数据发送线和串行数据接收线，如果不采用光电隔离，SJA1000 与 PCA82C250 对应连接即可。注意，SJA1000 的 RX1 引脚接地即可，其他 CAN 控制器可能要求 RX1 引脚接 PCA82C250 的 V_{ref} 引脚。PCA82C250 若需要使用待机模式，R_S 引脚可以连接微控制器的 I/O 线；若不使用待机模式，R_S 引脚可以经电阻接地（斜率控制模式），如图 5-26 所示。

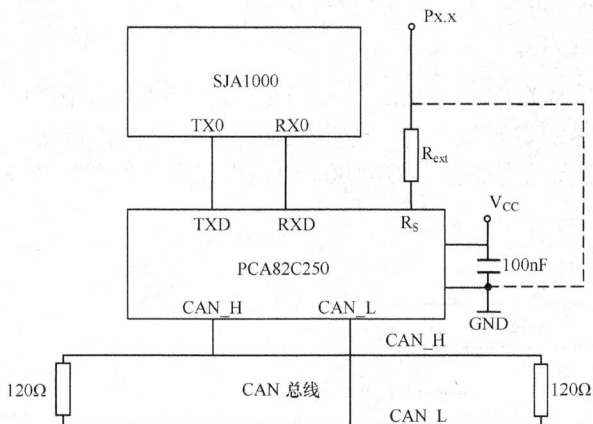

图 5-26　PCA82C250 模式选择电路

PCA82C250 光电隔离电路如图 5-27 所示，6N137 是高速光电耦合器，接在输入输出信号线上可以把外部 CAN 总线与 SJA1000 隔离，减少干扰。注意，光电耦合器输入输出侧必须采用隔离电源。

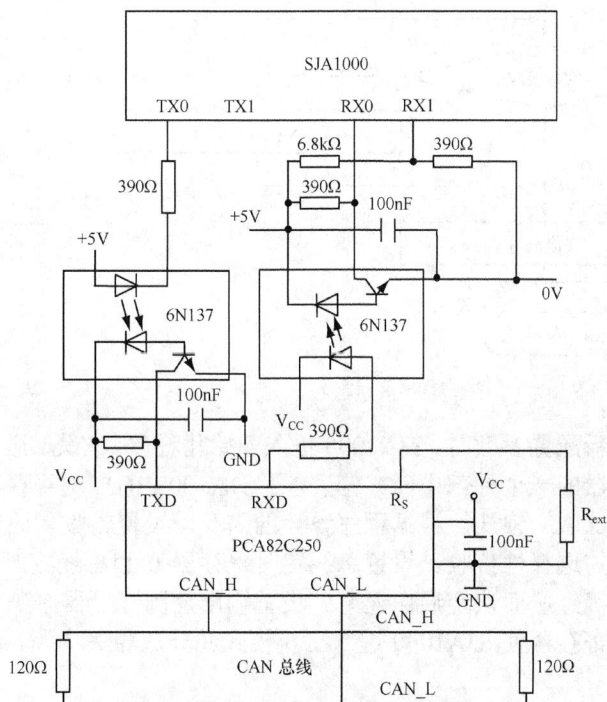

图 5-27　PCA82C250 光电隔离电路

5.7.2 CAN 总线节点的软件设计

CAN 总线节点的软件设计主要分为初始化程序、发送子程序和接收子程序。

1. 主程序

CAN 总线节点的主程序与一般单片机的主程序类似,主要完成自检测、初始化(微控制器初始化、SJA1000 初始化)、CAN 发送、CAN 接收和其他任务(数据采集、数据处理、数据输出、按键处理及显示处理等),如图 5-28 所示。

2. SJA1000 初始化程序

SJA1000 要完成正常的 CAN 通信,需要先进行必要的初始化参数设置。这些初始化参数包括验收过滤器、总线定时寄存器、输出驱动方式及中断系统等。这些设置实际上是对 SJA1000 内部相关寄存器的写操作。SJA1000 初始化程序流程图如图 5-29 所示。

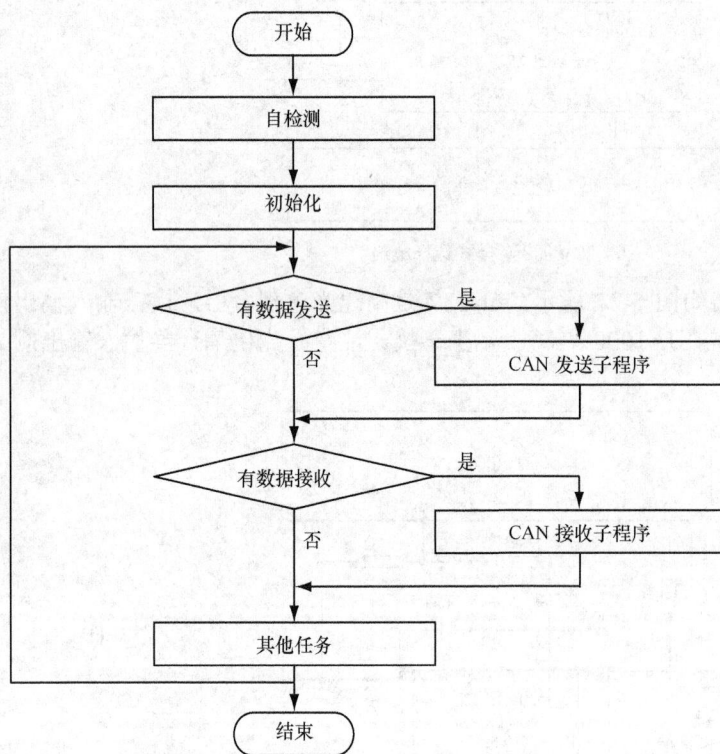

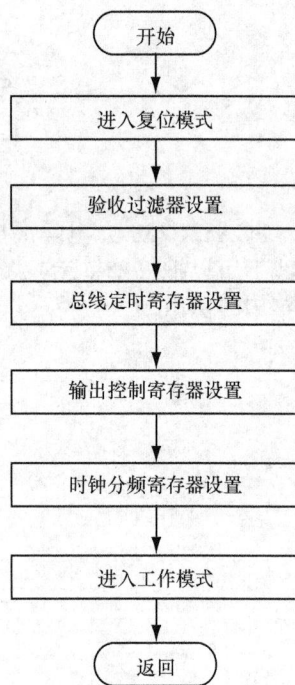

图 5-28 主程序流程图   图 5-29 SJA1000 初始化程序流程图

在上电或需要重新配置参数时,SJA1000 进入初始化程序。首先,微控制器关闭 SJA1000 的中断(相对微控制器的一个外部中断),其次写 SJA1000 的控制寄存器,进入复位模式,SJA1000 默认为 BasicCAN 模式。根据程序设计的需要,设置验收代码寄存器和验收屏蔽寄存器,这决定了报文的选择性接收。设置总线定时寄存器 0 和总线定时寄存器 1,用以确定位时间长度、位采样等,从而决定通信速率。设置输出控制寄存器来确定输出位流的电平驱动形式。最后用控制寄存器使 SJA1000 进入工作模式并开放相关中断,初始化完成。

3. 发送子程序

发送子程序流程主要分为 3 步,一是判断 SJA1000 当前的状态是否允许报文发送;二是将要发送的数据按照 CAN 协议规定的帧格式组成数据帧，存入 SJA1000 的发送缓冲器；三是写发送命令。发送子程序流程图如图 5-30 所示。

发送前，一般检查 3 个状态位：一是接收状态，如果目前 SJA1000 正在接收报文，则不能发送，至少等本次接收完成后才能申请发送；二是发送完成状态，即检查 SJA1000 是否正在发送报文，如果正在发送，要等一次发送完成，才能启动新的发送任务；三是检查发送缓冲器是否被锁定，发送缓冲器处于不锁定状态时才能发送报文。

4. 接收子程序

接收子程序的处理比发送子程序要复杂些。在接收子程序中，不仅要对接收数据进行处理，还要对各种错误、数据溢出等进行判断和处理。由于篇幅限制，在此只介绍对接收数据的处理。

图 5-30 发送子程序流程图

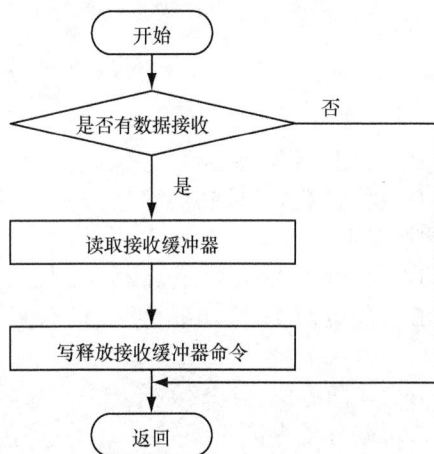

接收子程序流程主要分为 3 步：一是判断 SJA1000 是否有报文可以接收；二是读取 SJA1000 的接收缓冲器中的报文；三是写释放接收缓冲器命令。接收数据的处理方式有查询方式和中断方式两种。中断方式适合实时性要求较高的通信系统，否则可用查询方式。接收子程序流程图如图 5-31 所示。

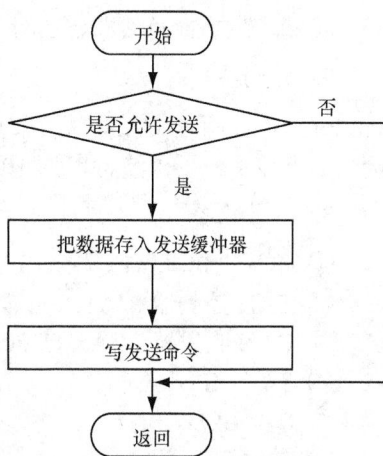

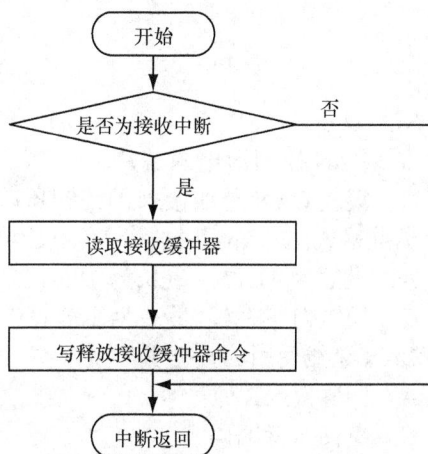

(a) 查询方式接收子程序流程图　　　　　　(b) 中断方式接收子程序流程图

图 5-31 接收子程序流程图

实验 4 CAN 总线节点一对一通信

1. 实验目的

① 了解 CAN 总线节点的设计过程。

② 理解 CAN 总线原理。

③ 掌握 CAN 总线节点电路的设计方法。

④ 理解 CAN 总线节点软件编程思想。

2. 控制要求

分别设计两个 CAN 总线节点进行一对一通信，发送节点把开关状态用一个字节发送给接收节点显示，要求波特率为 100kbit/s，重同步跳转宽度为 1 个系统时钟，1 次采样。

3. 实验设备

① 单片机仿真器或具有 ISP 功能的 MCS-51 系列单片机。

② CAN 控制器 SJA1000。

③ CAN 收发器 PCA82C250。

④ 8 位 DIP 开关。

⑤ 8 位 LED。

⑥ 导线若干。

4. 实验指导

① 硬件设计：采用具有 CAN 通信模块的单片机实验箱或自行开发 CAN 总线通信实验板。CAN 总线节点硬件电路参见图 5-25，发送节点的 P1 口接开关，接收节点的 P1 口接 LED。

② 软件设计：采用汇编语言或 C 语言进行单片机程序设计。发送节点和接收节点的程序流程图基本一致，可参见图 5-28、图 5-29、图 5-30 和图 5-31，只是主程序的其他任务有所区别。具体程序代码参见附录 B。

习题

1. SJA1000 是（　　　）。

    A．CAN 控制器电源芯片　　　　　　　B．CAN 控制器驱动芯片

    C．集成 CAN 总线接口的控制器芯片　　D．独立 CAN 控制器芯片

2. 标准格式的 CAN 数据帧，在不计填充位的情况下，（　　　）。

    A．最短为 41 位，最长为 105 位　　　　B．最短为 42 位，最长为 106 位

    C．最短为 44 位，最多为 108 位　　　　D．最短为 47 位，最长为 111 位

3. CAN 总线使用的数据编码是（　　　）。

    A．归零码（RZ）　　　　　　　　　　B．非归零码（NRZ）

    C．曼彻斯特编码　　　　　　　　　　　D．差分曼彻斯特编码

4. 在 CAN 总线 2.0B 技术规范中，扩展帧具有的标识符位数为（　　　）。

    A．8 位　　　　　　B．11 位　　　　　　C．15 位　　　　　　D．29 位

5. 以下 ISO 11898 对 CAN 总线典型电平规定正确的是（　　　）。

    A．显性：$V_{CAN\_H}= V_{CAN\_L}=2.5V$，$V_{diff}=0V$。隐性：$V_{CAN\_H}= 3.5V$，$V_{CAN\_L}=1.5V$，$V_{diff}=2V$

    B．隐性：$V_{CAN\_H}= V_{CAN\_L}=2.5V$，$V_{diff}=0V$。显性：$V_{CAN\_H}= 3.5V$，$V_{CAN\_L}=1.5V$，$V_{diff}=2V$

    C．显性：$V_{CAN\_H}=1.75V$，$V_{CAN\_L}=3.25V$，$V_{diff}=-1.5V$。隐性：$V_{CAN\_H}=4V$，$V_{CAN\_L}=1V$，$V_{diff}=3V$

    D．隐性：$V_{CAN\_H}= 1.75V$，$V_{CAN\_L}=3.25V$，$V_{diff}=-1.5V$。显性：$V_{CAN\_H}=4V$，$V_{CAN\_L}=1V$，$V_{diff}=3V$

6. CAN 总线两端应加终端电阻，其标准阻值为（　　）。
　　A. 75Ω　　　　　　B. 120Ω　　　　　　C. 200Ω　　　　　　D. 330Ω

7. CAN 总线控制器 SJA1000 的定时寄存器 1（BTR1）的 bit7 位即 SAM 位为 1 时，总线被采样的次数为（　　）。
　　A. 1　　　　　　　B. 2　　　　　　　　C. 3　　　　　　　　D. 4

8. 在 CAN 总线中，若具有下列报文 D 的 4 个标准格式的数据争用总线，胜出的是（　　）。
　　A. 11001100001　B. 11001101001　C. 11001000001　D. 11001000010

9. 使用 CAN 控制器接口 PCA82C250 的 CAN 总线系统，总线至少可驱动（　　）个节点。
　　A. 32　　　　　　　B. 64　　　　　　　C. 110　　　　　　　D. 127

10. CAN 总线控制器 SJA1000 的 AD0-AD7 引脚接 MCS-51 单片机的（　　）端口。
　　A. P0　　　　　　　B. P1　　　　　　　C. P2　　　　　　　D. P3

11. CAN 总线在传输距离为 10km 时，其最大传输速率可达 1Mbit/s。　　　　　　（　　）

12. CAN 总线数据帧的 4 位数据长度码 DLC 指明数据场的字节数最多为 15 个。　（　　）

13. CAN 总线数据帧中参与 CRC 计算的有帧起始、仲裁场、控制场、数据场，不包括填充位。　　　　　　　　　　　　　　　　　　　　　　　　　　　　　　　（　　）

14. CAN 总线错误帧中的错误标志叠加区的长度可为 6 至 12 位。　　　　　　　（　　）

15. CAN 总线中，数据帧和远程帧均以帧间空间与总线上前面所传的帧分隔开。（　　）

16. 根据 CAN 总线 2.0B 技术规范的规定，标准格式数据帧最多可传送 8 字节数据，而扩展格式数据帧最多可传送 24 字节数据。　　　　　　　　　　　　　　　　（　　）

17. 在 CAN 总线中，当引起重同步的沿的相位误差数值大于重同步跳转宽度时，若相位误差为正，则相位缓冲段 1 延长数值等于重同步跳转宽度；若相位误差为负，则相位缓冲段 2 缩短数值等于重同步跳转宽度。　　　　　　　　　　　　　　（　　）

18. 设计 CAN 总线节点发送程序时，先将数据写入 SJA1000 的发送缓冲器，然后写发送命令。　　　　　　　　　　　　　　　　　　　　　　　　　　　　　　　（　　）

19. 设计 CAN 总线节点接收程序时，只需从 SJA1000 接收缓冲器中读出数据，接收缓冲器就会自动清空并接收下一个数据报文。　　　　　　　　　　　　　　　　（　　）

20. 设计 CAN 总线初始化程序时，需要将 SJA1000 设置为复位模式。　　　　（　　）

21. CAN 总线采用双绞线作为传输介质时终端电阻一般选择（　　）Ω。

22. CAN 总线标准帧具有（　　）位标识符，CAN 总线扩展帧具有（　　）位标识符。

23. 如果 CAN 总线节点的通信速率为 1Mbit/s，那么该节点位时间应该设计为（　　）μs。

24. 简述 CAN 总线的特点。

25. 简述 CAN 总线位时间的组成及各部分功能。

26. 简述 CAN 总线位同步工作原理。

27. 简述 CAN 总线 4 种报文和功能。

28. 简述 CAN 总线数据帧结构及功能。

29. 简述 CAN 总线中存在的 5 种不同的错误类型。

30. 简述 CAN 总线节点有哪些错误状态。

31. 简述 CAN 总线控制器 SJA1000 常用内部寄存器及功能。

32. CAN 现场总线的发送器和接收器均使用 SJA1000，采用 CAN 2.0A 规范，发送器发送的 4 个报文的 ID 分别为：（1）11001100001；（2）11001101001；（3）11001000001；

（4）11001001001。欲使接收器只接收报文（1）、（3），应如何设置接收器 SJA1000 的 ACR 和 AMR？

33．若 CAN 总线控制器 SJA1000 使用的振荡器时钟频率为 16MHz，且总线定时寄存器 0（BTR0）的值为 00000000，总线定时寄存器 1（BTR1）的值为 00111010，则该节点的通信速率为多少？若该节点持续接收包含 4 字节数据的数据帧（不考虑填充位），由 SJA1000 产生接收中断的最短时间为多少？

34．若 CAN 总线控制器 SJA1000 使用的振荡器时钟频率为 12MHz，需要设计通信速率为 250kbit/s，如何设置 SJA1000 的总线定时寄存器 BTR0 和 BTR1？

35．画出 MCS-51 单片机与 CAN 控制器 SJA1000 连接的框图，要求片选信号采用线选法。

36．假设采用 MCS-51 单片机与独立 CAN 控制器 SJA1000 设计 CAN 总线应用节点，SJA1000 对应的端口地址为 8000H，若采用查询方式处理接收数据，ACR=01H，AMR=00H，BTR0=01H，BTR1=1CH，OCR=1AH，请写出 CAN 总线节点初始化子程序。

第 6 章 DeviceNet 现场总线

DeviceNet 是 1994 年由 AB 公司（现归属 Rockwell）提出的现场总线技术。1995 年，DeviceNet 协议由开放式设备网络供货商协会（Open DeviceNet Vendor Association，ODVA）管理。ODVA 实行会员制，会员分供货商会员（Vendor Member）和分销商会员（Distributor Member），ODVA 供货商会员包括 ABB、Rockwell、OMRON 及台达电子等几乎所有世界著名的电器和自动化元件生产商。2000 年，DeviceNet 成为 ICE 62026 中控制器与电器设备接口的 4 种现场总线之一。此外，DeviceNet 也被列为欧洲标准 EN 50325，实际上，DeviceNet 是亚洲和美洲主流的设备网标准。2002 年，DeviceNet 被批准为我国国家标准 GB/T 18858.2- 2002。

6.1 DeviceNet 概述

在北美和日本地区，DeviceNet 在同类产品中占有最高的市场份额，在其他各地也呈现出强劲的发展势头。DeviceNet 已广泛应用于汽车工业、半导体产品制造业、食品加工工业、搬运系统、电力系统、包装、石油、化工、钢铁、水处理、楼宇自动化、机器人、制药和冶金等领域。

DeviceNet 概述

6.1.1 设备级的网络

DeviceNet 将基本工业设备（如传感器、阀组、电动机启动器、条形码阅读器和操作员接口等）连接到网络，从而避免了昂贵和烦琐的接线。DeviceNet 是一种简单的网络解决方案，在提供多供货商同类部件间的可互换性的同时，减少了配线和安装自动化设备的成本和时间。

DeviceNet 是一个开放式网络标准，其规范和协议都是开放的，用户将设备连接到系统时，无须购买硬件、软件或许可权。任何个人或制造商都能以较低的复制成本从 ODVA 获得 DeviceNet 规范。

在 Rockwell 提出的 3 层网络结构中，DeviceNet 主要应用于工业控制网络的底层，即设备层。在工业控制网络的底层中，传输的数据量小，节点功能相对简单，复杂程度低，但节点的数量大，并且要求网络节点费用低。DeviceNet 正是满足了工业控制网络底层的这些要求，从而在离散控制领域中占有一席之地。

6.1.2 DeviceNet 的特性

① 介质访问控制及物理信号使用 CAN 总线技术。
② 最多可支持 64 个节点，每个节点支持的 I/O 数量没有限制。

③ 不必切断网络即可移除节点。

④ 支持总线供电，总线电缆包括电源线和信号线，供电装置具有互换性。

⑤ 可使用密封式或开放式的连接器。

⑥ 具有误接线保护功能。

⑦ 可选的通信速率为 125kbit/s、250kbit/s、500kbit/s。

⑧ 采用基于连接的通信模式有利于节点之间的可靠通信。

⑨ 提供典型的请求/响应通信方式。

⑩ 具有重复 MAC ID 检测机制，满足节点主动上网要求。

6.1.3 DeviceNet 的通信模式

在现场总线领域中，最常用的通信模式有两种，一种是传统的点对点模式，另一种是新型的生产者/消费者模式。两种通信模式的报文格式对比如图 6-1 所示。

源节点地址	目的节点地址	数据	校验

(a) 点对点模式的报文格式

标识符	数据	校验

(b) 生产者/消费者模式的报文格式

图 6-1 两种通信模式的报文格式对比

1. 点对点模式

点对点模式的报文中含有特定的源/目的地址信息，源节点必须多次发送数据给不同的目的节点，增加了通信负担，浪费了带宽。对于多个接收信息节点来说，数据在不同的时刻到达，实现不同节点之间的同步是非常困难的。基于 RS-485 物理层标准的现场总线（如 Modbus、Profibus-DP、P-NET 等）大多采用点对点的通信模式。

2. 生产者/消费者模式

生产者/消费者模式的报文不再专属于特定的源节点或目的节点，一个报文可以被多个节点接收。生产者节点仅仅需要发出一个报文，消费者节点通过报文标识符过滤方式对总线上的报文进行监听、识别，当识别到所需的标识符时便开始接收。多个消费者节点从单个生产者节点那里同时获得相同的数据，这样用很窄的带宽就可以实现多个设备的同时动作。

采用生产者/消费者模式的现场总线主要有 FF、DeviceNet、CANopen 和 Ethernet/IP 等。

6.2 DeviceNet 通信模型

DeviceNet 通信模型如图 6-2 所示，遵从 ISO/OSI 参考模型中的物理层、数据链路层和应用层规范。

DeviceNet 的物理层采用了 CAN 总线物理层信号的定义，增加了有关传输介质的规范。DeviceNet 的数据链路层沿用 CAN 总线协议规范，采用生产者/消费者通信模式，充分利用 CAN 的报文过滤技术，有效节省了节点资源。DeviceNet 的应用层定义了传输数据的语法和语义，是 DeviceNet 协议的核心技术。

DeviceNet 通信模型

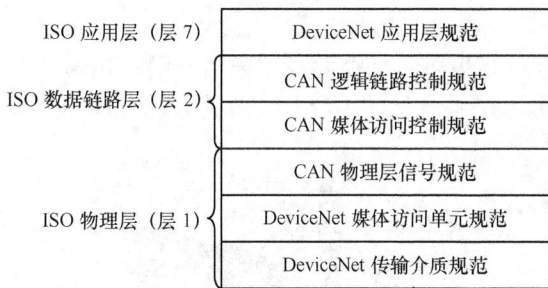

图 6-2 DeviceNet 通信模型

6.2.1 DeviceNet 的物理层

DeviceNet 的物理层包括物理层信号子层、媒体访问单元子层和传输介质子层。DeviceNet 采用 CAN 的物理层信号，即显性电平表示逻辑 0，隐性电平表示逻辑 1（具体标准参见第 5 章）。下面分别对 DeviceNet 传输介质和媒体访问单元进行介绍。

1. 传输介质

DeviceNet 传输介质规范主要定义了 DeviceNet 的总线拓扑结构、传输介质的性能和连接器的电气及机械接口标准。

（1）拓扑结构

DeviceNet 典型拓扑结构采用干线—分支线方式，如图 6-3 所示。

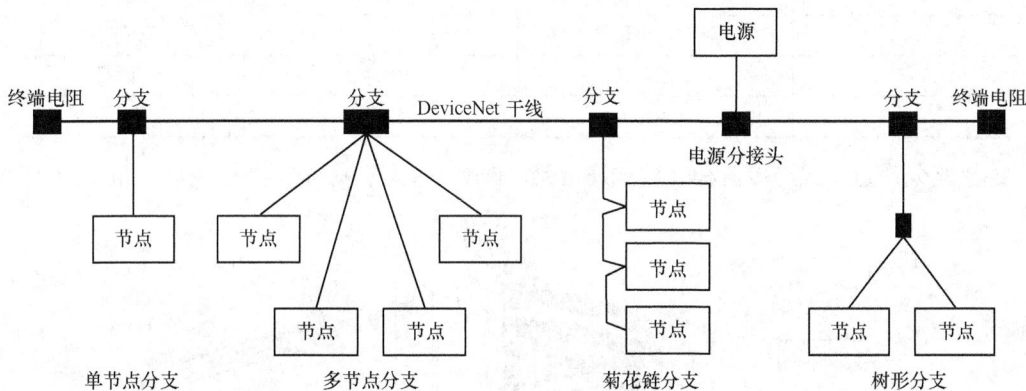

图 6-3 DeviceNet 典型拓扑结构

DeviceNet 支持单节点分支、多节点分支、菊花链分支和树形分支等多种分支结构。DeviceNet 要求在每条干线的末端安装 121Ω 的终端电阻，而支线末端不可安装。DeviceNet 干线和分支线的长度主要由通信速率确定，具体关系如表 6-1 所示。

表 6-1 通信速率与总线的干、支线长度的关系

通 信 速 率	干 线 长 度	支 线 长 度	
		最 大 值	累 积 值
125kbit/s	500m		156m
250kbit/s	250m	6m	78m
500kbit/s	100m		39m

（2）传输介质的种类

DeviceNet 的传输介质有粗缆和细缆两种主要的电缆。粗缆适合长距离干线和需要坚固干线和支线的情况；细缆可提供方便的干线和支线的布线。DeviceNet 电缆如图 6-4 所示。

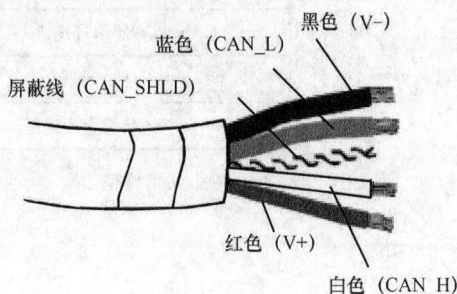

图 6-4　DeviceNet 电缆

（3）连接器

DeviceNet 定义了 5 针连接器标准，即一对信号线、一对电源线和一根屏蔽线，连接器及电缆中 5 根线的颜色规范如表 6-2 所示。

表 6-2　　　　　　　　　　　DeviceNet 连接器及电缆的颜色规范

引　脚	信　号	颜　色	功　能
1	V-	黑色	DC 0V
2	CAN_L	蓝色	信号-
3	CAN_SHLD	—	屏蔽线
4	CAN_H	白色	信号+
5	V+	红色	DC 24V

连接器分为封闭式连接器和开放式连接器，DeviceNet 电缆与开放式连接器如图 6-5 所示。

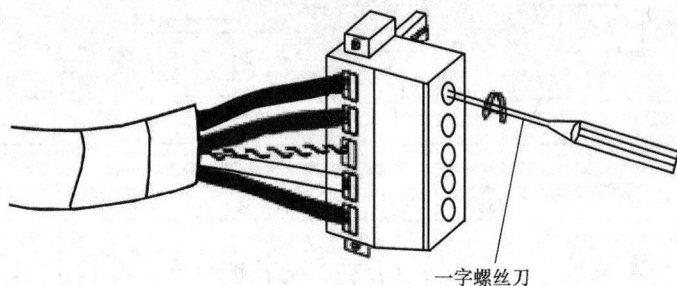

一字螺丝刀

图 6-5　DeviceNet 电缆与开放式连接器

（4）电源分接头

通过电源分接头将电源连接到 DeviceNet 干线。电源分接头中包含熔丝或断路器，用以防止总线过电流损坏电缆和连接器。电源分接头可加在干线的任何一点，可以实现多电源的冗余供电。

（5）接地

为防止接地回路，DeviceNet 网络必须一点接地。单接地点应位于电源分接头处，接地点应靠近网络的物理中心。

2．媒体访问单元

DeviceNet 媒体访问单元结构如图 6-6 所示，主要包括 CAN 收发器、连接器、误接线保护（Mis-Wiring Protection，MWP）、稳压器和光电隔离器。

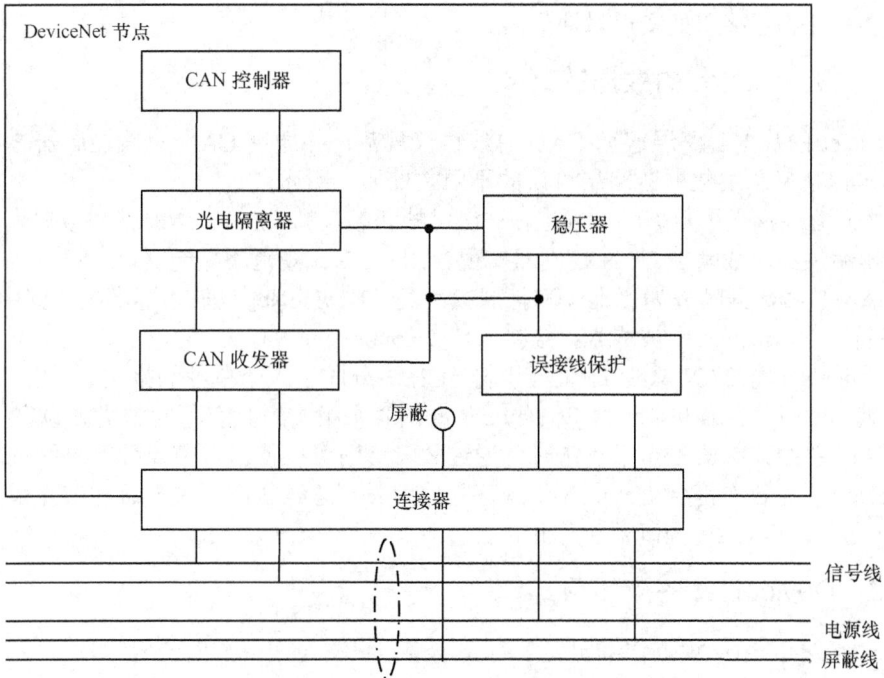

图 6-6　DeviceNet 媒体访问单元结构

（1）CAN 收发器

收发器是在网络上传送和接收 CAN 信号的物理器件。PCA82C250（具体介绍参看第 5 章）是广泛使用的收发器之一，也可以选择其他符合 DeviceNet 规范的收发器。

（2）误接线保护与稳压器

DeviceNet 要求节点能承受连接器上 5 根线的各种组合的接线错误。DeviceNet 规范给出了一种外部保护电路，如图 6-7 所示。

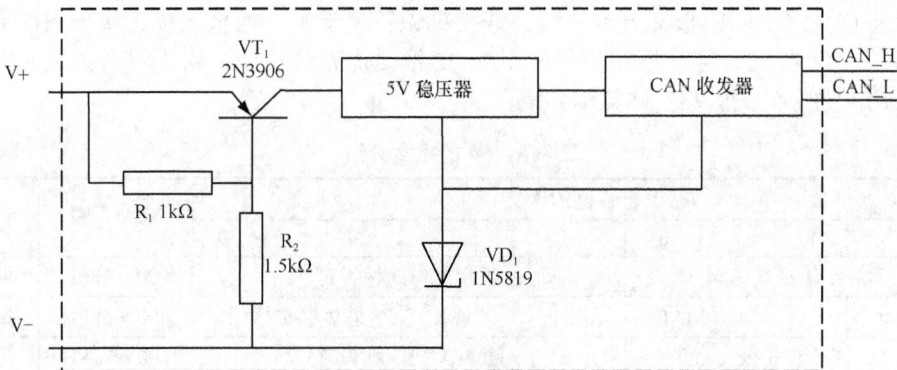

图 6-7　误接线保护电路原理图

肖特基二极管 IN5819 可以防止 V+信号线误接到 V-端子。晶体管 2N3906 作为开关防止由于 V-连接断开而造成的损害。R2 用于限制 V+和 V-颠倒时的击穿电流。

稳压器可以将 11～24V 电源电压稳定到 5V 电压供 CAN 收发器使用。

（3）光电隔离器

DeviceNet 网络要求单点接地，为了实现电源之外节点的 V-和地之间没有电流通过，任何节点都要求在物理接口处实现对地隔离。

6.2.2　DeviceNet 的数据链路层

DeviceNet 的数据链路层遵循 CAN 总线协议规范，并通过 CAN 总线控制器芯片实现。DeviceNet 与 CAN 总线数据链路层协议的不同之处如下所述。

① CAN 总线定义了数据帧、远程帧、出错帧和超载帧。DeviceNet 使用数据帧，不使用远程帧，出错帧和超载帧由 CAN 控制器实现，DeviceNet 规范不做定义。

② CAN 总线数据帧分为标准帧和扩展帧两类，DeviceNet 只使用标准帧，其中 CAN 的 11 位标识符在 DeviceNet 中被称为"连接 ID"（Connection ID，CID）。

③ DeviceNet 将 CAN 总线 11 位标识符（CID）分成了 4 个单独的报文组，由于 CAN 总线具有非破坏性总线仲裁机制，所以 DeviceNet 的 4 个报文组具有不同的优先级。

④ CAN 总线控制器工作不正常时，通过故障诊断可以使错误节点处于总线关闭状态，而 DeviceNet 节点若不符合 DeviceNet 规范则转为脱离总线状态，脱离总线节点虽然不参与 DeviceNet 通信，但 CAN 控制器工作正常。

6.2.3　DeviceNet 的应用层

DeviceNet 的应用层规范详细定义了有关连接、报文传送等方面的内容。

1. DeviceNet 的连接和报文组

DeviceNet 是基于"连接"的网络，网络上的任意两个节点在开始通信之前必须建立连接，这种连接是逻辑上的关系，并不是物理上实际存在的。在 DeviceNet 中，通过一系列的参数和属性对连接进行描述，如连接标识符、连接报文的类型、数据长度、路径信息的产生方式、报文传送频率和连接的状态等。DeviceNet 不仅允许预先设置或取消连接，也允许动态建立或撤销连接，这使通信具有更大的灵活性。

在 DeviceNet 中，每个连接由一个连接标识符来标识，该连接标识符由报文标识符（Message ID）和介质访问控制标识符（Media Access Identifier，MAC ID）组成。DeviceNet 用连接标识符将优先级不同的报文分为 4 组。连接标识符属于组 1 的报文优先级最高，通常用于发送设备的 I/O 报文；连接标识符属于组 4 的报文优先级最低，用于设备离线时的通信。DeviceNet 定义的 4 个报文组如表 6-3 所示。

表 6-3　　　　　　　　　　　　　　DeviceNet 的报文分组

标识符各位的含义											范　　围	用　　途
10	9	8	7	6	5	4	3	2	1	0		
0	组 1 报文标识				源 MAC ID 标识符						000～3FFH	报文组 1
1	0	MAC ID 标识符					组 2 报文标识				400～5FFH	报文组 2
1	1	组 3 报文标识			源 MAC ID 标识符						600～7BFH	报文组 3
1	1	1	1	1	组 4 报文标识						7C0～7EFH	报文组 4
1	1	1	1	1	1	1	x	x	x	x	7F0～7FFH	无效标识

报文 ID 用于识别同一节点内某个信息组中的不同信息。节点可以利用报文 ID 的不同在一个报文组中建立多重连接。报文 ID 的位数对不同的报文组来说是不一样的，组 1 为 4 位，组 2 为 3 位，组 3 为 3 位，组 4 为 6 位。

MAC ID 为 DeviceNet 上的每一个节点分配一个 0~63 的整数值，通常用设备上的拨码开关设定。MAC ID 有源和目的之分，源 MAC ID 分配给发送节点，报文组 1 和组 3 需要在连接标识区内指定源 MAC ID；目的 MAC ID 分配给接收节点，报文组 2 允许在连接标识区内指定源或目的 MAC ID。

在所有的报文中有一些报文是预留的，不能做其他用途，具体如下所述。

① 组 2 报文 ID6 用于预定义主/从连接。

② 组 2 报文 ID7 用于重复 MAC ID 检测。

③ 组 3 报文 ID5 用于未连接显式响应。

④ 组 3 报文 ID6 用于未连接显式请求。

2. DeviceNet 的报文

DeviceNet 定义了 I/O 报文和显式报文两种报文。

（1）I/O 报文

I/O 报文适用于实时性要求较高和面向控制的数据，它提供了报文发送过程和多个报文接收过程之间的专用通信路径。I/O 报文对传送的可靠性、送达时间的确定性及可重复性有很高的要求。I/O 报文的格式如图 6-8 所示。

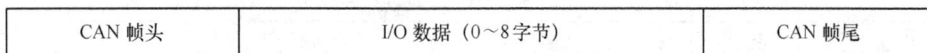

CAN 帧头	I/O 数据（0~8 字节）	CAN 帧尾

图 6-8　I/O 报文的格式

I/O 报文通常使用优先级高的连接标识符，通过一点或多点连接进行信息交换。I/O 报文数据帧中的数据场不包含任何与协议相关的位，仅仅是实时的 I/O 数据。连接标识符提供了 I/O 报文的相关信息，在 I/O 报文利用连接标识符发送之前，报文的发送和接收设备都必须先行设定，设定的内容包括源和目的对象的属性及数据生产者和消费者的地址。只有当 I/O 报文长度大于 8 字节，需要分段形成 I/O 报文片段时，数据场中才有 1 字节供报文分段协议使用。I/O 报文分段格式如表 6-4 所示。

表 6-4　　　　　　　　　　　　I/O 报文分段格式

偏移地址	位							
	7	6	5	4	3	2	1	0
0	分段类型		分段计数器					
1~7	I/O 报文分段							

分段类型表明是首段、中间段还是最后段；分段计数器用来标识每一个单独的分段，每经过一个相邻连续分段，分段计数器加 1，当分段计数器的值达到 64 时，又从 0 开始计数。

（2）显式报文

显式报文适用于设备间多用途的点对点报文传送，是典型的请求/响应通信方式，常用于上传/下载程序、修改设备参数、记载数据日志和设备诊断等。显式报文结构十分灵活，数据域中带有通信网络所需的协议信息和要求操作服务的指令。显式报文利用 CAN 的数据区来传递定义的报文，显式报文的格式如图 6-9 所示。

CAN 帧头	协议域与数据域（0～8 字节）	CAN 帧尾

图 6-9 显式报文的格式

含有完整显式报文的传送数据区包括报文头和完整的报文体两部分，如果显式报文长度大于 8 字节，则必须采用分段方式传输。

① 报文头。显式报文的 CAN 数据区的 0 号字节指定报文头，其格式如表 6-5 所示。

表 6-5　　　　　　　　　　　　　显式报文的报文头格式

偏移地址	位							
	7	6	5	4	3	2	1	0
0	Frag	XID	MAC ID					

分段位（Frag）指示此传输是否为显式报文的一个分段；事务处理 ID（XID）表明该区应用程序用以匹配和响应相关请求；MAC ID 包含源 MAC ID 或目的 MAC ID，如果在连接标识符中指定目的 MAC ID，那么必须在报文头中指定其他端点的源 MAC ID；如果在连接标识符中指定源 MAC ID，那么必须在报文头中指定其他端点的目的 MAC ID。

② 报文体。报文体包括服务区和服务特定变量，报文体格式如表 6-6 所示。

表 6-6　　　　　　　　　　　　　显式报文的报文体格式

偏移地址	位							
	7	6	5	4	3	2	1	0
1	R/R	服务代码						
2～7	服务特定变量							

请求/响应位（R/R）用于指定显式报文是请求报文还是响应报文；服务代码表示传送服务的类型；服务特定变量包含请求的信息体格式、报文组选择、源报文 ID、目的报文 ID、连接实例 ID 和错误代码等。

③ 分段协议。如果显式报文长度大于 8 字节，就需要采用分段协议。显式报文的分段协议格式如表 6-7 所示。

表 6-7　　　　　　　　　　　　　显式报文的分段协议格式

偏移地址	位							
	7	6	5	4	3	2	1	0
0	Frag（1）	XID	MAC ID					
1	分段类型		分段计数器					
2～7	显式报文分段							

分段位（Frag）为 1 表示是显式报文的一个分段；显式报文与 I/O 报文分段协议格式完全相同；分段协议在显式报文内的位置与在 I/O 报文内的位置是不同的，显式报文位于 1 字节，I/O 报文位于 0 字节。

6.3　DeviceNet 设备描述

为实现不同制造商生产的设备的互换性和互操作性，DeviceNet 对直接

DeviceNet 设备
描述

连接到网络上的每类设备都定义了设备描述。设备描述是从网络角度对设备内部结构的说明。凡是符合同一设备描述的设备均具有同样的功能，生产或消费同样的 I/O 数据，包含相同的可配置数据。设备描述说明设备使用哪些 DeviceNet 对象库中的对象、哪些制造商特定的对象及关于设备特性的信息。设备描述的另一个要素是对设备在网络上交换的 I/O 数据的说明，包括 I/O 数据的格式及其在设备内所代表的意义。除此之外，设备描述还包括可配置参数的定义和访问这些参数的公共接口。

DeviceNet 通过由 ODVA 成员参加的特别兴趣小组 SIG 定义它的设备描述。目前已完成了交流驱动器、直流驱动器、接触器、通用离散 I/O、通用模拟 I/O、HMI（人机接口）、接近开关、限位开关、软启动器、位置控制器及流量计等类型的设备描述。

6.3.1　DeviceNet 设备的对象模型

DeviceNet 采用了面向对象的现代通信技术理念，设备的对象模型是 DeviceNet 在 CAN 技术基础上添加的特色技术。DeviceNet 设备的对象模型提供了组成和实现其产品功能的属性、服务和行为，可以通过面向对象编程语言中的类直接实现。DeviceNet 设备采用抽象的对象模型进行描述，DeviceNet 设备的对象模型都可以看作对象的集合，典型的 DeviceNet 设备的对象模型如图 6-10 所示。

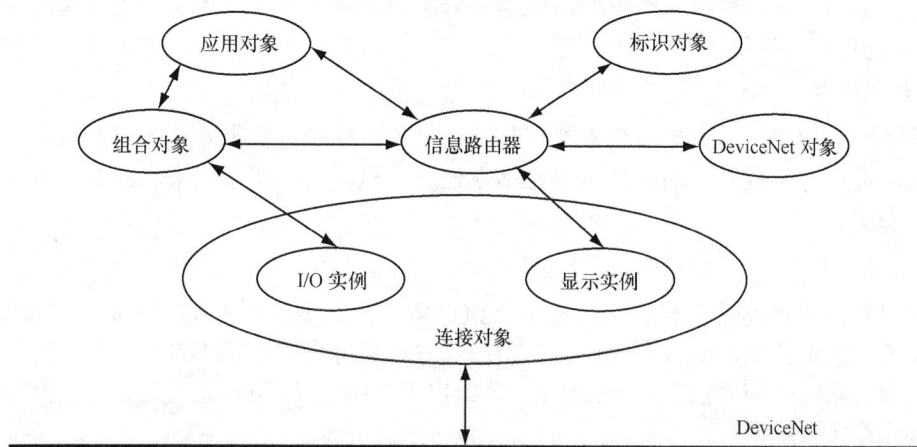

图 6-10　典型的 DeviceNet 设备的对象模型

DeviceNet 设备包含的对象大体分为通信对象和应用对象两类。通信对象是指与本节点通信相关的对象，而应用对象是与该设备的具体应用相关的对象。

通信对象包括标识对象（Identity Object）、DeviceNet 对象（DeviceNet Object）、信息路由器（Message Router）和连接对象（Connection Object）。这几个对象是每一个 DeviceNet 设备必须具有的对象。应用对象包括应用程序特有对象，如离散输入对象（Discrete Input Point Object）；还包括应用程序通用对象，如参数对象（Parameter Object）和组合对象（Assembly Object）。

6.3.2　DeviceNet 设备的对象描述

1. 标识对象

标识对象提供设备的标识和一般信息。所有的 DeviceNet 设备都必须有标识对象，它包含供应商 ID、设备类型、产品代码、版本、状态、序列号、产品名称和相关说明等属性。标识对象的对象标识符为01H。

2. 信息路由器

信息路由器用于向节点内的其他对象传送显式信息报文。信息路由器接收显式信息请求，将服务请求发送到报文中指定的对象，将指定对象返回响应发送到显式信息连接。信息路由器的对象标识符为02H。

3. DeviceNet对象

DeviceNet对象提供了设备物理连接的配置及状态，包含节点地址、MAC ID、通信速率等属性。一个DeviceNet设备至少要包含一个DeviceNet对象。DeviceNet对象的对象标识符为03H。

4. 组合对象

组合对象可以组合多个应用对象的属性，如将多个离散输入对象中的属性值组合成一个组合对象实例中的属性值，这样来自不同离散输入对象的多个属性数据就可以组合成一个能够随单个报文传送的属性。组合对象的对象标识符为04H。

5. 连接对象

DeviceNet设备至少包括两个连接对象，每个连接对象代表DeviceNet网络上节点间虚拟连接的一个端点。连接对象所具有的两种连接类型为显式报文连接和I/O报文连接。连接对象的对象标识符为05H。

6. 参数对象

可设置参数的DeviceNet设备都要用到参数对象，参数对象带有设备的配置参数，提供访问参数的接口。参数对象的属性可以包括数值、量程、文本和相关限制。参数对象的对象标识符为0FH。

7. 应用对象

应用对象泛指描述特定行为和功能的一组对象，例如离散输入/输出对象、模拟量输入/输出对象等。具体的DeviceNet设备包含的应用对象是可选的，至少包含一个应用对象，应用对象与设备功能是相关的。DeviceNet规范给出了40多个应用对象类的说明，并且随着技术的发展还在不断增多。

6.3.3 DeviceNet设备组态的数据源

在定义了对象描述以后，还必须制订DeviceNet设备组态的数据源，在通过网络进行设备组态时，可以提供一个或多个组态数据源，这些数据源包括打印的数据表格、电子数据文档（EDS）、参数对象和参数对象存根。

电子数据文档是比较常用的组态数据源，对设备的组态可以用支持EDS的组态工具实现。电子数据文档的语法及格式都有严格的定义，如果只是DeviceNet设备的使用者，则无须了解电子数据文档编写方法；如果是DeviceNet设备开发者，可以查阅相关规范或者在类似DeviceNet设备电子数据文档的基础上进行修改。

6.4 DeviceNet连接

DeviceNet是一个基于连接的网络系统，下面以一个客户机和一个服务器为例，说明DeviceNet设备通过连接进行信息交换的过程。

DeviceNet连接

由图 6-11 所示的 DeviceNet 设备间数据交换过程可知，DeviceNet 网络中的设备要进行信息交换，首先设备要通过重复 MAC ID 检测；接着设备通过未连接显式报文建立显式信息连接；然后通过显式信息连接进行显式报文的交换，还可以通过显式信息连接建立 I/O 连接；最后通过 I/O 连接进行 I/O 报文的交换。

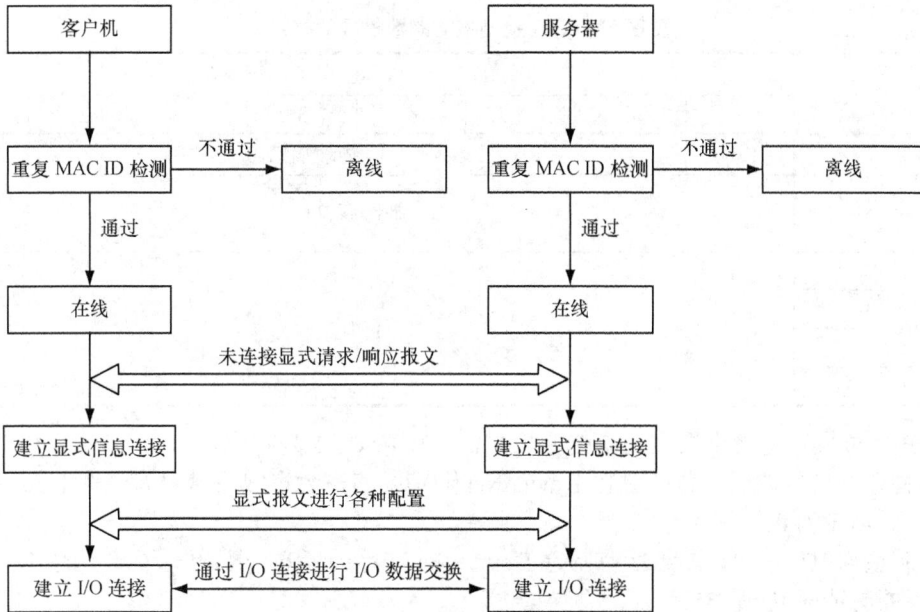

图 6-11　DeviceNet 设备间数据交换过程

在预定义主从连接中，I/O 连接可以与显式信息连接一同通过未连接显式报文建立，但仍需要经过显式报文的配置才能激活。

6.4.1　重复 MAC ID 检测

DeviceNet 网络中的每一个设备必须被赋予一个唯一的 MAC ID，由于设备的 MAC ID 可以手动设定，所以 MAC ID 重复的情况是不可避免的。如果存在两个 MAC ID 相同的设备，就会影响网络的正常运行，因此，所有的 DeviceNet 设备都必须运用重复 MAC ID 检测算法。

1. 重复 MAC ID 检测过程

重复 MAC ID 检测是每一个 DeviceNet 设备转换到在线状态必须进行的过程，主要分为通过检测、未通过检测和在线后应答 3 种情况。

（1）通过检测

DeviceNet 设备要转换到在线状态，发送重复 MAC ID 检测请求报文后，如果在预定时间内未接收到重复 MAC ID 检测响应报文，就会转入在线状态。

（2）未通过检测

DeviceNet 设备要转换到在线状态，发送重复 MAC ID 检测请求报文后，如果在预定时间内接收到重复 MAC ID 检测响应报文，就会转入离线状态。

（3）在线后应答

DeviceNet 设备转换到在线状态以后，如果接收到与自己 MAC ID 重复的设备发送的重复 MAC ID 检测请求报文，则立即发送重复 MAC ID 检测响应报文，以通知该设备此 MAC ID

已被占用。

2. 重复 MAC ID 检测报文

DeviceNet 协议预留了组 2 报文 ID7 作为重复 MAC ID 检测的连接 ID，这时在连接 ID 中的 MAC ID 是目的 MAC ID。重复 MAC ID 检测报文的数据场的格式如表 6-8 所示。

表 6-8　　　　　　　　　　重复 MAC ID 检测报文的数据场的格式

偏 移 地 址	位							
	7	6	5	4	3	2	1	0
0	R/R	物理端口号						
1	制造商 ID							
2								
3	序列号							
4								
5								
6								

① R/R 位表明是请求报文还是响应报文，0 为请求，1 为响应。

② 物理端口号表明设备的具体 DeviceNet 通信端口，大多数设备只有一个 DeviceNet 通信端口，此项设为 0。

③ 制造商 ID 是 ODVA 给所有制造 DeviceNet 产品的厂商分配的一个唯一的 ID，如台达电子公司的制造商 ID 是 31FH。

④ 序列号是每一个在 ODVA 注册的制造商为其生产的每一个 DeviceNet 产品分配的一个唯一编号。

假定一个设备的 MAC ID 是 3，制造商 ID 为 31FH，序列号为 1111121BH，物理端口号为 0，则该设备上电后发送的重复 MAC ID 检测请求报文的格式如表 6-9 所示。

表 6-9　　　　　　　　　　重复 MAC ID 检测请求报文的格式

段	数　据	说　明
仲裁场	10 000011 111 0（二进制）	组 2 报文，MAC ID 为 3，报文 ID 为 111
控制场	0111（二进制）	DLC 为 0111，表示数据场有 7 字节数据
数据场	00H（十六进制）	重复 MAC ID 检测请求报文
	1FH（十六进制）	制造商 ID 为 31FH
	03H（十六进制）	
	1BH（十六进制）	产品序列号为 1111121BH
	12H（十六进制）	
	11 H（十六进制）	
	11 H（十六进制）	

6.4.2　建立连接

1. 显式信息连接

显式信息连接是点对点连接，客户机是发送显式请求报文的节点，服务器是发送显式响应报文的节点。显式信息连接的功能灵活，下面以未连接显式连接报文为例介绍显式信息连接的建立和关闭，其他显式信息连接应用参见 DeviceNet 规范。

任何一个 DeviceNet 设备在通过了重复 MAC ID 检测后，就转变为在线状态，接下来可以采用未连接显式报文动态建立显式信息连接。DeviceNet 协议预留了组 3 报文 ID5 和 ID7 作为未连接显式请求和响应报文的连接 ID。

（1）建立显式信息连接请求报文和响应报文

建立显式信息连接请求报文属于显式报文，客户机发送建立显式信息连接请求报文用于建立显式信息连接，具体格式如表 6-10 所示。

表 6-10　　　　　　　　　　　　　　建立显式信息连接请求报文格式

偏 移 地 址	位							
	7	6	5	4	3	2	1	0
0	分段（0）	XID	MAC ID					
1	R/R（0）	服务代码（4BH）						
2	保留（0）				请求的信息体格式			
3	组选择				源报文 ID			

① R/R 位为 0 表明是显式请求报文。

② 建立显式信息连接的服务代码为 4BH。

③ 请求的信息体格式表明建立显式信息连接以后进行信息交换所希望的显式报文的信息体格式，DeviceNet 规范定义了 DeviceNet（8/8）、DeviceNet（8/16）、DeviceNet（16/16）、DeviceNet（16/8）共 4 种信息体格式，用于定义类和实例 ID 的位数。

④ 组选择表明使用哪个报文组（组 1 为 0，组 2 为 1，组 3 为 3）进行报文交换。

⑤ 源报文 ID 表明建立显式信息连接以后所使用的报文 ID。选择组 1 或组 3 时，源报文 ID 的值从客户机组 1 或组 3 内可用报文 ID 获取。当客户机随后通过这个连接发送报文时，客户机将该报文 ID 同自身的 MAC ID 结合，产生特定的连接 ID。选择组 2 时，源报文 ID 忽略不计，设置为 0。

服务器接收到建立显式信息连接请求报文后，若能建立该显式信息连接，则发送建立显式信息连接响应报文，具体格式如表 6-11 所示。

表 6-11　　　　　　　　　　　　　　建立显式信息连接响应报文格式

偏 移 地 址	位							
	7	6	5	4	3	2	1	0
0	分段（0）	XID	MAC ID					
1	R/R（1）	服务代码（4BH）						
2	保留（0）				实际的信息体格式			
3	目的报文 ID				源报文 ID			
4	连接实例							
5								

① R/R 位为 1 表明是显式响应报文。

② 实际的信息体格式表明建立显式信息连接以后进行信息交换实际的显式报文的信息体格式。

③ 目的报文 ID 取决于建立显式信息连接请求报文中的报文组。选择组 1 或组 3 时，目的报文 ID 忽略不计，设置为 0。选择组 2 时，目的报文 ID 的值从组 2 内可用报文 ID 获取。当客户机随后通过这个连接发送报文时，客户机将该报文 ID 同服务器的 MAC ID 结合，进而产生特定的连接 ID。

④ 源报文 ID 表明服务器分配给自己的报文 ID。服务器从组 1、组 2 或组 3 的报文 ID 库中分配一个报文 ID 同服务器自身的 MAC ID 结合，成为服务器发送报文时的连接 ID。

⑤ DeviceNet 通信功能都是通过连接实例完成的，每一个实际存在的连接实例都被赋予 ID 作为标识。当成功地响应一个建立连接请求服务时，服务器生成一个显式信息连接实例，服务器将生成的显式连接实例的 ID 返回给客户机，以便客户机在关闭服务器的显式信息连接时使用。

描述建立显式信息连接的过程的示例如图 6-12 所示。

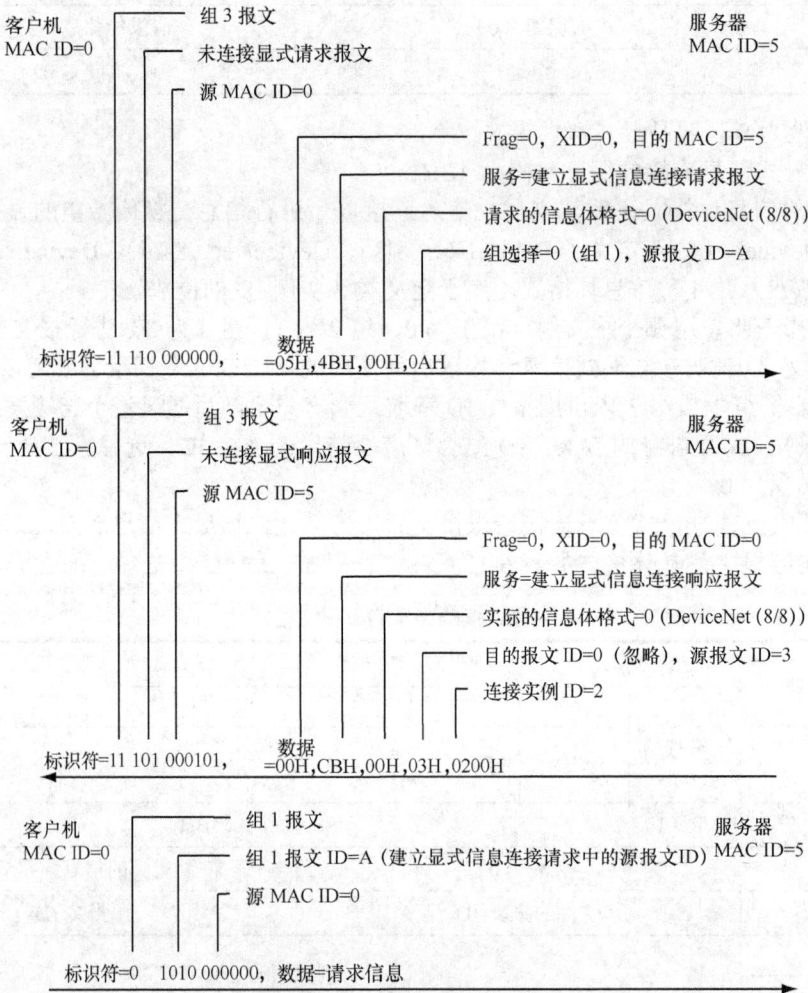

图 6-12　建立显式信息连接的过程

```
客户机                           组1报文                                     服务器
MAC ID=0        ┌─────── 组1报文ID=3（建立显式信息连接响应中的源报文ID） MAC ID=5
               ┌─┴───── 源 MAC ID=5
             ┌─┴──
标识符=0  0011 000101，数据=响应信息
        ◄─────────────────────────────────────────────────────────────────
```

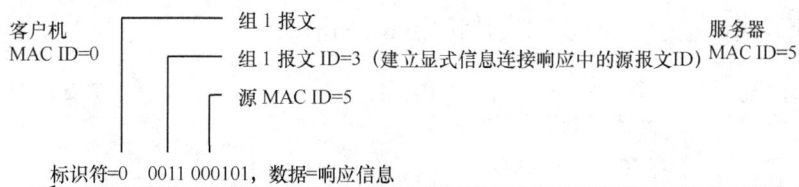

图 6-12 建立显式信息连接的过程（续）

（2）关闭显式信息连接请求报文和响应报文

关闭显式信息连接请求报文用于终止某个节点的连接，会导致某个连接实例被删除。具体格式如表 6-12 所示。

表 6-12   关闭显式信息连接请求报文格式

偏移地址	位							
	7	6	5	4	3	2	1	0
0	分段（0）	XID	MAC ID					
1	R/R（0）	服务代码（4CH）						
2	连接实例 ID							
3								

① 关闭显式信息连接的服务代码为 4CH。

② 连接实例 ID 表明释放服务器节点中指定的连接实例。服务器检查指定的连接实例是否存在，如果存在并能删除，则立即删除，所有与此连接实例相关的资源都被释放，之后返回一个关闭连接响应报文；如果没有成功执行该请求，则返回一个出错响应报文。

关闭显式信息连接响应报文格式如表 6-13 所示。

表 6-13   关闭显式信息连接响应报文格式

偏移地址	位							
	7	6	5	4	3	2	1	0
0	分段（0）	XID	MAC ID					
1	R/R（1）	服务代码（4CH）						

出错响应报文格式如表 6-14 所示，通用错误代码和附加代码参见 DeviceNet 规范。

表 6-14   出错响应报文格式

偏移地址	位							
	7	6	5	4	3	2	1	0
0	分段（0）	XID	MAC ID					
1	R/R（1）	服务代码（14H）						
2	通用错误代码							
3	附加代码							

描述关闭显式信息连接的过程的示例如图6-13所示。

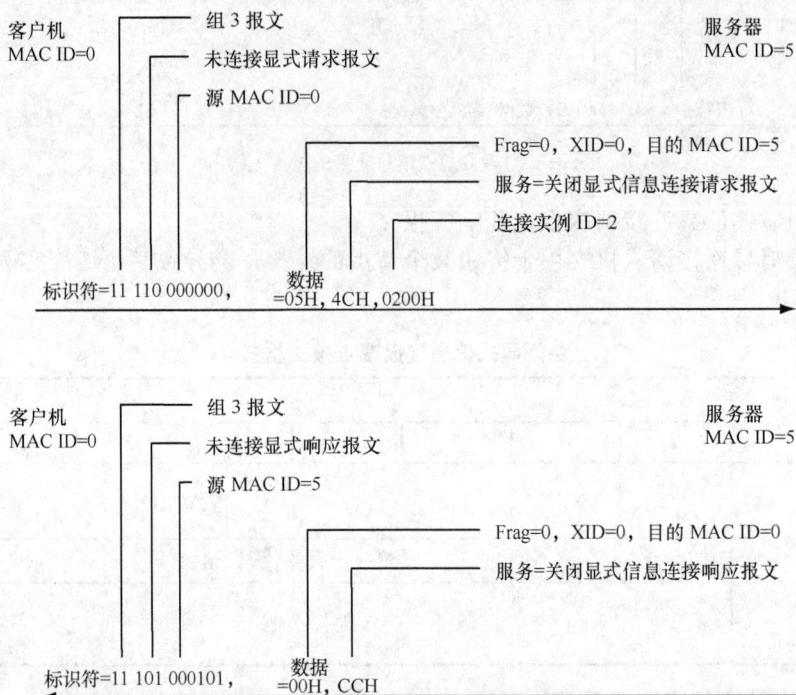

客户机
MAC ID=0

组3报文

未连接显式请求报文

源 MAC ID=0

服务器
MAC ID=5

Frag=0，XID=0，目的 MAC ID=5

服务=关闭显式信息连接请求报文

连接实例 ID=2

标识符=11 110 000000，

数据
=05H，4CH，0200H

客户机
MAC ID=0

组3报文

未连接显式响应报文

源 MAC ID=5

服务器
MAC ID=5

Frag=0，XID=0，目的 MAC ID=0

服务=关闭显式信息连接响应报文

标识符=11 101 000101，

数据
=00H，CCH

图6-13 关闭显式信息连接的过程

2. I/O 连接

I/O 连接可以是点对点的连接，也可以是多点的连接。

动态 I/O 连接是通过一个已经建立起来的显式信息连接建立起来的。动态 I/O 连接的过程如下所述。

① 与将要建立 I/O 连接的一个节点建立显式报文连接。

② 通过向 DeviceNet 连接分类发送一个创建请求来创建一个 I/O 连接对象。

③ 配置 I/O 连接实例。

④ 应用 I/O 连接对象执行的配置，将实例化服务于 I/O 连接所必需的组件中。

⑤ 在另一个节点重复以上步骤。

DeviceNet 不要求节点必须支持 I/O 连接的动态建立，也可以采用预定义主从连接中 I/O 连接的建立方式。

3. 离线连接

客户机可以采用离线连接来恢复处于通信故障状态的节点。客户机使用离线连接组（组4）报文恢复处于通信故障状态的节点的过程如下所述。

① 客户机通过组4报文信息 ID2F 进行 DeviceNet 离线节点控制权的请求。

② 如果没有收到组4报文信息 ID2E 报文，则说明该客户机取得了 DeviceNet 离线节点控制权，转到④。

③ 如果收到了组4报文信息 ID2E 报文，则说明 DeviceNet 离线节点控制权已被发出响应的节点取得。

④ 取得 DeviceNet 离线节点控制权的客户机使用组 4 报文信息 ID2D 向所有 DeviceNet 离线故障节点发出 DeviceNet 离线故障请求报文。

⑤ 发生 DeviceNet 离线故障的节点使用组 4 报文信息 ID2C 产生相应的 DeviceNet 离线故障响应报文。

6.4.3　DeviceNet 预定义主从连接组

DeviceNet 定义了未连接报文管理器（UCMM），可以建立动态显式信息连接，接发和管理网络上的未连接显式报文。UCMM 提供两类服务，分别为建立、打开显式信息连接，关闭显式信息连接。设备间建立连接的一般步骤是先建立未连接显式报文，通过未连接显式报文再建立显式信息连接，最后建立 I/O 连接。这种连接方法很灵活，可以动态修改，但是设置过程比较烦琐，同时需要设备具备灵活配置的能力。在实际应用中，大多数应用对象比较简单，可以采用主从连接方式。DeviceNet 定义了预定义主从连接报文组和仅使用报文组 2 的从站，以简化设备配置过程并降低成本。

预定义主从连接报文组预先定义了一些通信功能。主站通过主从连接报文组建立主从通信关系，配置报文传输机制（位选通、轮询、显式等）。预定义主从连接报文组的标识符分配情况如表 6-15 所示。

表 6-15　　　　　　　　预定义主从连接报文组的标识符分配情况

标　识　符											报　文　类　型
10	9	8	7	6	5	4	3	2	1	0	
0	报文组 1				源 MAC ID						报文组 1
0	1	1	0	0	源 MAC ID						从站 I/O 多点轮询响应报文
0	1	1	0	1	源 MAC ID						从站 I/O 状态变化/循环通知报文
0	1	1	1	0	源 MAC ID						从站 I/O 位选通响应报文
0	1	1	1	1	源 MAC ID						从站 I/O 轮询响应/状态变化/循环应答报文
1	0	MAC ID					报文组 2				报文组 2
1	0	源 MAC ID					0	0	0		主站 I/O 位选通命令报文
1	0	多点通信 MAC ID					0	0	1		主站 I/O 多点轮询命令报文
1	0	目标 MAC ID					0	1	0		主站状态变化/循环应答报文
1	0	源 MAC ID					0	1	1		从站显式/未连接响应报文
1	0	目标 MAC ID					1	0	0		主站显式响应/请求报文
1	0	目标 MAC ID					1	0	1		主站 I/O 轮询/状态变化/循环命令报文
1	0	目标 MAC ID					1	1	0		仅限组 2 的未连接显式响应/请求报文
1	0	目标 MAC ID					1	1	1		重复 MAC ID 检测报文

未连接显式报文由 UCMM 管理。不具备 UCMM 功能的从站称为仅限组 2 从站。这种从站不能接收未连接显式报文，只能通过仅限组 2 的未连接显式响应/请求报文实现预定义主从

连接的建立和删除。

仅限组 2 的未连接显式请求报文是预留的命令，用来分配/释放预定义主从连接组。仅限组 2 的未连接显式响应报文是对仅限组 2 的未连接显式请求报文和发送设备监测脉冲/设备关闭报文。

6.4.4 预定义主从连接的工作过程

DeviceNet 信息交换过程大体可分为未连接显式信息交换、显式信息交换和 I/O 信息交换。预定义主从连接的信息交换过程与此相似，所不同的是预定义主从连接使用预先定义的报文。

1. 主从关系的确定

系统运行时，每个从站（服务器）仅能接收一个主站（客户机）分配的预定义主从连接，欲成为组 2 客户机的设备，先要给服务器分配其所需要的预定义主从连接。分配的具体步骤如下所述。

① 客户机通过服务器设备的 UCMM 端口发送建立显式信息连接请求报文，通过步骤②确定服务器是否为仅限组 2 服务器。

② 如果服务器通过 UCMM 端口成功响应，则设备具有 UCMM 功能，转到步骤③。如果服务器没有响应（发生了两次等待响应超时），则假定设备为仅限组 2 设备（无 UCMM 功能），转到步骤④。

③ 通过建立的显式信息连接分配预定义主从连接。预定义主从连接成功完成以后，服务器成为组 2 服务器，客户机成为它的主站。客户机可以任意使用 UCMM 产生的显式信息连接或组 2 中的预定义主从连接。

④ 客户机通过组 2 未连接显式请求报文向仅限组 2 设备分配预定义主从连接组。如果预定义主从连接组还没被分配，则服务器发送响应成功报文。

2. 预定义主从连接的使用过程

在预定义主从连接中，从站建立的连接实例是预先定义好的，包括显式信息连接、轮询连接、位选通连接、状态变化/循环连接及多点轮询连接。建立主从连接请求报文的数据场格式如表 6-16 所示。

表 6-16　　　　　　　　　　　建立主从连接请求报文的数据场格式

偏移地址	位							
	7	6	5	4	3	2	1	0
0	分段（0）	XID	源 MAC ID					
1	R/R（0）	服务代码（4BH）						
2	DeviceNet 类 ID（03H）							
3	实例 ID（01H）							
4	分配选择（Allocation Choice）							
5	0	0	主站 MAC ID					

分配选择字节用于预定义主从连接中连接实例的选择，具体内容如表 6-17 所示。

表 **6-17**   分配选择字节格式

位	7	6	5	4	3	2	1	0
含义	保留	应答禁止	循环	状态变化	多点轮询	位选通	轮询	显式

如果分配选择字节为 01H，则从站建立显式信息连接实例；如果为 02H，则从站建立轮询 I/O 连接实例。从站建立连接成功后返回的分配主从连接响应报文格式如表 6-18 所示。

表 **6-18**   分配主从连接响应报文格式

偏移地址	位							
	7	6	5	4	3	2	1	0
0	分段（0）	XID	目的 MAC ID					
1	R/R（1）	服务代码（4BH）						
2	保留位（0）				信息体格式（0~3）			

一般情况下，先建立显式信息连接实例，然后建立 I/O 连接实例。建立的 I/O 连接是未激活的，必须通过显式信息连接设置 I/O 连接的 Expected-Packet-Rate 属性值来激活。如果主站要关闭某个连接，则采用关闭主从连接组请求报文，其报文格式与建立主从连接请求报文的格式基本一致，只是服务代码为 4CH，所要删除的连接实例也是由分配选择字节的值来确定的。

6.5 预定义主从连接实例

预定义主从连接组中定义了 5 个连接实例，在 DeviceNet 网络设备中，基于预定义主从连接组连接实例设计的从站数量很多，下面介绍这 5 个连接实例的建立过程及它们是如何传送数据的。

DeviceNet 预定义主从连接实例（1）   DeviceNet 预定义主从连接实例（2）

6.5.1 显式信息连接

1. 显式信息连接的建立

从站处于在线状态后，接收到主站发送的仅限组 2 未连接显式请求报文（组 2 报文 ID6）后，将建立一个显式信息连接实例，然后向主站发送一个仅限组 2 未连接显式响应报文（组 2 报文 ID3），如图 6-14 所示。

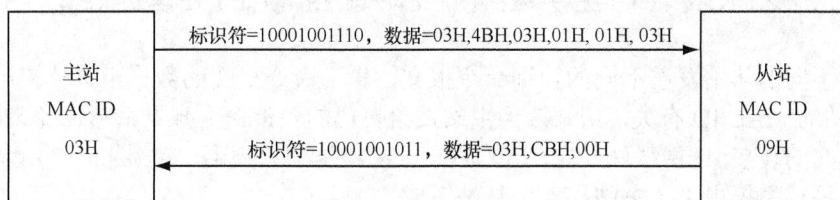

图 6-14 显式信息连接的建立

2. 通过显式信息连接传送显式报文

主站和从站建立显式信息连接后，就可以进行显式报文的通信。下面以激活轮询 I/O 连接为例介绍显式报文的交换过程（假设主站和从站之间已经建立了轮询 I/O 连接实例），如图 6-15 所示。其中服务代码 10H 表示修改单个属性值，对象 ID5 表示连接对象，连接实例 ID2 表示轮询 I/O 连接实例，属性 ID9 表示 Expected-Packet-Rate 属性，将 Expected-Packet-Rate 属性值改写为 1388H（5000ms）。

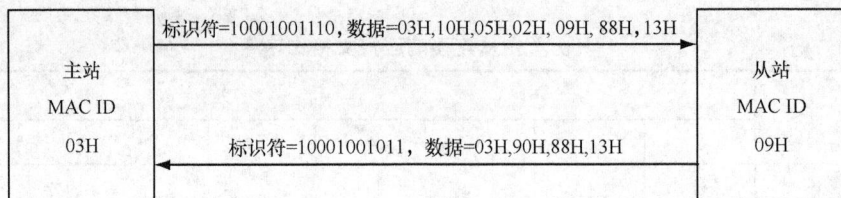

图 6-15　显式报文的交换过程

6.5.2　轮询连接

轮询连接是预定义主从连接组中定义的 4 种 I/O 连接之一，轮询连接实例 ID 为 2。轮询连接传送的是轮询命令和响应报文。主站向每个要轮询的从站发出轮询命令报文，从站收到轮询命令后回送轮询响应报文。

轮询连接是点对点的，轮询命令报文可以将任意数量的数据发送到目的从站，轮询响应报文可以由从站向主站返回任意数量的数据或状态信息。

1. 轮询连接的建立

轮询连接的建立可以通过未连接显式报文或显式报文建立。通过显式报文建立的过程如图 6-16 所示，与未连接显式报文建立轮询连接的过程基本一致，只是后者请求报文 ID 为 6。

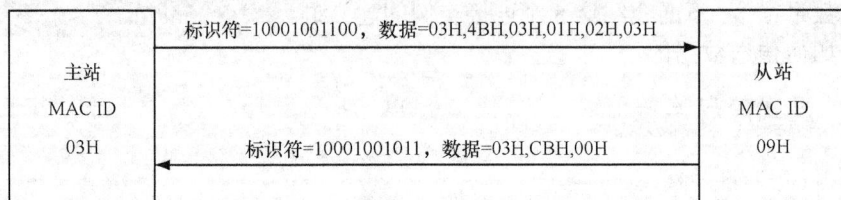

图 6-16　通过显式报文建立轮询连接

2. 通过轮询连接传送 I/O 数据

主站和从站之间建立轮询连接并激活以后，轮询连接即处于已建立状态，支持传送 I/O 数据。

主站对不同的从站发送不同的轮询命令报文，轮询命令报文的数据由具体应用决定，连接 ID 与从站的 MAC ID 有关。从站接到主站发给自己的轮询命令报文后返回轮询响应报文，轮询响应报文的连接 ID 由从站决定，I/O 数据由从站的具体应用决定。图 6-17 所示为轮询连接的一个示例，系统由 1 个主站和 4 个从站组成。

主站的轮询命令报文和从站的轮询响应报文使用的连接 ID 如表 6-19 所示。

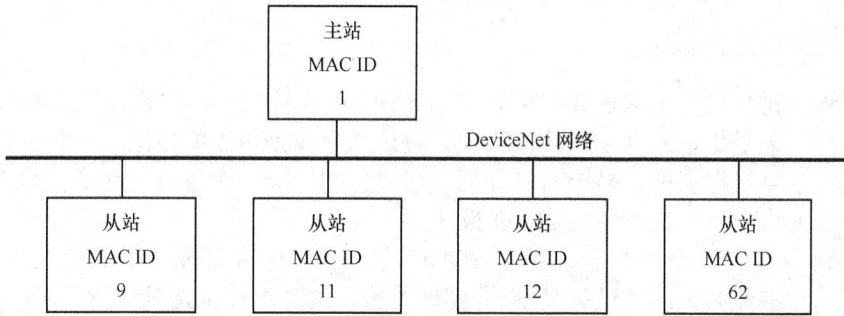

图 6-17　轮询连接应用举例

表 6-19　　　　　　　　　　　　　　轮询连接中连接 **ID** 的分配

从站 MAC ID	主站轮询命令连接 ID	从站轮询响应连接 ID
001001（9）	10　001001　101	0　1111　001001
001011（11）	10　001011　101	0　1111　001011
001100（12）	10　001100　101	0　1111　001100
111110（62）	10　111110　101	0　1111　111110

　　主站和从站之间的轮询命令和轮询响应在 CAN 数据场中有 0～8 字节的数据，若数据长度大于 8 字节，可以进行分段传输。轮询连接应用中信息传递的过程如图 6-18 所示。

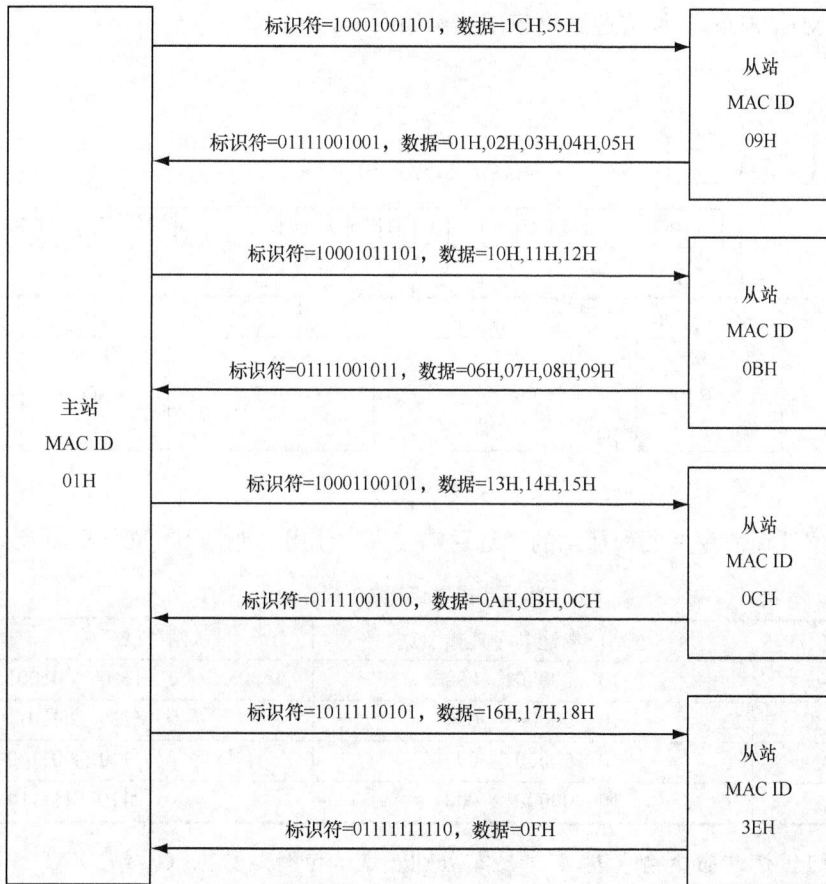

图 6-18　轮询连接应用中信息传递的过程

6.5.3　位选通连接

位选通连接是预定义主从连接组中定义的 4 种 I/O 连接之一，位选通连接实例 ID 为 3。位选通连接传送的是位选通命令和响应报文。位选通命令是由主站发送的一种 I/O 报文，位选通命令具有多点发送功能，多个从站能同时接收并响应同一个位选通命令。位选通响应是从站收到位选通命令后发送给主站的 I/O 报文。

位选通命令和响应报文能迅速在主站和它的位选通从站间传送少量的 I/O 数据。在 I/O 数据少于 8 字节时，该传送方式是非常有效的。主站通过位选通命令向每一个位选通从站发送一个数据位，每一个位选通从站通过位选通响应向主站返回最多 8 个字节的 I/O 数据。

1.　位选通连接的建立

位选通连接可以通过未连接显式报文或显式报文建立。位选通连接的建立过程与轮询连接的建立过程基本一致，只是连接实例 ID 为 3。

2.　通过位选通连接传送 I/O 数据

主站和从站之间建立位选通连接并激活以后，位选通连接即处于已建立状态，支持传送 I/O 数据。位选通命令报文包含 64 位（8 字节）输出数据的位串，一位输出位对应网络上的一个 MAC ID（0~63）。CAN 数据场的第 0 字节的最低位分配给 MAC ID0，第 7 字节的最高位分配给 MAC ID63。位选通连接应用实例如图 6-19 所示。

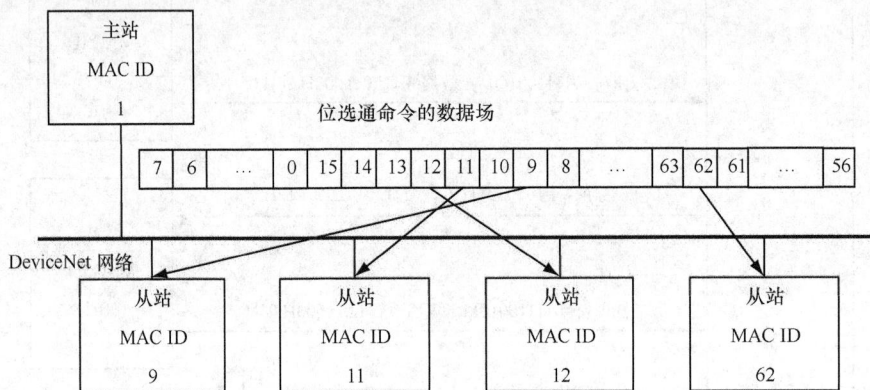

图 6-19　位选通连接应用实例

主站的位选通命令报文和从站的位选通响应报文使用的连接 ID 如表 6-20 所示。

表 6-20　　　　　　　　　位选通连接中连接 ID 的分配

从站 MAC ID	主站位选通命令连接 ID	从站位选通响应连接 ID
001001（9）	10　000001　000	0　1110　001001
001011（11）	10　000001　000	0　1110　001011
001100（12）	10　000001　000	0　1110　001100
111110（62）	10　000001　000	0　1110　111110

主站通过位选通命令给它的 4 个从站分别发送一位有效数据（从站 MAC ID 不需要连续），不管从站的数量和 MAC ID 是多少，整个 64 位一起发送，只有配置位选通实例的从站

响应该命令。从站返回的 I/O 数据由从站的具体应用决定，但数据长度不能大于 8 字节。位选通连接应用中信息传递的过程如图 6-20 所示，这里假定从站只要接收到位选通命令即返回 I/O 数据，并不区分命令中相应的位为 0 还是为 1。

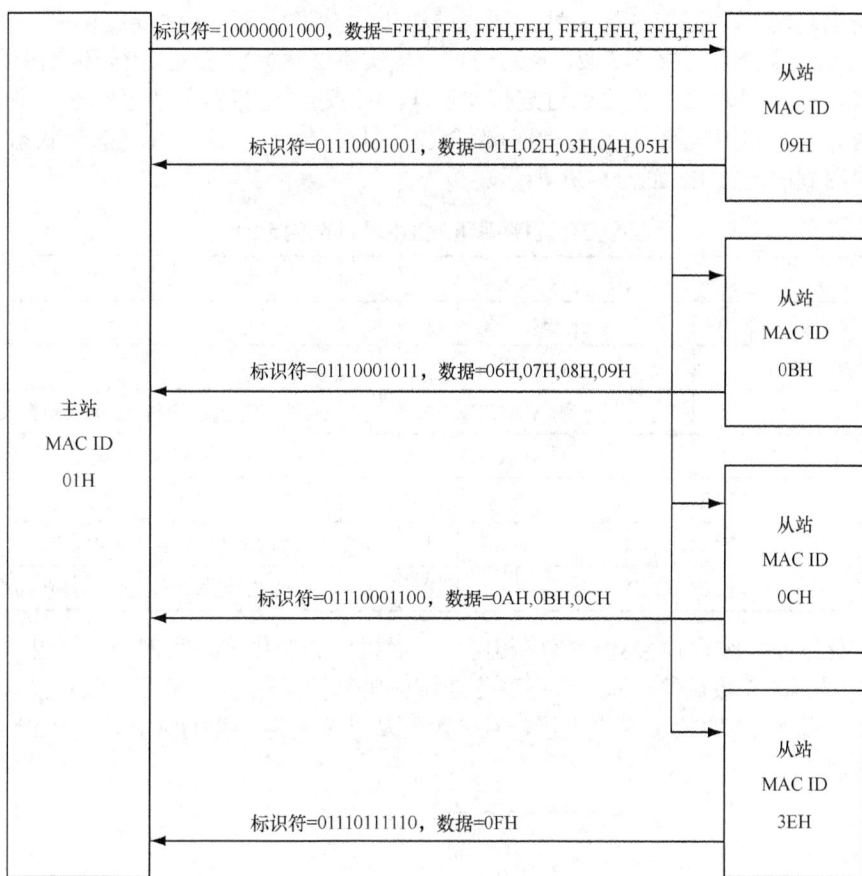

图 6-20　位选通连接应用中信息传递的过程

6.5.4　状态变化连接/循环连接

状态变化连接/循环连接是预定义主从连接组中定义的 4 种 I/O 连接之一，状态变化连接/循环连接是点对点连接，与其他 I/O 连接所不同的是，主站和从站都可主动进行报文发送。状态变化/循环报文可以是有应答的，也可以是无应答的。从站状态变化连接/循环连接实例 ID 为 4，主站状态变化连接/循环连接实例 ID 为 2。状态变化连接和循环连接行为表现相同，在任意一个从站的选择字节分配中，状态变化连接和循环连接只能配置一个。

状态变化连接适用于离散量的设备，使用事件触发的方式，当设备状态发生变化时才发生通信，而不是由主设备不断地查询来完成。循环连接适用于模拟量的设备，可以根据设备信号变化的快慢灵活设定循环进行数据通信的时间间隔，而不必不断地快速采样。采用状态变化连接/循环连接可以大大降低对网络带宽的要求。

1. 状态变化连接/循环连接的建立

状态变化连接/循环连接的建立与其他 I/O 连接的建立类似，主站通过未连接显式报文或显式报文对从站进行状态变化连接/循环连接的分配。注意，建立状态变化连接/循环连接实例时，还要求建立轮询连接实例。

2. 通过状态变化连接/循环连接传送 I/O 数据

状态变化连接/循环连接分为主站主动发送和从站主动发送两种情况：主站主动发送状态变化/循环命令报文通过连接实例 2，从站通过连接实例 2 返回状态变化/循环应答报文；从站主动发送状态变化/循环命令报文通过连接实例 4，主站通过连接实例 4 返回状态变化/循环应答报文。由此看出连接实例 2 是轮询连接与状态变化连接/循环连接共享的。状态变化连接/循环连接中用到的连接 ID 如表 6-21 所示。

表 6-21　　　　　　　　　　状态变化连接/循环连接中用到的连接 ID

标　识　符											报　文　类　型
10	9	8	7	6	5	4	3	2	1	0	—
0	报文组 1				源 MAC ID						报文组 1
0	1	1	0	1	源 MAC ID						从站 I/O 状态变化/循环通知报文
0	1	1	1	1	源 MAC ID						从站 I/O 轮询响应/状态变化/循环应答报文
1	0	MAC ID					报文组 2				报文组 2
1	0	目标 MAC ID					0	1	0		主站状态变化/循环应答报文
1	0	目标 MAC ID					1	0	1		主站 I/O 轮询/状态变化/循环命令报文

状态变化连接和循环连接处理规则相同，下面以状态变化连接为例介绍通过状态变化连接/循环连接传送 I/O 数据的过程。状态变化连接应用举例如图 6-21 所示，假定主站 1 已经分配了从站 9 和从站 62 的状态变化连接，且分配给从站 9 的连接为有应答，分配给从站 62 的连接为无应答。

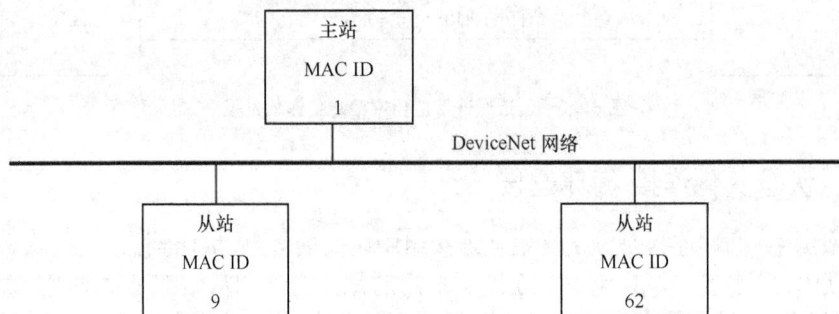

图 6-21　状态变化连接应用举例

根据表 6-21 列出的连接 ID，主站状态变化命令报文和从站应答报文使用的连接 ID 如表 6-22 所示，从站状态变化通知报文和主站应答报文使用的连接 ID 如表 6-23 所示。

表 6-22　　　　　　　　　　主站状态变化连接中连接 ID 的分配

从站 MAC ID	主站状态变化命令连接 ID	从站状态变化应答连接 ID
001001（9）	10　001001　101	0　1111　001001
111110（62）	10　111110　101	无应答

表 6-23　　　　　　　　　　从站状态变化连接中连接 ID 的分配

从站 MAC ID	从站状态变化通知连接 ID	主站状态变化应答连接 ID
001001（9）	0　1101　001001	10　001001　010
111110（62）	0　1101　111110	无应答

　　主站（从站）发送的状态变化命令报文在 CAN 数据区中具有 0～8 字节的数据，如果数据长度大于 8 字节，还可以进行分段传输。从站或主站返回的应答报文数据长度一般为 0。状态变化连接应用中信息传递的过程如图 6-22 所示，这里的状态变化命令没有分段。

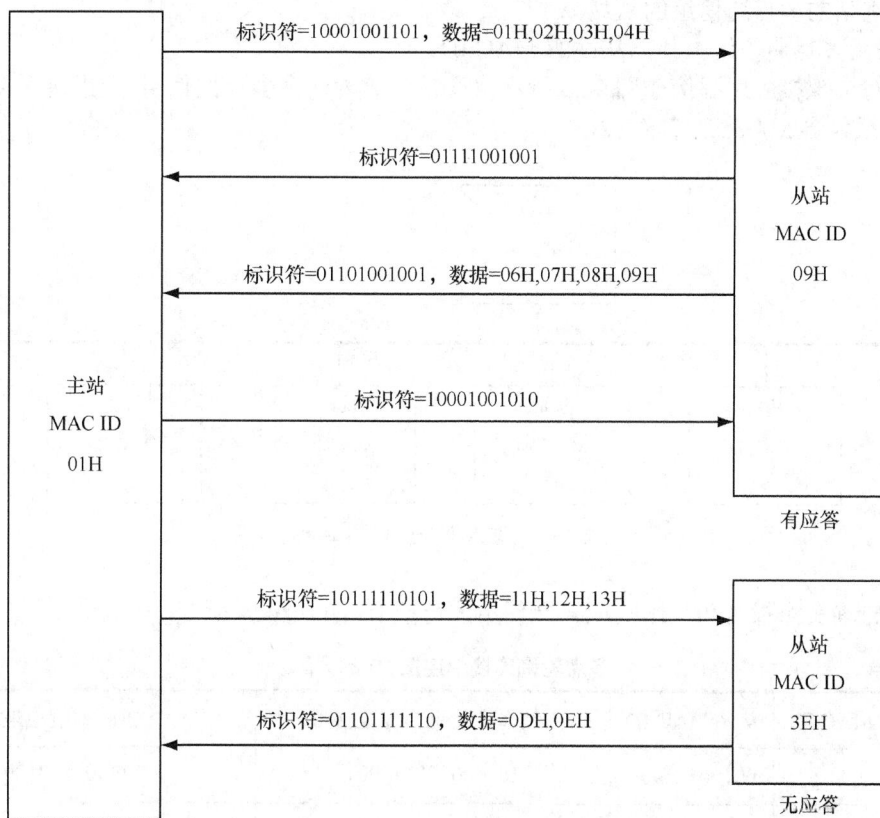

图 6-22　状态变化连接应用中信息传递的过程

6.5.5　多点轮询连接

　　多点轮询连接是预定义主从连接组中定义的 4 种 I/O 连接之一，轮询连接实例 ID 为 5。主站通过 I/O 报文向多个从站发出多点轮询命令，多点轮询响应是接收到多点轮询命令后从站返回给主站的 I/O 报文。

　　多点轮询连接在其多点性能上有别于点对点的轮询连接，任何数量的从站都可属于主站的多点通信组。每个主站可以对多个从站进行分组。

1. 多点轮询连接的建立

多点轮询连接的建立与其他 I/O 连接的建立类似，主站通过未连接显式报文或显式报文对从站进行多点轮询连接的分配。从站如果支持多点轮询连接，就建立一个多点轮询连接实例，并将成功建立连接的响应发送给主站。

2. 通过多点轮询连接传送 I/O 数据

主站可以通过多点轮询命令报文向目标从站设备传送任意数量的数据（分段或不分段），从站也可以通过多点轮询响应报文返回任意数量（分段或不分段）的数据。

多点轮询命令报文的连接 ID 中的多点通信 MAC ID 可由主站赋值，主要有以下两种方式。

① 采用主站的 MAC ID，此时要求主站仅管理一个多点通信组，并且该主站不能成为相对于另一主站的多点通信组的从站。

② 采用多点通信组中某一从站的 MAC ID。

多点轮询连接应用举例如图 6-23 所示，4 个从站分为两个多点通信组，一组包含 MAC ID9 和 11，一组包含 MAC ID12 和 62。

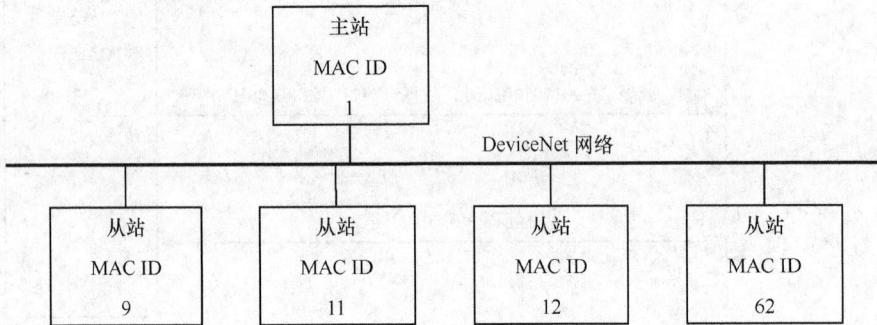

图 6-23　多点轮询连接应用举例

多点轮询命令报文和从站响应报文使用的连接 ID 如表 6-24 所示。

表 6-24　　　　　　　　　　　多点轮询连接中连接 ID 的分配

多点通信 MAC ID	从站 MAC ID	主站多点轮询命令连接 ID	从站多点轮询响应连接 ID
001001（9）	001001（9）	10　001001　001	0　1100　001001
001001（9）	001011（11）	10　001001　001	0　1100　001011
111110（62）	001100（12）	10　111110　001	0　1100　001100
111110（62）	111110（62）	10　111110　001	0　1100　111110

主站发送的多点轮询命令报文在 CAN 数据区中具有 0～8 字节的数据，如果数据长度大于 8 字节，还可以进行分段传输。从站返回的多点轮询响应报文数据长度也可以是任意长度，大于 8 字节也可以进行分段。多点轮询连接应用中信息传递的过程如图 6-24 所示，这里的多点轮询命令和响应报文都没有分段。

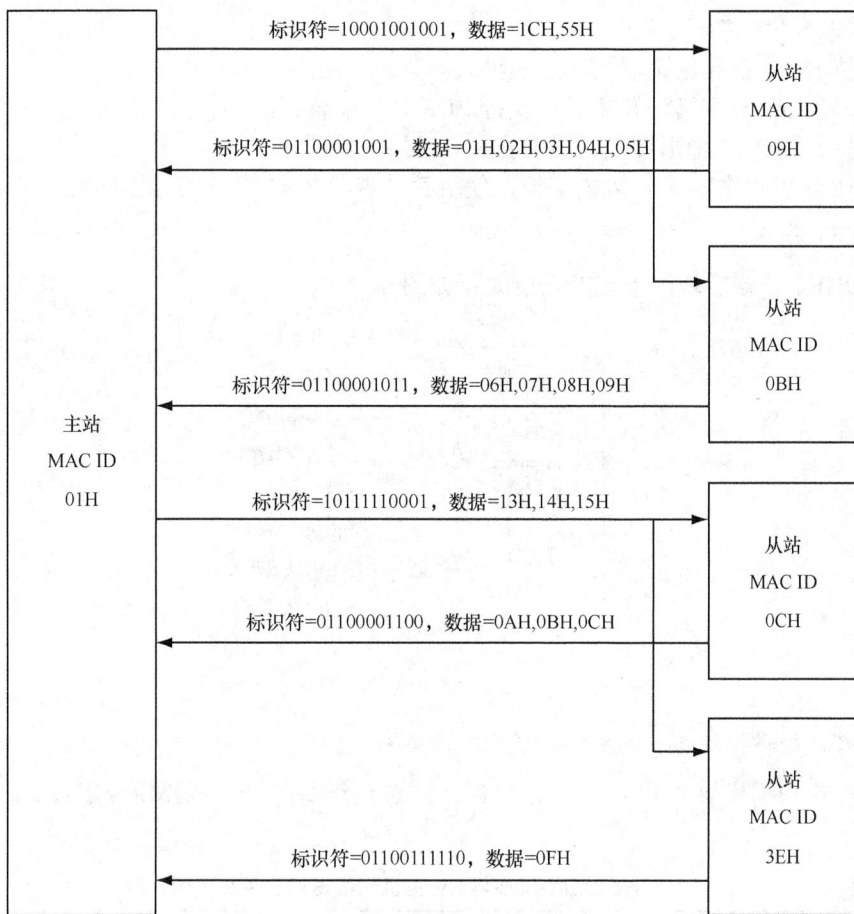

标识符=10001001001，数据=1CH,55H

从站
MAC ID
09H

标识符=01100001001，数据=01H,02H,03H,04H,05H

主站
MAC ID
01H

从站
MAC ID
0BH

标识符=01100001011，数据=06H,07H,08H,09H

标识符=10111110001，数据=13H,14H,15H

从站
MAC ID
0CH

标识符=01100001100，数据=0AH,0BH,0CH

从站
MAC ID
3EH

标识符=01100111110，数据=0FH

图 6-24　多点轮询连接应用中信息传递的过程

6.6　台达 DeviceNet 设备简介

DeviceNet 设备
简介

台达电子公司是 ODVA 制造商会员，生产的 DeviceNet 设备主要包括 DNET 扫描模块、远程 I/O 适配模块、通信转换模块（网关）、PLC 扩展模块和变频器通信模块等，其中 DeviceNet 扫描模块在网络中起主站作用，其他模块为 DeviceNet 从站。

6.6.1　台达 DNET 扫描模块

台达 DNET 扫描模块是运行于 SV PLC 主机左侧的 DeviceNet 主站模块，当 SV PLC 通过 DNET 扫描模块与 DeviceNet 网络相连时，DNET 扫描模块作为 PLC 主机与总线上其他从站的数据交换接口。DNET 扫描模块负责将 PLC 主机的数据传送到总线上的从站，同时搜集总线上各个从站返回的数据，传回 PLC 主机，实现数据交换。

1. DNET 扫描模块的特点

① 支持组 2 服务器从站和仅限组 2 服务器从站。

② 在预定义主从连接组中支持显式信息连接，支持与从站建立各种 I/O 连接，如轮询、

位选通、状态变化或循环。

③ 支持 DeviceNet 主站模式和从站模式。

④ 在 DeviceNet 网络配置工具中支持 EDS 文件配置。

⑤ 支持通过 PLC 梯形图发送显性报文读/写从站数据。

⑥ 自动与 PLC 主机进行数据交换，使用者只需对 PLC 的 D 寄存器编程。

2. DNET 扫描模块的外观及功能介绍

台达 DNET 扫描模块的外观及功能介绍如图 6-25 所示。

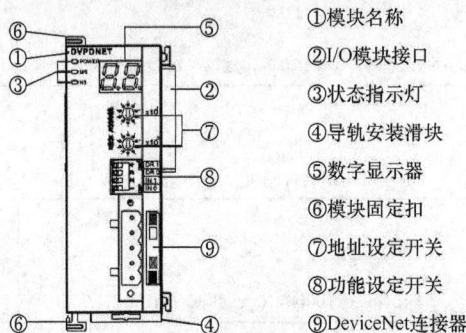

①模块名称
②I/O模块接口
③状态指示灯
④导轨安装滑块
⑤数字显示器
⑥模块固定扣
⑦地址设定开关
⑧功能设定开关
⑨DeviceNet连接器

图 6-25 台达 DNET 扫描模块的外观及功能介绍

3. DNET 扫描模块与 SV 主机的数据对应关系

当 DNET 扫描模块与 PLC 主机连接后，PLC 将给每一个扫描模块分配数据映射区，如表 6-25 所示。

表 6-25　　　　　DNET 扫描模块与 SV 主机的数据对应关系

DNET 扫描模块索引号	映射的 D 区寄存器	
	输出映射表	输入映射表
1	D6250-D6497	D6000-D6247
2	D6750-D6997	D6500-D6747
3	D7250-D7497	D7000-D7247
4	D7750-D7997	D7500-D7747
5	D8250-D8497	D8000-D8247
6	D8750-D8997	D8500-D8747
7	D9250-D9497	D9000-D9247
8	D9750-D9997	D9500-D9747

6.6.2 台达 DeviceNet 远程 I/O 适配模块

RTU-DNET 远程 I/O 适配模块定义为 DeviceNet 从站，其 I/O 扩展接口用于连接扩展 I/O 模块，它的 RS-485 接口用于连接变频器、伺服驱动器、温控器、可编程控制器等 Modbus 设备。

1. RTU-DNET 模块的特点

① 在预定义的主从连接组中支持显性连接，支持轮询的 I/O 连接方式。

② 网络配置软件 DeviceNetBuilder 提供了图形配置接口，可以自动扫描并识别扩展

模块。

③ RTU-DNET 模块最多可扩展数字输入/输出点数各 128 点。

④ RTU-DNET 模块支持 Modbus 通信协议，最多可连接 8 台 Modbus 设备，

2. RTU-DNET 模块的外观及功能介绍

台达 RTU-DNET 模块的外观及功能介绍如图 6-26 所示。

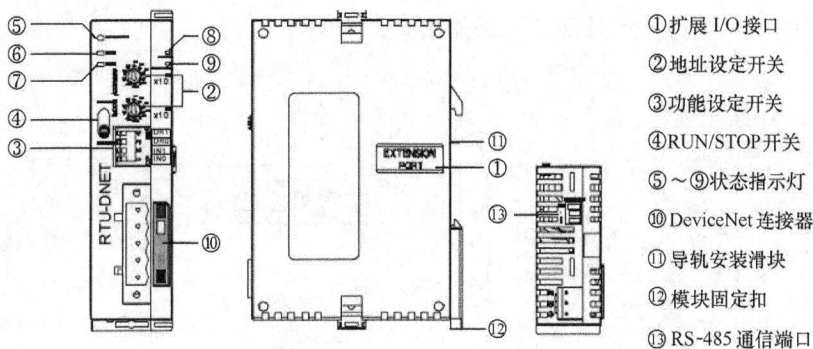

① 扩展 I/O 接口
② 地址设定开关
③ 功能设定开关
④ RUN/STOP 开关
⑤～⑨ 状态指示灯
⑩ DeviceNet 连接器
⑪ 导轨安装滑块
⑫ 模块固定扣
⑬ RS-485 通信端口

图 6-26 台达 RTU-DNET 模块的外观及功能介绍

3. RTU-DNET 模块的典型应用

RTU-DNET 作为 DeviceNet 从站，主要实现 DeviceNet 主站和扩展模块及 Modbus 设备的数据交换。台达 RTU-DNET 模块的典型应用如图 6-27 所示。

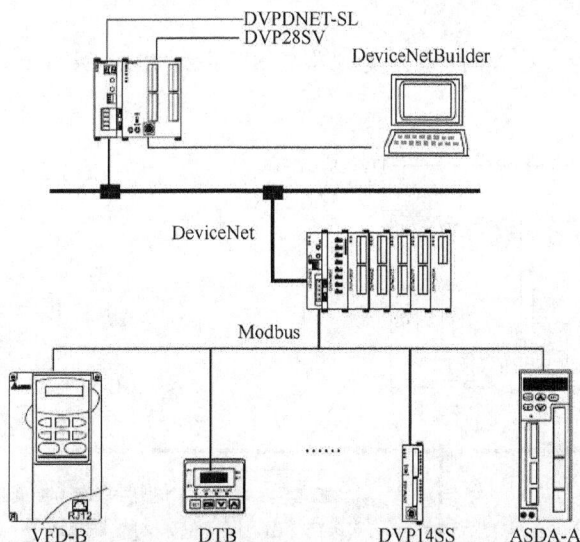

图 6-27 台达 RTU-DNET 模块的典型应用

6.6.3 DeviceNet 通信转换模块

DeviceNet 通信转换模块（IFD9502）定义为 DeviceNet 从站，可用于 DeviceNet 网络和台达可编程控制器、变频器、伺服驱动器、温控器及人机界面的连接。此外，IFD9502 还提供自定义功能，该功能用于连接 DeviceNet 网络和符合 Modbus 协议的自定义设备。

1. IFD9502 模块的特点

① 支持仅限组 2 服务器。
② 在预定义的主从连接组中支持显性连接、轮询连接。
③ 在 DeviceNet 网络配置工具中支持 EDS 文件配置。

2. IFD9502 模块的外观及功能介绍

台达 IFD9502 模块的外观及功能介绍如图 6-28 所示。

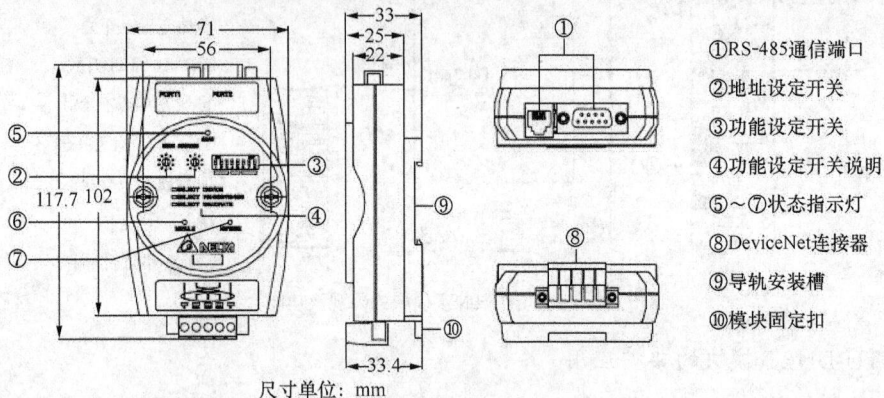

①RS-485通信端口
②地址设定开关
③功能设定开关
④功能设定开关说明
⑤～⑦状态指示灯
⑧DeviceNet连接器
⑨导轨安装槽
⑩模块固定扣

尺寸单位：mm

图 6-28　台达 IFD9502 模块的外观及功能介绍

3. IFD9502 模块的典型应用

IFD9502 模块作为台达 VFD 系列变频器与 SV 系列 PLC DeviceNet 通信的网关应用如图 6-29 所示。

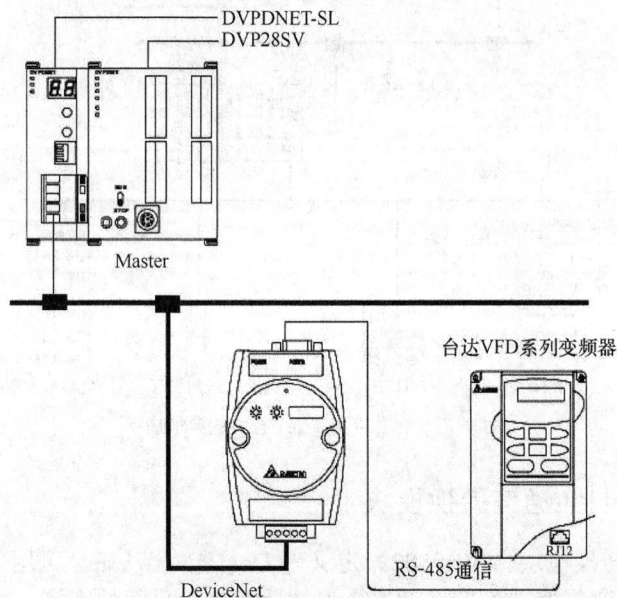

图 6-29　台达 IFD9502 模块的典型应用

6.7　DeviceNet 系统组态

6.7.1　DeviceNetBuilder 介绍

DeviceNetBuilder 是台达 DeviceNet 网络配置软件，可以在中达电通官方网站上免费下载。下面简单介绍 DeviceNetBuilder 的操作步骤。

（1）打开 DeviceNetBuilder

DeviceNetBuilder 的主界面如图 6-30 所示。

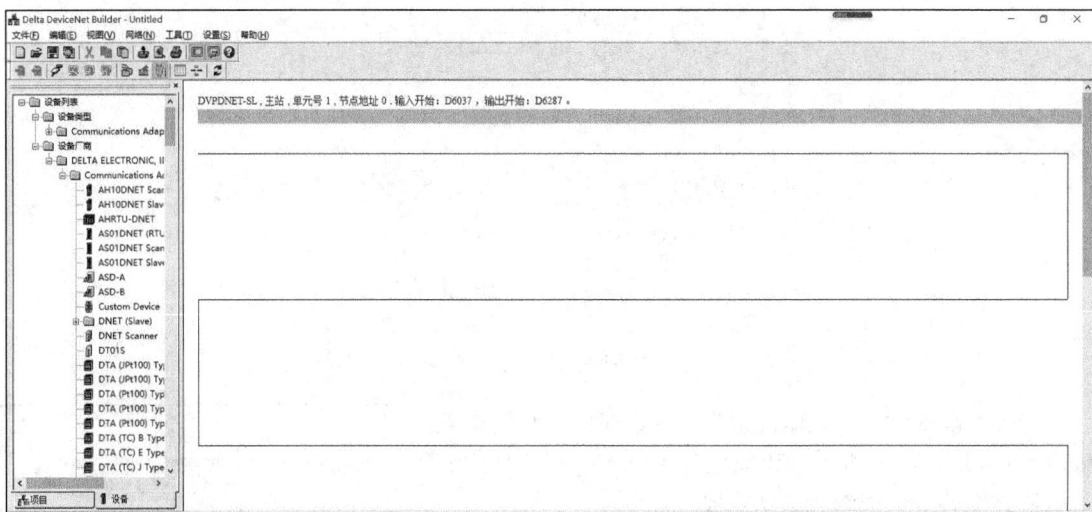

图 6-30　DeviceNetBuilder 的主界面

（2）COMMGR 配置

COMMGR 是台达电子的通信管理工具，其主要的功能在于扮演台达软件与硬件之间的通信桥梁，而通过 COMMGR 的管理，联机的工作亦将变得更为便利和更有效率。

当顺利启动 COMMGR 之后，在 Windows 桌面的右下角当中便可发现 COMMGR 的图标，在该图标上双击或右击后单击"开启"即可开启 COMMGR 的管理窗口，如图 6-31 所示。

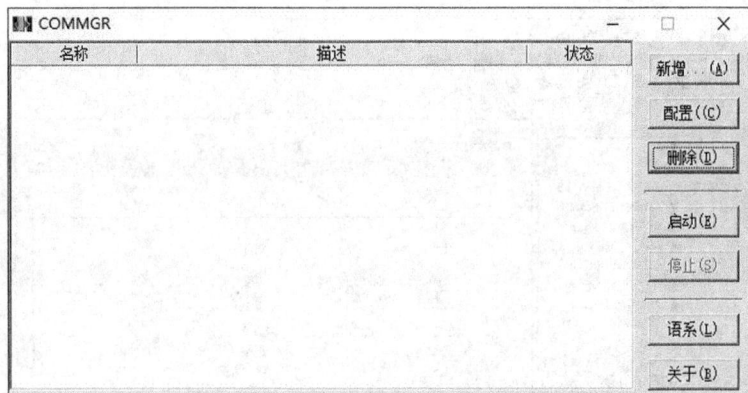

图 6-31　台达 COMMGR 的管理窗口

单击 COMMGR 右侧的"新增"按钮即可开启通信参数的设置窗口，通信类别选择 Ethernet，选择正确的网卡和 IP 地址（如 192.168.1.1），然后搜索台达 DVP-EN01 模块，如图 6-32 所示。

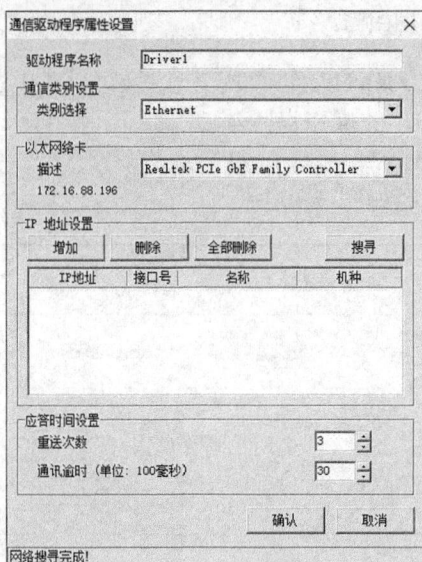

图 6-32 搜索台达 DVP-EN01 模块

选择"设置">>"通信设置"命令，弹出"通信设置"对话框，如图 6-33 所示。在此选择 COMMGR 中已设置好通信参数的 DeviceNet 主站设备。

（3）在线连接

选择"网络">>"在线"命令，弹出"选择通信通道"对话框，该对话框显示了可以连接的 DeviceNet 扫描模块，单击"确定"按钮后，DeviceNetBuilder 开始对整个网络

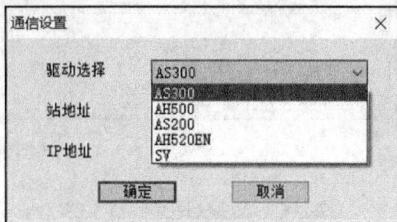

图 6-33 "通信设置"对话框

进行扫描，扫描结束后，会提示"扫描网络已完成"。此时，网络中被扫描到的所有节点的图标和设备名称都会显示在网络设备图形显示区中，如图 6-34 所示。双击 DeviceNet 节点图标即可配置各个节点的相关属性。

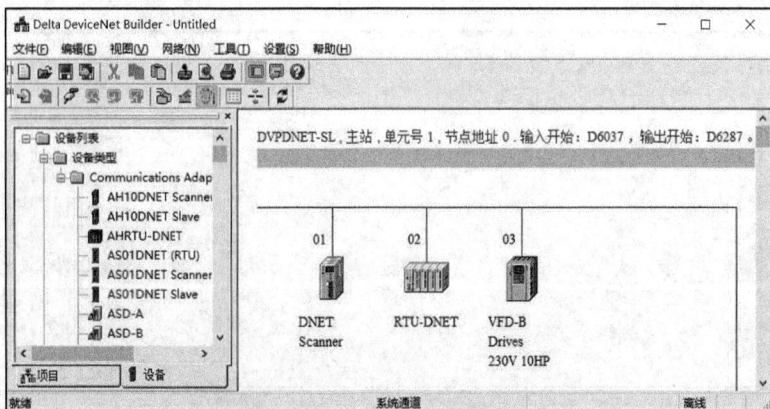

图 6-34 DeviceNet 网络设备在线连接

6.7.2　变频器控制 DeviceNet 应用案例

当需要组建一个网络时，必须先明白此网络的功能需求，并对需要进行交换的数据进行先期规划，包括最大通信距离、所使用的从站、总的数据交换长度及对数据交换响应时间的要求。这些信息将决定所组建的网络是否合理，能否满足需求，甚至会直接影响到后期网络的可维护性及容量扩展升级的灵活性。下面以一个应用案例说明如何组建 DeviceNet 网络及如何配置网络参数。

功能要求：组建 DeviceNet 网络，实现由一个远程的数字量 I/O 模块来控制一台 VFD-B 变频器的启动和停止。

1. 系统分析

本次设计的 DeviceNet 网络采用主从结构，DeviceNet 主站采用台达 DNET 扫描模块与 SV 系列 PLC，装有 DeviceNetBuilder 的个人计算机作为 DeviceNet 网络配置工具。DeviceNet 远程从站采用台达 RTU-DNET 模块与 I/O 扩展模块，VFD-B 变频器本身没有 DeviceNet 功能，所以运用 DeviceNet 通信转换模块（IFD9502）作为 DeviceNet 与 Modbus 的通信网关，使变频器通过 Modbus 通信端口作为从站接入 DeviceNet 网络。系统网络结构如图 6-35 所示，分别通过地址设定开关设置主站的 MAC ID 为 1，远程从站的 MAC ID 为 2，变频器从站的 MAC ID 为 3；通过功能设定开关设置 DeviceNet 网络的通信速率为 500kbit/s。

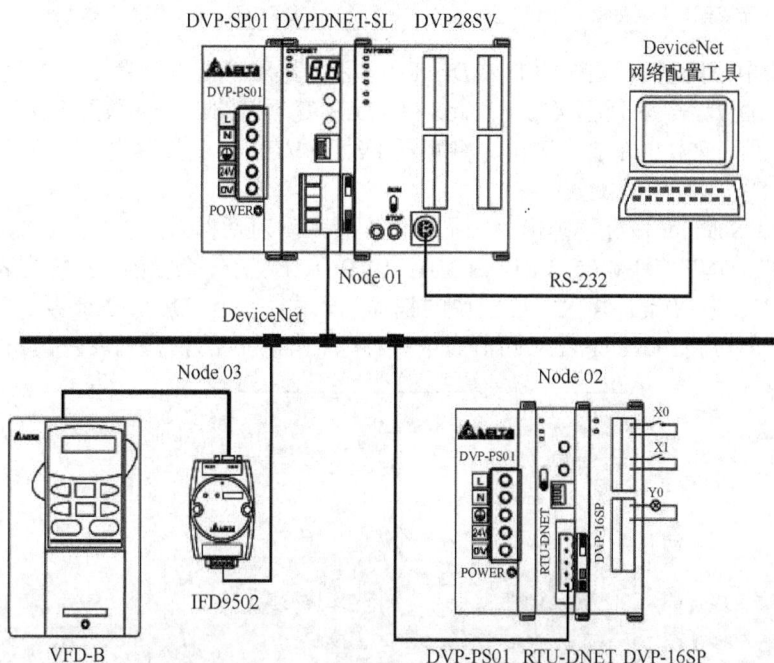

图 6-35　DeviceNet 系统网络结构

2. 使用 DeviceNetBuilder 配置网络

正确配置 DeviceNetBuilder 通信参数，并进行在线连接后，就可以开始配置网络，方法如下。

（1）DeviceNet 从站的配置

① RTU-DNET 节点配置：双击图 6-34 所示的窗口中的 RTU-DNET 图标，弹出"节点配

置…"对话框，如图 6-36 所示。

"节点配置…"对话框中给出了 RTU-DNET 节点的基本信息，可以设置 RTU-DNET 节点的 I/O 连接方式，如轮询、位选通、状态变化/循环。此外，还可以对 RTU-DNET 节点的 I/O 模块进行配置，单击"I/O 配置…"按钮，弹出"RTU 配置"对话框，再单击"扫描"按钮，DeviceNetBuilder 会检测 RTU-DNET 所连接的特殊输入/输出模块及数字量输入/输出模块的点数，并显示在"RTU 配置"对话框中，如图 6-37 所示。确认配置无误后，单击"下载"按钮，将配置下载至 RTU-DNET 模块。

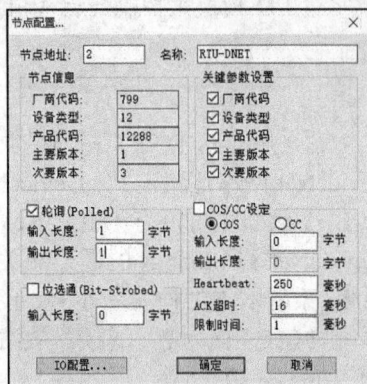

图 6-36 "节点配置"对话框

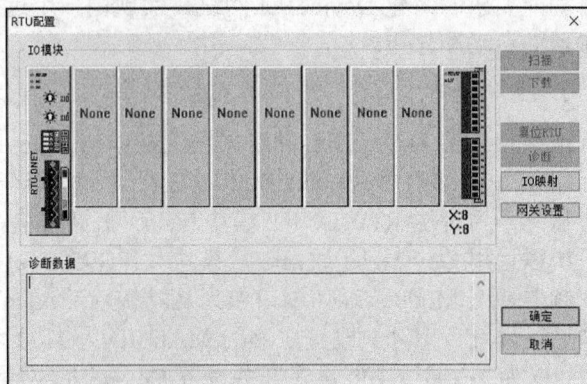

图 6-37 "RTU 配置"对话框

② 变频器节点配置。双击 VFD-B Drives 图标，弹出"节点配置…"对话框，与 RTU-DNET 的"节点配置…"对话框类似，在此对 VFD-B 变频器的识别参数及 I/O 信息进行确认。确认配置无误后，单击"确定"按钮，将配置下载到 VFD-B 变频器内。

（2）DNET 主站模块的配置

双击 DNET Scanner 图标，弹出"扫描模块配置…"对话框，可以看到左侧的列表里有当前可用节点 RTU-DNET 和 VFD-B Drives 230V 10HP，右侧有一个空的"扫描列表"，将左侧列表中的 DeviceNet 从站设备移入扫描模块的扫描列表中。选中 DeviceNet 从站节点，然后单击">"按钮，即可将 DeviceNet 从站节点依次移入扫描模块的扫描列表内，如图 6-38 所示。

图 6-38 扫描列表

确认无误后，单击"确定"按钮，将配置下载到 DNET 扫描模块内。DNET 扫描模块和从站设备的 I/O 数据映射如图 6-39 所示。

图 6-39　DNET 扫描模块和从站设备的 I/O 数据映射

3. DeviceNet 网络控制

控制要求：当 X0=ON 时，VFD-B 变频器运行，此时 Y0 指示灯亮；当 X1=ON 时，VFD-B 变频器停止运行，此时 Y0 指示灯灭。

（1）DeviceNet 从站与 PLC 元件的对应关系

由图 6-39 可知，DeviceNet 从站与 PLC 元件的对应关系如表 6-26 所示。

表 6-26　　　　　　　　　　DeviceNet 从站与 PLC 元件的对应关系

I/O	PLC 元件	15	14	13	12	11	10	9	8	7	6	5	4	3	2	1	0
输入数据	D6037	X7	X6	X5	X4	X3	X2	X1	X0	N/A							
	D6038	VFD-B 变频器状态								VFD-B 变频器 LED 状态							
	D6039	VFD-B 变频器设置频率															
输出数据	D6287	Y7	Y6	Y5	Y4	Y3	Y2	Y1	Y0	N/A							
	D6288	VFD-B 变频器控制字															
	D6289	VFD-B 变频器频率字															

（2）PLC 梯形图程序

根据系统控制要求编写网络控制梯形图程序，如图 6-40 所示。程序说明如下。

① 由于 D 区不能按位进行操作，所以程序的开头使用 MOV 指令将 D6037 的内容与 M0～M15 对应，D6038 与 M20～M35 对应。当 X0=ON 时，D6037 的 bit8=1，而 D6037 的 bit8 对应 M8，所以此时 M8=ON；同理，当 X1=ON 时，M9=ON。

② D6288 对应 VFD-B 变频器的控制字，当 M8=ON 时，执行[MOV H2 D6288]，启动变

频器；当 M9=ON 时，执行[MOV H1 D6288]，停止变频器。

③ D6038 的 bit0 对应 M20，bit1 对应 M21。当变频器处于 RUN 状态时，D6038 的 bit0=1，则 M20=ON，执行[MOV H0100 D6287]，Y0=ON。同理，当变频器处于 STOP 状态时，M21=ON，执行[MOV H0000 D6287]，Y0=OFF。

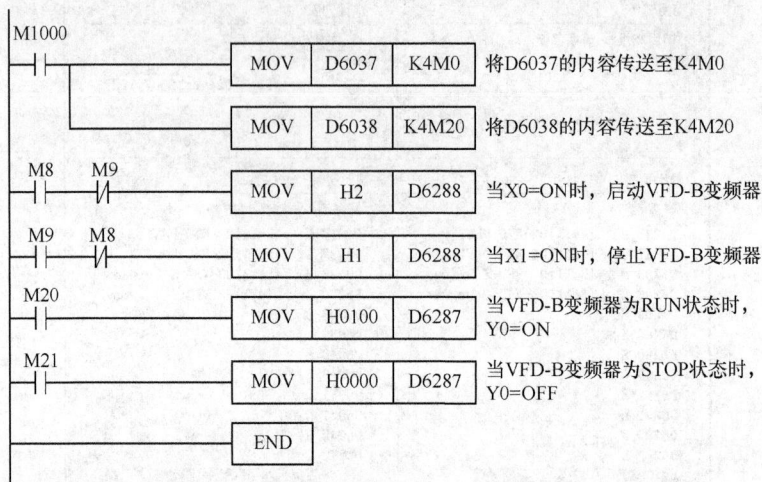

图 6-40　网络控制梯形图程序

6.7.3　机器人控制 DeviceNet 应用案例

下面以一个机器人控制 DeviceNet 应用案例说明如何通过 DeviceNet 网络实现 PLC 控制一台 ABB 机器人。

1. 系统分析

本次设计的 DeviceNet 网络采用主从结构，DeviceNet 主站采用台达 DNET 扫描模块与 SV 系列 PLC，装有 DeviceNetBuilder 的个人计算机作为 DeviceNet 网络配置工具。DeviceNet 远程从站采用 ABB IRC5 控制柜。系统网络结构如图 6-41 所示，通过地址设定开关设置主站的 MAC ID 为 16，通过示教器设置机器人从站的 MAC ID 为 11；通过功能设定开关设置 DeviceNet 网络的通信速率为 500kbit/s。

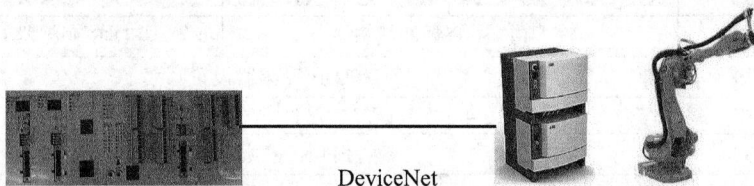

图 6-41　DeviceNet 系统网络结构

2. 从站设置

机器人从站设置主要包括设置机器人从站地址、通信速率、数据传送长度等。通过 ABB 机器人示教器选择 IndustryNetwork 菜单下的 DeviceNet 命令，设置机器人从站地址和通信速率，如图 6-42 所示。选择 Devicenet Internal Device 命令，设置机器人从站输入输出字节数，如图 6-43 所示；设置机器人 I/O 映射关系，如图 6-44 所示。

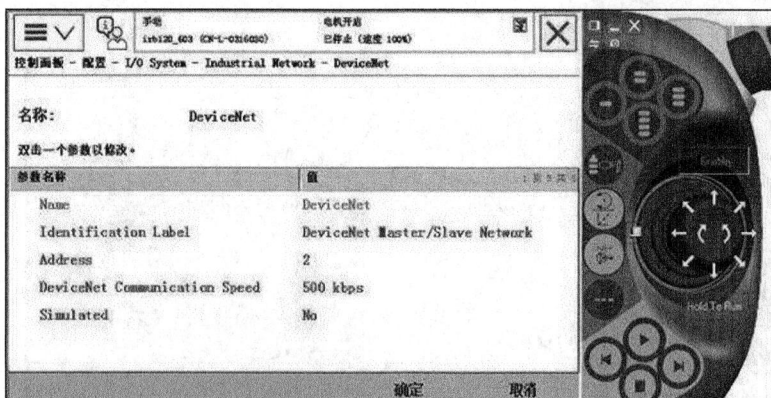

图 6-42　设置机器人从站地址和通信速率

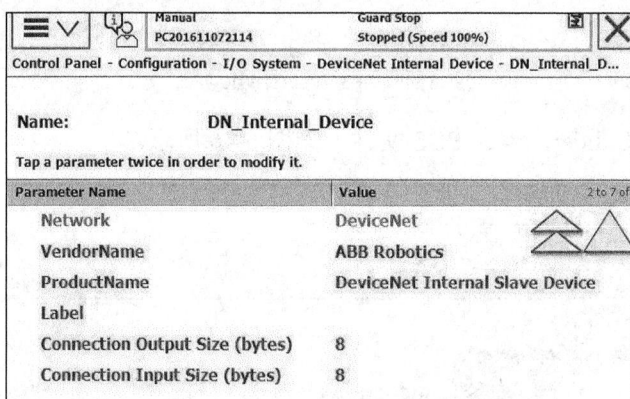

图 6-43　设置机器人从站输入输出字节数

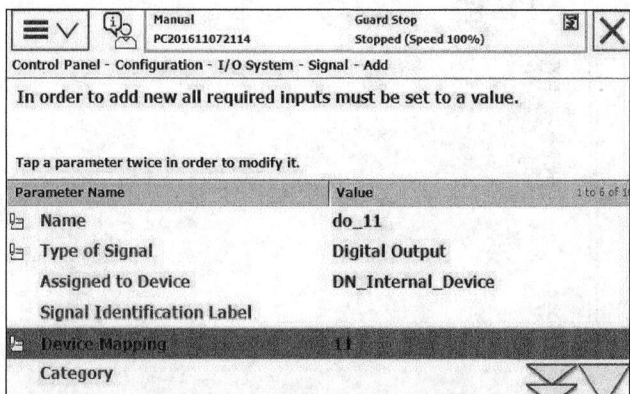

图 6-44　设置机器人 I/O 映射关系

3. 主站设置

采用台达 PLC 作为主站与 ABB 机器人从站进行 DeviceNet 通信，需要获取和安装 ABB 机器人的 EDS 文件。打开 ABB Robotstudio，在 Add-Ins 里，右击对应 RobotWare，打开数据包文件夹\ABB.RobotWare-.03.0140\RobotPackages\RobotWare_RPK_6.03.0140\utility\service\EDS，找到 ABB 机器人作从站的描述文件 IRC5_Slave_DSQC1006.eds。操作界面如图 6-45 所示。注意，ABB 的 EDS 文件会有版本差异，对应机器人操作系统版本获取相应文件。

图 6-45　ABB Robotstudio 界面

打开 DeviceNetBuilder，添加 EDS 文件，如图 6-46 所示。

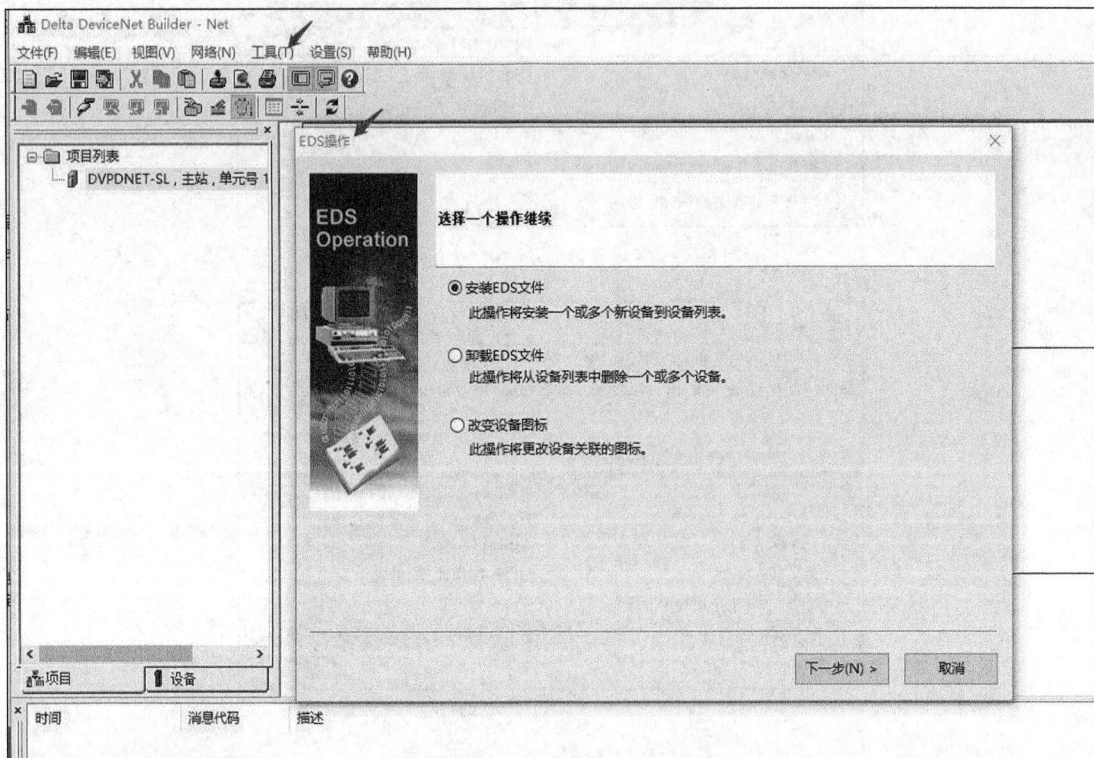

图 6-46　添加 EDS 文件

选择"网络">>"在线"命令，弹出"选择通信通道"对话框，该对话框显示了可以连接的 DeviceNet 扫描模块，单击"确定"按钮，DeviceNetBuilder 开始对整个网络进行扫描，扫描结束后，会提示"扫描网络已完成"。此时，网络中被扫描到的所有节点的图标和设备名称都会显示在网络设备图形显示区上，如图 6-47 所示。

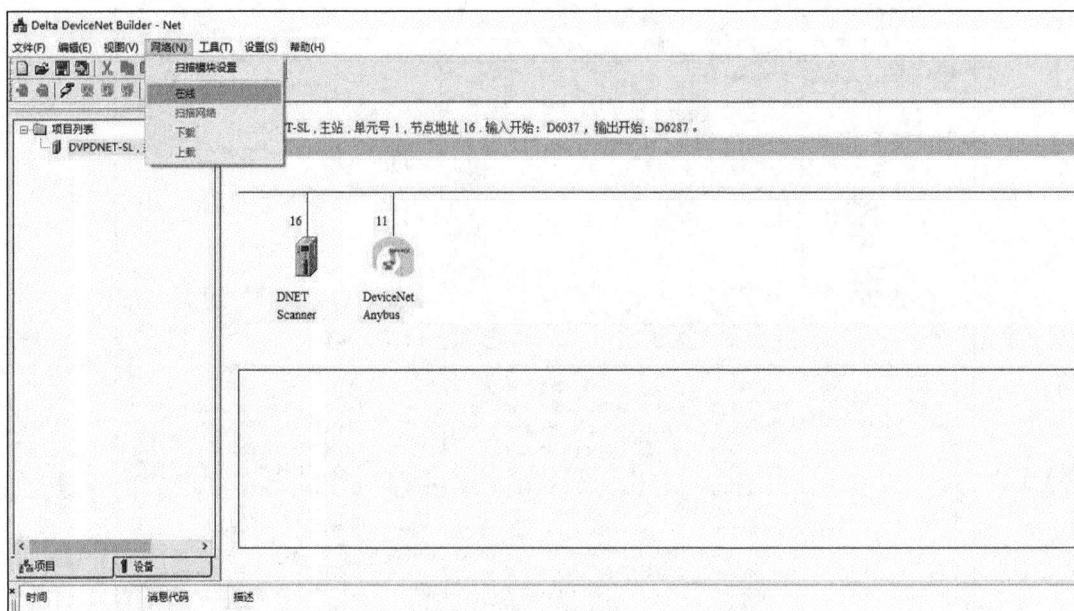

图 6-47 DeviceNetBuilder 在线扫描界面

双击图 6-47 中 DeviceNet Anybus 节点的图标，弹出"节点配置…"对话框，如图 6-48 所示。配置 ABB 机器人节点轮询输入输出字节长度属性。

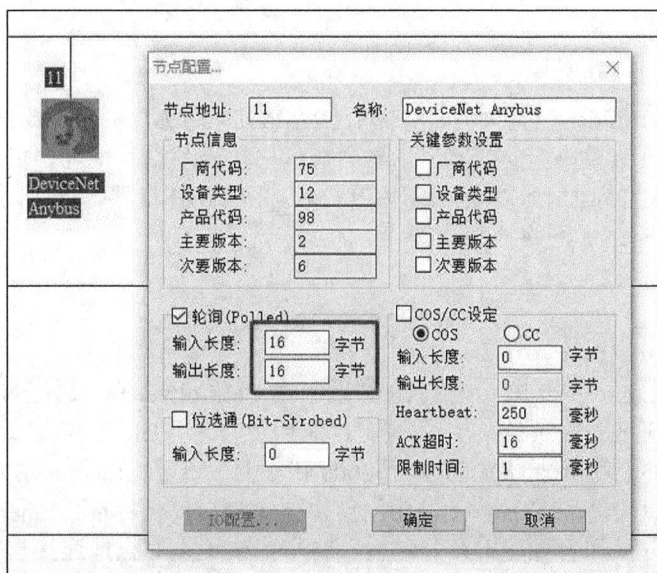

图 6-48 配置 ABB 机器人节点轮询输入输出字节长度属性

双击 DNET Scanner 图标，弹出"扫描模块配置…"对话框，可以看到左侧的列表里有当前可用节点 DeviceNet Anybus，右侧有一个空的"扫描列表"，将左侧列表中的 DeviceNet 从站设备移入扫描模块的扫描列表中，如图 6-49 所示。选中 DeviceNet 从站节点，然后单击">"按钮，即可将 DeviceNet 从站节点移入扫描模块的扫描列表内，如图 6-49 所示。将参数保存后下载至 DeviceNet 主站节点。

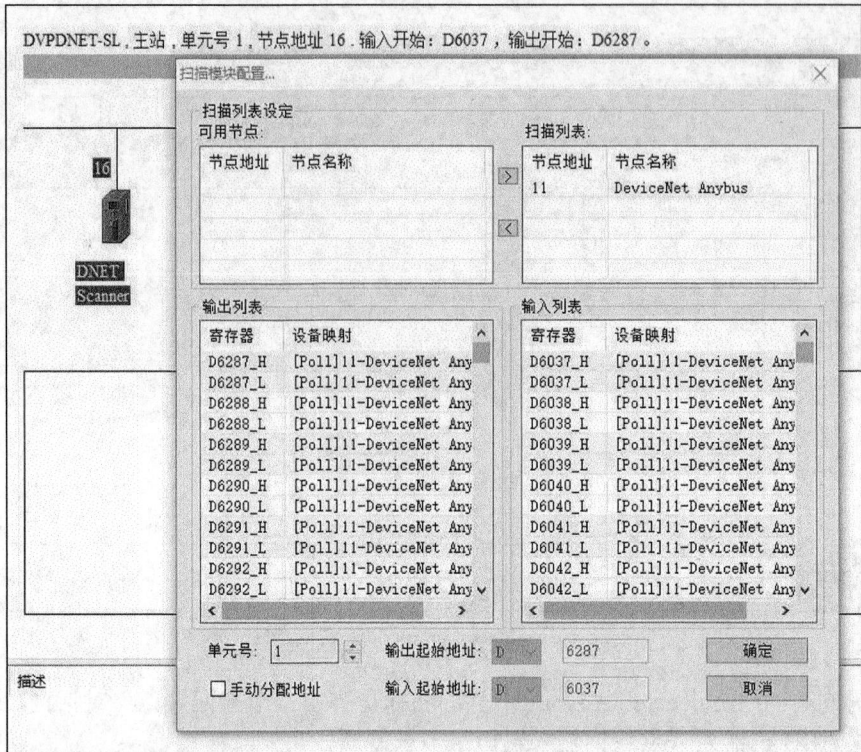

图 6-49　ABB 机器人输入输出映射列表

4. DeviceNet 网络控制

经过 DeviceNetBuilder 配置以后，实现了台达 PLC 与 ABB 机器人数据通信的设置功能，数据通信成功后，主站模块上的数字显示器会显示模块当前站号地址。根据实际工程控制要求，结合输入输出映射列表，可以灵活编写 PLC 程序和 ABB 机器人程序，最终实现台达 PLC 与 ABB 机器人 DeviceNet 网络控制功能。

6.8　Ethernet/IP

1998 年年初，ControlNet 国际组织 CI 开发了由 ControlNet 和 DeviceNet 共享的、开放的和被广泛接受的基于 Ethernet 的应用层规范，利用该技术，CI、工业以太网协会（IEA）和开放的 DeviceNet 供应商协会（ODVA）于 2000 年 3 月发布了 Ethernet/IP（以太网工业协议）技术规范，旨在将这个基于 Ethernet 的应用层协议作为自动化标准。Ethernet/IP 技术采用标准的以太网芯片，并采用有源星形拓扑结构，将一组装置点对点地连接至交换机，而在应用层则采用已在工业界广泛应用的开放协议——通用工业协议（CIP），CIP 控制部分用来实现实时 I/O 通信，信息部分用来实现非实时的报文交换。Ethernet/IP 的一个数据包最多可达 1500B，数据传输速率达 10～100Mbit/s，因而能实现大量数据的高速传输。

6.8.1　Ethernet/IP 概述

Ethernet/IP 的成功之处在于在 TCP/UDP/IP 上附加了 CIP，提供了一个公共的应用层。值得一提的是，CIP 除了作为 Ethernet/IP 的应用层协议外，还可以作为 ControlNet 和 DeviceNet

的应用层协议，3 种网络分享相同的应用对象库，对象和用户设备行规使得多个供应商的装置能在上述 3 种网络中实现即插即用。

6.8.2　Ethernet/IP 的报文种类

在 Ethernet/IP 控制网络中，设备之间在 TCP/IP 的基础上通过 CIP 来实现通信。CIP 采用控制协议来实现实时 I/O 数据报文传输，采用信息协议来实现显性信息报文传输。CIP 把报文分为 I/O 数据报文、显性信息报文和网络维护报文。

1. I/O 数据报文

I/O 数据报文是指实时性要求较高的测量控制数据，它通常是小数据包。I/O 数据交换通常属于一个数据源和多个目标设备之间的长期的内部连接。I/O 数据报文利用 UDP 的高速吞吐能力，采用 UDP/IP 传输，如图 6-50 所示。

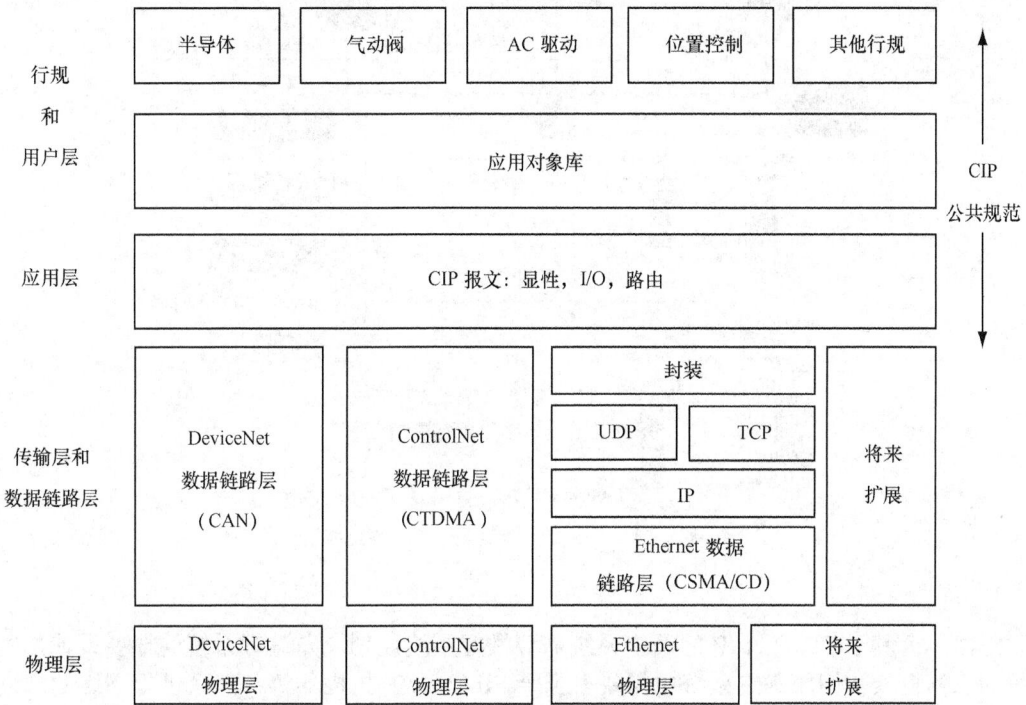

图 6-50　Ethernet/IP 通信协议模型

I/O 数据报文又称为隐性报文，其中只包含应用对象的 I/O 数据，没有协议信息，数据接收者事先已知道数据的含义。I/O 数据报文仅能以面向连接的方式传送，面向连接意味着数据传送前需要建立和维护通信连接。

2. 显性信息报文

显性信息报文通常指实时性要求较低的组态、诊断、趋势数据等，一般为比 I/O 数据报文大得多的数据包。显性信息交换是一个数据源和一个目标设备之间短时间内的连接。显性信息报文采用 TCP/IP，并利用 TCP 的数据处理特性传输。

显性信息报文需要根据协议及代码的相关规定来理解报文的意义。显性信息报文传送可以采用面向连接的通信方式，也可以采用非连接的通信方式。

3. 网络维护报文

网络维护报文是指在一个生产者与任意多个消费者之间起网络维护作用的报文。在系统专门指定的时间内，由地址最低的节点在此时间段内发送时钟同步和一些重要的网络参数，以使网络中各节点同步时钟，调整与网络运行相关的参数。网络维护报文一般采用广播方式传输。

6.8.3 基于Ethernet/IP的工业以太网组网

这里仅以台达集团相关软硬件产品为背景，简单介绍基于Ethernet/IP的工业以太网组网技术。台达集团Ethernet/IP网络架构如图6-51所示，主要包括AH500、AS300、HMI、变频器和伺服驱动器。

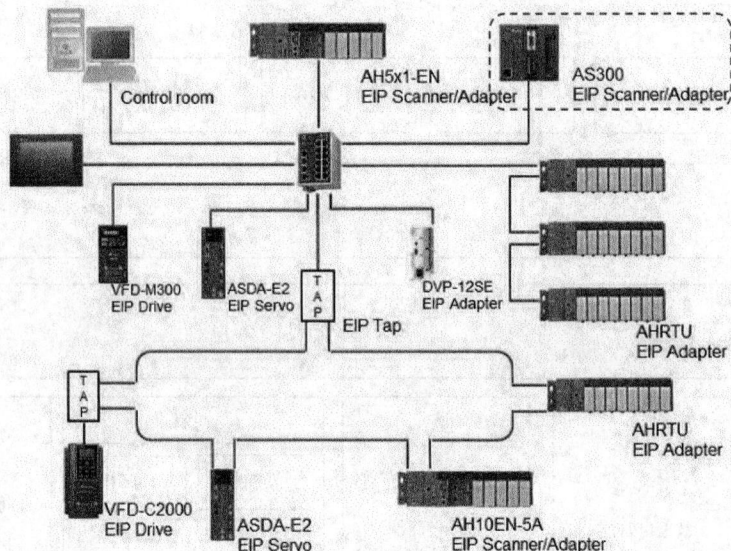

图6-51 台达集团Ethernet/IP网络架构

1. 系统规划

组建一个基于Ethernet/IP的网络系统需要做好系统规划。先进行系统的概要设计，确定系统的总体框架，例如确定系统中需要多少个Ethernet/IP扫描器等；然后进行网络的规划和安装，这是系统的详细设计，要确定用什么样的集线器、如何布线等。

规划一个基于Ethernet/IP的网络系统，先要确定应用需求，然后给出初步的系统方案，并预测系统性能，看系统性能是否能够满足应用需求。如果通过系统性能预测无法满足应用需求，就要对系统方案进行修改，再重新预测系统性能，直到系统性能能够满足应用需求为止。

系统性能预测主要有两项内容：一是预测应用对带宽的需求，看系统的带宽是否能满足应用的需求；二是预测在隐式连接中，I/O数据输入/输出的最大时间间隔能否满足应用的需求。

无论是应用对带宽的需求，还是I/O数据输入/输出的最大时间间隔，都主要取决于各个I/O数据的请求的数据包时间间隔（RPI）。RPI是数据对发送频率的要求，即要求数据每隔多长时间发送一次。例如，在一个隐式连接中，Ethernet/IP扫描器要求设备每20ms向它发送一次数据，则该连接的 RPI 为 20ms。

在一个基于 Ethernet/IP 的系统中，以太网的带宽通常都能满足应用的需求，系统的带宽瓶颈通常是在 Ethernet/IP 扫描器上。Ethernet/IP 扫描器既可传输显式报文，又可传输隐式报文；既可以充当显式报文或隐式报文传输的服务器，又可以充当显式报文或隐式报文传输的客户机。Ethernet/IP 扫描器模块的带宽通常是比较低的，这些带宽要在所有与该模块有关的显式连接和隐式连接中进行分配。由于每个隐式连接每次至少要传输两帧数据，所以每个隐式连接的带宽消耗是其 RPI 倒数的两倍。因为需要保留 10%的带宽用于显式通信，所以如果所有隐式连接占用的带宽总和是扫描器模块带宽的 90%以上，则系统带宽就不能满足应用的需求。

在隐式连接中，I/O 数据输入/输出的最大时间间隔由设备处理数据的时间、RPI、处理器处理数据的时间 3 部分组成，其中最后一部分通常可以忽略。因此，最大时间间隔除了与 RPI 有关外，还和 I/O 数据的类型有关。如果是离散 I/O 数据，最大时间间隔就等于 RPI；如果是隔离的模拟数据，就等于 RPI 加上实时采样（Real Time Sample，RTS）时间；如果是非隔离的模拟数据，就等于 RPI 加上 2 倍的 RTS；如果是标签（Tag）数据，就等于 2 倍的 RPI。

2. 网络规划与网络安装

对需求的准确理解是做好规划的前提条件，网络规划也不例外。在网络规划中，要获取的与应用需求有关的信息主要是两方面：一是应用的类型，即网络到底是用作传递实时数据的控制网络，还是用作传输非实时数据的信息网络；二是确定环境条件，如温度、湿度、有无腐蚀性化学物质、振动及电磁干扰等。

然后根据应用的需求选择各个部件，主要包括以下几个方面。

（1）网线的选择

要确保网线能够在现场的环境条件下正常工作。如果现场电磁干扰很厉害，或者布线要经过与干扰源距离很近的地方，应该使用屏蔽线。

（2）连接器的选择

通常选用 RJ-45 连接器。在某些环境条件下，需要选用有封装的连接器。

（3）集线器的选择

集线器有多种类型，如线缆集线器、智能集线器、交换机（交换式集线器）。为保证能够满足实时性要求，控制网络一般要求使用交换机。另外注意要保证集线器上的端口数目足够。

（4）其他设备的选择

根据应用需求，组网可能还需要中继器、网桥、路由器、桥接路由器、网关和服务器等网络设备。

（5）制订网络方案

根据应用需求制订网络方案时，要考虑的问题主要有以下几个方面。

① 确定通信波特率。选择通信波特率要考虑多方面的因素，包括应用对带宽的需求、成本等。值得注意的是，通信波特率越低，抗电磁干扰能力就越强。

② 确定各台设备的摆放位置，要确保各台设备的工作环境能够满足要求。

③ 确定每个连接的距离。通常以太网的网段长度不能超过 100m，要确保网段的长度在限值以内。

④ 注意网络安全。控制网络与办公网络之间、控制网络与以太网之间应该有必要的隔离。另外，对控制网络进行操作应该很小心，并且要进行严格的权限控制。

网络方案确定之后，就可以安装网络了，安装网络时要严格按照有关设备的说明书来操作，尤其要妥善处理隔离、接地、屏蔽等问题，例如在一个符合全国电气制造业协会（NEMA）标准的封闭环境中，无论是进线还是出线，都要求使用隔板（Bulkhead）接头；为了不造成环流，屏蔽线只应该在一端接地，通常都是在交换机端；在网线的末端安装连接器时，双绞线解开的长度不应该太长。

最后，检查网络，解决存在的问题。检查网络应该充分利用现有的工具。

3. 设备配置

Ethernet/IP 设备配置的方式有两种：一种是利用设备提供的拨码开关、跳线、拔轮、插针及人机界面等直接在设备上进行配置；另一种是在与 Ethernet/IP 相连的计算机上进行远程配置。因此，Ethernet/IP 设备提供两种方式中的一种，也有一些 Ethernet/IP 设备同时提供两种设备配置方式。前一种方式按照设备说明书操作即可，这里着重介绍后一种设备配置方式。

台达 Ethernet/IP 设备配置软件为 EIP Builder，其主界面如图 6-52 所示。EIP Builder 可以单独使用，也可以与 ISPSoft 配合使用。

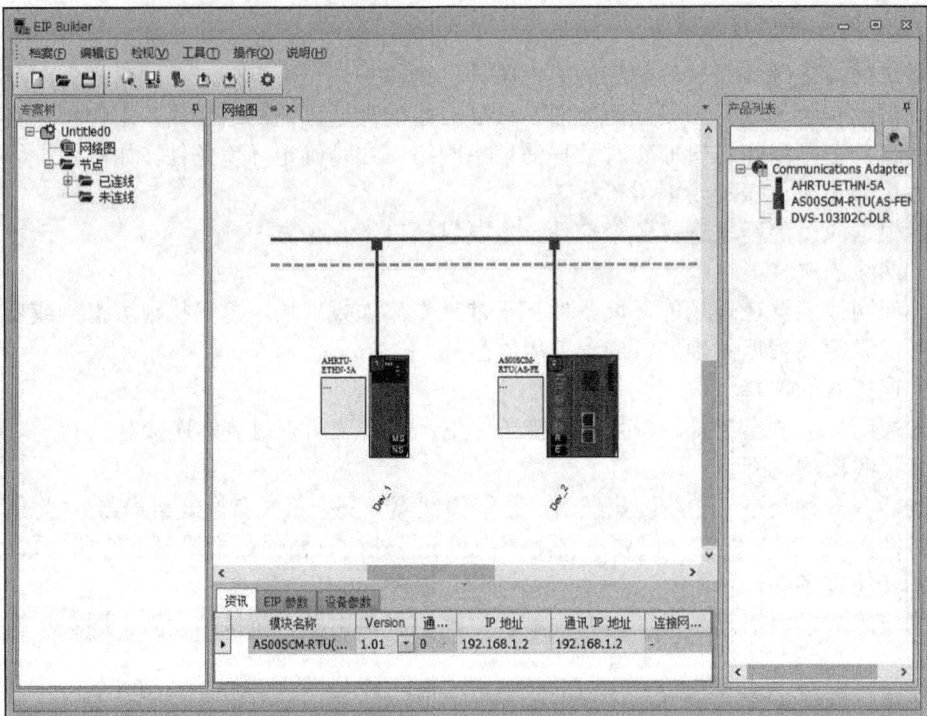

图 6-52　EIP Builder 的主界面

Ethernet/IP 设备远程配置利用的是 Ethernet/IP 网络提供的显式通信。要实现远程设备配置，需要具备几个条件：用于配置的计算机应该装有 Ethernet/IP 网卡，并且连在 Ethernet/IP 网络上；计算机上应该运行 Ethernet/IP 设备配置软件；操作人员应该拥有进行设备配置所必需的一些信息，如设备每个参数的详细描述，尤其是参数默认值、取值范围、可能的取值等。其中，配置所需要的信息通常是通过 EDS 文件获取的。

Ethernet/IP 设备配置软件的基本功能有 3 项：一是读入 EDS 文件；二是对 EDS 文件的内容进行解释；三是将每个参数可能的值提供给用户，然后将用户选定的参数值写入设备。

实验 5　DeviceNet 系统设计

1. 实验目的

① 了解台达 DeviceNet 设备的分类。

② 理解 DeviceNet 主从网络的主要功能。

③ 掌握 DeviceNet 设备硬件接线和功能设置的方法。

④ 掌握用 DeviceNetBuilder 配置网络的方法。

⑤ 理解基于 DeviceNet 网络的 PLC 编程方法。

2. 控制要求

组建 DeviceNet 网络，完成由一个远程的数字量 I/O 模块控制一台 VFD-B 变频器的启动和停止并更改变频器频率。

3. 实验设备

① 台达 SV 系列 PLC。

② 台达 DNET 扫描模块。

③ 装有 WPLSoft 和 DeviceNetBuilder 的个人计算机。

④ 台达 RTU-DNET 模块。

⑤ 台达 DVP16SP 模块。

⑥ 台达 VFD -E 变频器。

⑦ DeviceNet 通信电缆与 Modbus 线缆。

⑧ 按钮、指示灯、导线若干。

习题

1. 在 DeviceNet 现场总线中，若显式请求报文的服务区字节内容为 0x05，则在该报文的响应报文中的服务区字节内容为（　　　）。

 A. 0x00   B. 0x05   C. 0x85   D. 0xC5

2. DeviceNet 是 1994 年由（　　　）公司提出的现场总线技术。

 A. 西门子   B. 施耐德

 C. AB（现归属罗克韦尔）   D. ABB

3. DeviceNet 底层协议采用（　　　）标准。

 A. RS-485   B. RS-232   C. CAN   D. 以太网

4. DeviceNet 不可选的通信速率是（　　　）bit/s。

 A. 125k   B. 250 k   C. 500 k   D. 1M

5. DeviceNet 协议的核心技术是（　　　）。

 A. 物理层   B. 数据链路层 C. 网络层   D. 应用层

6. DeviceNet 连接器定义了（　　　）根线标准，除了信号线，还有电源线。

 A. 2   B. 3   C. 4   D. 5

7. DeviceNet 使用了 CAN 总线的（　　　）。

 A. 标准数据帧 B. 标准远程帧 C. 扩展数据帧 D. 扩展远程帧

8. DeviceNet 连接标识符优先级最高的是（　　　）。

 A. 报文组 1   B. 报文组 2   C. 报文组 3   D. 报文组 4

9. 关闭显式信息连接的服务代码是（　　　）。

 A. 00H   B. 4BH   C. 4CH   D. 10H

10. DeviceNet 预定义主从连接报文组的标识符分配中仅限组 2 的未连接显式响应/请求报文的标识符是（　　　）。

 A. 组 2 报文标识 0   B. 组 2 报文标识 1

 C. 组 2 报文标识 4   D. 组 2 报文标识 6

11. DeviceNet 位选通命令和响应报文能迅速在主站和它的位选通从站间传送少量的 I/O 数据，从站通过位选通响应向主站返回最多（　　　）个字节的 I/O 数据。

 A. 6   B. 8   C. 10   D. 12

12. 下列设备中能作为 DeviceNet 主站模块的是（　　　）。

 A. DVPDNET-SL B. DVPDT01-S C. RTU-DNT   D. IFD9502

13. 在 DeviceNet 现场总线中，一个 I/O 报文中数据的含义被相应的连接 ID 隐含。（　　　）

14. 在 DeviceNet 现场总线中，一个显式报文的含义/预期用途是在 CAN 数据场中被指明的。（　　　）

15. 在 DeviceNet 现场总线中，当一个连接被建立时，终点使用一个报文 ID 与 MAC ID 结合来产生一个连接 ID。（　　　）

16. 在 DeviceNet 现场总线的报文分组中，优先级最高的是组 4 报文。（　　　）

17. 在 DeviceNet 现场总线中，显式信息连接为无条件的点对点连接。（　　　）

18. 在 DeviceNet 现场总线中，一个设备有且仅有一个 DeviceNet 对象。（　　　）

19. DeviceNet 现场总线中，仅限组 2 设备在预定义主/从连接组分配前，仅限组 2 未连接显式请求报文端口和重复 MAC ID 检验报文端口是仅激活的端口。（　　　）

20. DeviceNet 为了保证安全提供了误接线保护与光电隔离。（　　　）

21. I/O 连接是点对点的连接，不可以是多点的连接。（　　　）

22. 动态 I/O 连接是通过一个已经建立起来的显式信息连接建立起来的。（　　　）

23. 客户机可以采用离线连接来恢复处于通信故障状态的节点。（　　　）

24. DeviceNet 定义了预定义主从连接报文组和仅使用报文组 2 的从站，以简化设备配置过程并降低成本。（　　　）

25. 电子数据文档（EDS）是比较常用的 DeviceNet 组态数据源，对设备的组态可以用支持 EDS 的组态工具实现。（　　　）

26. 在 DeviceNet 预定义主从连接中，从站建立的连接实例是预先定义好的，包括显式信息连接、轮询连接、位选通连接、状态变化/循环连接、多点轮询连接。（　　　）

27. 仅限组 2 报文的 DeviceNet 从站处于在线状态后，接收到主站发送的仅限组 2 未连接显式请求报文（组 2 报文 ID6）后，将建立一个显式信息连接实例，然后向主站发送一个仅限组 2 未连接显式响应报文（组 2 报文 ID3）。（　　　）

28. DeviceNet 轮询连接是点对点的，轮询命令报文可以将任意数量的数据发送到目的从站，轮询响应报文可以由从站向主站返回任意数量的数据或状态信息。（　　　）

29. 状态变化连接/循环连接是点对点连接，与其他 I/O 连接不同的是，主站和从站都可主动进行报文发送。（　　　）

30. DeviceNet 状态变化/循环报文可以是有应答的，也可以是无应答的。（　　　）

31. DeviceNet 状态变化连接适用于离散量的设备，使用时间触发的方式，当设备状态

发生变化时才发生通信，而不是由主设备不断地查询来完成。　　　　　　　　（　　）

32．循环连接适用于模拟量的设备，可以根据设备信号变化的快慢，灵活设定循环进行数据通信的时间间隔，而不必不断地快速采样。　　　　　　　　　　　　　　　（　　）

33．主站可以通过多点轮询命令报文向目标从站设备传送任意数量的数据（分段或不分段），从站也可以通过多点轮询响应报文返回任意数量的数据。　　　　　　　　（　　）

34．台达 RTU-DNET 模块可作为 DeviceNet 和 Modbus 的网桥使用。　　　　（　　）

35．在 Ethernet/IP 中，无论何时使用 UDP 来发送一个封装报文，整个报文都应在一个独立的 UDP 数据包中被发送。　　　　　　　　　　　　　　　　　　　　　（　　）

36．DeviceNet 最多可支持（　　）个节点。

37．DeviceNet 支持（　　）模式和（　　）模式两种通信模式。

38．DeviceNet 遵从 ISO/OSI 参考模型中的（　　）层、（　　）层和（　　）层规范。

39．DeviceNet 典型的拓扑结构采用（　　）—（　　）方式。

40．DeviceNet 的传输介质有（　　）、（　　）两种主要电缆。

41．DeviceNet 要求每条干线的末端采用（　　）Ω 的中端电阻。

42．DeviceNet 干线最长为（　　）米。

43．简述 DeviceNet 的特点。

44．简述 DeviceNet 与 CAN 在数据链路层和物理层中的主要区别。

45．简述 DeviceNet 的通信模式。

46．简述建立显式信息连接的过程，要求如下。

（1）写出客户机（MAC ID1）向服务器（MAC ID2）发送未连接显式请求报文。

（2）写出服务器（MAC ID2）向客户机（MAC ID1）发送未连接显式响应报文。

（3）写出客户机（MAC ID1）向服务器（MAC ID2）发送请求信息的显式报文。

（4）写出服务器（MAC ID2）向客户机（MAC ID1）发送响应信息的显式报文。

47．在 DeviceNet 现场总线中，使用预定义主从连接组轮询连接，主站的 MAC ID=01，从站的 MAC ID 分别为 9、11、12、62。试给出主站发给每一个从站的轮询命令报文的 CID 和每一个从站轮询响应报文的 CID。

第 7 章 CANopen 现场总线

CANopen 协议是一种基于 CAN 总线的应用层协议。CANopen 协议在发布后不久就获得了广泛的认可，尤其在欧洲，CANopen 被认为是在基于 CAN 的工业系统中处于领导地位的标准，CANopen 协议已成为欧洲标准 EN 50325-4。

CANopen 是作为一种嵌入式网络的标准化协议而开发的，具有高度灵活的配置能力。CANopen 用于面向运动的机器控制网络，例如搬运系统，目前已在多个应用领域中使用，例如医疗设备、越野车辆、海事电子设备、铁路应用、楼宇自动化。

CANopen 协议是由 CiA 组织定义并维护的协议之一，它是在 CAL（CAN Application Layer）协议的基础上开发的，使用了 CAL 通信和服务协议子集。

CANopen 现场总线

7.1 CANopen 概述

7.1.1 CANopen 提供的功能及发展历程

CAL 协议是目前基于 CAN 的高层通信协议的一种，最早由 PHILIPS 公司医疗设备部门制定。现在 CAL 由独立的 CAN 用户和制造商集团 CiA 协会负责管理、发展和推广。

CAL 提供了 CMS、NMT、DBT 和 LMT 4 种应用层服务功能。

1. CMS

CMS（CAN-based Message Specification）提供一个开放的、面向对象的环境，用于实现用户的应用；提供基于变量、事件、域类型的对象，以设计和规定一个设备（节点）的功能如何被访问，例如如何上传或下载超过 8 字节的一组数据，并且有终止传输的功能。CMS 继承 MMS（Manufacturing Message Specification）而来，MMS 是 OSI 为工业设备的远程控制和监控而制定的应用层规范。

2. NMT

NMT（Network Management）提供了初始化、启动和停止节点及监视失效节点等网络管理服务。NMT 服务是采用主从通信模式来实现的，所以网络中只有一个 NMT 主节点。

3. DBT

DBT（Distributor）提供了动态分配 CAN ID（正式名称为 COB-ID，Communication Object Identifier）服务。NMT 服务是采用主从通信模式来实现的，所以网络中只有一个 DBT 主节点。

4. LMT

LMT（Layer Management）提供了修改层参数的服务，一个节点（LMT 主机）可以设置另外一个节点（LMT 从机）的某层参数，例如改变一个节点的 NMT 地址或改变 CAN 接口的位定时和波特率。

CMS 为它的消息定义了 8 个优先级，每个优先级拥有 220 个 COB-ID，从 1 到 1760，剩余的标志（0，1761～2031）保留给 NMT、DBT 和 LMT，如表 7-1 所示。

表 7-1 CAL 报文标志符的分配

11 位 CAN 标识符数值	服务或对象	11 位 CAN 标识符数值	服务或对象
0	NMT 启动、停止服务	1101～1320	CMS 对象，优先级 5
1～220	CMS 对象，优先级 0	1321～1540	CMS 对象，优先级 6
221～440	CMS 对象，优先级 1	1541～1760	CMS 对象，优先级 7
441～660	CMS 对象，优先级 2	1761～2015	NMT 节点监控
661～880	CMS 对象，优先级 3	2016～2031	NMT、DBT、LMT 服务
881～1100	CMS 对象，优先级 4	—	—

CAL 提供了所有的网络管理服务和报文传送协议，但并没有定义 CMS 对象的内容或者正在通信的对象的类型，而这正是 CANopen 的切入点。为了简化配置工作，CANopen 定义了"预定义主从连接"，即默认的 CAN 标识符分配方案。CANopen 预定义主从连接将 11 位 CAN 标识符分成两个部分，高 4 位 ID10～ID7 称为功能码，剩余的 7 位标识符 ID6～ID0 作为节点 ID。CANopen 预定义主从连接如表 7-2 所示。

表 7-2 CANopen 预定义主从连接

广 播 对 象			
对 象	功 能 码	标识符数值	对象字典索引
网络管理	0000	0H	—
同步报文	0001	80H	1005H～1007H
时间戳报文	0010	100H	1012H、1013H
点对点对象			
紧急事件	0001	81H～0FFH	1014 H、1015H
TPOD1	0011	181H～1FFH	1800H
RPOD1	0100	201H～27FH	1400H
TPOD2	0101	281H～2FFH	1801H
RPOD2	0110	301H～37FH	1401H
TPOD3	0111	381H～3FFH	1802H
RPOD3	1000	401H～47FH	1402H
TPOD4	1001	481H～4FFH	1803H
RPOD4	1010	501H～57FH	1403H
SDO（发送）	1011	581H～5FFH	1200H
SDO（接收）	1100	601H～67FH	1200H
NMT 错误控制	1110	701H～77FH	1016H、1017H

CANopen 使用了 CAL 通信和服务协议子集，提供了分布式控制系统的一种实现方案。CANopen 在保证网络节点互用性的同时允许节点的功能随意扩展。CANopen 协议的发展历程如表 7-3 所示。

表 7-3　　　　　　　　　　　　　CANopen 协议的发展历程

时间（年）	事　件
1993	CANopen 的通信原型始于德国 Bosch 公司领导的 Esprit 项目
1994	发布了基于 CAL 的 CANopen 通信协议 version 1.0
1995	发布了 CiA 301，CANopen 应用层通信协议 version 2.0
1996	发布了 CiA 301，CANopen 应用层通信协议 version 3.0
1999	发布了 CiA 301，CANopen 应用层通信协议 version 4.0，成为欧洲标准 EN 50325-4
2011	发布了 CiA 301，CANopen 应用层通信协议 version 4.2

7.1.2　CANopen 的特性

（1）介质访问控制及物理信号使用 CAN 总线技术。

（2）通信速率可以有多种选择，从 10kbit/s 到 1Mbit/s。

（3）采用对象字典作为通信接口与应用程序接口。

（4）支持主/从、生产者/消费者和客户机/服务器等多种通信模式。

（5）针对多种行业设备制定了多种设备子协议，实现了设备互换使用。

（6）可使用多种线缆和连接器。

（7）数据通信可采用事件驱动、远程请求、同步传输等多种方式。

（8）采用心跳报文、节点保护、寿命保护等多种设备监控方式，有利于节点之间的可靠通信。

（9）提供了典型的预定义主/从连接组，最多可支持 127 个节点。

（10）提供了很高的灵活性，应用非常广泛。

7.2　CANopen 的通信模型

CANopen 的通信模型如图 7-1 所示，遵从 ISO/OSI 参考模型中的物理层、数据链路层和应用层规范。

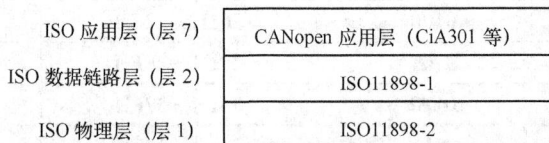

ISO 应用层（层 7）	CANopen 应用层（CiA301 等）
ISO 数据链路层（层 2）	ISO11898-1
ISO 物理层（层 1）	ISO11898-2

图 7-1　CANopen 通信模型

CANopen 以涵盖物理层和数据链路层功能的 CAN 总线为基础，所有的 CANopen 功能均被映射到一个或多个 CAN 报文。

CAN 控制器中采用的 CAN 协议符合 ISO 11898-1 规范标准，它包含逻辑链路控制（LLC）规范、介质访问控制（MAC）规范及物理信号（PLS）规范。预定义 CANopen 报文使用的是 CAN 标准报文格式（11 位标识符）。CANopen 物理层标准中的介质访问单元（MAU）和物理层链接（PMA）子层均符合 ISO 11898-2 规范的要求，而对于介质专用接口（MDI）、电缆和插接器，CAN 规范只进行了简单的介绍。CANopen 规范和建议文档包含一些扩展的定义，其中部分为用户专用的定义。

CANopen 应用层具体描述了通信服务和通信协议，还采用了 CAL 中的网络管理功能。CANopen 应用层对形式上属于通信协议且不是 ISO 应用层组成部分的一些特定通信对象的数据内容进行了描述，还定义了基于 CANopen 规范的设备子规范、接口规范及应用规范，这些规范主要用来定义过程数据、配置参数及其与通信对象的映射关系。

7.2.1　CANopen 的物理层

CANopen 的物理层包括 3 部分，分别为物理层信号子层、媒体访问单元子层和介质专用接口子层，这些子层均位于驱动模块中，并通过连接器和电缆实现。

1．位定时

为了减轻 CANopen 用户处理 CAN 总线位定时的负担，CANopen 规范不但规定了位速率，还规定了位定时中的采样点，如表 7-4 所示。

表 7-4　　　　　　　　　　　CANopen 位速率和推荐的采样点

数据传输速率	总线长度/m	标称位时间/μs	采样点的位置	采样点的范围
1Mbit/s	25	1	87.5%（875ns）	75%～90%
800kbit/s	50	1.25	87.5%（1.09375μs）	75%～90%
500kbit/s	100	2	87.5%（1.75μs）	85%～90%
250kbit/s	250	4	87.5%（3.5μs）	85%～90%
125kbit/s	500	8	87.5%（7μs）	85%～90%
50kbit/s	1 000	20	87.5%（17.5μs）	85%～90%
20kbit/s	2 500	50	87.5%（43.75μs）	85%～90%
10kbit/s	5 000	100	87.5%（87.5μs）	85%～90%

2．网络拓扑结构

CANopen 网络拓扑结构符合 ISO 11898-2 标准，如图 7-2 所示，即带两个终端电阻的线性总线结构，通过中继器或 CANopen 网关可以克服 CAN 网络基本线性拓扑的局限性。

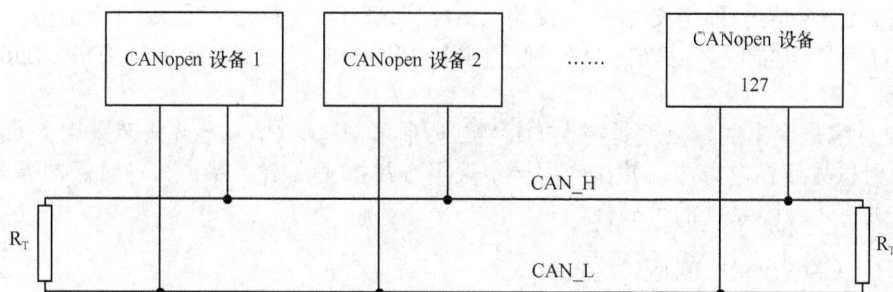

图 7-2　符合 ISO 11898-2 标准的 CANopen 网络拓扑结构

两个终端电阻的作用是消除总线导线上的信号反射，避免信号失真。终端电阻对应于总线波阻抗的理论值是120Ω，但根据经验可知，最适用的终端电阻阻值为124Ω，因为通常都不能构建出符合理论线路原理公式的网络。

总线导线可以是屏蔽或者非屏蔽的。非屏蔽双绞线是成本最低的解决方案，但这种导线所能达到的位速率较低（大约150kbit/s），传输距离也很短（最长200m），且对电磁干扰很敏感，所以在工业领域中应用较少。CANopen网络使用的是屏蔽双绞线，这种电缆对电磁干扰很不敏感，且长度可达1000m，位速率可达1Mbit/s。

3. 连接器

在许多工业应用中，CANopen设备采用了DIN 46912规定的9针D-sub连接器，该连接器为CiA102规定的端口配置。此外，在CANopen建议（CiA 303-1）中还规定了其他连接器端口配置，包括圆形连接器、敞口螺丝端口和RJ-45连接器等。9针D-sub连接器的引脚配置如表7-5所示。

表7-5　　　　　　　　　9针 D-sub 连接器的引脚配置

引　　脚	信　　号	功　　能
1	—	保留
2	CAN_L	CAN 信号−
3	CAN_GND	CAN 的接地线
4	—	保留
5	CAN_SHLD	CAN 的导线屏蔽层（可选）
6	GND	接地线（可选）
7	CAN_H	CAN 信号+
8	—	保留
9	CAN_V+	CAN 收发器和光耦合器的正极电源（可选）

7.2.2　CANopen 的数据链路层

CANopen的数据链路层遵循CAN总线协议规范，并通过CAN总线控制器芯片实现。

CANopen规范采用了数据帧、远程帧、出错帧和超载帧，为了保证CANopen网络性能，不建议使用远程帧。

CANopen规范采用了CAN总线标准帧和扩展帧两类数据帧，预定义主从连接只使用标准帧。CANopen预定义主从连接将CAN总线11位标识符分成两个部分：高4位ID10～ID7称为功能码，用来区分各种不同的对象；剩余的7位标识符ID6～ID0作为节点的编号。

CAN总线最突出的特点就是错误的检测、限制和处理。CANopen规范采用了CAN总线的错误检测与故障界定方法，并在应用层中采用心跳报文、节点保护、寿命保护等多种设备监控方式进一步保障系统的可靠性。

7.2.3　CANopen 的应用层

CANopen的应用层规范详细定义了通信服务和其他有关的通信协议。通信对象、过程参数和配置参数都保存在设备的对象字典中。

1. CANopen 的设备模型

为了便于统一观察 CANopen 设备，引入了一种 CANopen 的基本设备模型，如图 7-3 所示，用户可以基于该模型对功能完全不同的设备进行描述。设备的基本模型包含通信单元、应用单元和对象字典 3 部分。

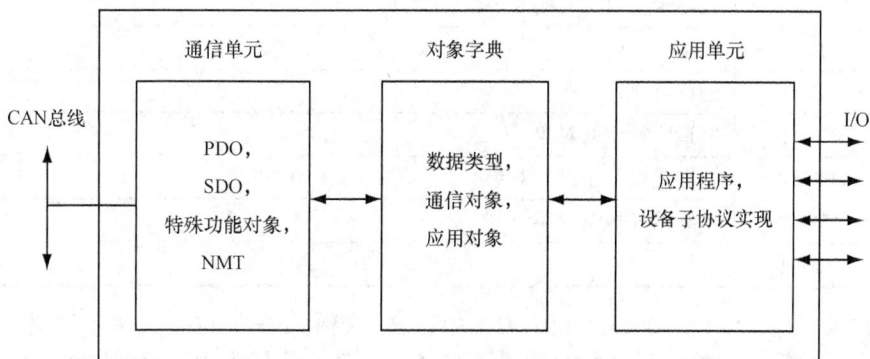

图 7-3　CANopen 的基本设备模型

① 通信单元。通信单元由 CAN 收发器、CAN 控制器及 CANopen 协议栈组成。协议栈中包括实现通信的通信对象（如过程数据对象 PDO 和服务数据对象 SDO）和状态机。通信单元提供数据传输所需的所有机制和通信对象，符合 CANopen 规范的数据可以利用这些机制通过 CAN 总线接口进行传输。通信单元设置了用于数据交换（如 PDO 和 SDO）、设备监控（如心跳报文、节点保护及启动报文）及网络管理（如设备启动和停止等）的功能。

② 应用单元。CANopen 设备的应用单元对设备的基本功能进行定义或描述。例如在 I/O 设备中，可以访问设备的数字或模拟输入/输出接口；在驱动控制系统中，可以实现轨迹发生器或速度控制模块的控制。

③ 对象字典。在对象字典中，CANopen 设备的所有对象都以标准化方式进行描述。对象字典是所有数据结构的集合，这些数据涉及设备的应用程序、通信及状态机。对象字典利用对象来描述 CANopen 设备的全部功能，并且它也是通信单元与应用单元之间的接口，应用单元和通信单元都可以访问对象字典。CANopen 设备一般都具有 SDO 服务器，通过该服务器可以对设备中的对象字典进行读/写。与 I/O 端连接的应用程序可以从对象字典中读取参数和输出值，并把外部进程的输入参数不断地更新到相应的对象字典中。

对象字典中的对象可以通过一个 16 位索引来识别，对象可以是变量、数组或结构，数组和结构的单元又可以通过 8 位子索引进行访问。这意味着每一个 CANopen 设备中最多可以有 65536×254 个不同的单元。因此过程数据和配置参数不需要通过 CAN 标识符来区分，即使采用 11 位 CAN 标识符，也只能区别 2048 个单元。数组和结构有两个特殊的子索引（00H 和 FFH），子索引 00H 总是定义对象中的单元数量，用户可以通过子索引 FFH 来读取整个对象字典的结构。对象字典的结构如表 7-6 所示。

表 7-6　　　　　　　　　　　　　　对象字典的结构

索　　引	对　　象
0	保留
1H～1FH	静态数据类型
20H～3FH	复杂数据类型

续表

索　引	对　象
40H～5FH	制造商特定的数据类型
60H～7FH	设备子协议定义的静态数据类型
80H～9FH	设备子协议定义的复杂数据类型
A0H～FFFH	保留
1000H～1FFFFH	通信对象
2000H～5FFFH	制造商特定的对象
6000H～9FFFFH	标准化设备子协议对象
A000H～BFFFH	网络接口规范说明
C000H～FFFFFH	保留

静态数据类型（索引 0001H～001FH）中包含与类型相关的定义，如布尔型、整数型、浮点型及字符串等，这些条目只能引用，不能读写。复杂数据类型（索引 0020H～003FH）由静态数据类型组成，它的作用是为所有设备描述一种预定义的结构。预定义的复杂数据类型有 PDO 通信参数、PDO 映射参数、SDO 参数等。制造商特定的数据类型（索引 0040H～005FH）描述的是制造商特定的由静态数据类型组成的复杂数据类型。设备子协议定义的静态数据类型（索引 0060H～007FH）和设备子协议定义的复杂数据类型（索引 0080H～009FH）描述的都是设备子协议中定义的数据类型。

通信对象（索引 1000H～1FFFH）描述的是一些 CANopen 的通信参数（CiA 301），用户可以对这些参数进行设置，以描述设备的通信特征，而这些参数定义了 CANopen 接口的功能。制造商特定的对象（索引 2000H～5FFFH）预留给制造商用于描述一些在标准设备子协议中没有规定的设备的特征对象。标准化设备子协议对象（索引 6000H～9FFFH）用于描述 I/O 模块（CiA 401）、驱动与运动控制设备（CiA 402）、传感器与测量设备（CiA 404）、符合 IEC 61131-3 标准的控制器（CiA 405）、编码器与凸轮转换机构（CiA 406）、客车信息系统（CiA 407）、液压阀（CiA 408）、医疗器械（CiA 412）、建筑机械（CiA 415）、电梯（CiA 417）、蓄电池和充电器（CiA 418/419）等。如果设备集成多个设备功能，那么 6000H～9FFFH 还可以细分成多个段，这些分段称为逻辑设备。网络接口规范说明（索引 A000H～BFFFH）用于描述 CANopen 与其他标准的接口规范，例如与以太网、AS-i 等网络的接口规范，可以实现各种网关的设计。

（1）设备类型参数（索引 1000H）

设备类型参数用来描述所使用的设备子协议。虽然可以使用索引 6000H～9FFFH 来划分设备类型及每种设备类型所对应的设备子协议规范，但要划分设备子协议，每一个索引所能使用的索引范围是 800H，因此可以把设备子协议最多划分成 8 个子协议。设备类型参数的格式如图 7-4 所示。

31　　　　　　　　　　　　16	15　　　　　　　　　　　　0
附加信息	设备子协议编号

图 7-4　设备类型参数的格式

"设备子协议编号"字段中包含 CiA 规定的子协议编号，例如符合 I/O 设备子协议设备的设备类型参数为 401（192H）。如果不是标准化的子协议，则子协议编号为 0。"附加信息"字段对子协议执行的功能进行详细说明，这些信息在相应的子协议中有规定。如果设备中包含多个逻辑设备，则"附加信息"为 FFFFH。第一个逻辑设备的子协议编号保存在索引 67FFH 中。CANopen 设备中包含电机驱动器、编码器和 I/O 模块 3 个逻辑设备的对象字典，如表 7-7 所示。

表 7-7　　　　　　　　　　　　　　　3 个逻辑设备的对象字典

索　引	说　　明
1000H	设备类型（附加信息 FFFFH）
6000H～67FEH	CiA 402 参数
67FFH	设备类型（子协议编号 402）
6800H～6FFEH	CiA 406 参数
6FFFH	设备类型（子协议编号 406）
7000H～77FEH	CiA 401 参数
77FFH	设备类型（子协议编号 401）

（2）设备属性参数

设备属性参数主要包括制造商设备名称（索引 1008H）、软件版本（索引 1009H）、硬件版本（索引 100AH）和标识对象（索引 1018H）等。制造商设备名称、软件版本和硬件版本是字符串对象，用户可以读取索引中的信息。标识对象属于一种结构，包含 4 个数据类型为 Unsigned32 的条目，如表 7-8 所示。

表 7-8　　　　　　　　　　　　　　　标识对象的结构

子索引	说　　明
00H	对象中的单元数量（1～4）
01H	制造商 ID（必选）
02H	产品代码（可选）
03H	产品修订号（可选）
04H	产品序列号（可选）

在 4.0 版本以后的 CANopen 协议中，标识对象中的制造商 ID 为必选项。制造商 ID 是每一个制造商在全球的唯一标识，例如台达电子的制造商 ID 为 1DDH。制造商 ID 必须由制造商向 CiA 提出申请方可使用，禁止使用自行创建的制造商 ID。制造商可以给每一个产品分配一个唯一的产品代码（子索引 02H）及修订号（子索引 03H）和序列号（子索引 04H）。

CANopen 设备的功能及特性以电子数据文件（EDS）或设备配置文件（DCF）的形式描述，EDS 和 DCF 采用 ASCII 格式，由设备制造商提供，利用 CANopen 配置工具对节点进行配置。EDS 和 DCF 可以从互联网上下载，并可以存储在设备中。

2. CANopen 的通信模式

对于使用 CANopen 协议工作的网络系统，至少存在 3 种工作模式，即主/从模式、客户机/服务器模式和生产者/消费者模式。

（1）主/从模式

CANopen 采用主/从模式用于主机对从机设备进行网络管理，如图 7-5 所示，网络中只有一个有效的网络管理主机，而其他设备都是网络管理从机。主/从通信模式不仅可以由握手来实现，也可以由广播来实现。

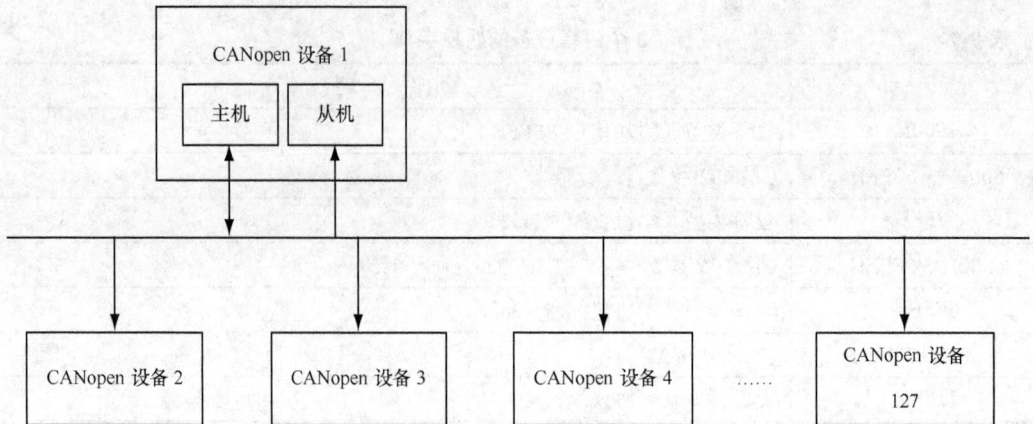

图 7-5 主/从通信模式

（2）客户机/服务器模式

CANopen 采用客户机/服务器模式用于设备的参数设置，如图 7-6 所示。客户机/服务器模式是一种可靠的数据通信模式，在传输数据时需要建立连接，并对数据传输进行确认应答，缺点是传输效率比较低。

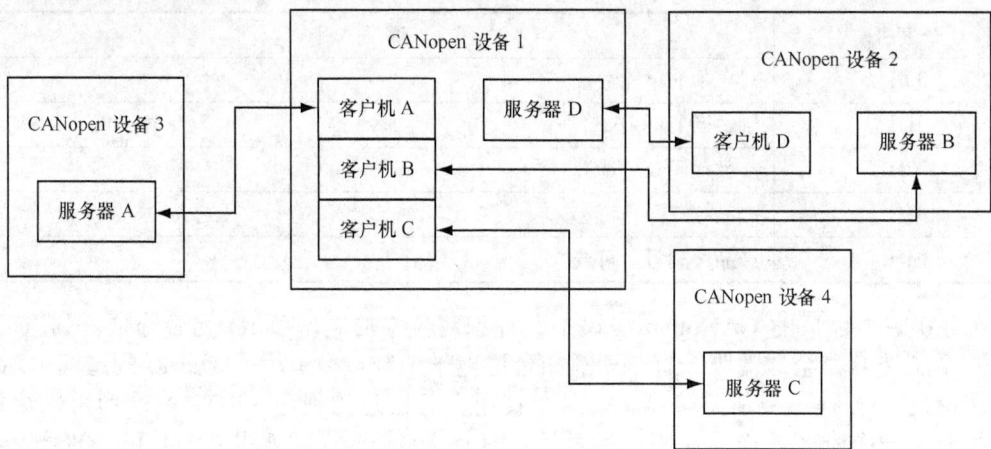

图 7-6 客户机/服务器通信模式

（3）生产者/消费者模式

CANopen 采用生产者/消费者模式用于实时数据的传输，如图 7-7 所示。生产者/消费者模式是一种一对多的数据通信模式，数据传输不需要接收方确认，这样可以保证数据实时高效地进行传输。生产者/消费者模式的缺点是数据传输不可靠，不能用于传输程序和设备配置参数等关键数据。

CANopen 协议采用多种工作模式，每种模式都有各自的优缺点，CANopen 网络使用各种传输模式的优点来进行数据通信，从而可达到网络系统的最优通信。

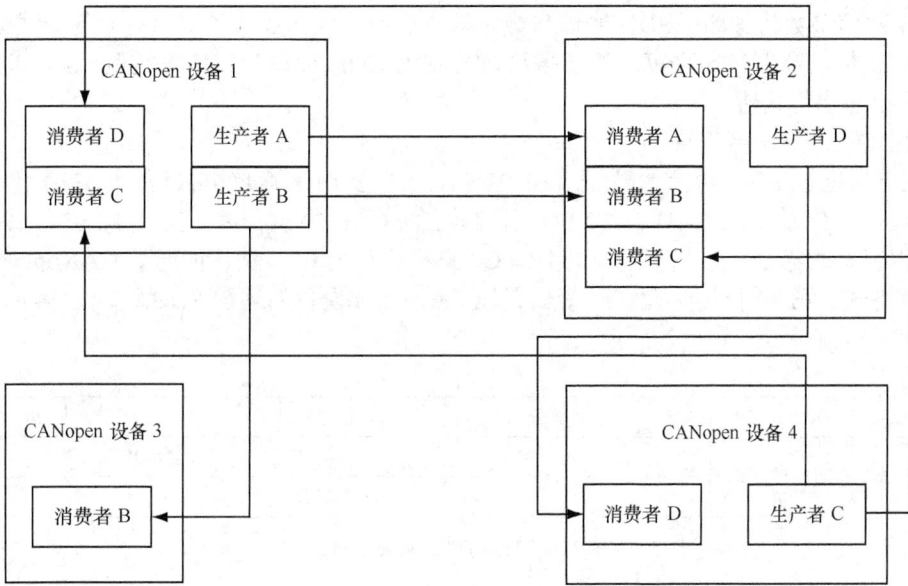

图 7-7 生产者/消费者通信模式

3. CANopen 的通信对象

CANopen 的应用层详细描述了各种不同类型的通信对象（COB），这些通信对象都是由一个或多个 CAN 报文来实现的。通信对象分为过程数据对象（PDO）、服务数据对象（SDO）、预定义对象（同步、时间和紧急报文）和网络管理对象（NMT 和设备监控报文）4 种类型。

（1）过程数据对象

过程数据对象用来传输实时数据，由一个 CAN 报文构成，一般采用优先级较高的 CAN 标识符。在 CANopen 中，过程数据被分为几个单独的段，每个段最多为 8 个字节，这些段就是过程数据对象（PDO）。过程数据对象分为接收过程数据对象（RPDO）和发送过程数据对象（TPDO）两种，其实对于通信双方来说，RPDO 和 TPDO 是相对的。

① PDO 通信参数。

通信参数用来描述 PDO 的特性。通信参数按照定义好的地址（16 位索引+8 位子索引）保存在设备对象字典中，如表 7-9 所示。从索引 1400H 起，各 RPDO 通信参数索引为 1400H 加 RPDO 序号减 1，均为用于接收过程数据对象的通信参数，最多可以有 512 个 RPDO。从索引 1800H 起，各 TPDO 通信参数索引为 1800H 加 TPDO 序号减 1，均为用于发送过程数据对象的通信参数，最多可以有 512 个 TPDO。

表 7-9 PDO 通信参数的结构

索 引	子索引	参 数	数据类型	条目类别
RPDO：1400H~15FFH TPDO：1800H~19FFH	00H	支持最高子索引	Unsigned8	必选
	01H	COB-ID	Unsigned32	必选
	02H	传输类型	Unsigned8	必选
	03H	禁止时间（×100μs）	Unsigned16	可选
	04H	预留		
	05H	事件定时器/ms	Unsigned16	可选
	06H	同步初始值	Unsigned8	可选（仅用于 TPDO）

PDO 通信参数将按照"PDO 通信参数记录"（CANopen 数据类型 20H）的形式来管理。PDO 通信参数记录中有 5 个可用的子条目，分别为 COB 标识符、传输类型、禁止时间、事件定时器和同步初始值。

② PDO 的 CAN 标识符。

COB-ID 位于 PDO 通信参数子索引 01H 上，主要用来确定 PDO 的 CAN 标识符，如图 7-8 所示。PDO 的 COB-ID 有 32 位，低 29 位为 CAN 标识符区，支持 11 位和 29 位两种 CAN 标识符，由第 29 位进行区分（11 位 CAN 标识符为 0），默认情况下 CANopen 采用 11 位标准帧格式。第 30 位用于允许或禁止其他 CANopen 设备的远程 PDO 请求，第 31 位用于指示 PDO 是否有效。

31	30	29	28	...	11	10	...	0
有效	RTR	帧	0			11 位 CANID		
			29 位 CANID					

图 7-8　PDO 的 COB-ID 参数格式

③ PDO 链路。

CANopen 协议中规定了一套默认的标识符分配方案，称为预定义连接。根据节点 ID 为前 4 个 TPDO 和前 4 个 RPDO 预定义了默认的 CAN 标识符，如果使用预定义连接，所有从机都可以与具有相对应标识符的 RPDO 和 TPDO 的主机进行通信，如图 7-9 所示。

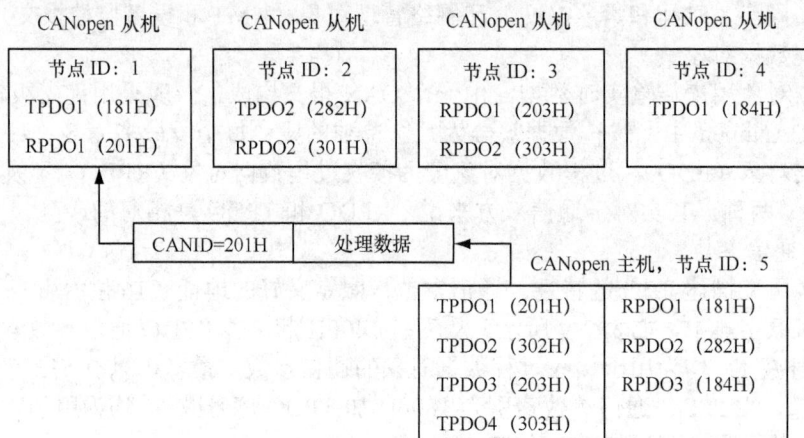

图 7-9　使用预定义连接的 PDO 通信

如果不采用预定义连接，而使用生产者/消费者模式，可以对 CAN 标识符分配方案进行动态修改，使生产者的 CAN 标识符与消费者的 CAN 标识符一致，这种方法叫作 PDO 链路。PDO 链路如图 7-10 所示，使节点 ID 为 1 和 2 的 RPDO1 标识符与节点 ID 为 4 的 TPDO 标识符配置一致，这样节点 ID 1 和节点 ID 2 就能接收到节点 ID 4 的 TPDO1 数据。

④ PDO 的传输类型。

CANopen 协议介绍了许多用来触发 TPDO 传输及接收 RPDO 的方法，如图 7-11 所示。

PDO 通信参数索引 02H 为 PDO 的传输类型，其定义了触发 TPDO 传输或处理收到的 RPDO 的方法，如表 7-10 所示。

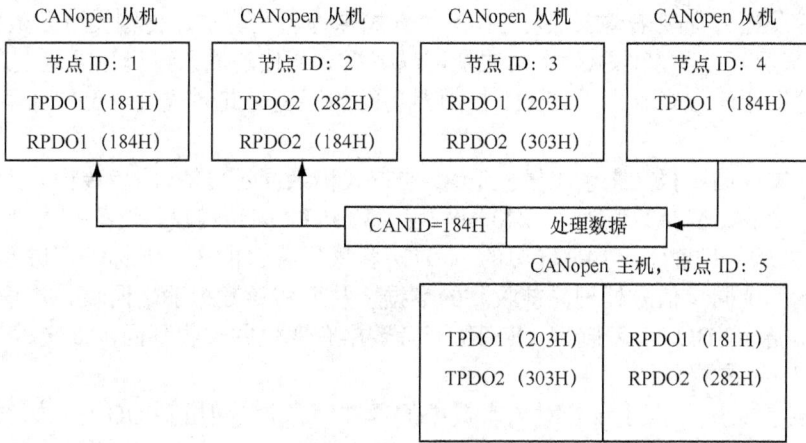

图 7-10 PDO 链路

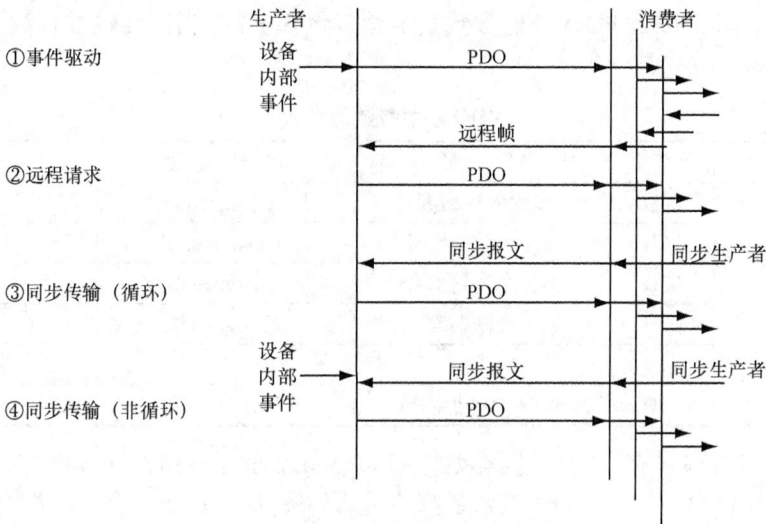

图 7-11 PDO 的传输类型示意图

表 7-10 　　　　　　　　　　PDO 的传输类型

传输类型 参数值	同 步 传 输		事 件 驱 动	远 程 请 求
	循　　环	非　循　环		
0		×		
1～240	×			
241～251	保留			
252	×			×
253			×	×
254、255			×	

　　当输入值发生变化时，数据立刻被发送出去的方式称为事件驱动，传输类型参数值为 254 或 255。在这种情况下，不需要连续地发送过程数据，只需要发送已经改变的数据，总线带宽的占用率就会大大降低。由于被改变的输入数据无须等到下一次主机轮询才发送，所以响应时间也大大缩短。触发事件可以是设备内部事件，也可以是周期性运行的定时器的行为。

由消费者发送远程帧来请求触发 PDO 的方式称为远程请求，传输类型参数值为 252 或 253。在这种情况下，与事件驱动不同的是可以把没有变化的输入过程数据也发送到总线上，实现典型的轮询通信方式。由于 CAN 控制器功能的限制，此方式有一定的局限性，所以不建议采用。

由消费者发送同步报文来请求触发 PDO 的方式称为同步传输，同步传输分为循环和非循环两种类型。传输类型参数值为 1～240 时采用循环 PDO 同步传输，设备接收到 n 个（n=1～240）同步报文后，包含同步数据输出的 TPDO 将根据各自的 CAN 标识符进行发送，同步 RPDO 利用下一个同步信号处理先前收到的数据，从而将该数据输出同步。传输类型参数值为 0 时采用非循环 PDO 同步传输，仅当生产者数据有变化并且收到同步报文时才发送数据。

⑤ PDO 映射参数。

PDO 映射参数用于描述设备对象字典中的哪些对象被映射到 PDO 里，如表 7-11 所示。RPDO 映射参数的索引范围为 1600H～17FFH，各 RPDO 的映射参数索引为 1600H 加 RPDO 序号减 1。TPDO 映射参数的索引范围为 1A00H～1BFFH，各 TPDO 的映射参数索引为 1A00H 加 TPDO 序号减 1。每个 PDO 映射参数索引最多包含 64 个指向传输过程数据的指针（子索引）。

表 7-11   PDO 映射参数的结构

索　引	子索引	参　　数	数据类型	条 目 类 别
RPDO： 1600H～17FFH TPDO： 1A00H～1BFFH	00H	映射对象数量	Unsigned8	必选
	01H	第 1 个映射对象	Unsigned32	可选
	02H	第 2 个映射对象	Unsigned32	可选
	03H	第 3 个映射对象	Unsigned32	可选
	......			
	40H	第 64 个映射对象	Unsigned32	可选

PDO 映射参数最多有 64 个数据类型为 Unsigned32 的子索引，即一个 PDO 最多可以传输过程数据的数量为 64 个。PDO 映射参数的格式如图 7-12 所示，高 24 位为待传输过程数据的索引和子索引，低 8 位为待传输过程数据的长度。

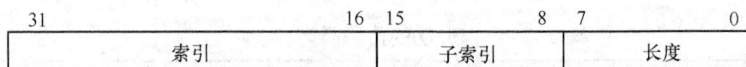

31	16	15	8	7	0
索引		子索引		长度	

图 7-12　PDO 映射参数的格式

台达 VFD-E 变频器的 RPDO1 映射参数配置原理如图 7-13 所示。RPDO1 的映射参数索引为 1600H，子索引 00H 为 3，表示有 3 个待传输的过程数据。子索引 01H 映射为索引 6042H 子索引 00H（vl target velocity），子索引 02H 映射为索引 604FH 子索引 00H（vl ramp function time），子索引 03H 映射为索引 6040H 子索引 00H（Control word）。

（2）服务数据对象

CANopen 设备为用户提供了一种访问内部设备数据的标准途径，设备数据由一种固定的结构（即对象字典）管理，同时也能通过这个结构来读取设备数据。对象字典中的条目可以通过服务数据对象（SDO）来访问，被访问对象字典的设备必须具有一个 SDO 服务器，这样才能保证正确地解释标准的 SDO 传输协议，并确保正确地访问对象字典。SDO 之间的数据交换通常都是由 SDO 客户机发起的，它可以是 CANopen 网络中任意一个设备的 SDO 客户机。

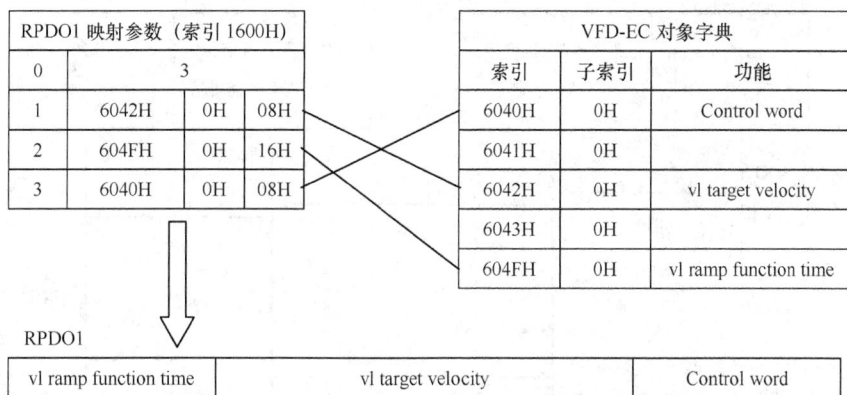

图 7-13　台达 VFD-E 变频器的 RPDO1 映射参数配置原理

SDO 之间的数据交换至少需要两个 CAN 报文才能实现，而且两个 CAN 报文的 CAN 标识符不能一样。在图 7-14 所示的 SDO 客户机访问 SDO 服务器的对象字典中，CAN 标识符为"节点地址（设备 Y）+600H"的 CAN 报文包含 SDO 服务器所确定的协议信息，SDO 服务器则通过 CAN 标识符为"节点地址（设备 Y）+580H"的 CAN 报文进行应答。一个 CANopen 设备中最多可以有 127 个不同的服务数据对象。由于 SDO 服务器的节点 ID 总是与默认 SDO 相对应，所以用户只能在其他 CANopen 设备（通常为 CANopen 管理器）中设置对应的 SDO 客户机。

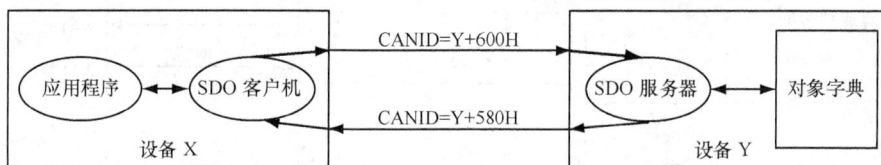

图 7-14　SDO 客户机访问 SDO 服务器的对象字典

SDO 传输原则上分为发起传输、读写数据、结束传输 3 步。发起传输时，SDO 客户机通知 SDO 服务器要访问对象字典中的哪一个条目及访问的读写类型。通常 SDO 服务器会检查将要访问的对象是否存在及是否允许访问。在读写数据阶段，待传输的数据会分成几个 7 字节大小的段，然后通过 CAN 报文来传输。当特定的结束标识符传输完毕后，SDO 数据传输结束。

① 加速 SDO 传输。

只有在传输数据不超过 4 字节的情况下，数据才可以不经过分段就进行加速传输，如图 7-15 所示。加速 SDO 传输适用于对象字典中的大多数对象，因为这些对象的数据长度都在 4 字节以内，所以整个加速 SDO 传输过程只需要交换两条 CAN 报文。

SDO 客户机在写数据阶段会发送一条 CAN 报文，其中含有协议信息（1 字节）、对象字典中目标条目的索引和子索引（3 字节）及实际数据（1~4 字节）。协议信息中规定了数据的长度，只有在读操作成功之后才会得到确认。如果有错误出现，SDO 服务器就会产生一个异常中止报文。如果写操作是通过 SDO 客户机的请求来触发的，CAN 报文就只包含协议信息和目标条目的索引和子索引，读取的数据和长度信息包含在 SDO 应答报文中。

② 分段 SDO 传输。

如果待传输的数据超过 4 字节，如传输可执行的程序或大型的配置文件，则使用分段 SDO 传输，如图 7-16 所示。

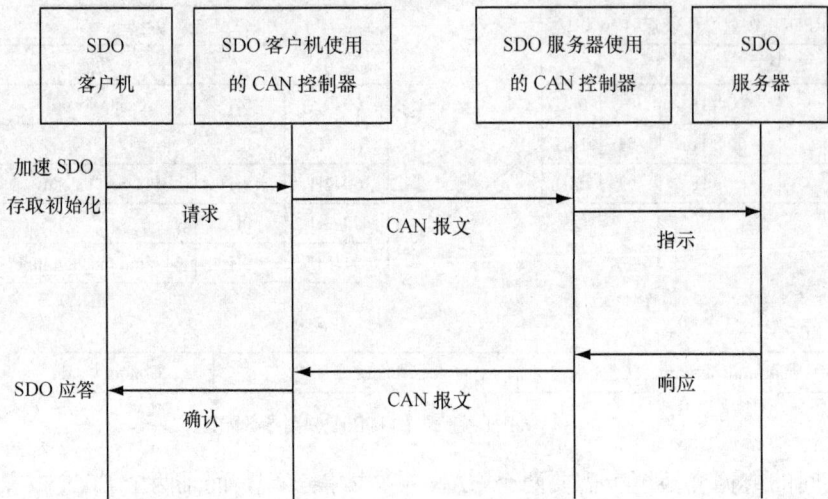

图 7-15 加速 SDO 传输

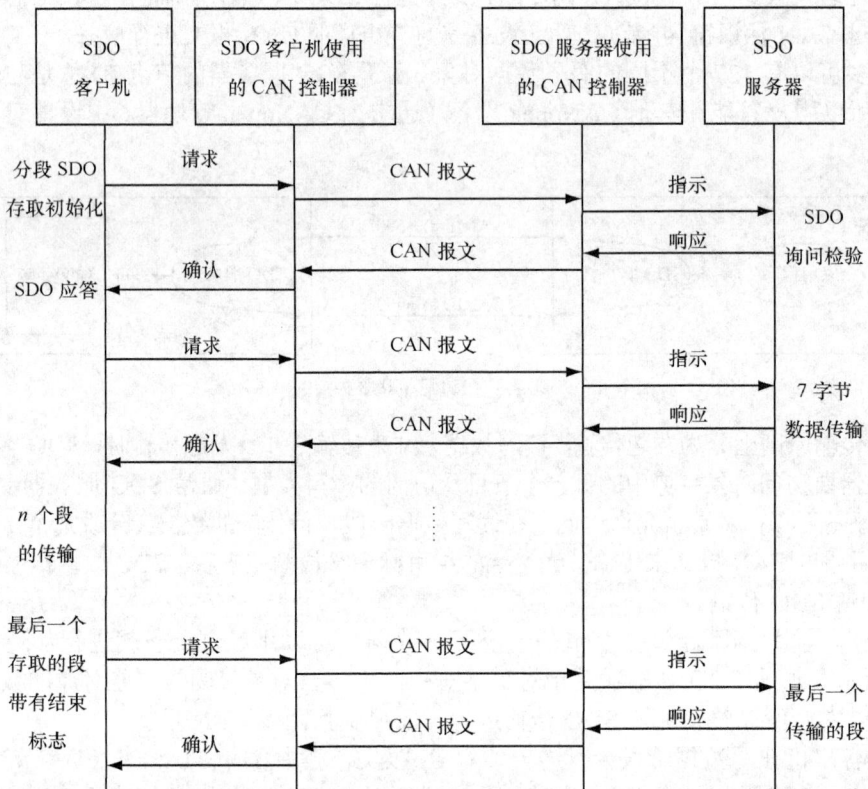

图 7-16 分段 SDO 传输

假如写操作是由 SDO 客户机发起的，则 SDO 客户机发送的 CAN 报文必须包含协议信息（包括明确的分段传输请求）、目标对象字典的条目索引和子索引及待传输数据的字节数。传输数据的长度是一个可选项，为了检查错误，用户必须设置该选项，传输的字节数最长不超过 $2^{32}-1$ 个字节。另外还有一种情况存在，如果传输开始前就已经设定好了数据长度，那么在开始时，SDO 服务器还是要确定它是否能提供保存数据所需的存储空间，如果不能，传输就不会开始，总线带宽也不会浪费；否则进行数据传输确认。接着 SDO 客户机开始发送第一个小于 7 字节的数据段，SDO 服务器确认收到之后，客户机继续发送下一个小于 7 字节的数据段。SDO 客户机在协议字节中标记最后一个传输的数据段，当 SDO 服务器确认收到最后一个数据段后，传输结束。SDO 客户机和 SDO 服务器还可以随时通过中止消息结束传输。读操作过程原则上与写操作类似，只不过读操作中的数据长度信息由 SDO 服务器来提供。

③ 块传输。

分段 SDO 传输对于较长的数据对象来说效率不是很高，而且每一段都要进行一次确认，这不仅会占用许多网络资源，也会浪费许多时间。为了弥补这些缺点，一种扩展 SDO 传输方式应运而生，这种新的 SDO 传输方式效率更高、速度更快、能够传输的数据量更大。这种新的块传输的基本原理，就是将数据划分成几个单一的包，在连续的请求或者应答中逐块传输这些包。但通信对象之间要规定好每个块的报文数量。为了安全起见，用户还可以在块传输的最后一段中发送 CRC 校验和。

利用 SDO 块传输进行写操作如图 7-17 所示。用这种块传输进行写操作时，SDO 客户机会告知 SDO 服务器目标条目的索引和子索引及预期的数据字节数，此外，SDO 客户机还可以决定是否设置 CRC 校验和。发送报文后，SDO 服务器确认该请求，并给出可以处理的最大块的大小。如果发出了设置校验和的请求，SDO 服务器还会告知 SDO 客户机是否可以处理 CRC 校验和。

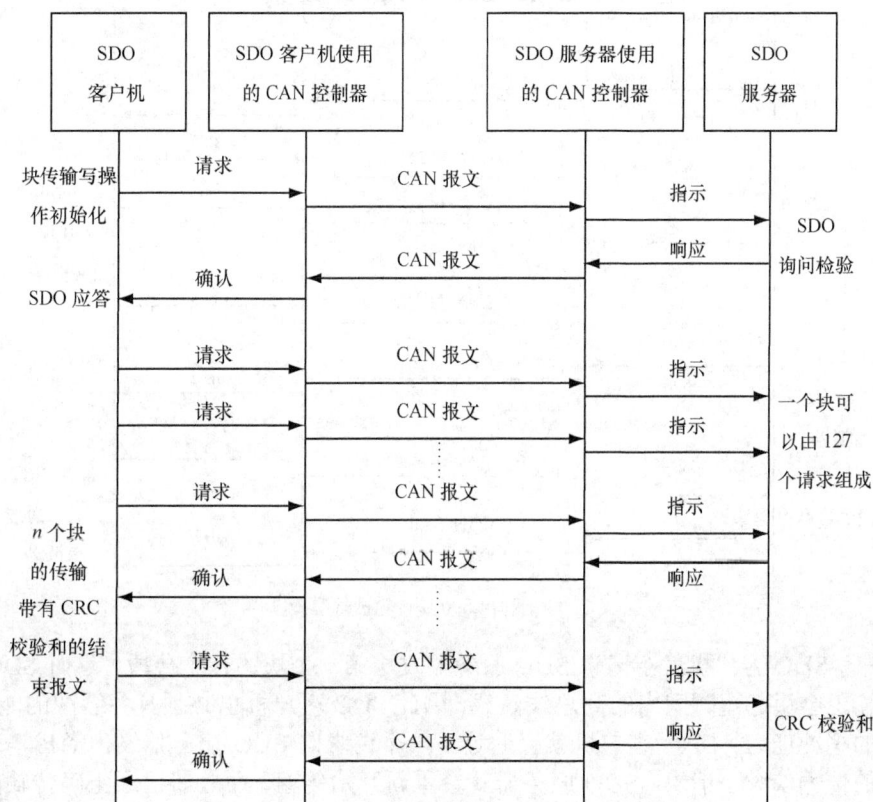

图 7-17 利用 SDO 块传输进行写操作

成功发起传输之后，SDO 客户机立即开始传输第一个块，最多一次连续发送 127 个报文，每个报文各有 7 字节的有效数据。在发送过程中，数据的发送可能会造成总线在短时间内有极高的负载，因此，SDO 服务器必须具有缓冲整个块的能力；否则 SDO 服务器就会发出报文通知已经接收到哪一个块中的哪一段，同时给出新的数据块大小，SDO 客户机就会按照新指定的块大小来重新传输这个块，而之前成功传输的块段也不需要再发送一遍。发送完所有块以后，传输就会以含有 CRC 校验和的结束报文而终止。SDO 服务器确认结束消息后整个传输过程结束。

利用 SDO 块传输进行读操作如图 7-18 所示。发起读操作时，SDO 客户机不仅要确定好对象字典中条目的索引和子索引，还要设定块的大小。如果可以，SDO 客户机还要设定数据字节字数的最大值，如果传输数据的数据长度大于这个极限值，则使用分段或加速 SDO 传输；如果数据长度小于或等于该极限值，SDO 服务器将自行选择一种 SDO 传输方式并进行应答；如果超出该极限值，SDO 服务器就会返回待读取的数据长度，并且将继续以块传输方式进行传输。

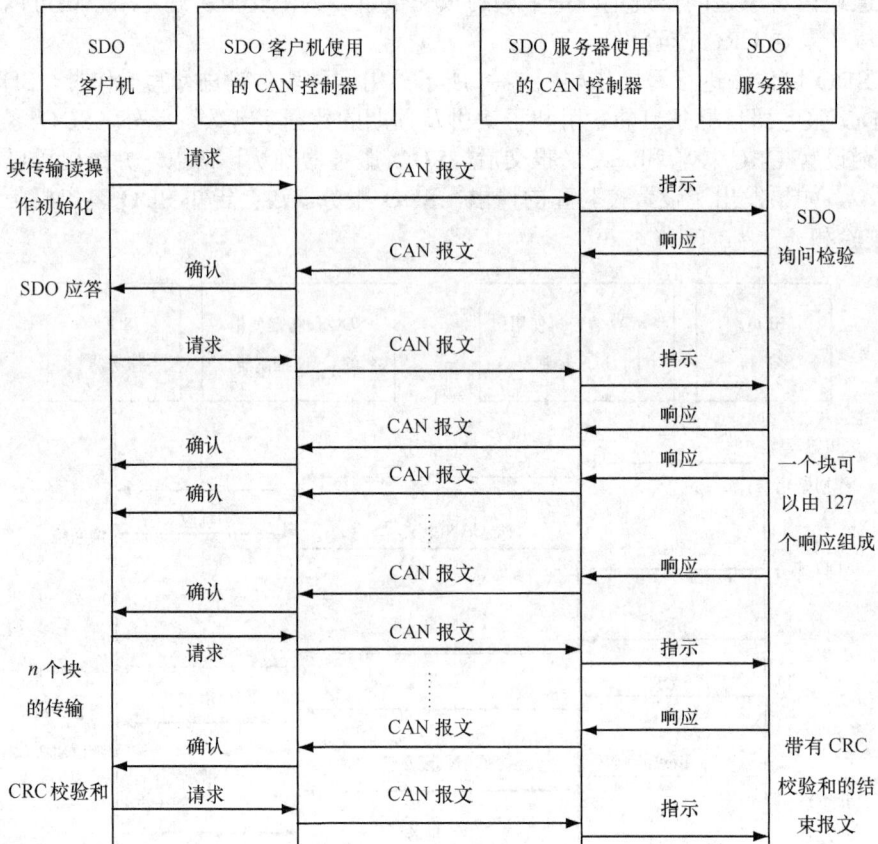

图 7-18　利用 SDO 块传输进行读操作

接下来，SDO 客户机就会请求 SDO 服务器发送第一个块的各个分段，这时 SDO 客户机的数据传输也会引起短时间内的高总线负载，因此 SDO 客户机也必须具备缓冲的能力。如果没有足够的缓冲能力，SDO 客户机就会通过下一个请求向 SDO 服务器发出溢出消息，并发送一个新的传输块大小请求。SDO 服务器就会重新开始传输，而之前已经正确传输的分段也不用再发送。当 SDO 服务器发送完最后一段后，确认后的 SDO 客户机就会请求 CRC 校验和。成功完成校验和之后，SDO 客户机发送已传输完毕的报文。

④ SDO 服务器和客户机的参数。

默认 SDO 服务器的 SDO 参数为索引 1200H。在索引 1201H 之后用于其他 SDO 通道的

SDO 服务器和客户机的参数所有条目可读写，这些 SDO 通道通常默认是禁止的。SDO 参数的结构如表 7-12 所示。

表 7-12   **SDO 参数的结构**

索　引	子索引	参　数	数据类型	条目类别
服务器 SDO： 1200H～127FH 客户机 SDO： 1280H～12FFH	00H	支持最高子索引	Unsigned8	必选
	01H	客户机发往服务器报文 COB-ID	Unsigned32	必选
	02H	服务器发往客户机报文 COB-ID	Unsigned32	必选
	03H	服务器或客户机的节点 ID	Unsigned16	可选

子索引 00H 表示 SDO 支持最高子索引，子索引 01H 包含客户机发往服务器报文的 COB 标识符，子索引 02H 包含服务器发往客户机报文的 COB 标识符，这两个标识符必须在两个方向的 SDO 通道中使用。SDO 的 COB-ID 参数格式如图 7-19 所示。

31	30	29	28	…	11	10	…	0
有效	dyn	帧						

31	30	29	28	…	11	10	…	0
有效	dyn	帧	0			11 位 CANID		
			29 位 CANID					

图 7-19　SDO 的 COB-ID 参数格式

第 31 位为 SDO 报文有效位，只有两个方向都用 CAN 标识符，SDO 通道才有效。第 30 位表示 SDO 的设置类型，0 表示静态设置，1 表示动态设置。

子索引 03H 为可选项，包含服务器或客户机的节点 ID。

⑤ SDO 报文格式。

SDO 请求报文格式如图 7-20 所示，COB 标识符为"600H+节点 ID"；请求码描述 SDO 请求报文的功能，常用请求码如表 7-13 所示；索引和子索引用于指定 SDO 请求报文的数据对象；请求数据为 SDO 请求报文发往数据对象的 4 字节数据。

COB-1D	字节 0	字节 1	字节 2	字节 3	字节 4	字节 5	字节 6	字节 7
600H+节点 ID	请求码	索引		子索引	请求数据			
		LSB	MSB		bit7～0	Bit15～8	Bit23～16	Bit31～24

图 7-20　SDO 请求报文格式

表 7-13   **常用 SDO 请求码**

请求码	功能说明	字节 4	字节 5	字节 6	字节 7
23H	写 4 字节数据	bit7～0	bit15～8	bit23～16	bit31～24
2BH	写 2 字节数据	bit7～0	bit15～8	00H	00H
2FH	写 1 字节数据	bit7～0	00H	00H	00H
40H	读数据	00H	00H	00H	00H
80H	停止当前 SDO 请求	00H	00H	00H	00H

SDO 响应报文格式如图 7-21 所示，COB 标识符为"580H+节点 ID"；响应码描述 SDO 响应报文的功能，常用响应码如表 7-14 所示；索引和子索引用于指定 SDO 响应报文的数据对象；响应数据为 SDO 响应报文返回的 4 字节数据。

COB-1D	字节 0	字节 1	字节 2	字节 3	字节 4	字节 5	字节 6	字节 7
580H+节点 ID	响应码	索引		子索引	响应数据			
		LSB	MSB		bit7~0	bit15~8	bit23~16	bit31~24

图 7-21 SDO 响应报文格式

表 7-14   **常用 SDO 响应码**

响应码	功能说明	字节 4	字节 5	字节 6	字节 7
43H	读 4 字节数据	bit7~0	bit15~8	bit23~16	bit31~24
4BH	读 2 字节数据	bit7~0	bit15~8	00H	00H
4FH	读 1 字节数据	bit7~0	00H	00H	00H
60H	写 1/2/4 字节数据	00H	00H	00H	00H
80H	终止 SDO 命令	终止码			

（3）预定义对象

预定义对象主要包括同步报文、时间报文和紧急报文。

① 同步报文。

在通过网络进行通信的应用中，发送和接收之间必须相互协调和同步。为此，CANopen 引入了同步报文。同步报文 COB 标识符参数（索引 1005H）是一个 32 位对象，如图 7-22 所示。它不仅包含使用的 CAN 标识符，还包括 3 个控制位，第 31 位为预留位，第 30 位用于确定设备是发送同步报文（生产者为 1）还是接收同步报文（消费者为 0），第 29 位用于区分是 11 位还是 29 位 CAN 标识符。

31	30	29	28	…	11	10	…	0
预留	C/P	帧	0			11 位 CANID		
			29 位 CANID					

图 7-22 同步报文的 COB-ID 参数格式

同步报文采用不含数据字节或只含有一个数据字节的 CAN 报文。数据字节中包含一个从 1 开始递增的同步计数器。同步计数器的溢出值可以通过同步计数器溢出参数（索引 1019H）来设置，同步报文的发送方和接收方都必须使用同步计数器。同步计数器溢出参数中包含一个 8 位值（0~240，其他值均保留），该值用来复位同步报文中的计数器，该值必须是同步 PDO 的倍数（1~240）。

进行同步通信的系统多数都由一个同步生产者和 1~126 个同步消费者构成。同步报文的默认 CAN 标识符为 80H，该值保存在对象字典 Sync-COB-ID（索引 1005H）的对象中。用户还可通过"循环周期"和"同步窗口长度"对同步机制进行参数设置，如图 7-23 所示。循环周期就是指同步对象通过总线发送的这段时间，同步窗口长度用于限制同步 PDO 的发送时间范围。

循环周期（索引 1006H）是针对同步报文发送方而言的，该参数用于设置同步周期（单位为 μs）。同步报文的接收方同样可以设置一个循环周期，这样如果在规定的时间内接收方没有收到同步报文，就会产生一个事件来通知应用程序，从而采取相应的措施。同步窗口长度（索引 1007H）以 μs 为单位。在同步窗口事件范围内，PDO 传输必须在同步报文发送之后才能进行，否则将这一情况通知给应用程序。

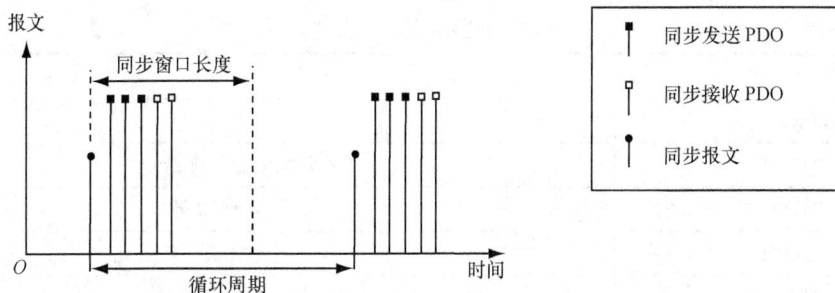

图 7-23　PDO 同步传输

② 时间报文。

时间报文 COB 标识符参数（索引 1012H）是一个 32 位对象，如图 7-24 所示。高两位用于描述该设备是否发送和接收时间报文；第 29 位用于区分是 11 位还是 29 位 CAN 标识符。

31	30	29	28	⋯	11	10	⋯	0
发送	接收	帧	\multicolumn{4}{c}{0}			11 位 CANID		
			\multicolumn{6}{c}{29 位 CANID}			

图 7-24　时间报文的 COB-ID 参数格式

在高分辨率时间参数（索引 1013H）中写入一个 32 位时间值（单位为 μs），该值打包在 PDO 中，可供高精度同步设备使用。

③ 紧急报文。

在 CANopen 中，当设备出现错误时，标准化机制就会发送一个紧急报文来告知网络中的其他设备其所处的错误状态。紧急报文 COB 标识符参数（索引 1014H）的默认值为"80H+节点 ID"，紧急报文的格式如图 7-25 所示。错误寄存器（索引 1001H）反映的是 CANopen 设备的一般错误状态，如图 7-26 所示。紧急错误代码给出了错误的详细信息，常见错误代码已经在通信协议中给出，如表 7-15 所示；而特定设备类别的错误代码会在相应的设备类别的子协议中给出，例如针对驱动器定义的错误代码如表 7-16 所示。协议或者制造商定义的错误代码通常为设备子协议或设备制造商发送的一些附加错误信息。

63	⋯	24	23	⋯	16	15	⋯	0
\multicolumn{3}{c}{协议或者制造商定义的错误代码}			\multicolumn{3}{c}{错误寄存器（1001H）}			\multicolumn{3}{c}{紧急错误代码}

图 7-25　紧急报文的格式

7	6	6	4	3	2	1	0
制造商	预留	子协议	通信	温度	电压	电流	常规

图 7-26　错误状态

表 7-15　　　　　　　　　CANopen 通信协议中的常见错误代码

代　码	含　义	代　码	含　义
00XXH	错误复位或无错误	60XXH	软件错误
10XXH	一般错误	70XXH	辅助设备的错误
20XXH	电流错误	80XXH	监视错误
30XXH	电压错误	90XXH	外部错误
50XXH	硬件错误	FFXXH	设备特定的错误

表 7-16	针对驱动器定义的错误代码
代　码	含　义
20XXH	电流错误
2100H	设备输入端电流错误
2110H	短路/对地短路
2120H	对地短路
2121H	L1 对地短路

如果经过一段时间后错误消失，标准化机制也会发送一个紧急报文来通知错误解除这一事件。而最近出现的错误都会保存在对象字典"预定义错误场"（索引 1003H）条目中，预定义错误场最多可以存储 254 个错误信息和代码，用户可以通过 SDO 读取这些信息。

为了避免总线因持续发送高优先级的紧急报文而无法进行通信，可以设定禁止发送紧急报文时间（索引 1015H）。

（4）网络管理对象

网络管理（NMT）系统负责启动网络和监控设备。为了节约网络资源，尤其是 CAN 标识符和总线带宽，CANopen 网络管理采用主/从通信模式，通常采用一个 NMT 主机和多个 NMT 从机的系统结构。对安全要求较高的系统可以包含多个 NMT 主机，一个为当前工作的 NMT 主机，另一个备用的 NMT 主机在当前工作 NMT 主机出现故障时将会自动承担 NMT 主机的任务。

① NMT 服务。

所有 CANopen 设备都具有 NMT 从机功能，通常 NMT 从机都由 NMT 主机来启动、监控和重启。为了方便设备管理，所有设备都内置了一个内部状态机，如图 7-27 所示。在内部状态机中，状态之间的转变通常由内部事件来触发（如设备启动、内部功能错误或内部复位），或由 NMT 主机在外部触发。NMT 状态的转变如表 7-17 所示。

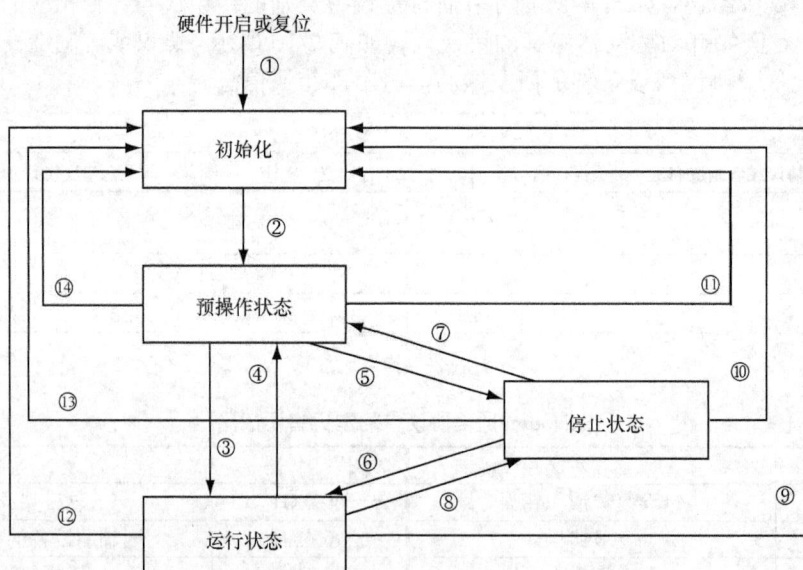

图 7-27　内部状态机

表 7-17　　　　　　　　　　　　　　NMT 状态的转变

状 态 转 变	需要的触发动作
①	上电之后自动初始化设备
②	完成初始化之后自动改变
③、⑥	NMT 主机启动远程节点命令
④、⑦	NMT 主机进入预操作命令
⑤、⑧	NMT 主机进入停止状态命令
⑨、⑩、⑪	NMT 主机复位远程节点命令
⑫、⑬、⑭	NMT 主机复位通信参数命令

CANopen 设备启动并完成内部初始化之后，就会自动进入预操作状态，然后通过启动报文（Boot Up）将这一状态改变事件通知 NMT 主机，如图 7-28 所示。启动报文由内容为 0 的一个字节构成。CAN 标识符与节点/寿命保护或者心跳报文的标识符一样，由功能代码 1110b 加上节点 ID 组成。

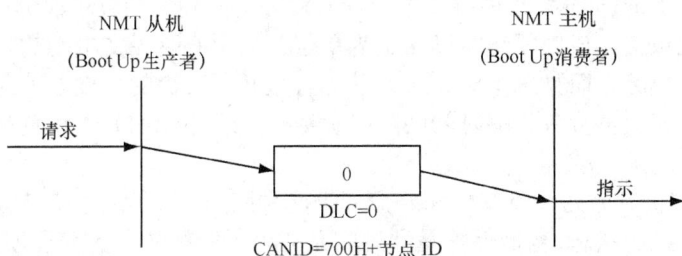

图 7-28　启动报文

在预操作状态中，用户可以通过 SDO 服务器读取对象字典中的所有参数，并借此来配置设备的参数。在这种情况下，用户可使用"预定义连接"所设定的默认 SDO 连接，而对应的 SDO 客户机则由具有 NMT 主机功能的配置工具或应用程序来提供。在该阶段中，不仅设备的 PDO 参数可以得到设置，如果允许，也可以设置映射条件和映射参数。此外，还可以启动同步服务功能，同步报文生产者在发送启动报文之后，马上开始循环发送同步报文，从而使其他设备同步。在预操作状态下不允许发送 TPDO，而且还会忽略收到的 RPDO。

控制设备状态的 NMT 命令具有最高优先级的 CAN 标识符。NMT 协议及 NMT 命令的结构如图 7-29 所示，NMT 命令包含两个数据字节，第一个字节用于确定要发出的命令，也叫作指令说明（Command Specifier，CS）；第二个字节用于指定 CANopen 设备的节点 ID。如果第二个字节为 0，则表示以广播的方式将命令发送给所有设备。

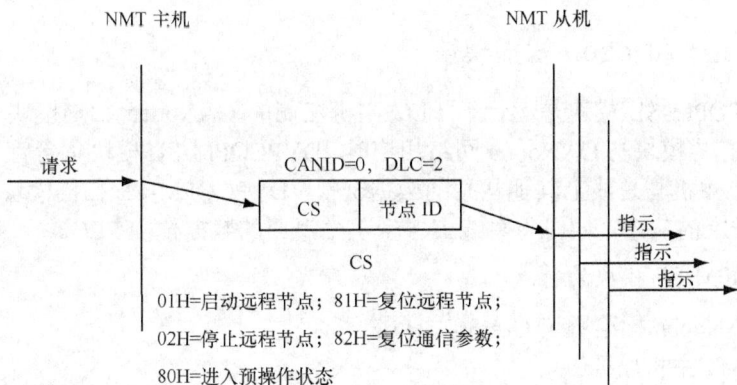

图 7-29　NMT 协议及 NMT 命令的结构

NMT 主机通过发送启动远程节点命令（CS 为 01H）使 NMT 从机进入运行状态，运行状态为 CANopen 设备的正常工作状态。NMT 主机通过发送停止远程节点命令（CS 为 02H）使 NMT 从机进入停止状态，在停止状态下，除了网络管理和心跳服务以外，其他所有 CANopen 通信服务都被禁止。NMT 主机通过发送复位通信参数命令（CS 为 82H）使 NMT 从机对象字典中通信子协议的参数都恢复到默认值。NMT 主机通过发送复位远程节点命令（CS 为 81H）使 NMT 从机对象字典中有关制造商的参数及设备子协议的参数都恢复到默认值，接着进行通信参数复位。

② 设备监控。

CANopen 规范中，设备监控的服务和协议用于检测网络中的设备是否在线和设备所处的状态。其中 NMT 指令在应用层中进行确认，CANopen 网络管理系统提供两类用于设备监控的功能，即心跳报文、节点/寿命保护。

心跳报文是一种周期性发送给一个或多个设备的报文，设备之间可以相互监视。若采用心跳报文机制，CANopen 设备将根据"生产者心跳时间间隔"参数（索引 1017H）中所设置的周期来发送心跳报文，该周期通常以 ms 为单位。采用心跳报文机制的好处在于，如果设备的通信对象发生故障，而且这个对象对设备而言是必不可少的，设备就能立即检测到对象的故障。用户还可在"消费者心跳时间间隔"参数（索引 1016H）中设置被监视设备的节点 ID 和相应的时间周期。

节点/寿命保护机制分为节点保护和寿命保护两种应用，节点保护是 NMT 主机通过远程帧周期性地监视从机的状态，寿命保护是通过收到的用于监视从机的远程帧来间接检测 NMT 主机的状态。如果采用节点/寿命保护机制，用户必须在 NMT 主机中设置一个包含 CANopen 设备监视时间的表格。在监视过程中，NMT 主机将根据表格中设置的时间，通过远程帧周期性地查询所有从机，从机则会用包含当前设备状态的数据帧来应答，还要发送一个翻转位，用于区分当前状态值与历史状态值。"保护时间"参数（索引 100CH）规定了两次查询之间的时间间隔，单位为 ms。"寿命因子"参数（索引 100DH）与保护时间相乘所得到的时间就是主机查询从机的最迟时间。

7.3 台达 CANopen 设备简介

台达电子公司生产的 CANopen 设备主要包括 CANopen 扫描模块、通信转换模块（网关）、PLC 通信模块和变频器通信模块等，其中 CANopen 扫描模块在网络中起主站作用，其他模块为 CANopen 从站。

7.3.1 台达 CANopen 扫描模块

台达 DVPCOPM-SL 模块是运行于 PLC 主机左侧的 CANopen 扫描模块，当 PLC 通过 DVPCOPM-SL 扫描模块与 CANopen 网络相连时，DVPCOPM-SL 模块负责管理 CANopen 从机，并实现 PLC 主机与总线上其他从站的数据交换。DVPCOPM-SL 扫描模块负责将 PLC 的数据传送到总线上的从站，同时将总线上各个从站返回的数据传回 PLC。

1. DVPCOPM-SL 模块的特点

① 符合 CANopen 标准协议 CiA 301 v4.02。

② 支持 NMT 主机服务。

③ 错误控制：支持心跳报文和节点保护报文。

④ PDO 传输类型：支持事件触发、时间触发、同步周期和同步非周期。

⑤ 支持标准 SDO 加速传输模式。

2. DVPCOPM-SL 模块的外观及功能介绍

台达 DVPCOPM-SL 模块的外观及功能介绍如图 7-30 所示。

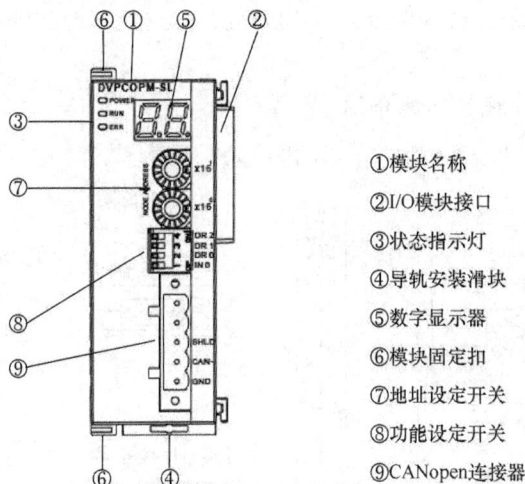

①模块名称
②I/O 模块接口
③状态指示灯
④导轨安装滑块
⑤数字显示器
⑥模块固定扣
⑦地址设定开关
⑧功能设定开关
⑨CANopen 连接器

图 7-30　台达 DVPCOPM-SL 模块的外观及功能介绍

3. DVPCOPM-SL 模块与 SV 主机的数据对应关系

当 DNET 扫描模块与 PLC 主机连接后，PLC 将给每一个扫描模块分配数据映射区，如表 7-18 所示。

表 **7-18**　　　　　　　　　**DVPCOPM-SL 模块与 SV 主机的数据对应关系**

DVPCOPM-SL 模块号	映射的 D 区寄存器	
	输出映射表	输入映射表
1	D6250-D6476	D6000-D6226
2	D6750-D6976	D6500-D6726
3	D7250-D7476	D7000-D7226
4	D7750-D7976	D7500-D7726
5	D8250-D8476	D8000-D8226
6	D8750-D8976	D8500-D8726
7	D9250-D9476	D9000-D9226
8	D9750-D9976	D9500-D9726

7.3.2　台达 CANopen 从站通信转换模块

CANopen 从站通信转换模块（IFD9503）定义为 CANopen 从站，可用于 CANopen 网络和台达可编程控制器、变频器、伺服驱动器、温控器及人机界面的连接；此外，IFD9503 还提供自定义功能，用于连接 CANopen 网络和符合 Modbus 协议的自定义设备。

1. IFD9503 模块的特点

① 支持 CAN 2.0A 和 CANopen CiA 301 v4.02 协议。

② 支持 8 个 PDO 服务。

③ 支持 SDO 请求和 SDO 响应两种服务。

④ 支持预定义的主/从连接中的默认 COB-ID。

⑤ 支持广播、NMT、同步和紧急报文服务。

⑥ 在 CANopen 网络配置工具中支持 EDS 文件配置。

⑦ 支持 10kbit/s、20kbit/s、50kbit/s、125kbit/s、250kbit/s、500kbit/s、800kbit/s 及 1Mbit/s 多种通信速率。

2. IFD9503 模块的外观及功能介绍

台达 IFD9503 模块的外观及功能介绍如图 7-31 所示。

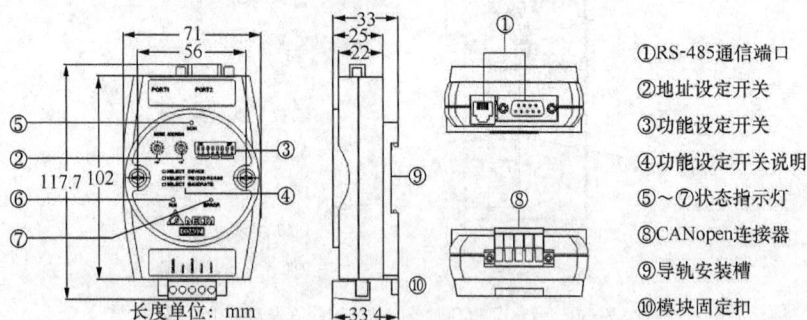

①RS-485通信端口
②地址设定开关
③功能设定开关
④功能设定开关说明
⑤～⑦状态指示灯
⑧CANopen连接器
⑨导轨安装槽
⑩模块固定扣

图 7-31　台达 IFD9503 模块的外观及功能介绍

3. IFD9503 模块的典型应用

IFD9503 模块作为台达 VFD-B 系列变频器与 SV 系列 PLC CANopen 通信网关的应用实例如图 7-32 所示。

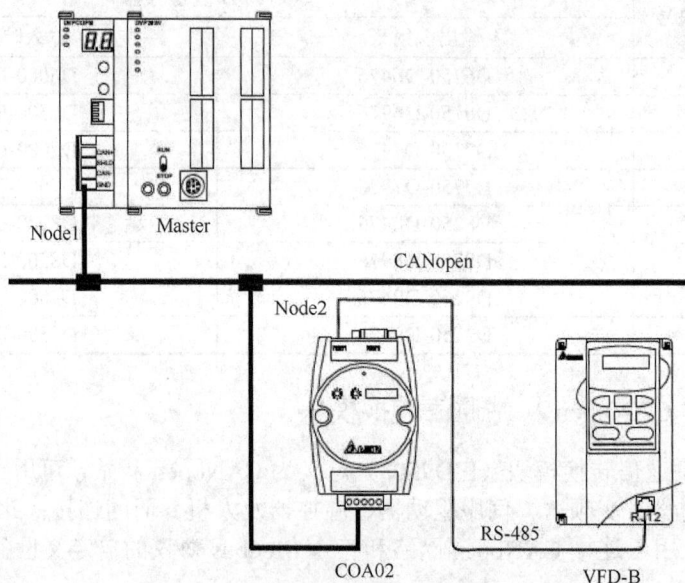

图 7-32　台达 IFD9503 模块的典型应用

7.3.3 台达伺服驱动器介绍

台达 ASDA 交流伺服系统以掌握的核心电子技术为基础，针对不同应用机械的客户需求进行研发；提供 A、B、AB、M 等多系列全方位的伺服系统产品。全系列产品的控制回路均采用高速数字信号处理器（DSP），配合增益自动调整、指令平滑功能及软件分析与监控，可满足高速位移、精准定位等运动控制需求。

1. ASDA-A2 系列伺服驱动器的特点

① 支持 USB、Modbus、CANopen、EtherCAT、DMCNET 等通信功能。
② 内置运动控制模式，支持多种轴控操作，取代中型 PLC 的 Motion 功能。
③ 内含电子凸轮功能（CAM Function），方便机台的行程规划。
④ 速度循环的响应频率为 1kHz。
⑤ 搭配 20-bit 分辨率编码器，提供精准定位及平顺控制等功能。

2. ASDA-A2 系列伺服驱动器的外观及功能介绍

台达 ASDA-A2 系列伺服驱动器的外观及功能介绍如图 7-33 所示。

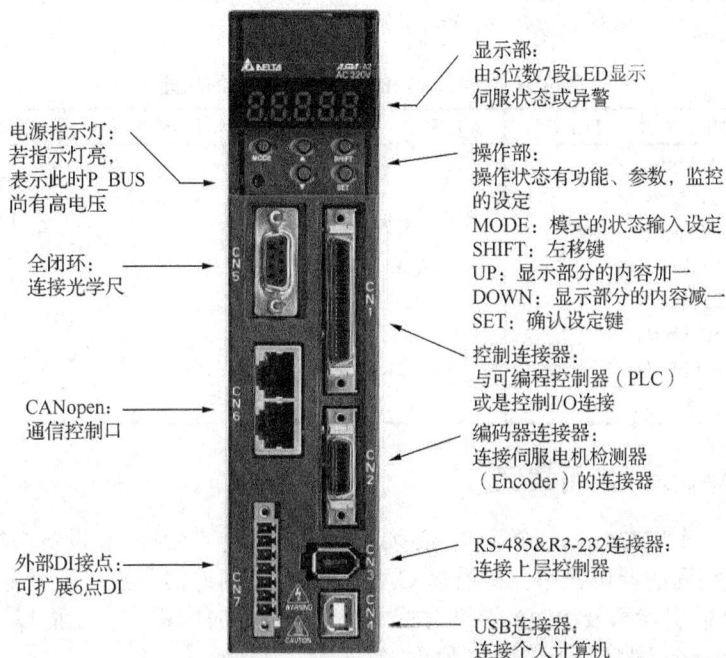

图 7-33 台达 ASDA-A2 系列伺服驱动器的外观及功能介绍

7.4 台达 CANopen 系统组态

7.4.1 CANopen 模块设置

1. CANopen 通信连接器

CANopen 通信连接器用于连接 CANopen 网络，包括 1 对信号线、1 根地线和 1 根屏蔽线，连接器各引脚功能如表 7-19 所示。

表 7-19　　　　　　　　　　台达 CANopen 通信连接器各引脚功能

引　脚	信　号	说　明
1	GND	DC 0V
2	CAN_L	信号–
3	SHLD	屏蔽线
4	CAN_H	信号+
5	—	保留

2. CANopen 地址设定开关

CANopen 地址设定开关用于设置 CANopen 模块在 CANopen 网络上的节点地址，可设置的地址范围为 1～7FH。

3. CANopen 功能设定开关

CANopen 功能设定开关用于设置 CANopen 通信速率和实现其他功能，例如 IFD9503 模块的功能设定开关用于设置 IFD9503 所连接的下级设备、通信口的选择及 IFD9503 与 CANopen 主站的通信速率，如表 7-20 所示。

表 7-20　　　　　　　　　　台达 IFD9503 模块的功能设定开关的功能

DIP8	DIP 7	DIP 6	DIP 5	DIP 4	DIP 3	DIP 2	DIP 1
000：10kbit/s 001：20kbit/s 010：50kbit/s 011：125kbit/s 100：250kbit/s 101：500kbit/s 110：800kbit/s 111：1Mbit/s			00：RS-485 01：RS-232 10：无效设置 11：无效设置		001：变频器 010：PLC 011：温控器 100：伺服驱动器 101：HMI 110：自定义设备 111：测试模式		

7.4.2　CANopen 应用案例

当需要组建一个 CANopen 网络时，必须先对网络中的 CANopen 设备进行设定，例如唯一的节点地址和相同的通信速率。接着对 CANopen 设备的通信参数进行设置，例如 PDO 和 SDO 的标识符、映射参数及 PDO 的传输模式。最后编写应用程序。下面以一个应用案例说明如何组建 CANopen 网络及配置网络参数。

功能要求：组建 CANopen 网络，完成由一个数字 I/O 模块控制一台伺服驱动器的启动和停止及速度选择功能。

1. 系统分析

本次设计的 CANopen 网络采用主从结构，CANopen 主站采用台达 DVPCOPM-SL 模块与 DVP28SV PLC，装有 CANopenBuilder 和 WPLSoft 的个人计算机作为 CANopen 网络配置和编程的工具。CANopen 数字 I/O 从站采用台达 IFD9503 模块、DVP-12SA 与 DVP-08ST 数字 I/O 扩展模块，CANopen 伺服驱动器从站采用台达 IFD9503 模块和 ASD-B 伺服驱动器。系统网络结构如图 7-34 所示，分别通过地址设定开关设置主站的节点地址为 1，伺服驱动器的节点地址为 2，PLC 的节点地址为 3；通过功能设定开关设置 CANopen 网络的通信速率为 1Mbit/s。

2. 使用 CANopenBuilder 配置网络

（1）使用 CANopenBuilder 扫描网络

打开 CANopenBuilder，设置串口通信参数为 COM1、9600bit/s、SV 主机地址 01、ASCII 模式、7 位数据位、1 位偶校验及 1 位停止位。选择"网络"菜单中的"在线"命令，弹出"选择通信通道"对话框，该对话框显示了可以连接的 CANopen 主站模块，单击"确定"按钮，CANopenBuilder 即开始对整个网络进行扫描，扫描结束后会提示"扫描网络已完成"。此时，网络中被扫描到的所有节点的图标和设备名称都会显示在网络设备图形显示区中，如图 7-35 所示。

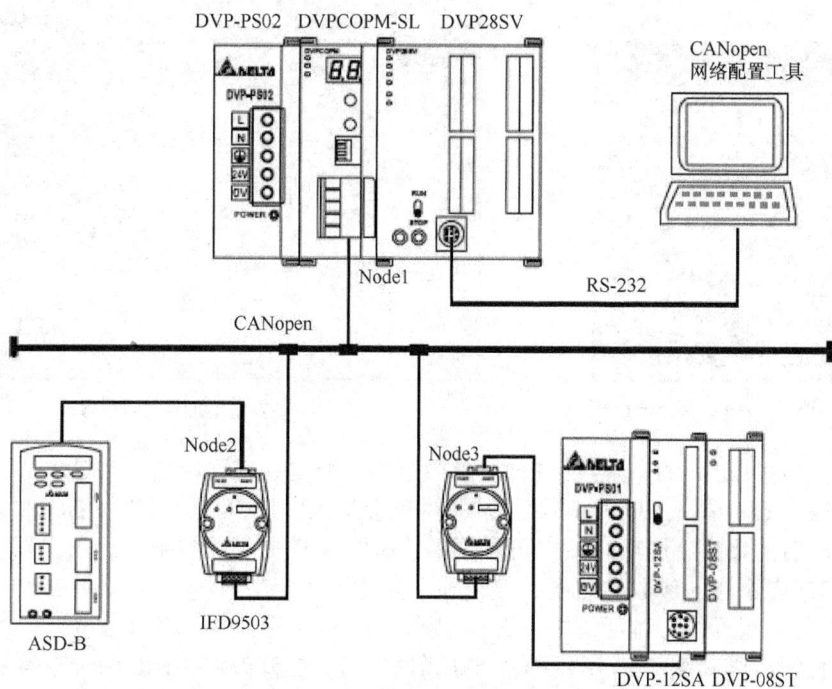

图 7-34　CANopen 系统网络结构

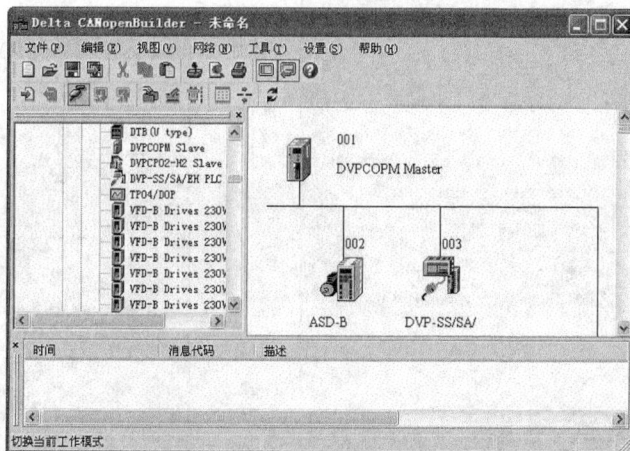

图 7-35　CANopen 网络设备在线显示

（2）CANopen 主站模块的配置

选择"网络"菜单中的"主站参数"命令，弹出图 7-36 所示的对话框。其中工作模式选择 Master Mode，同步周期设定为 50ms，主站 heartbeat 时间设定为 200ms。

（3）CANopen 从站的配置

① 双击图 7-34 中的 IFD9503 图标，弹出"节点配置…"对话框，如图 7-37 所示。

"节点配置…"对话框给出了 IFD9503 节点的基本信息，可以设置 IFD9503 节点的错误控制协议和自动 SDO 配置。

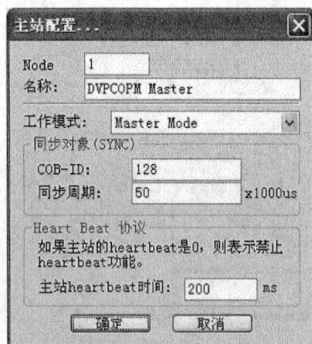

图 7-36 CANopen 主站模块的配置

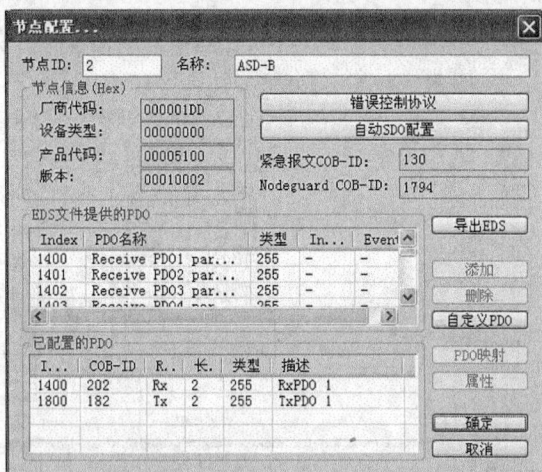

图 7-37 IFD9503 节点配置

② 还可以对 IFD9503 节点的 PDO 参数群进行配置，在已配置的 PDO 中选择相应的 TxPDO 或 RxPDO，单击"PDO 映射"按钮，就会进入图 7-38 所示的"PDO 映射…"对话框。在"已映射的参数"选项区域中可以添加"EDS 文件提供的参数"选项区域中显示的参数。每个 PDO 中添加的参数的数据长度之和不能超过 8 个字节。

③ 在"节点配置…"对话框中，在已配置的 PDO 中选择相应的 TxPDO 或 RxPDO，单击"属性"按钮，进入图 7-39 所示的"PDO 属性"对话框修改 COB-ID、传输类型等信息。

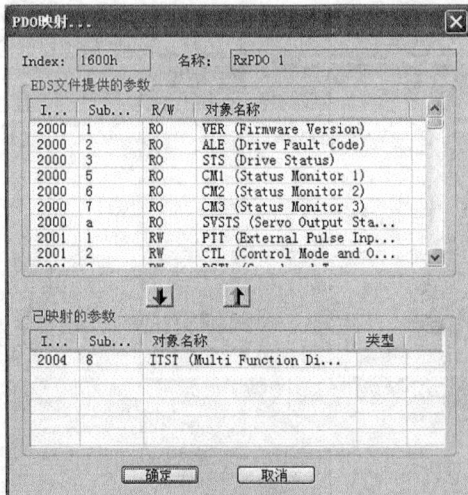

图 7-38 PDO 映射配置

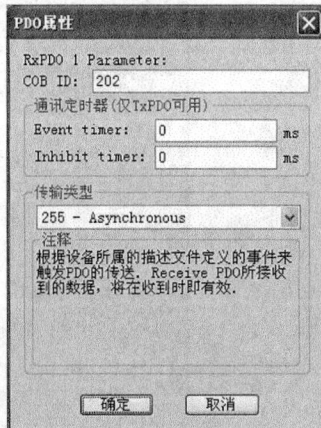

图 7-39 PDO 属性修改

（4）CANopen 主站数据映射表的配置

双击"DVPCOPM Master"图标，弹出"节点列表配置"对话框，分别选中从站模块后单击">"按钮，将从站加入节点列表，此时看到节点列表中的输入输出映射表中从站的数据对应到了 SV 主机内的 D 寄存器地址，如图 7-40 所示。选择"网络"菜单中的"下载"命令，将配置数据下载到 DVPCOPM-SL 主站模块。

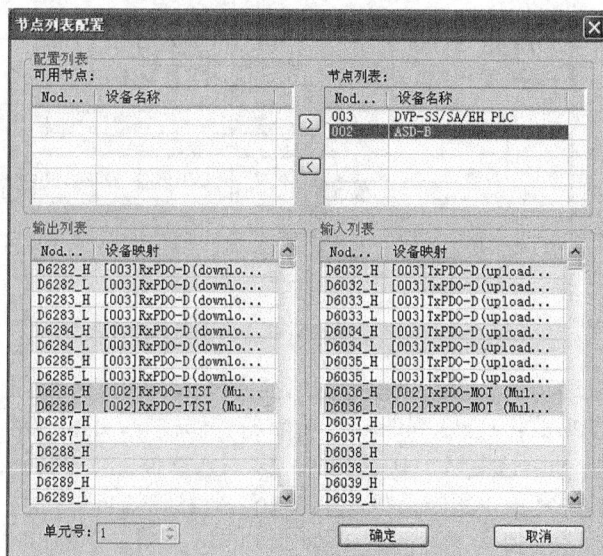

图 7-40 节点列表配置

3. CANopen 网络控制

控制要求：当闭合从站 3 上的开关 X0 时，从站 2 伺服驱动器运行；当断开从站 3 上的开关 X0 时，从站 2 伺服驱动器停止运行；切换从站 3 上的开关 X1、X2 状态，可以改变从站 2 伺服驱动器的运行速率；当伺服驱动器处于运行状态时，从站 3 上的 Y0 信号灯亮；当伺服驱动器处于停止状态时，从站 3 上的 Y0 信号灯灭。

（1）CANopen 从站与 PLC 元件的对应关系

由图 7-40 可知，CANopen 从站与 PLC 元件的对应关系如表 7-21 所示。

表 7-21 CANopen 从站与 PLC 元件的对应关系

I/O	CANopen 主站 PLC 元件	CANopen 从站参数	说　明
输入数据	D6032	从站 PLC 的 D256	从站 PLC 的上传数据
	D6033	从站 PLC 的 D257	
	D6034	从站 PLC 的 D258	
	D6035	从站 PLC 的 D259	
	D6036	从站伺服驱动器的 P4-09	数字输出节点状态显示
输出数据	D6282	从站 PLC 的 D0	从站 PLC 的下载数据
	D6283	从站 PLC 的 D1	
	D6284	从站 PLC 的 D2	
	D6285	从站 PLC 的 D3	
	D6286	从站伺服驱动器的 P4-07	数字输入节点多重功能选择

（2）PLC 梯形图程序

根据系统控制要求编写主站 SV 主机中网络控制梯形图程序，如图 7-41 所示，将 SA 主机 D256（映射在 SV 主机的 D6032）的内容传送到伺服驱动器的控制字（映射在 SV 主机的 D6286）中，将伺服驱动器的输出状态（映射在 SV 主机的 D6036）传送到 SA 主机 D0（映射在 SV 主机的 D6282）中。

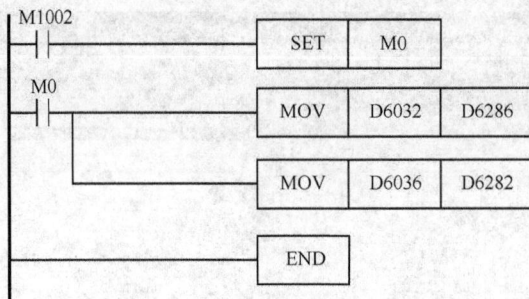

图 7-41　CANopen 主站网络控制梯形图程序

根据系统控制要求编写从站 SA 主机中网络控制梯形图程序，如图 7-42 所示。设定 SA 主机与 IFD9503 的通信格式：115 200bit/s，7 位字符，偶校验，1 位停止位，ASCⅡ模式，通信端口选择 COM2。当 M0=ON 后，将 X20～X28（DVP-08ST）的输入状态传送到 D256，同时将 D0 的数据按 bit0～bit15 相应地传送到 M10～M25。当 D0=1 时，若 M10=ON，则 SA 主机的 Y0 有输出。

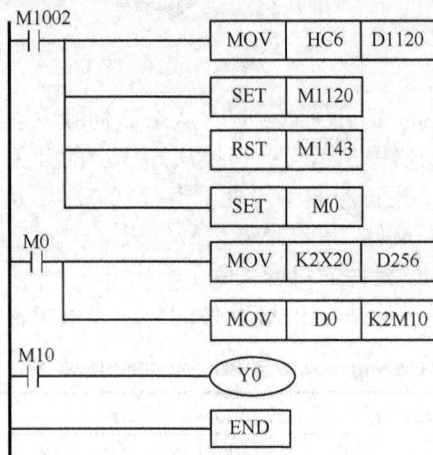

图 7-42　CANopen 从站网络控制梯形图程序

实验 6　CANopen 系统设计

1. 实验目的

① 了解台达 CANopen 设备分类。
② 理解 CANopen 主从网络主要功能。
③ 掌握 CANopen 设备硬件接线和功能设置的方法。

④ 掌握 CANopenBuilder 配置网络的方法。

⑤ 理解基于 CANopen 网络的 PLC 编程方法。

2. 控制要求

组建 CANopen 网络，要求当 M0=ON 时，读取 IFD9503 模块索引为 2021H、子索引为 4（即变频器实际频率输出值）的内容。

3. 实验设备

① 台达 SV 系列 PLC。

② 台达 DVPCOPM-SL 模块。

③ 装有 WPLSoft 和 CANopenBuilder 的个人计算机。

④ 台达 IFD9503 模块。

⑤ 台达 VFD-B 变频器。

⑥ CANopen 通信电缆与 Modbus 线缆。

习题

1. 在 CANopen 中过程数据被分为几个单独的段，每个段最多为（　　）个字节，这些段就是过程数据对象（　　）。

2. PDO 的 COB-ID 有（　　）位，低（　　）位为 CAN 标识符区，支持 11 位和 29 位两种 CAN 标识符。

3. （　　）报文是一种周期性发送给一个或多个设备的报文，设备之间可以相互监视。

4. （　　）保护是 NMT 主机通过远程帧周期性地监视从机的状态。

5. （　　）保护是通过收到的用于监视从机的远程帧来间接检测 NMT 主机的状态。

6. 简述 CANopen 的特性。

7. 简述 CANopen 应用层的设备模型。

8. 简述 CANopen 支持的数据传输速率。

9. 简述 CANopen 对象字典的工作原理。

10. 简述 CANopen 的通信模式。

11. 简述 CANopen 协议中 PDO 和 SDO 的区别。

12. 简述台达 CANopen 扫描模块 DVPCOPM-SL 的特点。

第 8 章 EtherCAT

随着工业企业信息化进程的深入发展，工业控制网络得到了广泛应用，但目前多种现场总线标准并存的局面给用户带来了网络互联、设备互操作等方面的问题，自动化控制领域期待着一个统一的工业通信标准。以太网在企业管理信息系统中取得了巨大的成功，几乎统一了企业的管理层网络。基于这种发展现状，越来越多的人希望以太网技术能介入现场控制层，广泛取代目前种类繁多、标准不一的现场总线技术，这不仅可以使企业的管理信息系统实现垂直方向的集成，而且能降低不同厂家设备在水平层面上的集成成本。由此，工业以太网逐步成为工业界研究的热点。

工业以太网是以太网技术向工业控制领域渗透催生的产物，一般在技术上与商用以太网（即 IEEE 801.13 或 IEEE 802.11 系列标准）兼容，在产品设计、材质的选用、产品的强度、适用性及实时性、可互操作性、可靠性、抗干扰性和本质安全等方面能满足工业现场的需要。工业以太网基于成熟的以太网技术和 TCP/IP 技术，具有较高的实时性能和较强的传输能力。

工业以太网源于以太网，而又不同于普通以太网。互联网及普通计算机网络采用的以太网技术并不满足控制网络和工业环境的应用需求。在继承或部分继承以太网原有核心技术的基础上，根据应用需求，或针对适应工业环境，或针对改进通信实时性，或采取某种时间发布与时间同步措施，或添加相应的控制应用功能，或针对网络的功能安全与信息安全，提出相应的技术方案。

工业以太网涉及工业企业网络的各个层次，无论是工业环境下的企业信息网络（即计算机网络），还是采用普通以太网技术的控制网络，以及新兴的实时以太网，均属于工业以太网的技术范畴。对于有严格时间要求的控制应用场合，要提高现场设备的通信性能，要满足现场控制的实时性需求，需要开发实时以太网技术。直接采用普通以太网作为控制网络的通信技术，也是工业以太网发展的一个方向，它适用于某些对实时性要求不高的测量控制场合。在控制网络中采用以太网技术无疑有助于控制网络与互联网的融合，即实现以太网的"一网到底"，使控制网络无须经过网关转换即可直接连至互联网，使测控节点有条件成为互联网上的一员。在控制器、PLC、测量变送器、执行器及 I/O 卡等设备中嵌入以太网通信接口、TCP/IP、Web Server，便可形成支持以太网、TCP/IP 和 Web 服务器的以太网现场节点。在应用层协议尚未统一的环境下，借助 IE 浏览器等通用的网络浏览器实现对生产现场的监视与控制，进而实现远程监控，也是人们提出且正在实现的一个有效解决方案。

工业以太网的技术内容丰富，是一系列技术的总称，但它并非是一个不可分割的技术整体。在工业以太网技术的应用选择中，并不要求所有技术一应俱全，例如工业环境的信息网络，其通信并不需要实时以太网的支持；在要求抗振动的场合不一定要求耐高、低温。总之，具体到某一应用环境，并不一定需要涉及方方面面的解决方案，应根据使用场合的特点与需求、工作环境、性能价格比等因素选取合适的解决方案。

工业以太网应对环境适应性的改造措施，很重要的一方面是打造工业级产品。针对工业应用环境需求，具有相应防护等级的产品称为工业级产品。在工业环境下，需要采用工业级产品打造适用于工业生产环境的信息网络。一般用于办公环境的普通以太网产品，也被称为商业级以太网产品。

在工业环境下工作的网络要面临比办公室恶劣得多的条件。以太网的商业级产品是按办公环境设计的，应用于工业环境太易损坏，连接不可靠，为办公环境设计的 RJ-45 连接器、接插件、集线器、交换机等都不适应工业现场的恶劣环境。工业生产中存在各种机械振动、粉尘、强电磁辐射、风霜雨雪等，如果将现有的商业级以太网产品用于工业环境，由于它们对温度、湿度等环境变化的适应能力及抗振动、抗机械拉伸、抗电磁干扰能力的不足，经常会导致网络故障，影响生产的正常运行，严重时会导致停工。工业用户往往因使用办公室商业级交换机而使网络处于故障多发状态，导致生产效率降低，从而认识到采用工业级产品的重要性。

工业级产品从设计之初就注重对材质、元器件工作温度、范围、强度及抗振动、抗疲劳等能力的考察，专门针对工业产品应用环境的温度、湿度、振动、电磁辐射等，分别采取相应的措施，使产品在各方面满足工业现场的要求。如用于工业以太网设备的元器件，其工作温度的适应范围一般要求较宽，一般会选择-20℃～70℃或-40℃～85℃乃至更宽的范围。

防护级产品是构成工业级以太网的重要部件。设备壳体与电路板应具有抗电磁干扰、防水防雨、抗雷击等方面的防护措施，采用防雨、防尘、防电磁干扰的封装外壳。建议采用带锁紧机制的连接器，采用 DIN 导轨式安装结构的工业级产品。工业以太网交换机目前的防护等级为 IP20～IP40。当工业网络更深入地扩展到流程工业等制造业时，其防护等级需要增至 IP67～IP68。

许多公司针对工业应用环境的需求，开发了具有相应防护等级的产品。目前市场上典型的工业级产品有安装在 DIN 导轨上的导轨式收发器、集线器、交换机及冗余电源、特殊封装的工业级以太网接插件等。

光纤对工业现场的电磁干扰不敏感，因此构建光纤网也是工业级以太网适应工业环境的重要措施之一。光纤可以形成比铜缆更大范围的网络。对于多模光纤，每个网段的长度最长可达 2km，而单模光纤则可达 14km。一般使用 Cu/FO 类混合光缆，其中的 2 芯光纤用于数据传输，另外的 4 铜芯用于供电。

此外，工业级以太网在适应工业应用环境方面还需要解决石油化工等应用场合必须解决的总线供电问题。网络传输介质在用于传输数字信号的同时，还为网络节点设备提供工作电源，称为总线供电或网络供电。在办公室环境下的信息网络中，网络节点设备的供电问题易于解决，网络传输介质只是用于传输信息的数字信号，没有网络供电的需求。而在工业应用场合，许多现场控制设备的位置分散，现场不具备供电条件，或供电受到某些易燃易爆场合的条件限制，因而提出了网络供电的技术。因此网络供电也是适应工业应用环境的特色技术之一。

在一些易燃易爆的危险工业场所应用工业以太网，还必须考虑本安防爆问题。这是在总线供电解决之后要进一步考虑的问题。本质安全（本安）是指将送往易燃易爆危险场合的能量控制在引起火花所需能量的限度之内，从根本上防止在危险场合产生电火花而使系统安全得到保障。这对网络节点设备的功耗、设备所使用的电容和电感等储能元件的参数及网络连接部件提出了许多新的要求。

对于工业自动化系统来说，目前不同应用场合对实时性有不同的要求，信息集成与过程自动化应用场合实时响应时间要求是 100ms 或更长，绝大多数工厂自动化应用场合实时响应时间要求最少为 5~10ms，高性能的同步运动控制应用场合实时响应时间要求低于 1ms。

实时以太网是针对工业控制中通信的实时性、确定性提出的根本解决方案，自然属于工业以太网的特色与核心技术。当前实时以太网技术 EtherCAT 在通信速率、有效数据利用率上性能优势显著。

实时以太网的硬件实时机制需要由特殊的实时以太网通信控制器支持，EtherCAT 的通信参考模型在物理层或数据链路层就已经有别于普通以太网，即它们的实时功能不能在普通以太网通信控制器的基础上实现。实时以太网的软件实时机制通信参考模型在底层沿用普通以太网技术，借助上层的通信调度软件实现实时功能。

8.1 EtherCAT 概述

以太网控制自动化技术（EtherCAT）是一个开放架构，以以太网为基础的现场总线系统，其名称中的 CAT 为控制自动化技术（Control Automation Technology）英文首字母的缩写。EtherCAT 是确定性的工业以太网，最早是由德国的 Beckhoff 公司于 2003 年研发的实时工业以太网技术。EtherCAT 通信协议拓扑结构十分灵活，数据传输速率快，同步特性好，可以形成各种网络拓扑结构，实现了"一网到底"，协议处理直达 I/O 层。

EtherCAT 是一项高性能、低成本、应用简易、拓扑灵活的工业以太网技术，可用于工业现场级的超高速 I/O 网络，使用标准的以太网物理层，传输介质为双绞线或光纤，支持多种设备连接的拓扑结构。主站使用标准的以太网控制器，从站节点使用专用的控制芯片。

EtherCAT 的主要特点如下。

（1）广泛适用性：EtherCAT 的主站设备使用标准的以太网控制器，具有良好的兼容性，任何具有网络接口卡的计算机和具有以太网控制的嵌入式设备都可以作为 EtherCAT 的主站。从小型嵌入式设备到普通商业计算机都可以组成 EtherCAT 控制系统。

（2）完全符合以太网标准：EtherCAT 是对传统的以太网协议进行修改，因此可以与其他以太网协议并存于同一总线。EtherCAT 网络中也可以使用普通的以太网设备，例如以太网线、以太网卡、交换机、路由器等设备。

（3）结构简单：EtherCAT 结构简单，无须交换机或集线器，实现复杂功能的节点设备或简单的 I/O 节点都可以作为 EtherCAT 从站。此外，EtherCAT 在网络拓扑方面没有限制，支持多种网络拓扑结构，如总线型、星形、树形拓扑结构，以及各种拓扑结构的组合，从而使得设备连接非常灵活。

（4）高速传输速率：EtherCAT 基于以太网技术，数据传输速率可以达到 100Mbit/s，是最快的工业以太网技术。EtherCAT 能够最大限度利用以太网带宽进行数据传输，有效数据利用率高，可达 90%以上。

（5）实时性好：数据刷新周期小于 100μs，满足对实时性要求高的场合，可用于伺服技术中底层的闭环控制，100 伺服轴（每个 8 Byte IN+OUT）的刷新周期仅为 0.1 ms。

（6）同步性能好：EtherCAT 使用高精度的分布式时钟，能保证各个从站节点设备的同步精度，当两设备间距 300 个节点，线缆长度为 120 米时，同步抖动时间小于 1μs。

EtherCAT 实时工业以太网各方面性能都很突出：具有极小的循环时间、高同步性、高易用性和低成本等特点。这使其在机器人控制、数控机床等领域具有很大的应用价值。

EtherCAT 协议自推出以来，凭借其优异的性能得到了工控领域的广泛关注，并且取得了长足的发展。在 2003 年，EtherCAT 协议推出之后，同年便成立了 EtherCAT 官方技术支持协会（EtherCAT Technology Group，ETG），2014 年全球 ETG 会员已经超过 3000 家，仅在我国就已经超过 400 家。2014 年 10 月，EtherCAT 现场总线成为我国推荐性国家标准 GB/T 31230。2018 年 ETG 全球会员数量超过 5000 家，截至 2019 年 11 月 29 日，EtherCAT 技术协会（ETG）中国区的会员数量成功破千。这些标志着 EtherCAT 技术在我国及全世界范围内都已经有了极大的影响力。可以看出，EtherCAT 技术从诞生之日起，在过去的短短十多年时间里快速发展壮大，已经占据了很大的市场份额，这充分证明了 EtherCAT 现场总线卓越的性能和出色的质量。EtherCAT 已经成为多个国家的国家标准，举例如下。

（1）IEC 61158 中的 Typel2。

（2）IEC 61784 中的 CPF12（通信行规集 12）。

（3）IEC 61800 中，EterCAT 支持 CANopen DS402 和 SERCOS。

（4）ISO 15745 中，EtherCAT 支持 DS301。

（5）GB/T 3230.1～.6-2014《工业以太网现场总线 EherCAT》，我国国家标准。

（6）KSC 61158 中的 Typel12，韩国国家标准。

EtherCAT 使用全双工的以太网实体层，从站可能有两个或两个以上的埠。若设备没侦测到其下游有其他设备，从站的控制器会自动关闭对应的埠并回传以太网帧。由于上述特性，EtherCAT 几乎支持所有的网络拓扑，包括总线型、树形或星形，现场总线常用的总线型拓扑也可以用在以太网中，设备连接非常灵活。可以选用的物理介质有双绞线或光纤（100Base-TX 或 100Base-FX）。当使用 100Base-TX 光纤时，站间距可以达到 100m，整个网络可以连接 65535 个设备。EtherCAT 运行原理示意图如图 8-1 所示。

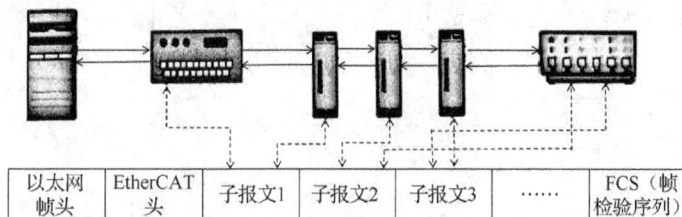

| 以太网帧头 | EtherCAT头 | 子报文1 | 子报文2 | 子报文3 | …… | FCS（帧检验序列） |

图 8-1　EtherCAT 运行原理示意图

与以太网类似，EtherCAT 的网段也可以被简单地看作一个独立的可以接收并发送以太网报文的以太网设备。和以太网不同的是，EtherCAT 并没有以太网控制器及相应的微处理器，而是由多个 EtherCAT 从站组成。这些从站可直接处理接收的报文，并从报文中提取或者插入相关的用户数据，然后将该报文传输到下一个 EtherCAT 从站。最后一个 EtherCAT 从站发回经过完全处理的报文，然后作为响应报文由第一个从站发送给控制单元。这个过程在双工模式下利用以太网设备能够独立处理双向传输（Tx 和 Rx），这使得发出的报文又通过 Rx 线返回到控制单元。

报文经过从站节点时，从站识别出相关的命令并做出相应的处理。信息的处理在硬件中完成，延迟时间约为 100～500ns（取决于物理层器件），通信性能与从站设备控制微处理器的响应时间是相互独立的。每个从站设备有最大容量为 64 KB 的可编址内存，可完成连续的或同步的读/写操作。多个 EtherCAT 命令数据可以被嵌入一个以太网报文中，每个数据对应独立的设备或内存区。

从站设备可以构成多种形式的分支结构，独立的设备分支可以放置于控制柜中或机器模块中，再用主线连接这些分支结构。

EtherCAT 使用一个专门的以太网数据帧类型定义，可以用以太网数据帧传输 EtherCAT

数据包，也可以使用 UDP/IP 格式传输 EtherCAT 数据包。一个 EtherCAT 数据包可以由多个 EtherCAT 子报文组成。

8.2　EtherCAT 协议模型

实时工业以太网 EtherCAT 充分利用了以太网技术的全双工传输特性。使用主从模式进行访问控制，主站把数据帧发送给各个从站，每个从站从数据帧中读取自己的数据或把需要输入的数据插入数据帧中。物理层使用标准的以太网物理层器件。

从以太网的角度来看，一个 EtherCAT 网段就是一个以太网设备，它接收和发送标准的 ISO/IEC 8802-3 以太网数据帧。但是这种以太网设备并不局限于一个以太网控制器及响应的微处理器，它可以由多个 EtherCAT 从站组成。这些从站可以直接处理接收的报文，并从报文中提取或者插入相关的用户数据，然后将该报文传输到下一个 EtherCAT 从站。最后一个 EtherCAT 从站发回经过完全处理的报文，并由第一个从站作为响应报文将其发送给控制单元。

EtherCAT 通信是由主站发起的，主站发出的数据帧传输到一个从站站点时，从站将解析数据帧，每个从站从对应报文中读取输出数据，并将输入数据嵌入子报文中，同时修改工作计数器 WKC 的值，以标识从站已处理该报文。网段末端的从站处理完报文后，将报文转发回主站，主站捕获返回的报文并对其进行处理，完成一次通信过程。一个通信周期中，报文传输延时大概为几纳秒，克服了传统以太网先对数据包进行解析，再复制成过程数据而造成通信效率低的缺陷。EtherCAT 系统运行原理示意图如图 8-2 所示。

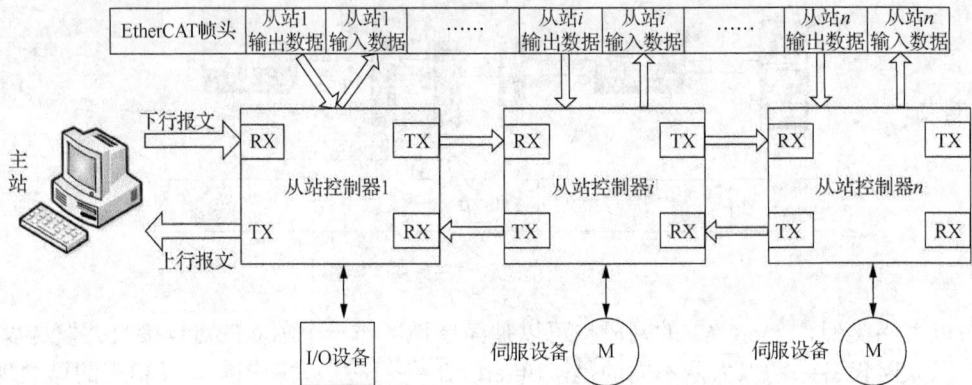

图 8-2　EtherCAT 运行原理示意图

8.2.1　EtherCAT 主站组成

主站的实现可采用嵌入式和个人计算机两种方式，这两种方式均需配备标准以太网 MAC 控制器，传输介质可使用 100BASE-TX 规范的 5 类非屏蔽双绞线（Unshielded Twisted Pair，UTP）线缆。EtherCAT 主站设备除了具备通信功能外，还需具备对从站设备进行控制的功能。EtherCAT 物理层连接原理示意图如图 8-3 所示，通信控制器完成以太网数据链路的介质访问控制（Media Access Control Twisted Pair，MAC）功能，物理层（PHY）芯片实现数据的编码、译码和收发，它们之间通过一个介质无关接口（Media Independent Interface，MII）交互数据。MII 是标准的以太网物理层接口，定义了与传输介质无关的标准电气和机械接口，使用这个接口将以太网数据链路层和物理层完全隔离开，使以太网可以方便地选用任何传输介质。隔离变压器用于实现信号隔离，提高通信的可靠性。

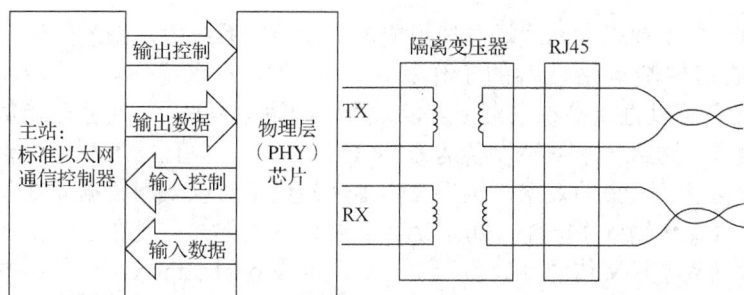

图 8-3　EtherCAT 物理层连接原理示意图

EtherCAT 主站运行需具备以下几个基本功能。

（1）读取从站设备的 XML 描述文件并对其进行解析，获取其中的配置参数。

（2）捕获和发送 EtherCAT 数据帧，完成 EtherCAT 子报文解析、打包等。

（3）管理从站设备状态，运行状态机，完成主从站状态机的设置和维护。

（4）可进行非周期性数据通信，完成系统参数配置，处理通信过程中的突发事件。

（5）实现周期性过程数据通信，实现数据实时交换、实时监控从站状态、从站反馈信号实时处理等功能。

8.2.2　EtherCAT 从站组成

从站一般由 3 部分器件组成：物理层器件、EtherCAT 从站控制器（EtherCAT Slave Controller，ESC）和微处理器（MCU）。物理层器件就是以太网的 PHY 芯片和网口，ESC 是实现 EtherCAT 协议栈的专用 ASIC，从站控制微处理器主要实现应用层（如 CANopen）和用户自定义的程序。

在 EtherCAT 系统的通信过程中，从站采用专用的从站协议控制器来高速动态地（On-The-Fly）处理网络通信数据。在系统通信的整个过程中，网络数据的处理都在从站协议控制器内部由硬件完成，因为整个通信过程由硬件实现，所以通信网络的性能并不取决于从站使用的是什么性能的微处理器，所有的通信过程都是在从站控制器的硬件中完成的，过程数据接口为从站应用层提供了一个双端口随机存储器（Dual-Port-RAM，DPRAM）来实现数据交换。EtherCAT 从站提供网络数据通信和控制任务功能，从站结构如图 8-4 所示。

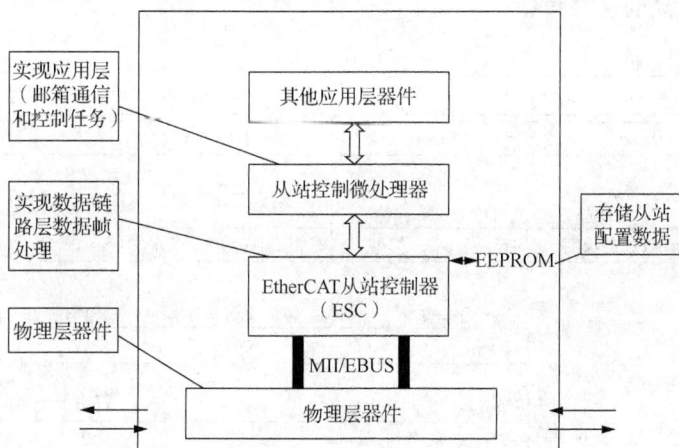

图 8-4　EtherCAT 从站结构

在由 EtherCAT 工业以太网现场总线组成的工业控制系统中，系统的通信由主站发起并通过过程数据通信控制从站设备的工作状态，继而完成系统任务。这些在工业现场的 EtherCAT 从站设备可以直接接收来自工业以太网的网络数据报文。而且还能从网络数据报文中提取出主站设备发送给各个从站设备的控制信息和命令，并且插入与自己相关的本地工业现场设备的用户信息及采集的数据，然后在本地从站设备对以太网数据帧处理完成之后再将这个以太网数据报文传输到下一个 EtherCAT 从站设备当中并重复在上一个从站设备中的操作，当这个以太网数据报文传送到最后一个工业现场设备的 EtherCAT 从站并且完成相应的操作后，再将这个以太网数据报文按原来的路线发送回去，最后由工业现场里第一个 EtherCAT 从站设备将这个被所有从站设备操作过的网络数据报文作为响应报文发送给自动化控制系统的主站（即控制单元）。整个通信过程充分利用了以太网全双工处理网络数据的通信特点。

每个 ESC 都有 4 个数据收发端口，并且均可以接收和发送以太网数据帧。如果 ESC 的 4 个端口都有外部链接，数据帧的内部传输顺序固定为端口 0→端口 3→端口 1→端口 2→端口 0，如果某个端口没有外部链接，则此端口关闭，数据帧会自动跳过此端口传输到下一个未关闭的端口。ESC 这种 4 端口的收发机制，使得其可以构成多种物理拓扑结构，如树形、总线型和星形结构等。

8.2.3 EtherCAT 数据帧结构

EtherCAT 数据使用类型为 0x88A4 的以太网数据帧进行传输。EtherCAT 数据由数据头（两个字节）和数据区（44～1498 个字节）组成。EtherCAT 的处理主要由 ESC 内部的硬件来完成，因此，其硬件处理能力决定了数据的处理速率。

数据帧结构包括以下内容。

（1）目标地址：接收方 MAC 地址。

（2）源地址：发送方 MAC 地址。

（3）帧类型：0x88A4，EtherCAT 数据使用类型为 0x88A4 的以太网数据帧进行传输。

（4）EtherCAT 帧头：EtherCAT 帧头为 11 位数据长度。1 位保留；4 位类型，等于 1 时表示 EtherCAT 数据处于 ESC 通信中，其余保留用于子报文表示。

（5）EtherCAT 数据：数据区包含一个或多个 EtherCAT 子报文，如图 8-5 所示，每一个子报文对应一个独立的从站设备。

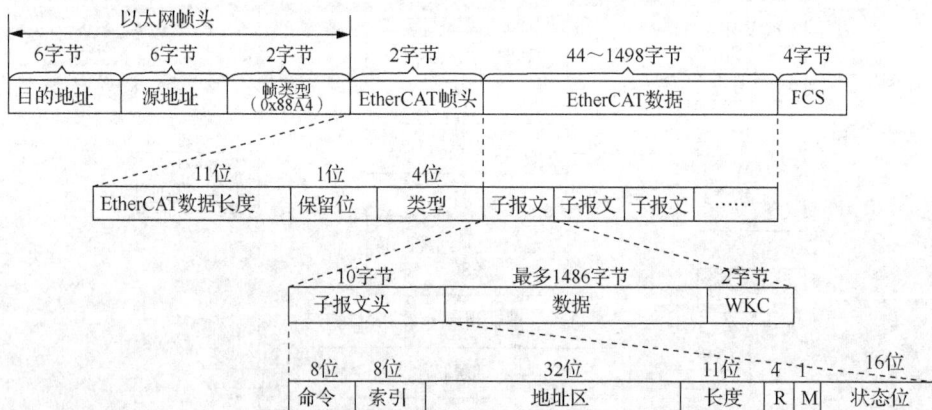

图 8-5 EtherCAT 数据帧结构

EtherCAT 子报文由子报文头、数据域和工作计数器（WKC）组成。WKC 用来记录从站操作子报文的次数，主站给每个子报文预设了 WKC。设置发送子报文的工作计数器初值为 0，从站正确处理子报文后，工作计数器的值将增加一个增量，主站把返回的子报文中的 WKC 和预设的 WKC 做比较后判断子报文是否被从站正确处理。ESC 在处理数据帧的同时处理 WKC，由通信服务的不同决定 WKC 的增加方式。

（6）帧校验序列（France Check Sequence，FCS）。

EtherCAT 无 IP，但可将其封装在 IP/UDP 中。EtherCAT UDP 适用于对实时性要求不是很严格的场合。

8.3　EtherCAT 伺服驱动器控制协议

EtherCAT 作为网络通信技术，支持 CANopen 协议中的行规 CiA 402 和 SERCOS 协议的应用层，分别称为 CoE 和 SoE。本节将介绍这两种 EtherCAT 应用层协议及对应的伺服驱动器行规。

8.3.1　CoE（CANopen over EtherCAT）

CANopen 设备和应用行规广泛应用于多种设备类别和应用，如 I/O 组件、驱动、编码器、比例阀、液压控制器，以及用于塑料或纺织行业的应用行规等。EtherCAT 可以提供与 CANopen 机制相同的通信机制，包括对象字典、过程数据对象（PDO）、服务数据对象（SDO），甚至包括网络管理。因此，在已经安装了 CANopen 的设备中，仅需稍加变动即可轻松实现 EtherCAT，绝大部分的 CANopen 固件都得以重复利用。并且，可以选择性地扩展对象，以便利用 EtherCAT 所提供的巨大带宽。

CANopen over EtherCAT（CoE）参考模型如图 8-6 所示。

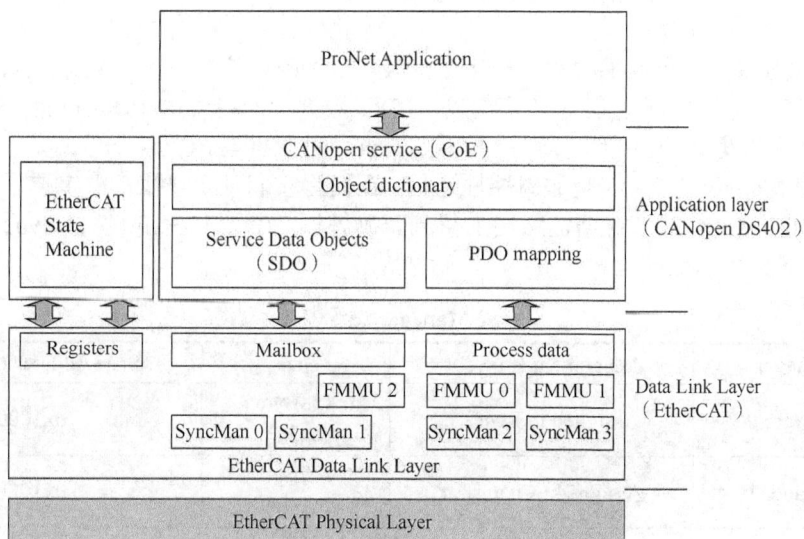

图 8-6　EtherCAT CoE 参考模型

模型解析如下。

EtherCAT CoE 网络参考模型由 3 部分组成：物理层、数据链路层和应用层。物理层参考相关硬件原理图。数据链路层主要负责 EtherCAT 通信协议。应用层嵌入了 CANopen drive Profile（DS402）通信规约。

同步管理器（Sync Manager）控制对应用存储区的访问，保证了主站和从站通信的一致性和安全性，并且通过产生中断来通知对方状态发生变化，Sync Manager 数据配置如下。

SM0：输出邮箱。

SM1：输入邮箱。

SM2：输出过程数据。

SM3：输入过程数据。

现场总线存储映射管理单元（FMMU）负责将主站分配的地址和 Slave 本身的物理地址建立映射关系（通过芯片内部地址映射的方法把主站分配的逻辑地址转换为本地的物理地址，每一个 FMMU 通道将一段连续的物理地址映射到一段连续的逻辑地址中。这样就实现了主站的逻辑寻址和实际物理地址的映射），主站在检测到所有的从站设备后，会按照连接的顺序给每一个总线上的 Slave 分配一段地址，并将这段地址下发给各个 Slave，从而建立关系。FMMU 的配置工作由主站完成，对于从站的开发来说只需要核对好设备描述文件中的地址分配就可以了。

FMMU 映射步骤如下。

（1）主站读取每一个从站的硬件配置，包括输入输出数据的长度。

（2）主站组织数据编址。

（3）主站将为每一个从站分配好的逻辑地址下发到各个从站中（配置 FMMU Configuration Register）。

（4）数据开始传输。

FMMU 数据配置如下。

FMMU0：映射到过程数据（RxPDO）接收区域。

FMMU1：映射到过程数据（TxPDO）发送区域。

FMMU2：映射到邮箱状态。

CoE 中的对象字典包括了参数、应用数据及 PDO 映射信息。过程数据对象（PDO）由对象字典中能够进行 PDO 映射的对象构成，PDO 数据中的内容由 PDO 映射来定义。PDO 数据的读取与写入是周期性持续实时的，不需要查找对象字典。

邮箱通信 Mailbox（SDO）是非周期性通信，在读写它们时要查找对象字典。为了使 SDO 与 PDO 数据能在 EtherCAT 数据链路层上得到正确解析，需要对 FMMU 与 Sync Manager 进行表 8-1 和表 8-2 所示的配置。

表 8-1   Sync Manager 设置表

Sync Manager	Assignment (Fixed)	Size	Start Address (Fixed)
Sync Manager 0	Assigned to Receive	128Byte (Fixed)	0x1000
Sync Manager 1	Assigned to Transmit	128Byte (Fixed)	0x1080
Sync Manager 2	Assigned to Receive	0 to 200Byte	0x1100
Sync Manager 3	Assigned to Transmit	0 to 200Byte	0x1D00

表 8-2   FMMU 设置表

FMMU	Settings
FMMU 0	Mapped to Receive PDO
FMMU 1	Mapped to Transmit PDO
FMMU 2	Mapped to Fill Status of Transmit Mailbox

CoE 完全遵从 CANopen 的应用层行规，CANopen 标准应用层行规主要有以下内容。

（1）CiA 401：I/O 模块行规。

（2）CiA 402：伺服和运动控制行规。

（3）CiA 403：人机接口行规。

（4）CiA 404：测量设备和闭环控制行规。

（5）CiA 406：编码器行规。

（6）CiA 408：比例液压阀等。

CiA 402 伺服和运动控制行规通用数据对象字典。

数据对象 0x6000：0x9FFF 为 CANopen 行规定义数据对象，一个从站最多控制 8 个伺服驱动器，给每个伺服驱动器分配 0x800 个数据对象。第一个伺服驱动器使用 0>6000：0x7FF 的数据字典范围，后续伺服驱动器在此基础上以 0x800 的偏移量使用数据字典。每个内部模块的数据对象号等于 0x+nx0x800，CiA 402 基本数据对象如表 8-3 所示。

表 8-3   CiA 402 基本数据对象

索引号	类　　型	含义及取值
0x6402	16bit 整型	从站控制电动机类型。 0：非标准电动机　　　　　　　　1：调相直流电动机 2：频率控制的直流电动机　　　　3：永磁同步电动机 4：变频控制同步电动机　　　　　5：开关磁阻电动机 6：交流异步绕线转子电动机　　　7：笼型交流异步电动机 8：步进电动机　　　　　　　　　9：细分步进电动机 10：正弦波永磁无刷电动机　　　　11：方波永磁无刷电动机 12：交流同步磁阻电动机　　　　　13：直流永磁电动机 14：直流串励电动机　　　　　　　15：直流并励电动机 16：直流复励电动机
0x6403	字符串	由制造商提供的电动机规格代码（Catalogue Number）
0x6404	字符串	电动机制造商名称
0x6405	字符串	电动机样本网址
0x6406	日期	电动机上次检测的日期
0x6407	16bit 整型	电动机的服务周期
0x6503	字符串	伺服驱动器规格代码（Catalogue Number）
0x6505	字符串	伺服驱动器制造商的网址

功率驱动状态机：CiA 402 定义功率驱动设备的控制状态机，只有相关操作正确完成后才能切换到新的状态。主站通过写控制字给从站以控制从站的状态，从站通过状态字来反馈自己的当前状态。控制字数据对象 0x6040 的定义如表 8-4 所示。状态字数据对象 0x6041 的定义如表 8-5 所示。其中分类也沿用了 CANopen 的定义，M 表示强制的（Mandatory），C 表示有条件的（Conditional），O 表示可选的（Optional），R 表示推荐的（Recommended）。

表 8-4　　　　　　　　　　　　　　控制字数据对象 0x6040 的定义

bit	含　义	分类	备　注
bit1	使能供电	M	0→1：使能供电，对应状态转化 3 1→0：停止供电，对应状态转化 7、9、11、12
bit2	紧急停止	C	1→0：紧急停止，支持急停状态时有效，对应状态转化 7、10
bit3	使能运行	M	0→1：使能运行，对应状态转化 4、16 1→0：停止运行，对应状态转化 5
bit4-6	运行模式相关	O	
bit7	复位错误	M	对应状态转化 15
bit8	暂停	O	—
bit9	运行模式相关	O	—
bit10	保留	O	—
bit11～15	制造商自定义	O	—

表 8-5　　　　　　　　　　　　　　状态字数据对象 0x6040 的定义

bit	含　义	分类	备　注
bit0	做好接通电源的准备	M	1：已做好接通电源的准备
bit1	电源已接通状态	M	1：电源已经接通
bit2	使能伺服运行	M	1：使能伺服运行
bit3	出错状态	M	1：已出错
bit4	电源使能状态	O	1：高能电源使能
bit5	急停状态	C	0：处于急停状态 1：不支持急停或急停功能没有运行
bit6	不可接通状态	M	0：处于不可接通的电源状态
bit7	报警	O	1：发生报警
bit8	制造商定义	O	—
bit9	远程	O	1：控制字被处理 0：控制字未被处理
bit10	目标指令到达	O	1：到达目标指令
bit11	内部限制启动	O	1：超过目标极限而不能达到目标指令值,如硬件限位开位,电流限位或过热载

续表

bit	含　义	分类	备　注
bit12	放弃目标指令	M	1：由于本地原因驱动器不能跟随目标值
bit13	运行状态定义	O	—
bit14～15	制造商定义	O	—

运行模式：伺服驱动器按照所设定的运行模式运行，设备可以实现多种运行模式。伺服驱动器的推荐运行模式如表 8-6 所示。主站通过写数据对象 0x6060 来设定运行模式，从站驱动设备用数据对象 0x6061 表示实际运行模式。0x6060 和 0x6061 的数据类型都是字节型。

表 8-6　　　　　　　　　　　　伺服驱动器的推荐运行模式

编　码	运 行 模 式	缩　写	分　类	备　注
-128～-1	制造商定义运行模式	—	—	—
0	没有分配运行模式	—	—	—
1	定位	PP（Profile Position）	O	—
2	速率	Vl（Velocity）	O	变频器控制
3	升降速率	PV（Profile Velocity）	O	—
4	扭矩	Tq（Torque）	O	—
5	保留	R（Reserved）	—	—
6	回零	Hm（Homing）	C	支持回零功能时必备
7	插补位	IP（Interpolation Position）	O	—
8	周期性同步位置	CSP（Cyclic Synchronous Position）	C	支持回零功能时必备
9	周期性同步速率	CSV（Cyclic Synchronous Velocity）	C	支持回零功能时必备
10	周期性同步扭矩	CST（Cyclic Synchronous Torque）	C	支持回零功能时必备
11～127	保留	—	—	—

数据对象 0x6062 表示驱动设备支持的运行模式，按位定义，每一位对应一种运行模式。其中周期性同步运行模式是 CoE 对 CiA 402 的扩展，在数控设备中得到广泛应用。

8.3.2　EtherCAT 伺服驱动设备行规 SoE（SERCOS over EtherCAT）

SERCOS 是用于高性能实时运行系统的通信接口协议，尤其适用于运动控制的应用场合。SERCOS 于 1995 年被批准为国际标准，用于伺服驱动和通信技术的 SERCOS™框架属于 IEC 61491 标准的范畴。该伺服驱动框架可以轻松地映射到 EtherCAT 中，嵌入驱动中的服务通道、全部参数存取及功能都基于 EtherCAT 的邮箱（参见图 8-7）。在此，关注的焦点还是 EtherCAT 与现有协议的兼容性（IDN 的存取值、属性、名称、单位等），以及与数据长度限制相关的扩展性。过程数据，即形式为 AT 和 MDT 的 SERCOS™数据，都使用 EtherCAT 从站控制器机制进行传送，其映射与 SERCOS 映射相似。并且，EtherCAT 从站的设备状态也可以非常容易地映射为 SERCOS™协议状态。EtherCAT 从站状态机可以很容易地映射到 SERCOS™协议的通信阶段。EtherCAT 为这种在 CNC 行业中广泛使用的设备行规提供了先进的实时以太网技术。这种设备行规的优点与 EtherCAT 分布时钟提供的优点相结合，保证了网络范围内精确的时钟同步。可以任意传输位置命令、速率命令或扭矩命令，这取决于实现方式，甚至可能继续使用相同的设备配置工具。

SoE 协议主要包括以下内容。

（1）EtherCAT 状态机与 SERCOS 通信阶段的对应。

（2）SoE 对 SERCOS 协议 IDN 参数的继承。

（3）SERCOS 周期性数据报文中主站数据报文（Master Data Telegram，MDT）和伺服报文（Amplifer Telegram，AT）与 EtherCAT 周期性数据帧传输的对应。

（4）取消主站同步报文（Master Sync Telegram，MST），由 EtherCAT 分布时钟实现精确同步。

（5）SERCOS 服务通道与 EtherCAT 邮箱通信的对应，实现 IDN 访问操作。

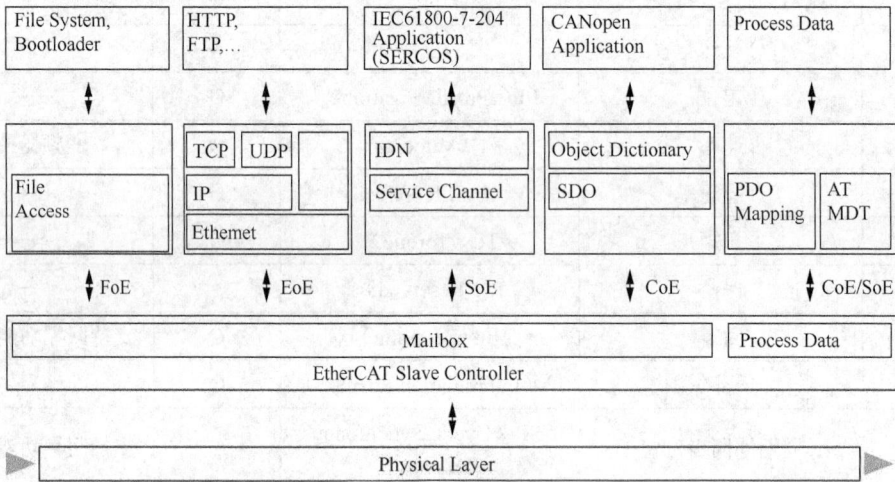

图 8-7　并存的多个设备行规和协议

8.4　EtherCAT 设备简介

本节主要介绍台达电子公司生产的 EtherCAT 设备，主要包括 EtherCAT 主站设备、EtherCAT 远程 I/O 模块、EtherCAT 伺服驱动器等。

8.4.1　EtherCAT 主站设备

EtherCAT 是一套架构在以太网上的工业通信总线，高速的通信效能与实时的通信系统，让它在追求高精度的工业自动化产业中逐渐受到重视与青睐。台达推出的 EtherCAT 解决方案，不但支持所有 EtherCAT 的主站功能，更能在 1 毫秒（1ms）的周期内实时更新 100 组从站设备，其中包含了驱动 64 轴的运动控制；在运动控制方面，也完整地提供了 35 种原点复归、点对点位置控制、转速控制、转矩控制；在多轴插补功能上，更提供了 2 组线性、3 组圆弧、平面与立体螺旋插补。此外，它还支持了 IEC 61131 Soft PLC 功能，让用户在整合各家 EtherCAT 从站设备时更加方便快捷。

开放式的 EtherCAT 总线通信系统提供了高效能、同步性能佳的自动化控制环境，适用于站数多且需具有高速、高精密度要求的机械控制系统。

PC-Based 高阶运动控制器 AX-8 系列结合 CODESYS 运动控制平台，可轻松完成复杂的运动控制程式编辑。支持 EtherCAT 通信协议，内建以太网、OPC UA、EIP、Modbus 等通信协议，自下而上地无缝衔接上位管理层，符合智能制造市场对高阶运动控制的应用需求。

AX-8 系列运动控制器特点如下。

① 采用 Intel x86 高效能 CPU，无风扇散热设计，体积小，节省机台空间。

② 内置 EtherCAT、Modbus、OPC UA 通信协议。

③ 内附 PAC 低电压侦测及自动覆写功能。

④ 提供各 8 点的高速数字输入及输出及一个 Encoder 输入串口。

⑤ 支持同步运动周期 64 轴/1 ms。

⑥ 符合国际 IEC 61131 规范的 CODESYS 开发软件。

⑦ 集成开发环境：支持参数配置器、编译器及调适器，支持 PLCOpen 标准运动控制语言，并能在同一平台进行配置。

⑧ 支持 IEC 61131-3 国际标准编程语言：支持功能块（FBD）、梯形图（LD）、结构化文本（ST）、顺序功能图（SFC）。

AX-8 系列运动控制器的应用领域主要有工业机器人应用、木工行业设备、印刷设备、包装设备、电子电工等。

AX-864E 运动控制器的外观及功能介绍如图 8-8 所示。

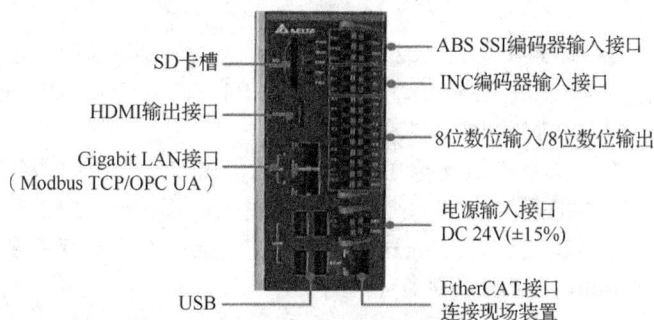

图 8-8　AX-864E 运动控制器的外观及功能介绍

AX-864E 运动控制器的外观尺寸（单位：mm）如图 8-9 所示。

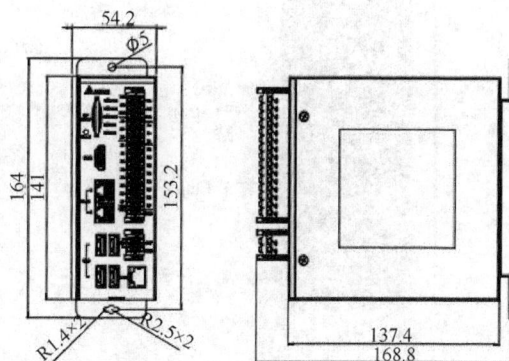

图 8-9　AX-864E 运动控制器的外观尺寸

AX-864E 主机采用无风扇与低功耗电源设计，结构上为无排线设计，稳定性佳，机体精细小巧，符合设备节省空间的要求；内置 CODESYS 标准 EtherCAT 通信总线，配备 USB 端口、串行通信端口、Gbit/s 标准以太网端口、SSD 储存装置、高速 I/O 等，符合多数应用需求；支持 EtherCAT 伺服、模块。

AX-864E 主机 EtherCAT 连接口示意图如图 8-10 所示。

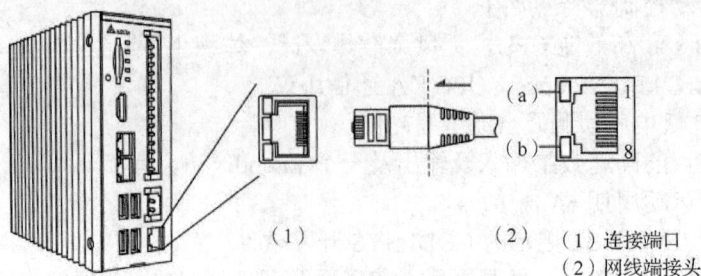

（1）连接端口
（2）网线端接头

图 8-10　AX-864E 主机 EtherCAT 连接口示意图

作为台达与 CODESYS 合作的首款运动控制器，AX-8 系列除了可以使用台达自身的 DIAdesigner+软件编程，还可以使用 CODESYS 集成开发软件，提供了既成熟又便利的开发环境。AX-8 系列能快速实现速度、位置、扭矩、原点回归等相关控制功能，以及电子凸轮、电子齿轮、多轴插补、机器人、CNC 等众多功能应用。

8.4.2　EtherCAT 远程 I/O 模块

远程 I/O 是为了解决远距离信号传递问题而发展起来的 I/O 系统，适用于距离远、对数据可靠性要求较高的领域。EtherCAT 远程 I/O 模块 R1-EC（AX-864E 适用）是耐用精巧的 E-bus 从站模块，适用于高精度和高需求的产业应用。

R1-EC 系列手动输入扩充模组支持 EtherCAT 通信协议，可连接数字输入输出、模拟输入输出与脉冲输入输出等扩展模块成为高性能分散式 I/O 系统，搭配 E-bus 电源模组连接 EtherCAT 从站模块与 100 BASE-TX EtherCAT 网络能在 1ms 内即时获取多组从站模组负载状态。电源模块 R1-EC5500D0 的结构如图 8-11 所示。

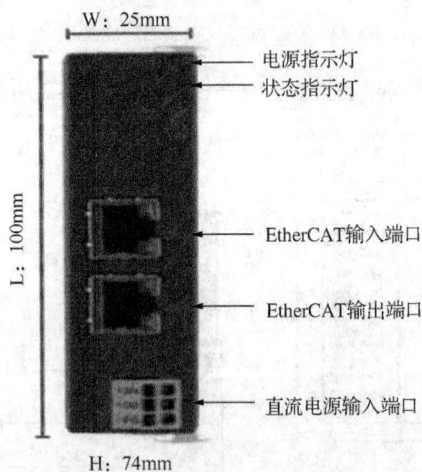

W：25mm
电源指示灯
状态指示灯
L：100mm
EtherCAT输入端口
EtherCAT输出端口
直流电源输入端口
H：74mm

图 8-11　电源模块 R1-EC5500D0 的结构

资料传输介质采用 Ethernet / EtherCAT CAT 5 屏蔽型电缆，站与站之间的距离最大为 100 m（100 BASE-TX），资料传输速率为 100 Mbaud，使用 24V 直流电源。

数字输入模块 R1-EC6002D0 / R1-EC6022D0 的结构如图 8-12 所示。

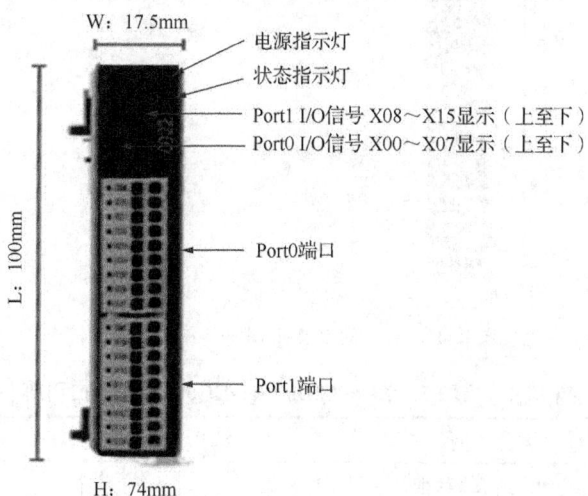

图 8-12　数字输入模块 R1-EC6002D0 / R1-EC6022D0 的结构

R1-EC6002D0 / R1-EC6022D0 的 Port 0 和 Port 1 端口引脚含义如表 8-7 所示。数字输入模块有 16 点 Sink/Source 数字输入。

表 8-7　　　　　　　数字输入模块 **R1-EC6002D0 / R1-EC6022D0** 端口引脚

标　示	运　行	标　示	运　行
CM0	Port 0 共享点	CM1	Port 1 共享点
X00	数字信号输入 0	X08	数字信号输入 8
X01	数字信号输入 1	X09	数字信号输入 9
X02	数字信号输入 2	X10	数字信号输入 10
X03	数字信号输入 3	X11	数字信号输入 11
X04	数字信号输入 4	X12	数字信号输入 12
X05	数字信号输入 5	X13	数字信号输入 13
X06	数字信号输入 6	X14	数字信号输入 14
X07	数字信号输入 7	X15	数字信号输入 15

数字输出模块 R1-EC7062D0 / R1-EC70E2D0 / R1-EC70A2D0 / R1-EC70F2D0 的结构如图 8-13 所示。

数字输出模块 R1-EC7062D0 / R1-EC70E2D0 / R1-EC70A2D0 / R1-EC70F2D0 的 Port 0 和 Port 1 端口引脚含义如表 8-8 所示。R1-EC 系列的数字输出模块的输出电流 Sink 型模块每点 0.5 A，Source 型模块每点 0.25 A。

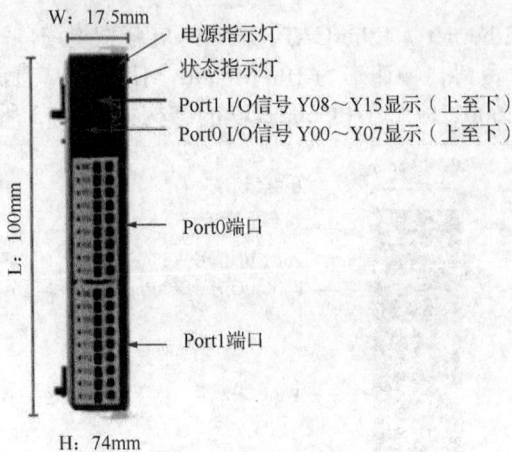

图 8-13　数字输出模块 R1-EC 系列的结构

表 8-8　　　　　　　　数字输入模块 **R1-EC6002D0 / R1-EC6022D0** 端口引脚

标　示	运　行	标　示	运　行
GND*	Port 0 电源接地	GND	Port 1 电源接地
24V**	Port 0 电源 24V 输入		
Y00	数字信号输入 0	Y08	数字信号输入 8
Y01	数字信号输入 1	Y09	数字信号输入 9
Y02	数字信号输入 2	Y10	数字信号输入 10
Y03	数字信号输入 3	Y11	数字信号输入 11
Y04	数字信号输入 4	Y12	数字信号输入 12
Y05	数字信号输入 5	Y13	数字信号输入 13
Y06	数字信号输入 6	Y14	数字信号输入 14
Y07	数字信号输入 7	Y15	数字信号输入 15

模拟输入模块 R1-EC8124D0 的结构如图 8-14 所示。

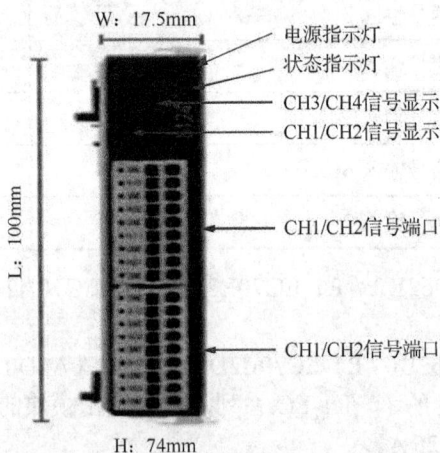

图 8-14　模拟输入模块 R1-EC8124D0 的结构

模拟输入模块 R1-EC8124D0 端口引脚含义如表 8-9 所示。

表 8-9　　　　　　　　　　模拟输入模块 **R1-EC8124D0** 端口引脚

标　示	运　行	标　示	运　行
GND	共享接地	GND	共享接地
AI0	CH1 电压/电流输入	AI2	CH3 电压/电流输入
GND	共享接地	GND	共享接地
AG0	CH1 电流共点*	X10	CH3 电流共点*
GND	共享接地	GND	共享接地
AI1	CH2 电压/电流输入	X12	CH4 电压/电流输入
GND	共享接地	GND	共享接地
AG1	CH2 电流共点*	X14	CH4 电流共点*
GND	共享接地	GND	共享接地

模拟输出模块 R1-EC9144D0 的结构如图 8-15 所示。

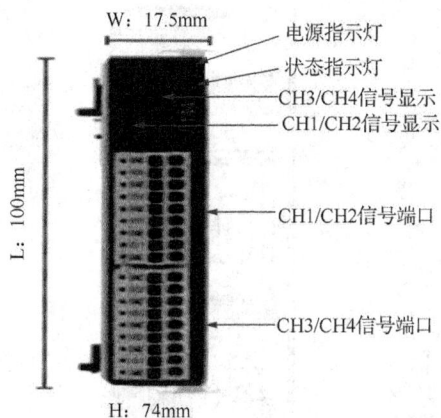

图 8-15　模拟输出模块 R1-EC9144D0 的结构

模拟输入模块 R1-EC8124D0 端口引脚含义如表 8-10 所示。

表 8-10　　　　　　　　　　模拟输出模块 **R1-EC9144D0** 端口引脚

标　示	叙　述	标　示	叙　述
GND	共享接地	GND	共享接地
VO0	CH1 电压输出	AI2	CH3 电压输出
GND	共享接地	GND	共享接地
IO0	CH1 电流输出	X10	CH3 电流输出
GND	共享接地	GND	共享接地
VO1	CH2 电压输出	X12	CH4 电压输出
GND	共享接地	GND	共享接地
IO1	CH2 电流输出	X14	CH4 电流输出
GND	共享接地	GND	共享接地

ADC 模块有 4 通道 16-bit A／D 输入，DAC 模块有 4 通道 16-bit D／A 输出。

8.4.3 EtherCAT 伺服驱动器

针对现今工控市场对于运动控制的高性能标准要求，满足设备开发商和系统整合商对于精准定位控制的需求，台达推出了 ASDA-A2 系列伺服驱动产品。该产品内置运动控制模式，支持多种轴控操作，取代中型 PLC 的 Motion 功能；内含电子凸轮功能（CAM Function），方便机台的行程规划；ASDA-A2 系列符合新型的伺服产品发展，速率循环的响应频率为 1kHz，搭配 20-bit 分辨率编码器，提供精准定位及平顺控制功能。

ASDA-A2-E 型伺服驱动器是台达 EtherCAT 网络通信型伺服驱动器，兼具 ASDA-A2 系列的性能特点，并符合 IEC 61158 和 IEC 61800-7 现场总线标准，以及支持 CiA 402 规格中所有 CoE 模式和各项命令模式；内置安全扭矩停止功能 STO（Safe Torque Off），确保电机在无扭矩能量产生时不会继续运转，防止意外发生；提供扩展 DI 端口增加应用灵活度，电机功率范围包括 400V 机种（400W～1500W）及 220V 机种（50W～1500W）。ASDA-A2-E 系列驱动器是多轴高速同步应用的"利器"。

台达 ASDA-A2-E 系列伺服驱动器的结构如图 8-16 所示。

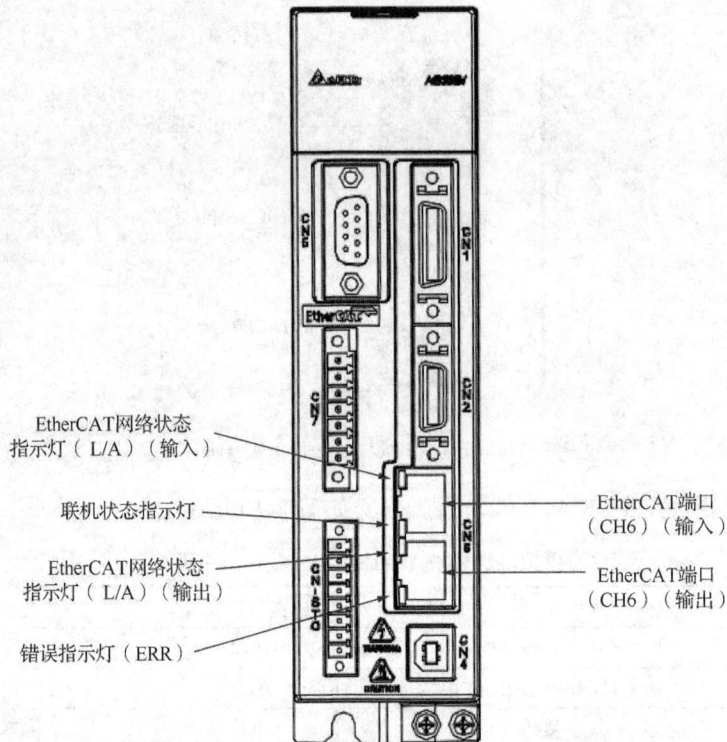

EtherCAT网络状态指示灯（L/A）（输入）
联机状态指示灯
EtherCAT网络状态指示灯（L/A）（输出）
错误指示灯（ERR）
EtherCAT端口（CH6）（输入）
EtherCAT端口（CH6）（输出）

图 8-16 台达 ASDA-A2-E 系列伺服驱动器的结构

ASDA-A2-E 系列伺服驱动器的产品特色如下。

① 精准定位：ECMA 伺服电机搭配高精度 20-bit 等级编码器，提升定位精度与低速运转稳定度。支持绝对型编码器（17-bit），电机位置不因断电而遗失。

② 优异的高速反应性能：速度循环的响应频率为 1 kHz。命令整定时间在 1 ms 内。加速度方面，由−3000 r/min 加速至 3000 r/min 只需 7ms。

③ 卓越的高低频抑振能力：内置自动低频摆振抑制（悬臂梁晃动抑制），提供两组 Vibration Suppression Filter，可抑制长摆臂机构末端摆振现象。内置自动高频共振抑制，提供两组自动 Notch Filter 与一组手动 Notch Filter，能够有效抑制机械结构的共振现象。

④全闭环控制：降低机械传动背隙与挠性的影响，并确保机械终端定位精度。

⑤ 内置电子凸轮（E-CAM）功能：凸轮轮廓可达 720 点。曲线任意两点间可完成自动平滑插捕设置，确保机械运动平顺。ASDA-Soft 提供电子凸轮（E-CAM）编辑功能，可用于飞剪、追剪或其他需要主从控制的场合，如图 8-17 所示。

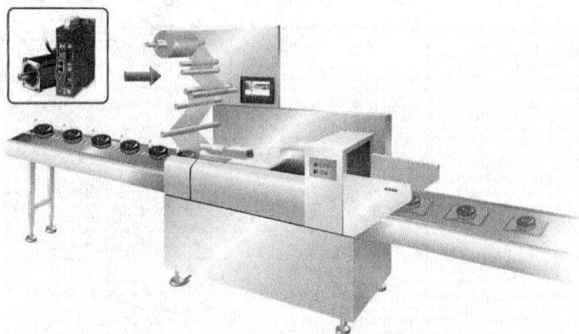

图 8-17　ASDA-A2-E-CAM 功能应用于包装机

⑥ 高灵活性的内部位置编程模式：ASDA-Soft 提供内部参数编辑功能，方便规划路径行程。PR 模式提供 64 点，可规划多点连续运动。可中途改变终点位置、各区间速率与加减速命令。提供原点复归模式 35 种、程式跳跃模式、参数写入模式、速率模式、位置模式等五大模式。支持位置的绝对命令、相对命令、增量命令、高速抓取相对命令等。

⑦ 提供即时性的位置记录与位置比较功能：可撷取运动轴的瞬时位置坐标，响应时间 5μs，运动轴位置到达预设坐标，瞬时输出脉冲响应时间 5μs。可应用于动态色标追随、CCD 连续触发等场合。可记录位置高达 800 笔。

⑧ 支持 CANopen、DMCNET、EtherCAT 多种高速总线，实现多轴同步控制，EtherCAT 通信模型如图 8-18 所示。

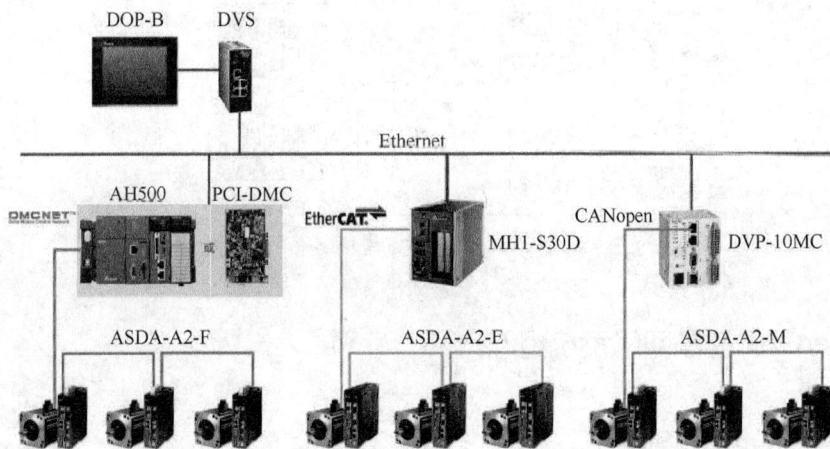

图 8-18　ASDA-A2-E 型伺服驱动器 EtherCAT 通信模型

ASDA-A2-E 系列伺服驱动器 EtherCAT 通信模式标准接线如图 8-19 所示。

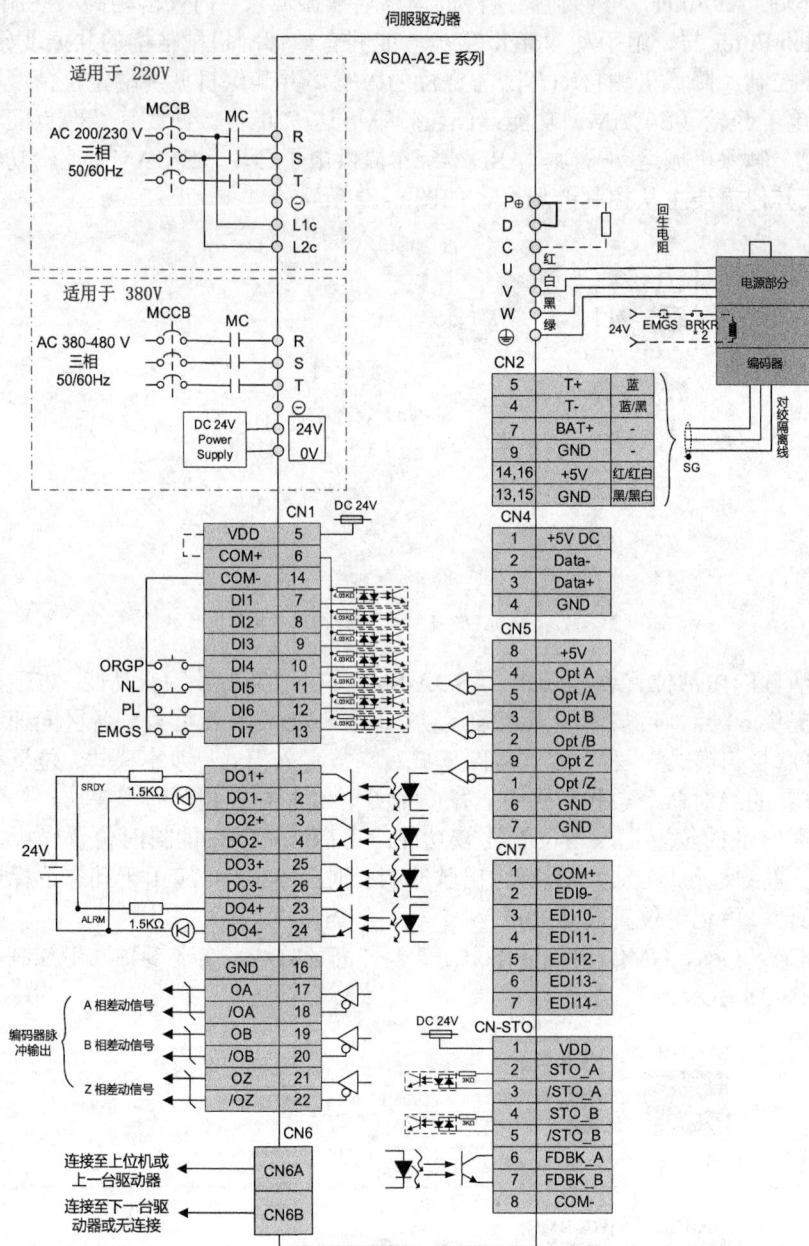

图 8-19 ASDA-A2-E 系列伺服驱动器 EtherCAT 通信模式标准接线

8.5 EtherCAT 控制网络系统组态

8.5.1 CODESYS 介绍

CODESYS 是 PLC 的完整开发环境（CODESYS 是 Controlled Development

EtherCAT 控制
网络系统组态

System 的缩写），在 PLC 程序员编程时，CODESYS 为强大的 IEC 语言提供了一个简单的方法，系统的编辑器和调试器的功能建立在高级编程语言的基础上。

CODESYS 还可以编辑显示器界面（Visualization），并且具有很多的控制模块（Motion），可以放置图片等，典型的用户有 ifm 等。

CODESYS 在功能上实现了构建一个工程、测试工程、调试、附加联机等。

台达和 CODESYS 集团合作，开发出了以 CODESYS 平台为基础的全新运动控制解决方案。CODESYS 平台是一个符合 IEC 61131-3 标准且容易上手的整合平台。此平台丰富的运动控制功能可以支持多样化的应用，并方便落实到现有设备。台达 CODESYS 运动控制方案整合 PLC、HMI 和运动控制器的控制功能，并将其运用在不同的新产品中，包括 PC-Based 运动控制器 AX-864E 系列和 PLC-Based 运动控制器 AX-308E 系列。此方案通过 EtherCAT 运动总线，可同步控制台达交流伺服驱动器 ASDA-A3-E、ASDA-B3-E、ASDA-A2-E 等系列，精巧标准型矢量控制变频器 MS300/MH300 系列，泛用型矢量控制变频器 C2000 Plus 系列，远端模块 R1-EC 系列和 DVP EtherCAT 远端 I/O 模块。完善、整合性高的台达 CODESYS 运动控制方案可满足多样的应用需求。

CODESYS 标准软件可以在中达电通官方网站免费下载，安装和使用 CODESYS 标准软件的基本操作步骤如下所述。

在台达下载中心下载软件安装包后打开 CODESYS 标准软件，选择"工具"≥"包管理器"命令，如图 8-20 所示。

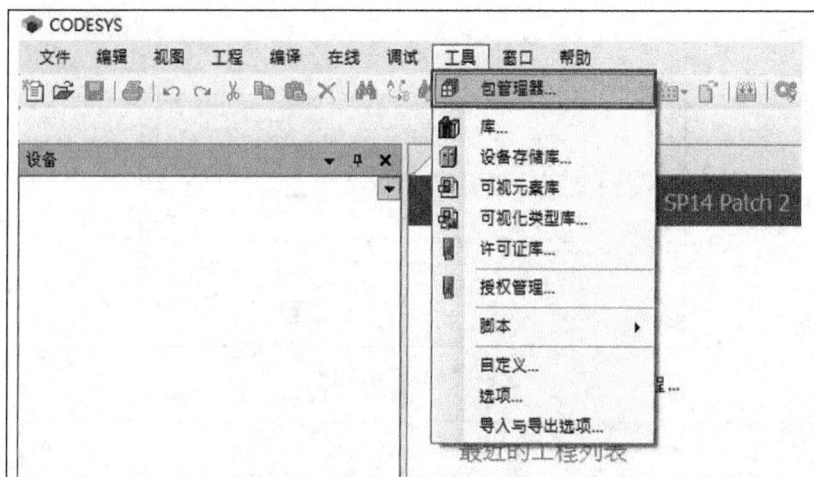

图 8-20　CODESYS 标准软件

选择 AX-8xxEP0 Series_1.0.0.0 进行安装，安装模式为 Typical setup，如图 8-21 所示。

安装完 AX-8 系列包后，参照以下步骤建立专案并进行参数配置：打开软件后新建工程，选择"标准工程"模板，如图 8-22 所示，选择 PLC_PRG 语言。

接下来进行通信设定，在设备树上进行通信参数、DIO、Pulse_Encoder 参数的设定，如图 8-23 所示。

之后打开对应的参数设置对话框，设定 RTE 及 PLC 启动时应用程式运行状态、串列通信模式、X0～X7 的输入滤波时间、I/O Mapping、Pulse Encoder 的输入类型及方向和信号反向。

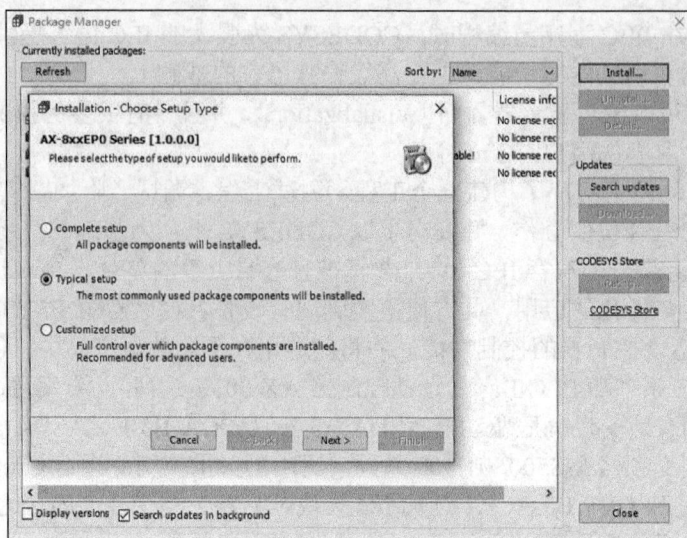

图 8-21　CODESYS 标准软件 AX-8 系列包的安装

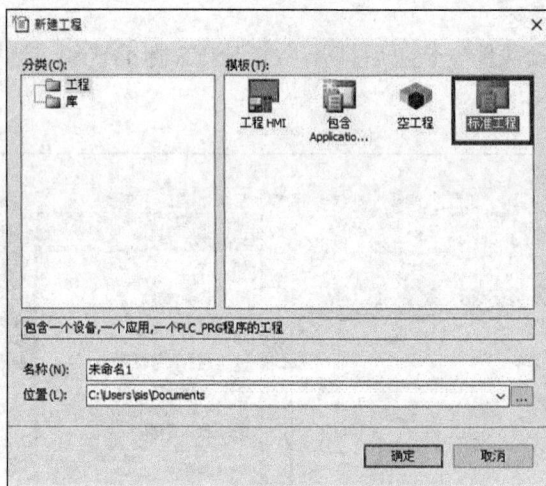

图 8-22　建立标准工程

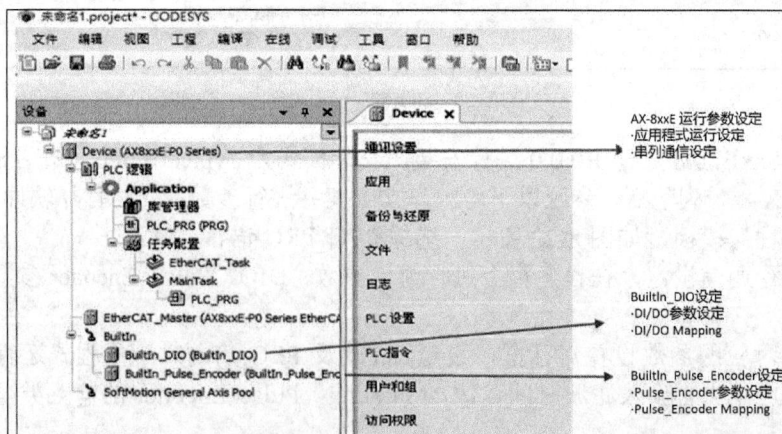

图 8-23　参数设定

人机交互界面设计步骤：打开 DAIScreen，选择"开新档案"，设备型号选择"AX-8xxE"，进入人机交互界面设计窗口。在人机交互界面项目树中单击"Codesys"按钮，进入编辑页面，单击"汇入"按钮选择 Codesys 软件编译生成的 XML 参数文档。XML 参数文档汇入后，变量 symbols 会显示于 DIAScreen 的 Codesys 页面上，即可与人机交互元件或是其他功能设定连接。Codesys 参数如图 8-24 所示。

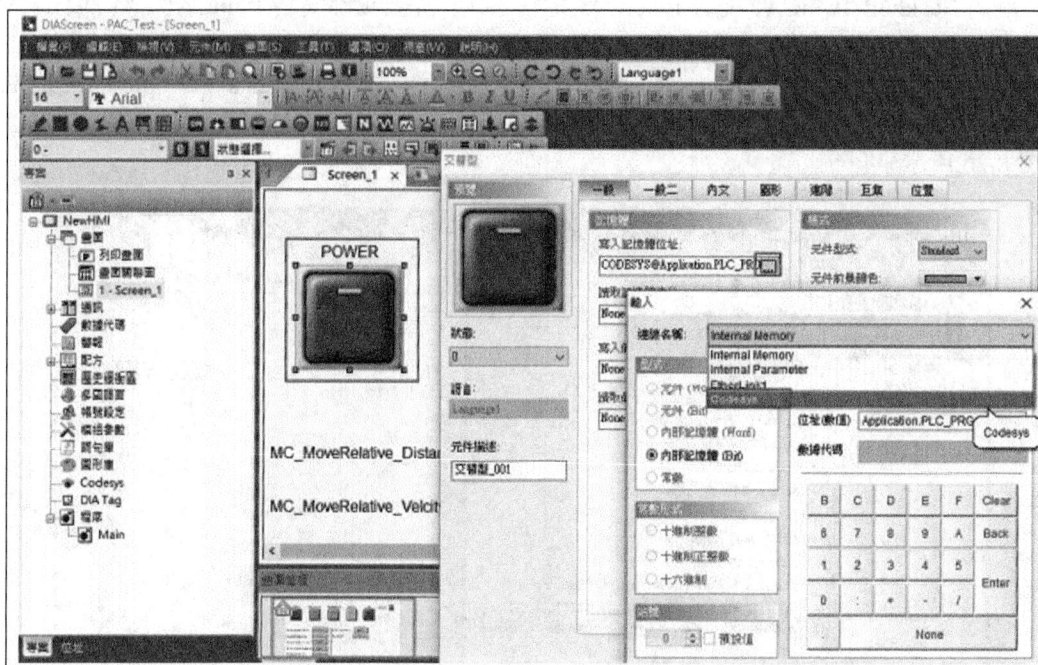

图 8-24　连接 Codesys 参数

选择 CODESYS 参数，配置完成后单击下载图标进行下载，弹出下载界面后选择要下载的人机进行下载，下载完成后显示的监控画面如图 8-25 所示。

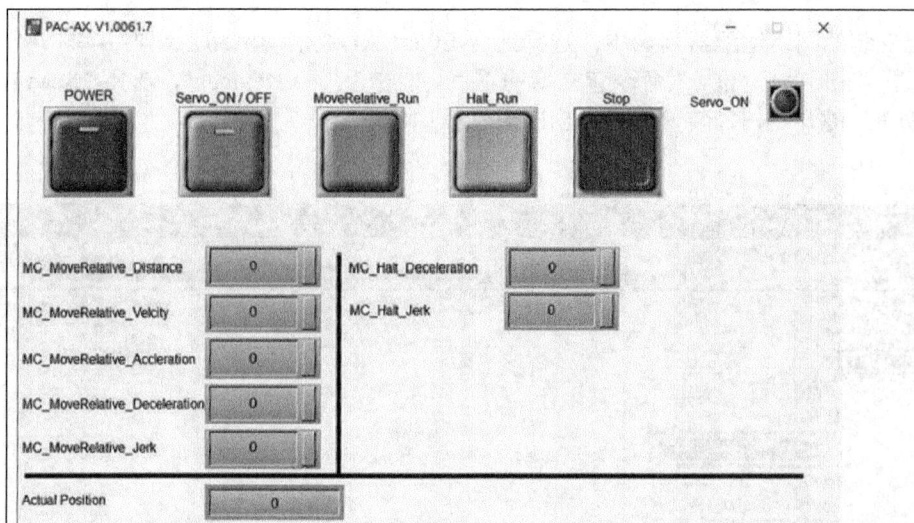

图 8-25　监控画面

8.5.2 EtherCAT 控制网络应用案例

下面以一个应用案例来说明 EtherCAT 控制网络的应用。

功能要求：组建 EtherCAT 控制网络实现控制 ASDA-A2-E 系列伺服电机进行正转或反转，在正反转的情况下通过寸动按钮提供两种不同的速度层级。

利用 Beckhoff TwinCAT 配置 EtherCAT 通信系统。先要正确安装 TwinCAT。将 Delta XML 语法复制到 TwinCAT 的安装文件夹（路径通常为 C:\TwinCAT\Io\EtherCAT）。重新启动 TwinCAT 后使用 TwinCAT System Manager 开始配置程序。选择"Options"→"Show Real Time Ethernet Compatible Devices"命令，完成网络适配器（NIC）的安装以执行 EtherCAT 通信，如图 8-26 所示。

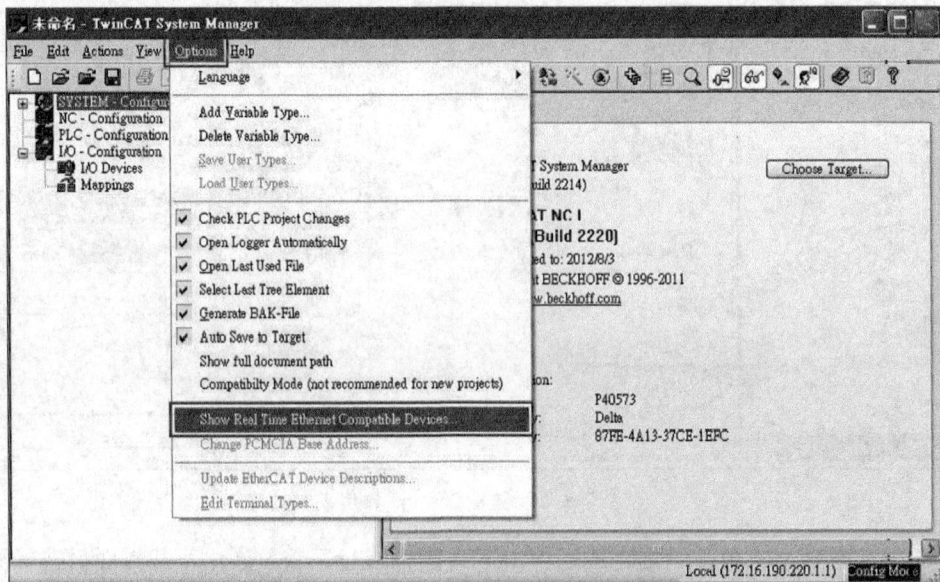

图 8-26　执行 EtherCAT 通信

从已安装的网络适配器列表中，选择适合 EtherCAT 通信的网络适配器并单击"Install"按钮。选择"File"→"new"命令建立新的项目。右击"I/O Devices"，选择"Scan Devices"命令或按 F5 键开始扫描装置。在弹出的对话框中单击"确定"按钮，并进行下一个步骤，如图 8-27 所示。

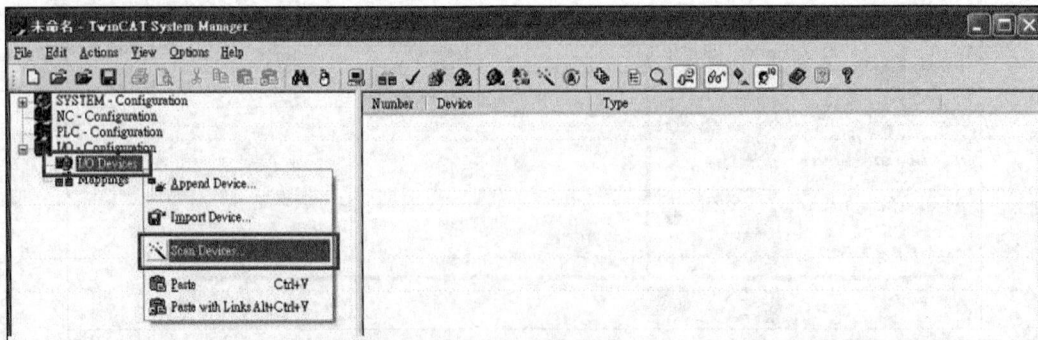

图 8-27　新建项目

选择 Device [n]（EtherCAT）]，如图 8-28 所示。

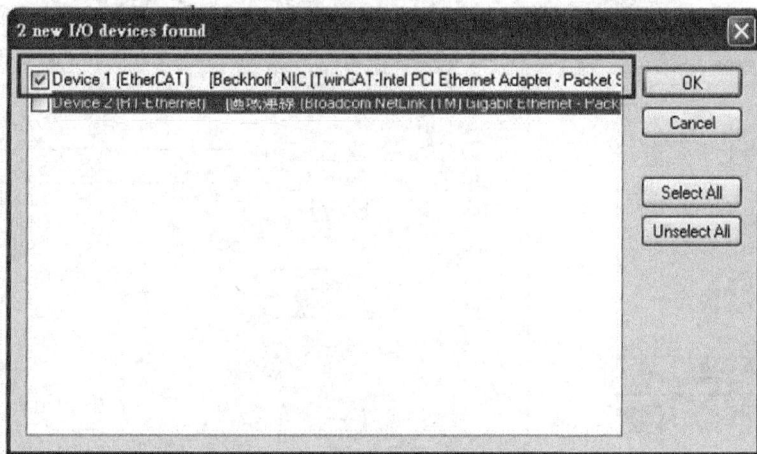

图 8-28　EtherCAT 设备侦测

单击"OK"按钮启动 EtherCAT 设备侦测，将驱动器加入 NC-Configuration，当出现"Activate Free Run"对话框时单击"No"按钮，TwinCAT 将会切换至 Config Mode。此时左侧面板中会显示 EtherCAT 装置"Device 3（EtherCAT）"和 ASDA A2-E 驱动器"Drive 1（ASDA-A2-E CoE Drive）"等项目，如图 8-29 所示。

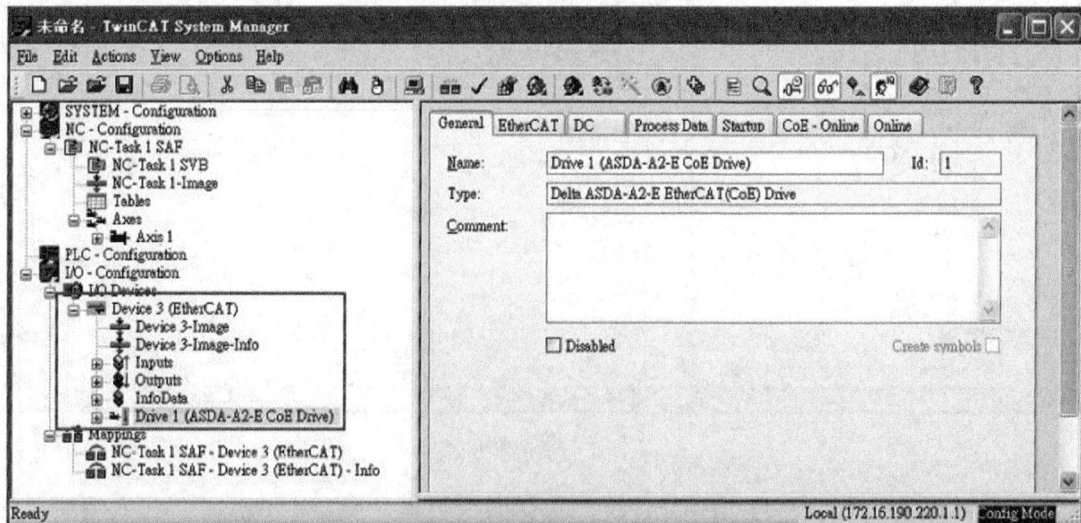

图 8-29　参数配置界面

选择"Drive 1（ASDA-A2-E CoE Drive）"后，在"Online"选项卡中确认装置的 EtherCAT 状态机（ESM）是否处于 PREOP 的状态，如图 8-30 所示。

双击"Drive 1（ASDA-A2-E CoE Drive）"，画面会显示：2nd TxPDO –CoE Tx PDO mapping 3rd RxPDO –CoE Rx PDO mapping WcState InfoData。

设定通信周期（默认值为 2 ms），在左侧面板中选择"NC-Task 1 SAF"，并于右侧面板中的 Cycle ticks 字段处设定通信周期（最小值为 1 ms），如图 8-31 所示。需要注意通信周期、SYNC0 周期与 PDO 周期的设定值必须一致。

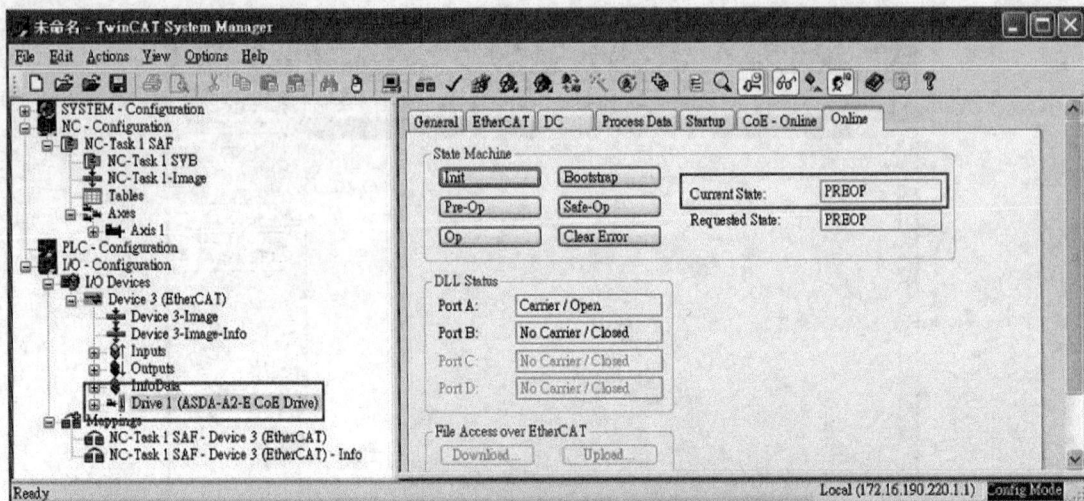

图 8-30　EtherCAT 状态机

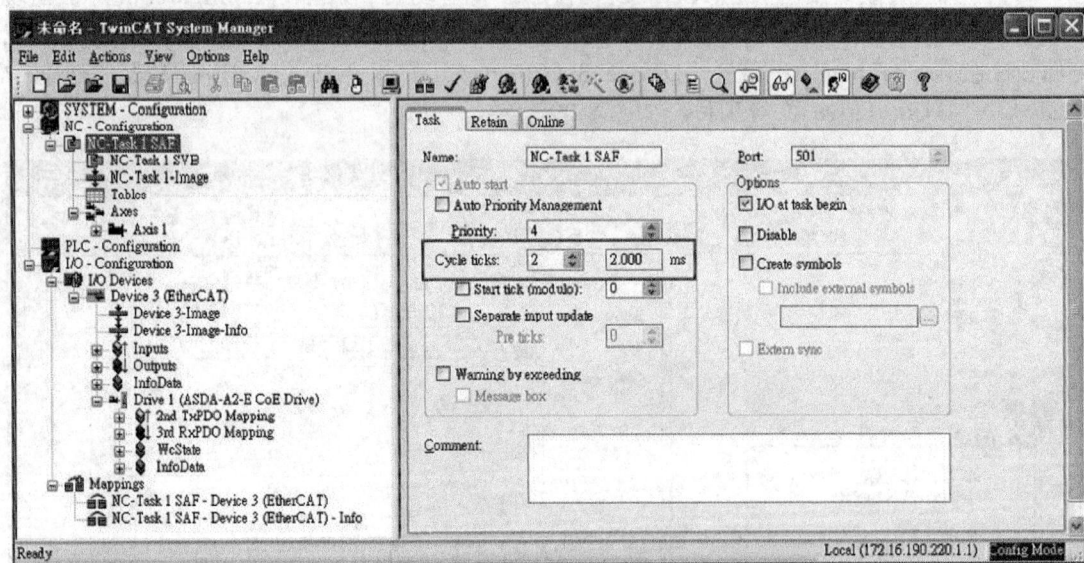

图 8-31　通信周期设定

将跟随误差计算设定为"Extern"。在左侧面板选择"Axis 1_Drive"，在右侧面板的 Parameter 字段中将"Following Error Calculation"设定为"Extern"，单击"Download"按钮，如图 8-32 所示。在弹出的对话框中单击"OK"按钮。

接下来单击产生映射（Mappings）按钮后确认配置，然后再启用配置，TwinCAT 将会切换至 Run Mode。之后将电动机设置成伺服开启模式。设置方法为：在左侧面板的"NC-Configuration"下选择"Axis 1"，在右侧面板的"Online"选项卡中选择"Set"，如图 8-33 所示。在弹出的对话框中单击"All"按钮以启动电机。

确认伺服系统的运作不会使系统受损或危及人员安全后，在"Online"选项卡内利用图 8-34 所示的按钮来测试系统。

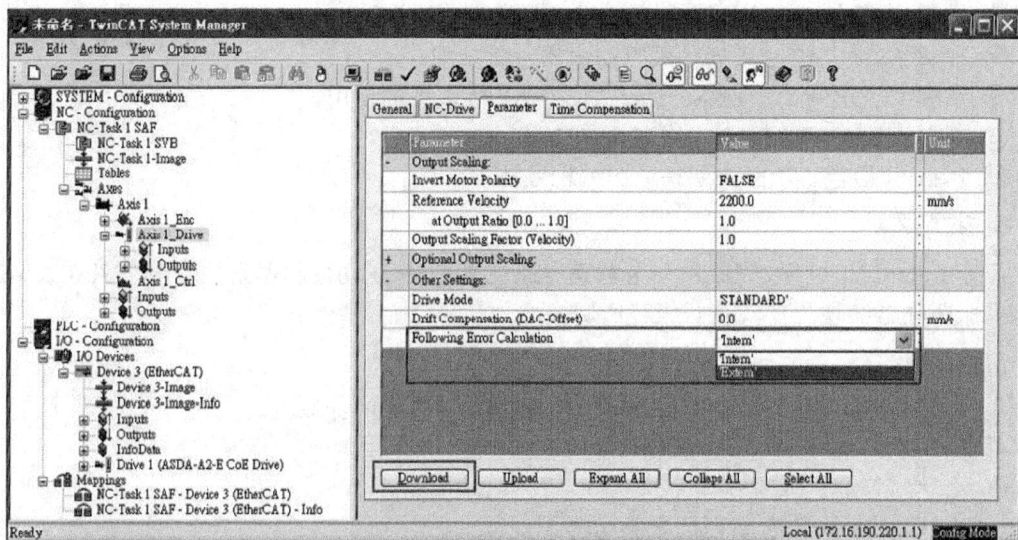

图 8-32　跟随误差计算设定

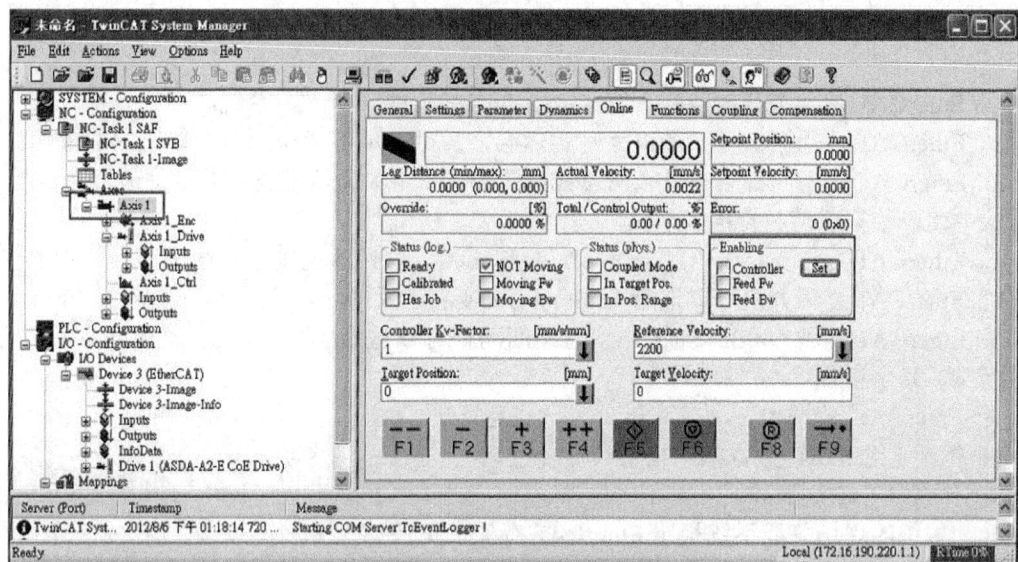

图 8-33　伺服开启模式设置

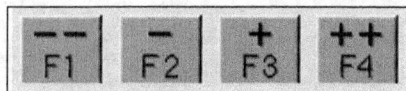

图 8-34　按钮

实验 7　EtherCAT 控制网络系统设计

1. 实验目的

① 了解 EtherCAT 控制网络的构架、工作原理。

② 理解 AX-8E 系列主站的主要功能。

③ 理解 ASDA-A2-E 系列伺服驱动器的主要功能。

④ 掌握 CODESYS、DAIScreen、TwinCAT 等软件的使用。

⑤ 掌握 EtherCAT 网络的主从站配置方法。

⑥ 掌握 St 语言、功能块或梯形图编程方法。

2. 控制要求

组建 EtherCAT 网络，完成由一个触摸屏通过 AX-8E 运动控制器来控制一个 ASDA-A2-E 系列伺服驱动器实现正反转及两级转速切换。

3. 实验设备

① 安装有 CODESYS、DAIScreen、TwinCAT 等软件的计算机。

② 台达 AX-8E 系列运动控制器。

③ 台达触摸屏。

④ 台达 ASDA-A2-E 系列伺服驱动器。

⑤ EtherCAT 线缆、导线等。

习题

1. EtherCAT 是一个开放架构，以（   ）为基础的（   ）系统。

2. EtherCAT 使用（   ）的以太网实体层，从站可能有两个或两个以上的通信埠。

3. EtherCAT 作为一种工业以太网总线，使用（   ）通信模式，主站发送报文给从站，从站从中读取数据或将数据插入从站。

4. EtherCAT 可以支持（   ）、（   ）和（   ）设备连接拓扑结构。

5. EtherCAT 物理介质可以选用 100Base-TX 标准以太网（   ）或（   ）。

6. EtherCAT 使用 100Base-TX 电缆时站间间距可以达到（   ）m。整个网络最多可以连接（   ）个设备。

7. EtherCAT 数据由（   ）和（   ）组成。

8. 简述 EtherCAT 数据帧结构组成及功能。

9. 什么是 SoE？

10. 传统的现场总线系统相比 EtherCAT 有什么优势？

	高4位	0000	0001	0010	0011	0100	0101	0110	0111
低4位		0	1	2	3	4	5	6	7
0000	0	NUL	DEL	SP	0	@	P	`	p
0001	1	SOH	DC1	!	1	A	Q	a	q
0010	2	STX	DC2	"	2	B	R	b	r
0011	3	ETX	DC3	#	3	C	S	c	s
0100	4	EOT	DC4	$	4	D	T	d	t
0101	5	ENQ	NAK	%	5	E	U	e	u
0110	6	ACK	SYN	&	6	F	V	f	v
0111	7	BEL	ETB	'	7	G	W	g	w
1000	8	BS	CAN	(	8	H	X	h	x
1001	9	HT	EM	)	9	I	Y	i	y
1010	A	LF	SUB	*	:	J	Z	j	z
1011	B	VT	ESC	+	;	K	[	k	{
1100	C	FF	FS	,	<	L	\	l		
1101	D	CR	GS	-	=	M	]	m	}
1110	E	SO	RS	.	>	N	^	n	~
1111	F	SI	US	/	?	O	—	o	DEL

```
        ORG 0000H              ;CAN 发送节点程序
        LJMP START
        ORG 0100H
START:MOV P1,#0FFH             ;P1 口设置为输入口
        LCALL CANI             ;调用 CAN 初始化子程序
        MOV A,P1               ;读取 P1 口开关状态
        MOV 40H,A              ;送发送缓冲寄存器
        LCALL CAN_TX           ;调用 CAN 发送子程序
        SJMP $                 ;死循环
CANI:MOV DPTR,#7F00H           ;数据指针指向控制寄存器 CR
        MOV A,#01H
        MOVX @DPTR,A           ;SJA1000 复位模式
        MOV DPTR,#7F04H        ;数据指针指向验收代码寄存器 ACR
        MOV A,#01H
        MOVX @DPTR,A           ;ACR 设置为 01H
        MOV DPTR,#7F05H        ;数据指针指向验收屏蔽寄存器 AMR
        MOV A,#00H
        MOVX @DPTR,A           ;AMR 设置为 00H
        MOV DPTR,#7F06H        ;数据指针指向总线定时寄存器 BTR0
        MOV A,#04H
        MOVX @DPTR,A           ;BTR0 设置为 04H
        MOV DPTR,#7F07H        ;数据指针指向总线定时寄存器 BTR1
        MOV A,#14H
        MOVX @DPTR,A           ;BTR1 设置为 14H
        MOV DPTR,#7F08H        ;数据指针指向输出控制寄存器 OCR
        MOV A,#0FAH
        MOVX @DPTR,A           ;OCR 设置为 0FAH
        MOV DPTR,#7F1FH        ;数据指针指向时钟分频寄存器 CDR
        MOV A,#00H
        MOVX @DPTR,A           ;CDR 设置为 00H
```

```
        MOV DPTR,#7F00H      ;数据指针指向控制寄存器 CR
        MOV A,#00H
        MOVX @DPTR,A         ;SJA1000 工作模式
        RET

CAN_TX:MOV DPTR,#7F02H       ;数据指针指向状态寄存器 SR
        MOVX A,@DPTR
        JNB ACC.2,CAN_TX     ;判断是否允许发送
        MOV DPTR,#7F0AH      ;数据指针指向发送缓冲器
        MOV A,#02H
        MOVX @DPTR,A         ;报文 ID 设置为 02H
        MOV A,#01H
        INC DPTR
        MOVX @DPTR,A         ;DLC 设置为 01H
        MOV A,40H
        INC DPTR
        MOVX @DPTR,A         ;将发送缓冲寄存器中的开关状态数据写入发送缓冲器
        MOV DPTR,#7F01H      ;数据指针指向命令寄存器 CMR
        MOV A,#01H
        MOVX @DPTR,A         ;发送请求
        RET
        END

        ORG 0000H            ;CAN 接收节点程序
        LJMP START
        ORG 0100H
START:
        LCALL CANI           ;调用 CAN 初始化子程序
        LCALL CAN_RX         ;调用 CAN 接收子程序
        MOV A,50H
        MOV P1,A             ;将接收数据送 P1 口 LED 显示
        SJMP $

CANI:MOV DPTR,#7F00H         ;与发送节点 CAN 初始化子程序基本相同
        ...
        MOV DPTR,#7F04H
        MOV A,#02H
        MOVX @DPTR,A         ;ACR 设置为 02H
        ...
        RET

CAN_RX:MOV DPTR,#7F02H       ;数据指针指向状态寄存器 SR
```

```
        MOVX A,@DPTR
        JNB ACC.0,CAN_RX        ;判断是否有数据接收
        MOV DPTR,#7F14H         ;数据指针指向接收缓冲器
        INC DPTR
        INC DPTR
        MOVX A,@DPTR
        MOV 50H,A               ;接收数据送接收缓冲寄存器
        MOV DPTR,#7F01H         ;数据指针指向命令寄存器 CMR
        MOV A,#04H
        MOVX @DPTR,A            ;释放接收缓冲器
        RET
        END
```

参 考 文 献

[1] 马立新, 陆国君. 开放式控制系统编程技术: 基于 IEC 61131-3 国际标准 CodeSYS 官方认可指导用书[M]. 北京: 人民邮电出版社, 2018.

[2] 蔡豪格. 现场总线 CANopen 设计与应用[M]. 周立功, 黄晓清, 严寒亮, 译. 北京: 北京航空航天大学出版社, 2011.

[3] 郐极, 刘艳强. 工业以太网现场总线: EtherCAT 驱动程序设计及应用[M]. 北京: 机械工业出版社, 2019.

[4] 李正军. 现场总线与工业: 以太网及其应用技术[M]. 北京: 机械工业出版社, 2011.

[5] 中华人民共和国国家标准 GB/T 15982.1—2008 (Modbus) [S]. 北京: 中国电力出版社, 2008.

[6] 中华人民共和国国家标准 GB/T 20540.1—2006 (PROFIBUS) [S]. 北京: 中国电力出版社, 2006.

[7] 中华人民共和国国家标准 GB/T 18858.2—2002 (DeviceNet) [S]. 北京: 中国电力出版社, 2002.

[8] 胡毅, 于东, 刘明烈. 工业控制网络的研究现状及发展趋势[J]. 计算机科学, 2010.

[9] 王黎明. CAN 现场总线系统的设计与应用[M]. 北京: 电子工业出版社, 2008.

[10] 中达电通股份有限公司. DVP PLC 应用技术手册 (程序篇) 第五版, 2012.

[11] 中达电通股份有限公司. DVP-SV 系列 PLC 安装手册, 2010.

[12] 中达电通股份有限公司. DOP-B 系列人机界面安装手册, 2012.

[13] 中达电通股份有限公司. DOP-B 系列人机界面使用手册, 2010.

[14] 中达电通股份有限公司. VFD-B 系列变频器使用手册, 2008.

[15] 中达电通股份有限公司. RTU-PD01 通讯从站模块操作手册, 2010.

[16] 中达电通股份有限公司. DVP DNET-SL DeviceNet 扫描模块操作手册, 2012.

[17] 中达电通股份有限公司. RTU-DNET DeviceNet 远程 I/O 通信模块应用技术手册, 2011.

[18] 中达电通股份有限公司. IFD9502 DeviceNet 从站通讯转换模块操作手册, 2009.

[19] 中达电通股份有限公司. DVPCOPM-SLCANopen 扫描模块操作手册, 2011.

[20] 中达电通股份有限公司. ASDA-A2 伺服驱动器使用手册, 2012.

[21] 中达电通股份有限公司. 机器人电控技术手册, 2019.

[22] 中达电通股份有限公司. DVPEN01-SL 以太网扫描模块操作手册, 2009.

[23] 中达电通股份有限公司. RTU-EN01 以太网远程 I/O 通信模块操作手册, 2009.

[24] 中达电通股份有限公司. DVS 工业以太网交换机安装手册, 2012.

[25] 谢昊飞, 李勇, 王平, 等. 网络控制技术[M]. 北京: 机械工业出版社, 2009.

[26] 凌志浩. 现场总线与工业以太网[M]. 北京: 机械工业出版社, 2007.

[27] 韩兵. 现场总线控制系统应用实例[M]. 北京: 化学工业出版社, 2006.

[28] 刘泽祥, 李媛. 现场总线技术[M]. 2 版. 北京: 机械工业出版社, 2011.

[29] 阳宪惠. 现场总线技术及其应用[M]. 2 版. 北京: 清华大学出版社, 2008.

[30] 邢彦辰. 计算机网络与通信[M]. 北京: 人民邮电出版社, 2008.

[31] 邢彦辰. 数据通信与计算机网络[M]. 北京: 人民邮电出版社, 2011.

[32] 王再英，刘淮霞，陈毅静. 过程控制系统与仪表[M]. 北京：机械工业出版社，2012.

[33] 周渡海，何此昂. 现场总线控制技术开发入门与应用实例[M]. 北京：中国电力出版社，2010.

[34] 王永华，VERWER A. 现场总线技术及应用教程 [M]. 2版. 北京：机械工业出版社，2012.

[35] 廖常初. S7-300/400 PLC 应用技术 [M]. 2版. 北京：机械工业出版社，2008.

[36] 廖常初. S7-1200 PLC 编程及应用 [M]. 4版. 北京：机械工业出版社，2021.

[37] 廖常初. 西门子人机界面（触摸屏）组态与应用技术[M]. 2版. 北京：机械工业出版社，2008.

[38] 张希川. 台达 ES/EX/SS 系列 PLC 应用技术[M]. 北京：中国电力出版社，2009.

[39] 张悦，尤俊华，郭建亮，等. 自动化系统编程工具与软件综合应用实训[M]. 北京：中国电力出版社，2010.

[40] 杨春杰，王曙光，亢红波. CAN 总线技术[M]. 北京：北京航空航天大学出版社，2010.

[41] 饶运涛，邹继军，王进宏，等. 现场总线 CAN 原理与应用技术[M]. 北京：北京航空航天大学出版社，2007.

[42] 杜尚丰，曹晓钟，徐津. CAN 总线测控技术及其应用[M]. 北京：电子工业出版社，2007.

[43] 张戟，程旻，谢剑英. 基于现场总线 DeviceNet 的智能设备开发指南[M]. 西安：西安电子科技大学出版社，2004.

[44] 甘永梅，刘晓娟，晁武杰，等. 现场总线技术及其应用[M]. 2版. 北京：机械工业出版社，2008.

[45] 夏继强，邢春香. 现场总线工业控制网络技术[M]. 北京：北京航空航天大学出版社，2005.

[46] 舒志兵，袁佑新，周玮. 现场总线运动控制系统[M]. 北京：电子工业出版社，2006.

[47] 夏德海. 现场总线技术[M]. 北京：中国电力出版社，2003.

[48] 周荣富，陶文英. 集散控制系统[M]. 北京：北京大学出版社，2011.

[49] 戴瑜兴，马茜. 现场总线技术在智能断路器系统设计中的应用[M]. 北京：清华大学出版社，2010.

[50] 雷霖. 现场总线控制网络技术[M]. 北京：电子工业出版社，2004.

[51] 王平，谢昊飞，肖琼，等. 工业以太网技术[M]. 北京：科学出版社，2007.